现代液压成形技术

（第2版）

Modern Hydroforming Technology

(Second Edition)

苑世剑　著

国防工業出版社

·北京·

图书在版编目(CIP)数据

现代液压成形技术/苑世剑著. —2版. —北京:国防工业出版社,2016.12

ISBN 978-7-118-11249-8

Ⅰ.①现… Ⅱ.①苑… Ⅲ.①液压成型 Ⅳ.①TG39

中国版本图书馆CIP数据核字(2017)第032427号

※

国防工业出版社出版发行

(北京市海淀区紫竹院南路23号 邮政编码100048)

北京嘉恒彩色印刷有限责任公司

新华书店经售

*

开本 710×1000 1/16 **印张** 23¼ **字数** 411千字

2016年12月第2版第1次印刷 **印数** 1—3000册 **定价** 98.00元

国防书店:(010)88540777 发行邮购:(010)88540776

发行传真:(010)88540755 发行业务:(010)88540717

BRIEF INTRODUCTION OF THE AUTHOR 作者简介

苑世剑教授是长江学者特聘教授、国家杰出青年基金获得者、教育部创新团队/国防科技创新团队带头人。现任哈尔滨工业大学材料科学与工程学院院长，金属精密热加工国家级重点实验室主任，哈尔滨工业大学流体高压成形技术研究所所长。

苑世剑教授长期从事复杂薄壁结构流体高压成形研究。面向飞行器、汽车等迫切需求的板、管、壳三大类典型结构和塑性成形领域国际学术前沿，发明了深腔复杂曲面板件复合加载流体高压成形技术，研发出变截面异形管件内高压成形技术与装备，发展了大型壳体无模内压成形技术，创立了流体高压成形理论与技术体系，形成了理论/工艺/装备一体化特色，取得了系统性创新成果。研究成果已在我国新一代运载火箭、战略/战术导弹、载人航天、飞机等多种型号装备中获得实际应用，并广泛应用于一汽、奥迪等轿车构件的大批量生产，为航天、航空、汽车等行业发展做出了突出贡献。获国家技术发明二等奖1项、国家科技进步二等奖2项、省部级技术发明一等奖2项；发表SCI论文120余篇，有关流体高压成形的SCI论文数在Web of Sciences数据库中世界排名第一；获授权发明专利50余项；曾任第三/第七届液压成形国际会议主席，第三届新成形技术国际会议主席。

主要学术兼职：国际塑性加工会议(SAB/ICTP)常务理事、中国塑性工程学会理事长、中国机械工程学会常务理事、中国汽车学会理事；国家973计划制造和工程领域咨询专家、国防973项目技术首席科学家；《材料科学与工艺》主编，《塑性工程学报》副主编，《有色金属学报》《中国机械工程学报》《锻压技术》编委，ISIJ International 顾问编委。

PREFACE 序

液压成形是塑性加工领域的一项成形新技术，它又可分为管材液压成形（内高压成形）、板材液压成形与壳体液压成形三种。由苑世剑教授等编写的《现代液压成形技术》是第一本全面论述上述三种液压成形方式的新著作，对于读者了解液压成形的全貌来说是一本难得的好书。

管材内高压成形由于能提供结构轻量化的零件，是近年来塑性成形的一个亮点。所成形材料已由低碳钢管扩展到不锈钢管和铝合金管及镁合金管，内高压成形件的形状已由直轴线变径管扩展到弯曲轴线和带支叉的多通管零件，成形的温度已经由室温扩展到高温。板材充液拉深与普通拉深相比具有成形极限高、尺寸精度高和道次少等优点，由于内压的作用能使工件紧贴于冲头上，避免在拉深抛物面形件或半球底曲面零件时因工件悬空而引起内皱，这种工艺已成功地应用于汽车灯罩等零件的成形。壳体无模液压成形是本人的发明，曾先后得到国家发明奖和国家科技进步奖，已在球形水塔、液化气球形储罐和城市建筑装饰方面得到应用。在此方向上先后培养了7名博士，他们的一些研究工作在书中也得到了反映。

液压成形虽然模具比较简单甚至无需模具（壳体无模液压胀形时），但工件中的应力分布是很复杂的，易引起屈曲、起皱、开裂等缺陷，为避免缺陷的发生，需要对变形过程进行应力应变分析和数值模拟，多年来的研究生的论文工作为此奠定了基础，所以此书也是具有较高水平的学术著作。

内高压成形的装备比起通用液压机要复杂得多，不仅是多了两个（或三个）水平缸，而且要有提供内高压的超高压压力源（约400MPa），还要能实现各液压缸的轴向位移与工件内的压力数值按给定曲线变化的数控，因此此设备的进口价格相当高。哈尔滨工业大学在国内首次成功研制了数控3150kN内高压机，掌握了核心技术，形成了自主知识产权，并已经应用于汽车零件和航天用零件的制造，这使国外某著名内高压机制造商感到惊奇。应该指出的是，本书的作者都在该领域从事专门的研究，因此编写时不仅有亲身的体会，还有自己的实验数据，这远不同于仅利用他人的资料进行汇总。

十分高兴的是，本书各章的作者都是本人不同时期的弟子或隔代弟子，近年来，苑世剑教授领导团队在内高压成形领域的研究与开发方面做出了突出成绩,作为一名老教师为弟子们能够活跃于学科前沿,运用基础理论知识解决复杂的成形问题并使其用于生产而感到高兴,为液压成形团队的持久兴旺而受到鼓舞。有鉴于此,应苑世剑教授之邀,欣然命笔作序。

王仲仁

2008 年 8 月

INTRODUCTION 第2版前言

《现代液压成形技术》自2009年出版后受到高校师生、研究机构科研人员和企业技术人员的普遍欢迎，第1版早已售罄。一方面，近年来本团队在液压成形基础理论、关键技术、大型装备和工业应用方面取得了一系列重要进展（2010年获得国家科技进步二等奖、2016年获得国家技术发明二等奖），推动了液压成形技术在中国的快速发展；另一方面，不断有各方面人士希望尽快对该书进行修订，把本团队取得的新成果反映在该书中。综合这两方面的因素，本书作者决定对该书进行修订和补充，以飨读者。

本次修订的主要内容包括：①补充了2010年以来的新成果，主要有典型零件内高压成形技术应用、大型数控内高压成形设备、板材液压成形工艺和设备、双母线椭球液压成形和热态内压成形技术方面的新进展；②对全书的插图进行了全面修改和三维化（3D图），使得图形更加美观，增强了可读性；③补充了2010年以来液压成形领域世界各国主要研究机构的代表性文献，供读者查阅。

参与具体修改工作的有何祝斌教授，韩聪副教授，凡晓波博士，博士生陈一哲和张鑫龙，张伟玮博士和崔晓磊博士也参与了部分工作，凡晓波和张鑫龙负责后期的插图处理及出版工作，在此对他们的辛勤劳动表示衷心感谢！本次修订采用的内容大多来自本团队主要成员（刘钢教授、徐永超教授、何祝斌教授、韩聪副教授、刘伟副教授、王小松副教授等）的研究成果，以及近年来毕业的硕士生和博士生的学位论文，这些成果先后得到国家各类计划项目和企业合作项目的支持，在此一并表示衷心感谢！

因时间和水平所限，本书内容难免存在错误和疏漏，敬请广大读者不吝指教并给予批评指正。

苑世剑

2016年11月14日

INTRODUCTION 第1版前言

现代液压成形技术是指20世纪80年代中期发展起来的并在工业生产得到广泛应用的几种液压成形新技术,与传统的液压成形技术相比,它的主要特点表现在以下几个方面:一是液体作为传力介质具有实时可控性,通过液压闭环伺服和计算机控制系统可以按设定的曲线精确控制压力,确保工艺参数在设定的数值内,并且随时间可变可调,实现数控加载成形。二是仅需要凹模或凸模,液体介质相应地作为凸模或凹模,省去一半模具费用和加工时间。而对于壳体液压成形,不使用任何模具。三是成形的零件形状复杂,液体作为模具可以成形很多刚性模具无法成形的复杂零件,内高压成形可以加工整体三维轴线复杂封闭截面空心构件。四是形状和尺寸精度高,通过在成形最后阶段增加压力整形保证零件形状和尺寸精度高,尤其是局部特殊形状,内高压成形的压力可高达400MPa,使得封闭截面回弹小且形状精度高。

作者所在的团队从事液压成形技术的研究与开发已有二十余年。1985年,王仲仁教授发明球壳无模液压成形技术,而后逐渐扩展到椭球和环壳,于2004年获得国家科技进步二等奖。1999年,苑世剑教授领导团队在国内首先系统地开展了对内高压成形基础理论、工艺和设备的研究,开发了具有自主知识产权的内高压成形设备,研究成果已经在国产轿车关键零件的批量生产和国防型号重要零件的研制中得到实际应用。随着汽车、航空、航天和机械行业对结构整体化和轻量化的需求越来越高,近十年来,液压成形技术尤其是内高压成形技术在我国得到了迅速发展,逐渐成为工业生产中制造复杂异型截面轻体构件的一种先进成形技术。作者所在的哈尔滨工业大学材料加工工程学科也把液压成形技术作为研究生的一门选修课。但至今国内尚没有一本关于液压成形技术的专著,制约了该技术的进一步推广应用。为了满足企业工程技术人员和研究生教学的需要,以作者所在团队二十余年的科研成果为基础,编写了这本专著。为了便于读者查阅,将国内外本领域的代表性论文和本书作者发表的主要论文按照章的顺序集中列于书后。

本书的特点在于:①分类新颖。按坯料种类,分别介绍管材液压成形(内高压成形)、板材液压成形和壳体液压成形;在内高压成形技术中按变径管、弯曲轴线管和多通管分别介绍,以往的文献中没有这种分类方法。②实用性强。以零件种类成形技术为主线,有工艺参数计算、缺陷分析、设备选型、模具结构和典型零件工艺,供企业技术人员使用。③学术性强。具有应力应变状态分析、应力轨迹、塑性变形规律和缺陷形成机制等塑性理论分析内容,可供研究生教学和高年级本科生参考。

全书由苑世剑教授主持编写并统稿,参加编写的还有刘钢、滕步刚、徐永超、王小松、何祝斌和韩聪。刘钢教授负责全书图表和公式符号整理以及文字校对,参加图表及参考文献整理工作的博士生有齐军、汤泽军、初冠南、苑文婧和宋鹏等。

承蒙国际塑性加工会议(ICTP)常务理事、中国塑性工程学会原理事长王仲仁教授为本书作序,并提出了许多宝贵意见,在此表示衷心感谢。

尽管我们从事液压成形技术研究已二十余年,但对液压成形理论和技术的一些问题仍然在认识过程中,书中难免有错误和不妥之处,敬请广大读者批评指正。

作　者

2008 年 8 月 8 日

CONTENTS 目录

CONTENTS

主要符号表

p	内压;成形压力(MPa)
p_c	整形压力(MPa)
p_b	开裂压力(MPa)
p_s	初始屈服压力(MPa)
F_{cr}	充液室临界压力(MPa)
F_a	轴向进给力(kN)
F_c	合模力(kN)
F_n	合模压力机公称压力(kN)
F_H	水平缸的最大推力(kN)
F_D	拉深力(kN)
Q	压边力(kN)
σ_r	径向应力(MPa)
σ_θ	环向应力;纬向应力(MPa)
σ_φ	经向应力(MPa)
σ_i	等效应力(MPa)
ε_i	等效应变
t	管材壁厚(mm)
d	管材外径(mm)
r_c	过渡圆角半径(mm)
d_i	管材内径(mm)
Δl	理想补料量(mm)
l_0	管材初始长度(mm)
l	成形区长度(mm)
l_1	工件长度(mm)
A_p	工件在水平面上的投影面积(mm^2)
D	工件最大截面外径(mm)
R_b	弯曲中径(mm)
R	曲率半径(mm)

d_{p}	拉深零件直径(mm)
α	过渡区半锥角;拉压分界角(°)
S	工件的表面积(mm^2)
ξ	轴向应力与环向应力比
λ	轴向应力与内压之比
δ	延伸率(%)
δ_t	减薄率(%)
δ_{tm}	最大减薄率(%)
η	膨胀率(%)
μ	摩擦系数
E_t	塑性模量(GPa)
ν	泊松比
n	硬化指数
a	赤道面曲率半径;长半轴半径(mm)
b	极带曲率半径;短半轴半径(mm)
λ	轴向应力与内压之比;轴长比(a/b)
λ_{F}	目标壳体轴长比
V	体积(mm^3)
V'	体积变化率
K	强度指数(MPa)

第1章 概 论

1.1 液压成形技术种类和特点

1.1.1 液压成形定义和种类

液压成形(Hydroforming)是指利用液体作为传力介质或模具使工件成形的一种塑性加工技术,也称为液力成形。按使用的液体介质不同,液压成形分为水压成形和油压成形。水压成形使用的介质为纯水或由水添加一定比例乳化油组成的乳化液;油压成形使用的介质为液压传动油或机油。按使用的坯料不同,液压成形分为三种类型[1]:管材液压成形[2](Tube Hydroforming)、板料液压成形[3](Sheet Hydroforming)和壳体液压成形[4](Shell Hydroforming)。

板料和壳体液压成形使用的成形压力较低。管材液压成形使用的压力较高,又称为内高压成形(Internal High Pressure Forming),本书中将管材液压成形称为内高压成形。板料液压成形使用的介质多为液压油,最大成形压力一般不超过100MPa。壳体液压成形使用的介质为纯水,最大成形压力一般不超过50MPa。内高压成形使用的介质多为乳化液,工业生产中使用的最大成形压力一般不超过400MPa。

20世纪80年代中期发展起来的现代液压成形技术的主要特点表现在两个方面。一是仅需要凹模或凸模,液体介质相应地作为凸模或凹模,可省去一半模具费用和加工时间,而且液体作为凸模可以成形很多刚性凸模无法成形的复杂零件;而对于壳体液压成形,不使用任何模具,因此又称为无模液压成形。二是液体作为传力介质具有实时可控性,通过液压闭环伺服系统和计算机控制系统可以按给定的曲线精确控制压力,确保工艺参数在设定的数值内,并且随时间可变、可调,大大提高了工艺柔性。除了这些特点外,内高压成形、板料液压成形和壳体液压成形三种不同液压成形技术又具有各自的特点,下面分别介绍。

1.1.2 内高压成形技术特点

内高压成形技术主要的特点是整体成形轴线为二维或三维曲线的异形截

面空心零件[5],从管材的初始圆截面可以成形为矩形、梯形、椭圆形或其他异形的封闭截面,如图1-1所示。传统制造工艺一般为先冲压成形两个或两个以上半片再焊接成整体,为了减少焊接变形,一般采用点焊,因此得到的不是封闭的截面。此外,冲压件的截面形状相对比较简单,很难满足结构设计的需要。

内高压成形是适应汽车和飞机等运输工具结构轻量化发展起来的先进制造技术。结构轻量化有两条主要途径:一是材料途径,采用铝合金、镁合金、钛合金和复合材料等轻质材料;二是结构途径,采用空心变截面、变厚度薄壁壳体、整体等结构。根据统计,对于一定的减重目标,在航天航空行业,采用轻质材料减重的贡献大约为2/3,结构减重的贡献大约为1/3[6];而在汽车行业,与之相反,主要采用结构减重的途径。当材料一定时,减重的主要方法是设计合理的轻体结构。对于承受弯扭载荷为主的结构,采用空心变截面构件,既可以减轻质量又可以充分利用材料的强度。现举例说明结构途径减重的几种方法[7]。

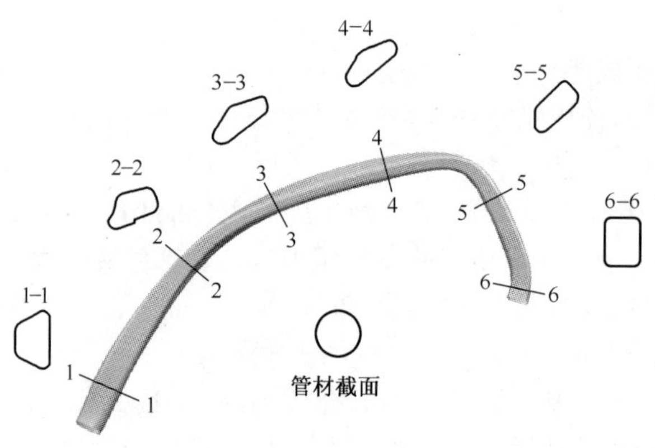

图1-1　空心异形截面零件

(1) 对于载荷大小变化的情况,在保证强度的基础上,通过设计合理的变截面,适应不同的载荷,以减轻结构质量。如图1-2所示,对于一个悬臂梁,根据弯矩载荷特点(图1-2(a)),有三种不同的设计方案,从强度的角度来看,三种结构的强度均可满足使用要求。图1-2(b)所示为等强结构方案,各截面强度相同,材料承载效率最高,质量最轻,但是截面变化形状为二次曲线,加工难度最大;图1-2(c)为等截面方案,S_2 和 S_3 截面强度明显过剩,所用材料最多,比等强结构方案约多1倍,最容易加工;图1-2(d)为变截面结构方案,本例设计了三个变截面,S_2、S_3 与 S_1 强度相同,该方案与等截面方案比较,节约材料1/3,比等强方案容易加工。一般情况下,等强结构形状复杂,成形加工难度大,因此空心变截面设计是合理结构选择,既保证了强度要求,又达到节约材料、减轻质量和简化工艺的目的。

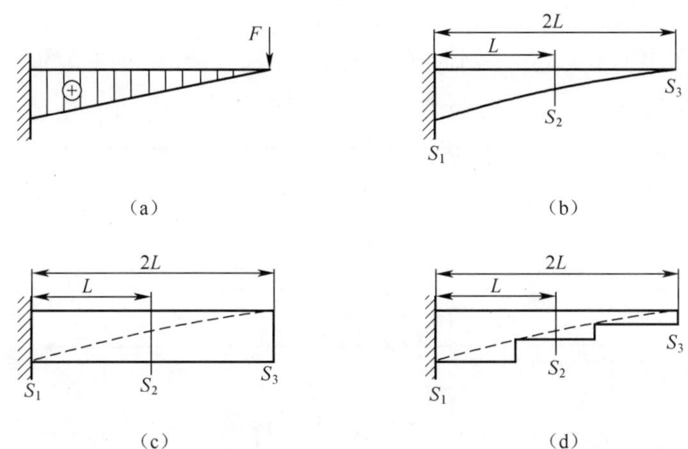

图 1-2 不同结构的悬臂梁

(a)弯矩图;(b)等强结构;(c)等截面结构;(d)变截面结构。

(2) 在相同质量下,截面形状不同时其截面模量不同,可通过选择截面形状提高结构的刚度和强度。例如在相同质量的前提下,将一个直径 ϕ63. 5mm、壁厚 2mm 的圆管,成形为不同的矩形截面,其抗弯模量发生明显变化,如表 1-1 所示。从表中可以看出,将圆形管材成形为正方截面时,抗弯模量提高 27%;成形为长宽比为 1. 5 : 1 的矩形截面时,沿 y 轴抗弯模量提高 66%。这样仅通过改变截面的形状就可以提高抗弯强度。

表 1-1 不同形状截面的抗弯模量

截面形式	圆截面	方形截面	矩形截面
示意图	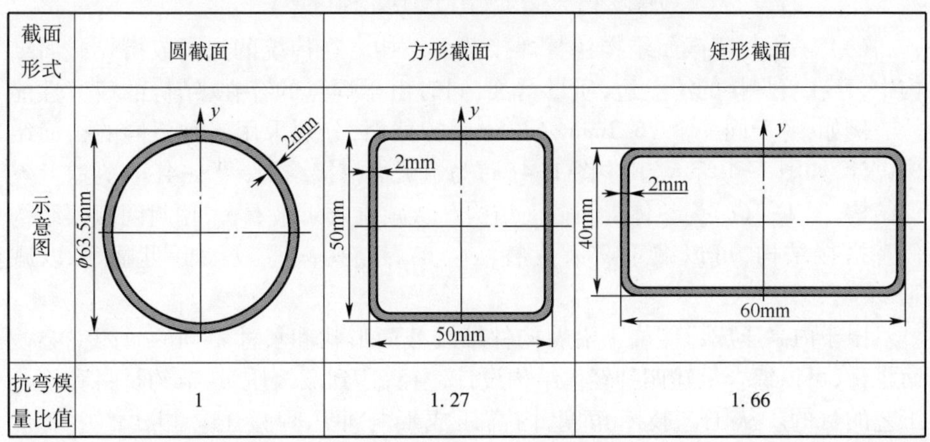		
抗弯模量比值	1	1. 27	1. 66

(3) 采用空心结构代替实心结构。图 1-3 所示为一个实心梁和空心梁的比较,在保证强度相同的条件下,采用空心变截面结构,其质量由实心结构的 46. 2kg(图 1-3(c))减少到空心结构的 16. 8kg(图 1-3(d)),减重 64%。对于空心结构的制造,如果采用机械加工,初始棒料的质量为 168. 3kg,将有 90%材

料被浪费;如果采用管材通过内高压成形该空心变截面梁,所用管材的质量仅17.2kg。采用内高压成形件制造既可以减轻结构质量,又可以节约材料。

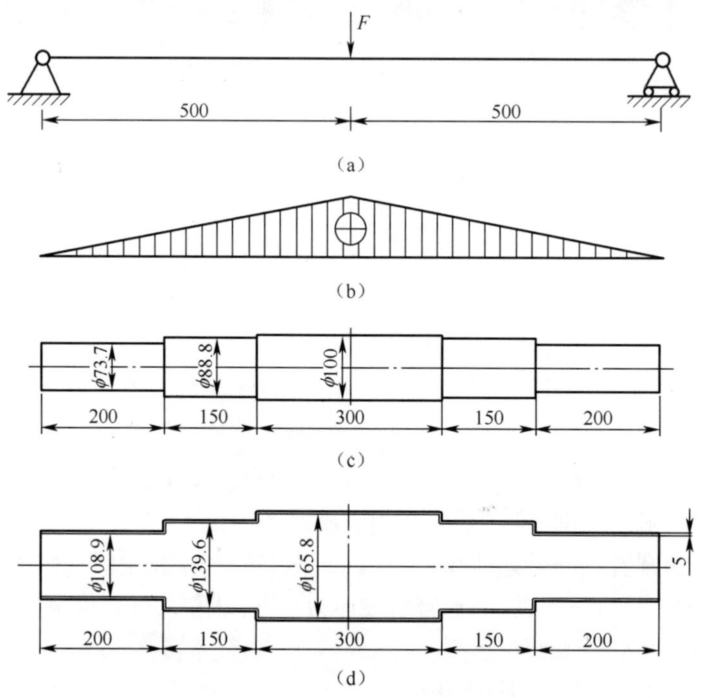

图 1-3　实心梁和空心梁比较(mm)
(a)简支梁;(b)弯矩图;(c)实心梁;(d)空心梁。

(4) 采用封闭截面结构代替焊接截面结构。在传统的点焊或搭焊截面结构中,存在着焊接的法兰边,质量增加,同时由于焊点的存在,结构的疲劳性能低。例如,对于同一个 76.2mm×63.5mm 的截面,分别采用三种不同的截面结构设计,如图 1-4 所示,其中图 1-4(a)为氩弧焊搭接结构,图 1-4(b)为法兰点焊结构,图 1-4(c)为整体封闭截面结构。从减重效果来看,采用封闭截面结构代替搭接结构,可以减重 9%;代替法兰点焊结构减重效果更明显,可以减重 21%。

由于内高压成形能加工沿着构件轴线截面形状和尺寸不同的封闭空心截面零件,可以综合上述四种轻体结构设计途径,达到减轻质量、节约材料和简化工艺的目的。从工艺技术角度,内高压成形与冲压焊接工艺相比的主要优点有[1,5,8-11]:

(1) 减轻质量,节约材料。前面举例详细介绍了内高压成形件实现结构减重的方法。表 1-2 是汽车上采用冲压焊接件与内高压成形件的产品质量对比。总体来说,对于框、梁类结构件,内高压成形件比冲压件减轻 20%~40%;对于空心轴类件可以减轻 40%~50%。

（2）减少零件和模具数量，降低模具费用。内高压成形件通常仅需要一套模具，而冲压件大多需要多套模具。副车架零件由 6 个减少到 1 个；散热器支架零件由 17 个减少到 10 个。

（3）可减少后续机械加工和组装焊接量。以散热器支架为例，散热面积增加 43%，焊点由 174 个减少到 20 个，装配工序由 13 道减少到 6 道，生产率提高 66%。

（4）提高强度与刚度，尤其提高疲劳强度。仍以散热器支架为例，垂直方向提高 39%，水平方向提高 50%。

（5）材料利用率高。内高压成形件的材料利用率为 90%～95%，而冲压件材料利用率仅为 60%～70%。

（6）降低生产成本。根据德国某公司对已应用零件统计分析，内高压成形件比冲压件平均降低 15%～20%，模具费用降低 20%～30%。

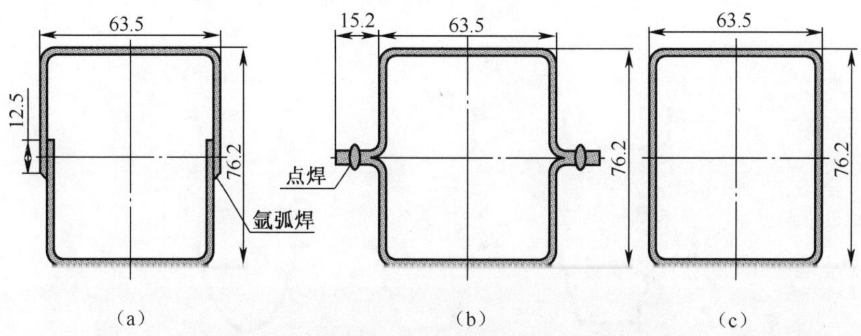

图 1-4　封闭截面和搭焊截面结构（mm）

（a）MIG 焊搭接结构；（b）点焊搭接结构；（c）整体封闭截面结构。

表 1-2　冲压件与内高压成形件的质量对比

名称	冲压件/kg	内高压成形件/kg	减重/%
散热器支架	16.5	11.5	24
副车架	12	7.9	34
仪表盘支梁	2.72	1.36	50

内高压成形的主要缺点：①由于内压高，需要大吨位液压机作为合模压力机。例如，对于内径 100mm 和长度 2.5m 的管材，当成形压力 100MPa 时，合模力 25000kN；当成形压力 200MPa 时，合模力 50000kN。②高压源及闭环实时控制系统复杂，造价高。③由于成形缺陷和壁厚分布与加载路径密切相关，零件试制研发费用高，必须充分利用数值模拟进行工艺参数优化。

1.1.3　板料液压成形技术特点

板料液压成形分为充液拉深成形和液体凸模拉深技术。充液拉深是用液体介质代替凹模，而液体凸模拉深是以液体介质作为凸模。

充液拉深主要优点是提高成形极限和减少成形道次[12,13]。对于图1-5(a)所示锥形零件，采用普通拉深工艺需要6道次（图1-5(b)）和6套模具，而且各道次之间还需要退火；而采用充液拉深工艺仅需要1道次，大大简化了工艺和节约模具费用。对于圆筒形件普通拉深1个道次最大拉深比为2，而充液拉深1个道次拉深比可达2.9，如图1-6所示。

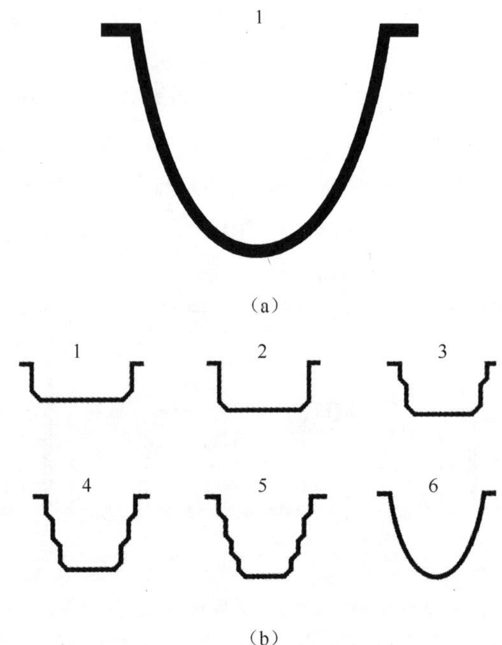

图1-5　充液拉深与普通拉深的道次比较
(a)充液拉深；(b)普通拉深。

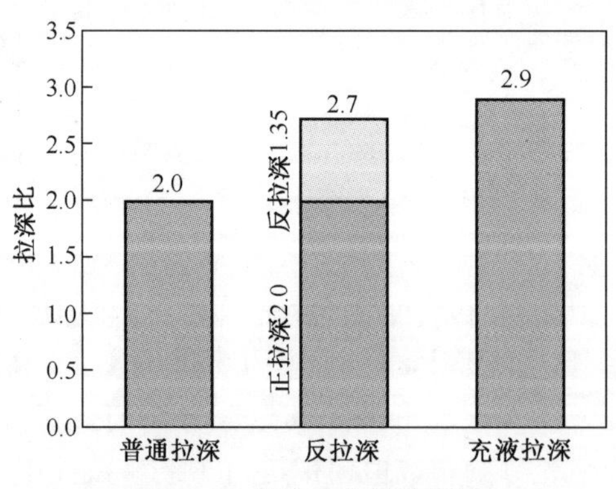

图1-6　几种工艺的拉深比

液体凸模拉深主要优点是可以一道次成形深度较大的复杂型面零件，由于在成形的最后阶段可以通过高压液体（相当于柔性凸模）整形使得板料完全贴靠模具,因此可以成形出带有较小过渡圆角的复杂空间曲面。

板料液压成形技术的主要缺点:①生产效率偏低。由于液体充放需要时间,因此成形周期比普通拉深长。在汽车工业,一般适用于小批量高档轿车的复杂零件或高强钢成形。在国防工业中适合于铝合金等低塑性材料复杂型面零件的成形。②设备吨位大。由于液体反力的作用,拉深同样尺寸的零件所需要的成形力大于普通拉深。

1.1.4 封闭壳体液压成形技术特点

壳体液压成形是采用一定形状的封闭多面壳体作为预成形坯,在封闭多面壳体充满液体后,通过液体介质在封闭多面壳体内加压,在内压作用下壳体产生塑性变形而逐渐趋向于最终的壳体形状。最终壳体形状可以是球形、椭球形、环壳和其他形状壳体。

壳体液压成形主要优点[14]:①不需要模具和压力机。从力学角度看,该技术的原理是利用整体封闭壳体内压作用时自身平衡力系,即整体封闭壳体本身既是变形体又是实现力系平衡的载体,从而实现了不用压力机和模具成形大型壳体。②容易变更壳体壁厚和直径。由于不需要模具和压力机,对于所需要的直径和厚度的壳体,只要设计了合理的预成形坯封闭多面壳体,就可以直接加压成形。而传统的模压成形技术,一种直径球壳需要一套模具,一种规格的椭球壳体需要几套模具。③产品精度高。由于把壳体制造工艺由传统的“先成形后焊接”变为“先焊接后成形”,成形过程是对前期焊接变形的校形,最终产品的尺寸精度高。④降低成本,缩短制造周期。由于不使用模具和压力机,节省了压型时间和模具费用。

壳体液压成形主要缺点:①由于该技术为“先焊接后成形”,封闭多面壳体的焊缝在成形过程中承受一定的塑性变形,如果焊缝质量存在问题,会引起开裂,造成整个壳体报废。对于厚板和低合金钢,这种问题更严重。因此,控制焊接质量是关键所在。②对于大型壳体,成形过程的支撑基础难度大、费用高。例如,直径12.3m的球壳,容积为1000m^3,需要解决支撑1000t水及壳体自重的基础。

1.2 液压成形技术现状

1.2.1 内高压成形技术现状

早在20世纪50年代,液压胀管已用于生产管路中使用的铜合金T型三通管和自行车车架上的连接件,所用成形压力小于25MPa,可生产的零件形状简单、精度低,主要问题是工艺参数可控性差。现代内高压成形与早期的液压胀管工艺本质区别在于[11]:①成形压力高,工业生产压力一般达到400MPa,有时达到1000MPa。②工艺参数可控,内压与轴向位移按给定加载曲线实现计算机闭环控制,超高压力控制精度达到0.2~0.5MPa,位移控制精度达到0.05mm。③零件形状复杂、精度高,可以整体成形三维曲线异形截面复杂结构件,主要用于汽车和飞机等机器零件的制造。有两个方面的技术突破促进了内高压成形的发展:一是水介质超高压动密封技术,实现生产条件下400MPa以上长时间超高压稳定密封;二是超高压计算机闭环控制技术,不但要实现对给定加载曲线高精度的跟踪,而且控制系统快速响应和反馈,以保证最快在30s左右完成一个加工零件。

汽车结构减重以节约燃料、降低废气排放和提高车身整体安全性的需求促进了内高压成形技术的快速发展。20世纪80代初,德国和美国的研究机构和有关公司系统地开展了内高压成形的基础研究和应用技术。在德国,开展研究的大学主要有帕德伯恩大学和斯图加特大学,开展设备和零件研制的公司主要有Schuler公司、SPS公司和AP&T公司。在美国,开展研究和应用的主要有俄亥俄州立大学、通用汽车公司(GM)、Vari-Form公司和Hydrodynamic公司。德国帕德伯恩大学的Dohmann教授是最早开始真正意义上的现代内高压成形技术基础研究的学者,他在*Journal of Materials Processing Technology*杂志上发表的几篇代表性论文,成为内高压成形技术领域的经典之作[5,8,9]。

内高压成形技术应用的主要行业有汽车、航空航天、自行车和管路等[10,15-19]。汽车是内高压成形技术应用最广泛的行业,在汽车上应用零件种类包括:①底盘类零件,包括副车架、后轴、纵梁和保险杠等;②车体构件,包括仪表盘支梁、散热器支架、座椅框、上边梁和顶梁等;③发动机与驱动系统,包括歧管和排气管件、凸轮轴和驱动轴等;④转向和悬挂系统,包括控制臂和转向杆等。在飞机上的应用有空心框梁、发动机上中空曲轴和异形管件等。在航天上应用火箭动力系统管路接头和异形截面进气道等。1990年,美国Vari-Form公司采用内高压成形技术为克莱斯勒汽车公司的小型商用车生产了仪表盘支架,该件是世界上第一个批量生产的汽车内高压成形结构件。1994年,福特汽车公司的Contour和Mystique车型采用的副车架是北美地区第一个批量生产的汽车内高压成形底盘件。德国奔驰汽车公司于1993年建立了其内高压成形车间生产汽车底盘零件和各种结构件,随后大众公司和宝马公司等欧洲汽车厂商开始在多个车型上应用了内高压成形件。

德国、美国和日本等国家的许多学者通过理论分析、数值模拟和工艺实验系统地研究了失效形式与加载路径的关系、成形区间与成形极限、壁厚分布、管材性能测试和FLD建立、各向异性的影响、高压下的摩擦行为及预成形坯优化等基础理论问题[20-30]。

根据塑性变形特点,本书作者较早提出把内高压成形分为变径管、弯曲轴线管和多通管三类进行系统的基础理论和关键技术研究。在变径管内高压成形方面[31-45],给出了缺陷形成机制、壁厚分布规律和壁厚分界圆,提出了“有益皱纹”作为预制坯的方法,并给出了“有益皱纹”需要满足的几何和力学条件,研制了低碳钢、不锈钢和铝合金变径管;在弯曲轴线管内高压成形方面[7,46-55],把复杂截面抽象为矩形、梯形和长椭圆形三种典型截面,研究了典型截面过渡圆角充填行为、壁厚分布规律、缺陷形式及防止措施,提出了利用内凹形预成形坯降低整形压力的方法,并将其应用在汽车结构件的研制中;在多通管内高压成形方面[56-58],针对Y型斜三通管,研究了内压与位移匹配、补料比和中间冲头结构形式及后退速度对成形的影响,试制了薄壁不锈钢和大直径铝合金斜三通管。为了揭示内高压成形的塑性变形规律,针对三类内高压成形过程,给出了不同成形阶段、不同部位应力应变特点和典型点应力轨迹[59-64]。

变径管的结构特点是中间一处或几处的管径大于两端,常用于汽车排气管、飞机和火箭管路系统。从结构上看,变径管又可以分为对称和非对称两种形式,如图1-7所示。非对称变径管又有上下不对称、左右不对称和完全不对称三种结构形式。膨胀率是衡量变径管内高压成形技术水平和难度的一个重要指标,是指从原始管材周长成为零件最大截面周长的变化率,它与零件材料、成形区长度、润滑和加载路径有关[23]。对于塑性好的材料和成形区长度为管径2倍的对称结构变径管,在最佳加载路径的条件下最大膨胀率可以达到100%,图1-7(a)所示是德国SPS公司试制的不同膨胀率的变径管。对于铝合金和低合金高强钢材料,最大膨胀率通常小于50%。对于同样材料和成形区长度,非对称变径管由于变形的不均匀,成形难度大于对称结构,低碳钢非对称变径管的膨胀率一般小于60%。图1-7(b)所示的上下非对称结构变径管,通过一次预成形后膨胀率为75%。为了获得较大的膨胀率,非对称变径管和低塑性材料通常需要一定形状的预成形坯。采用“有益皱纹”作为预成形坯预先在成形区聚料,使得左右非对称低碳钢管的膨胀率达到75%[39],5A02铝合金对称管的膨胀率达到35%[34],该铝合金材料延伸率仅为12%。空心轴是变径管的一种特殊结构,其特点是壁厚大,壁厚范围在4~8mm;材料强度高,多为低合金高强钢或中碳钢,因此成形压力高、变形不均匀、难度大[44]。德国SPS公司用内高压成形技术制造Wankel航空发动机空心曲轴。该轴材料为13CrMo,壁厚6mm,与实心轴相比减重48%。

弯曲轴线异形截面空心结构件的轴线是二维或三维曲线,典型截面形状包括矩形、梯形、椭圆形以及这些形状之间的过渡形状。图1-8是两个典型的弯曲轴线异形截面空心结构件。副车架主管件是内高压成形技术最具有代表性的异形截面构件。图1-8(a)是德国Schuler公司用内高压成形技术大批量制

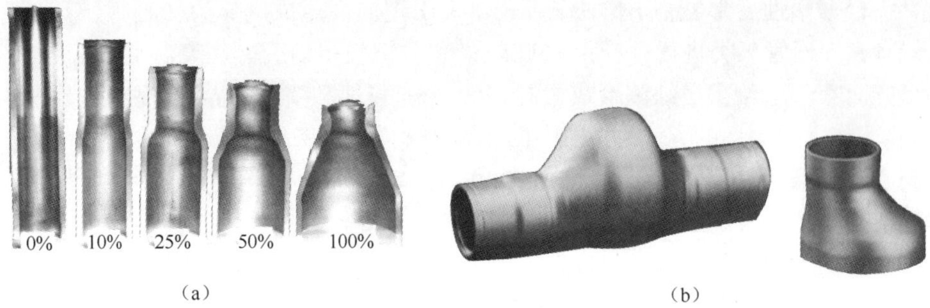

(a) (b)

图 1-7 典型变径管件(来源:德国 SPS 公司)
(a)对称结构变径管;(b) 不对称变径管。

造的轿车副车架主管件[65]。该件是一个典型三维曲线异形截面空心结构件,与冲压件相比,内高压成形件零件数量由 6 个减少 1 个、质量减轻 30%、生产成本降低 20%和模具造价降低 60%。图 1-8(b)是一个轴线为二维曲线、截面非常复杂的空心结构件。对于轿车上应用的内高压成形结构件,管材外径通常不大于 100mm,壁厚一般不超过 3mm。目前世界上最长的低碳钢内高压成形件是美国通用汽车公司制造的长度 12m 的卡车纵梁。最长的铝合金内高压成形件是 Volvo 大吉普上使用的纵梁[66],长度达到 5m、铝管直径达到 100mm,如图 1-9 所示。直径和壁厚最大的内高压成形件是瑞典 APT 公司制造的长度为 1.8m 的重型卡车后轴,直径达到了 200mm,壁厚达到了 10mm,质量达到了 60kg。

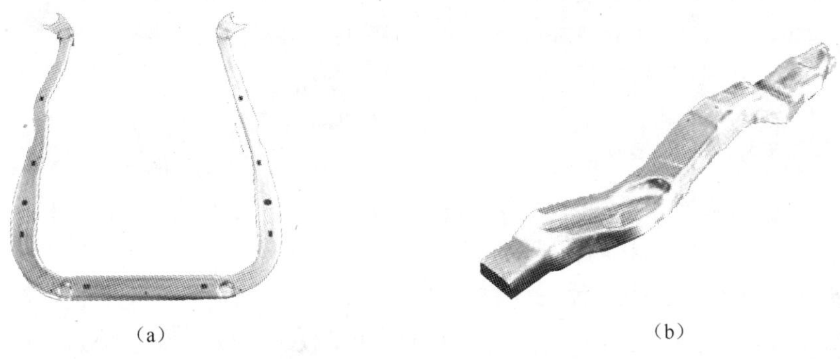

(a) (b)

图 1-8 弯曲异形截面空心结构件(来源:德国 Schuler 公司)
(a)副车架主管件;(b)边框梁。

多通管结构形式有 T 形三通管、Y 形三通管、X 形(十字)四通管和六通管等。在各种多通管中,Y 形三通管为上下左右非对称结构,成形难度最大。多通管内高压成形的主要指标是支管高度,T 形三通管支管高度可以达到 1 倍原始管径,Y 形三通管支管高度可以达到 0.75 倍原始管径。由于不锈钢和铝合金多通管壁厚越来越薄,成形初期容易起皱使得内高压成形难度加大,对压力和位移匹配控制精度要求更高[24,67]。目前,对于外径在 30~50mm 范围的管

图 1-9 铝合金内高压成形件[66]

材,最薄的壁厚能达到约 1mm。

液压冲孔是完成零件内高压成形后,在内压支撑下在零件上直接冲孔[68,69]。其优点是在零件内部的高压液体相当于软凹模,支撑管壁不发生塌陷,在不能放置刚性凹模部位液压冲孔的优点更为突出。图 1-8(a)所示副车架上的孔就是采用液压冲孔技术加工的。目前,液压冲孔最大直径在 20mm 左右,冲孔最大壁厚 3~4mm,一次同时冲孔数量多达 10 个以上。

液力胀接是以液体介质在轴管内加载产生局部变形,实现轴管和多个套环一次性整体连接的工艺方法,已经用于制造空心凸轮轴等轴类件[70-75]。

1.2.2 板料液压成形技术现状

早在 1890 年,类似于充液拉深成形的方法是在板材与液体间用一层橡胶膜将二者隔离开,靠液压力作用于橡胶膜上来压住坯料起压边作用,抑制起皱,坯料随凸模压入而贴模成形。该成形方法在第二次世界大战时期在美国得到应用,主要应用于成形钢质头盔。日本从 1950 年开始也制造这种工艺的成形机,用于实际生产。由于压边不易控制、橡胶容易破裂、质量不稳定以及生产效率低等问题,这种工艺逐渐被淘汰。

为了解决上述工艺存在的问题和适应汽车、航空航天等对复杂板材零件的需求,20 世纪 60 年代,日本学者春日保男首次提出将液压直接作用于毛坯上的强制润滑拉深法,这就是现在所说的现代充液拉深技术的原型,并指出凹模圆角处板料垂直拉深力是决定溢流压力的重要因素,利用数学解析方法解释了摩擦保持效果和溢流润滑效果是提高充液拉深成形极限的根本原因。1961 年,德国 E. Buerk 提出了一种把密封圈放在凹模表面来防止液体从凹模流出的新方法,并申请了发明专利。我国板材液压成形技术起步比较晚,从 20 世纪 70 年代开始对这项技术在板材加工业中的应用进行研究,在充液拉深工艺参数、成形极限、成形机理等方面取得了一定的成果。目前,世界上系统地开展工艺研究的大学有德国斯图加特大学、丹麦奥堡大学、日本千叶工业大学[12,13,76,77]和中国哈尔滨工业大学[78-84]。能提供工业生产设备和进行零件研发的著名公司有美国ABB公司、德国Schuler公司、德国SPS公司、瑞典AP&T公司、日本A-MINO公司等。

目前应用充液拉深技术已制造的零件类型有筒形件、锥形件、抛物线形件、盒形件以及复杂型面件等，涉及材料包括碳钢、高强钢、不锈钢和铝合金等，材料厚度为0.2~3.2mm。充液拉深技术与普通拉深相比成形极限高和拉深比大。对于低碳钢筒形件，最大拉深比达到2.6；对于不锈钢筒形件，最大拉深比为2.7；铝合金最大拉深比为2.5。采取一些特殊工艺措施可以进一步提高拉深比，如在板料上下表面充不同压力液体形成压差，下表面液体压力大，上表面液体压力小，图1-10所示零件是采用这种方法成形的零件[19]（直径100mm、厚度0.8mm、材料为碳钢DC04），其中锥底筒形件拉深比为2.8（图1-10（a）），球底筒形件拉深比为2.9（图1-10（b）），双台阶平底筒形件拉深比为3.0（图1-10（c））。

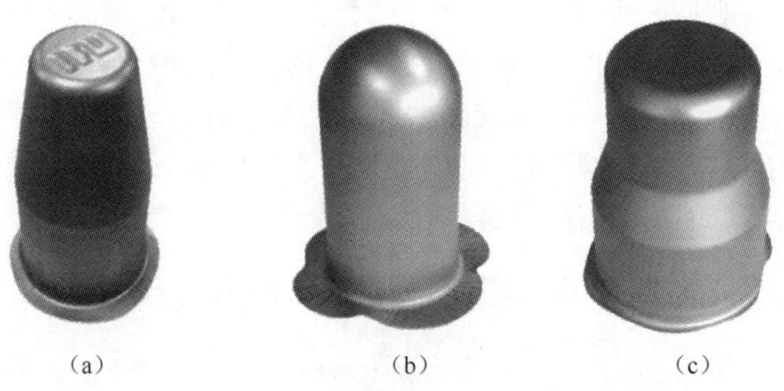

（a）　　（b）　　（c）

图1-10　充液拉深零件[19]

（a）锥底筒形件；（b）球底筒形件；（c）平底筒形件。

日本丰田汽车公司建成了以40000kN大型充液拉深专用机为中心的覆盖件生产线，成形件为质量达到7kg、平面尺寸950mm×1300 mm的大型钣金覆盖件。图1-11是用充液拉深技术成形的轿车翼子板[85]，材料为6016铝合金，厚度为1.1mm。

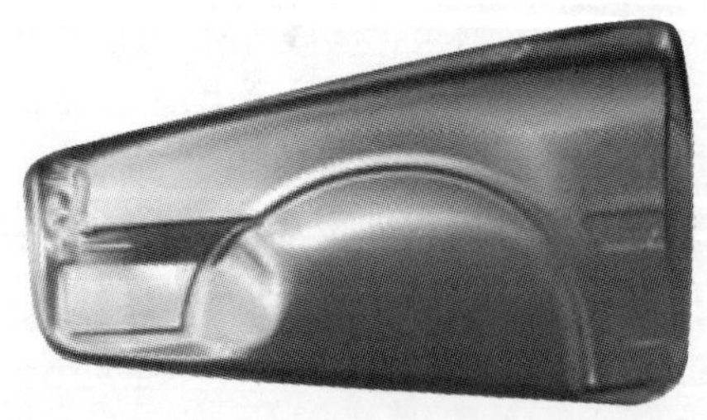

图1-11　充液拉深成形的铝合金翼子板[85]

由于充液拉深的很多优点,该技术在各国的工业生产中得到足够的重视,并产生了相应的充液拉深成形专用设备的生产厂家。美国 ABB 公司、德国 Schuler 公司、德国 SPS 公司、瑞典 AP&T 公司、日本 Amino 公司等在设备制造方面已形成系列,充液拉深设备吨位由几百 kN 直到 10000kN 已成系列。国内在成形设备方面,目前还没有专业化充液拉深设备厂家。哈尔滨工业大学在 1995 年开发了配置在通用单动液压机上的实验设备,主缸拉深力为 2000kN,压边力为 1000kN,成形液压最高达到 100MPa。1998 年开发出基于单动压力机的充液拉深工业化生产设备,主缸拉深力为 4000kN,压边力为 2000kN,造价远低于国外产品,已投入生产使用。2003 年,相继又开发出基于双动压力机的充液拉深成形设备,性能上相当于日本网野铁工所生产的充液拉深机的先进水平,在控制上更先进,表现在该设备的压边力及超高压液室压力均可实现计算机实时控制。

德国 SPS 公司制造的合模力为 100000kN、内压力达 200MPa 的板材液压成形机[86],是世界上吨位最大的充液拉深机,用于大吉普顶盖成形。该机为卧式结构,机架采用钢丝缠绕施加预应力,采用多点柔性压边圈,具备自动换模机构,内压有 30MPa、70MPa 和 200MPa 三个可调范围。

德国 Schuler 公司提出预胀充液拉深技术,具有壁厚均匀和零件顶部硬化提高抗凹陷能力的特点,其设备充液系统的流量达到 12000L/min,压力为 16MPa,充液系统的流量为当时世界之最。进入 20 世纪 90 年代,旨在进一步提高成形极限的充液拉深新技术也不断出现,如可控径向加压充液拉深技术[87]、外周带液压的充液反拉深技术、差温充液拉深技术、变薄充液拉深技术等,零件的成形极限得到有效提高。例如,采用带周向液压的充液拉深,A1100 铝合金筒形件的拉深比可以从 2.6 提高到 3.3,盒形件的拉深比(圆形坯料直径与盒形件边长比)可以从 2.9 提高到 3.6,外周带液压的充液反拉深的总拉深比可达到 4.9。

随着压边力伺服控制技术和高压密封的进步,近年来,以液体作为凸模的拉深技术得到了迅速发展。在德国,这种技术也称为板料高压成形[88]。其主要工艺特点是合模力随内压实时变化,在成形初期,内压较低时,合模力较小,以利于板料拉入模具;在成形后期,当板料全部拉到模具内时,提高合模力保证密封,这时增加内压对零件进行整形,整形最高压力可达 150MPa,因此可以获得深度较大、形状复杂、尤其局部具有小过渡圆角的零件。过去类似的工艺,由于合模力实时控制困难,为了保证密封,初期施加的合模力较大,使得板料拉入模具内困难,实际上成为了纯胀形,因此深度小、壁厚减薄不均匀且形状简单。

1.2.3 壳体液压成形技术现状

自从 1985 年王仲仁教授等发明了球形容器无模液压成形技术以来,壳体结构、壳体材料、成形工艺、理论研究及工程应用等方面都有了长足的发展。目前,壳体液压成形技术已用于球形水塔、液化气储罐、不锈钢装饰球、造纸蒸煮球和通信发射塔等结构,其中最大直径达到 9.4m,最大壁厚达到 24mm,最高使用压力为 1.77MPa。应用材料包括低碳钢、低合金钢、不锈钢、铝合金和铜合金。该技术经历了以下三个主要的发展阶段[14,89,90]。

1. 壳体结构由平板类多面壳体扩展到单曲率多面壳体

王仲仁教授在 1985 年成功试制出球形壳体为直径 600mm 的三十二面体足球式平板类多面壳体。平板类多面壳体主要缺点是二面角大容易造成胀形时焊缝开裂和材料利用率低。足球式单曲率多面壳体主要优点是二面角小、焊缝变形量小和壁厚减薄率小,并且可以通过选择合理的赤道带瓣数提高材料利用率。因此,单曲率多面壳体在工业上应用得最多,直径 9.4m 的球形水塔、液化气储罐和大量的不锈钢装饰球均是采用单曲率多面壳体。

2. 由低压及常压球形容器发展到三类压力容器

1992 年采用壳体液压成形技术成功地研制了 200m^{3}液化气(LPG)储罐[91-94],该球罐直径 7.1m、壁厚 24mm、壳体材料为低合金钢 16MnR,最高工作压力 1.77MPa,如图 1-12 所示。200m^{3}液化气储罐标志着壳体液压成形技术实现了三个方面的跨越。第一方面,从壁厚角度,实现了由薄板向中厚板的跨越。此前在供水球和装饰球应用的最大厚度是 8mm,液化气球罐的厚度是 24mm。由于厚度增加,焊缝附近存在角变形增大,容易引起内侧焊缝开;第二方面,从材料角度看,实现了由低碳钢向低合金容器钢的跨越。低合金钢焊接接头的淬硬性比低碳钢大,为保证接头具有足够的塑性成形能力,需要严格控制焊接接头质量;第三方面,从存储介质看,由水等介质到液化气这样的易燃易爆介质,容器类别也从常压、一类二类容器发展到三类容器,必须解决胀形对球罐安全性因素的影响,如残余应力、力学性能和壁厚分布的影响。

图 1-12　200m^{3}液化气(LPG)储罐

3. 由球形壳体扩展到非球形壳体

非球形壳体包括椭球壳体、环壳和其他异形壳体。椭球壳体风载荷系数小、外形美观，是国外1000m^{3}大型水塔主体结构，因曲率变化一种椭球壳体需要几套模具，成形工艺比球壳复杂。通过大量理论和实验研究发现，只有当长轴与短轴之比(轴长比)小于$\sqrt{2}$的椭球壳体可以用液压成形技术制造，长轴与短轴之比大于$\sqrt{2}$的椭球壳体赤道会出现失稳起皱不能成形[95-97]。大直径管路弯头目前多采用"虾米腰"近似结构，存在流体阻力大等问题。采用液压成形技术先成形一个整体环壳[98-101]，该环形壳切开后，可获得4个90°的弯头或6个60°管弯头，也可切成任意角度的弯头，具有一定的工业应用价值。

1.3 液压成形技术发展趋势

1.3.1 内高压成形技术发展趋势

内高压成形技术近十几年来在汽车工业得到了广泛应用，汽车等运输工具对减轻质量和降低成本的需求又促进了内高压成形技术的不断改进，使该技术迅速发展。发展趋势为：

1. 超高压成形

目前，工业生产中使用的内高压成形机的增压器最高压力一般为400MPa。为了适应更复杂的结构形状和精度、更大壁厚和高强度材料(超高强钢、钛合金和高温合金等)，需要更高的内压，内压将发展到600MPa甚至1000MPa。超高压成形带来一系列相应的问题需要解决，如超高压管端移动密封、如何减少超高压下的摩擦、模具材料及超高压液体控制精度等。

2. 新成形工艺

拼焊管内高压成形[102]，将不同厚度或不同材料管材焊接成整体，然后再用内高压成形加工出结构件，可以进一步减轻结构质量；采用两端直径不同的锥形管，可制造特殊结构零件，如轿车碰撞时吸收能量结构；双层管内高压成形制造轿车双层排气管件，可提高轿车尾气三元催化和净化效果；采用初始截面形状为非圆形的型材管作为一种预制坯可成形出设计要求的零件；外压成形和内外压结合成形[78]；内高压成形与连接等工艺复合，把几个管材或经过预成形管材放在内高压成形模具内，通过成形和连接工艺复合加工为一个零件，进一步减少零件数量和提高构件整体性。

3. 超高强度钢成形

随着汽车对结构轻量化需求的进一步提高，车体上使用的钢材强度越来越高，材料塑性降低，例如，钢材强度由250MPa提高到1000MPa，塑性由45%降低到12%。材料塑性降低导致开裂倾向严重和成形难度增大,需要对弯曲、预成形、内高压成形工艺、壁厚分布和润滑等进行深入研究。

4. 热态内压成形

为了解决高性能铝合金、镁合金等轻合金材料室温塑性低、成形困难的问题,采用加热加压介质成形异形截面零件是内高压成形发展的一个重要方向[103-110]。目前,以耐热油作为介质的温度可以达到300℃,压力达到100MPa,完全能满足铝合金和镁合金管材成形的需要。热态内压成形的主要问题是成形时间长、效率低。对于钛合金,需要在温度600℃以上成形,目前的耐热油达不到这个温度,采用气体作为成形介质是一个很好的解决方案。

1.3.2 板料液压成形技术发展趋势

1. 提高成形极限和零件质量的成形新技术

充液拉深目前向着主动径向加压充液拉深、正反加压充液拉深、预胀充液拉深、热态充液拉深技术方向发展。主动径向加压充液拉深,除充液室内液体压力作用外,在板料法兰区径向独立施加液压,拉深过程中辅助推动板料向凹模口内流动,可以进一步提高零件成形极限,实现更深、更复杂零件的成形。正反加压充液拉深,在成形坯料的上表面施加液压来配合充液拉深,可以部分甚至全部抵消液室压力导致的反胀,尤其适合成形过程中具有较大悬空区的锥形件等的成形,允许施加更大的液室压力,抑制减薄,提高成形极限。预胀充液拉深,先预胀、再拉深以达到应变硬化来提高大型零件整体刚度的目的,提高零件刚度,省去加强筋板,适合大吉普和商用车的顶盖成形。热态充液拉深,将材料的温热性能与充液拉深的技术优势结合起来,可使铝合金及镁合金等成形性能差的轻体材料成形能力得到提高,促进其在汽车、航空航天领域的应用。

2. 低塑性材料的拉深成形

高性能铝合金、镁合金和超高强度钢等材料强度提高、塑性降低,如铝合金、镁合金板材厚向异性指数小、硬化指数低,与钢相比,更易产生破裂和起皱的倾向,普通冲压工艺往往需要多道工序,工艺复杂。充液拉深技术可以弥补低塑性材料成形性能方面的不足,节省工序、提高效率。

3. 大型复杂型面零件成形

大型复杂型面零件普通冲压成形往往需要与零件形状尺寸一致的凸模及与之型腔相配的凹模,模具成本高,试模周期长。充液拉深成形只需凸模,液室压力起到软凹模的作用使板材贴模,显著降低模具成本,模具调试简单。该技术已经开始应用在汽车工业中大型钣金覆盖件上。

4. 与普通拉深工艺复合,提高效率

普通拉深成形出零件大部分,再用液压成形加工出局部需要的特殊形状,如铝合金车门扣手;或者先充液拉深成形出零件,再用普通成形工艺,如带孔坯料翻边时先拉深,然后液室压力卸载进行翻边,获得较高的直边。

1.3.3 壳体液压成形技术发展趋势

1. 选用轻质传力介质

采用水作为壳体液压成形的传力介质具有成本低和清洁等优点,一个主要问题是对于大容积壳体(1000m^3以上),水的质量很大,壳体支撑难度大,限制了该技术的进一步应用。因此,开发出密度低于水的介质或者通过在水中混合某种轻质材料使混合物密度降低是壳体液压成形的一个主要发展方向。

2. 应用高能束焊接技术和自动化工艺焊接封闭壳体

目前封闭壳体的焊接技术多为手工电弧焊,容易引起焊接接头质量问题导致在成形时开裂。因此,如何在封闭壳体上实现自动化焊接或引入激光等高能束焊接方法是促进该技术普及的一个基础课题。

3. 铝合金等轻质材料球壳液压成形

由于工业上对轻质材料球壳的需要越来越多,进行铝合金等材料球壳液压成形也是今后的一个发展方向。铝合金球壳液压成形难点主要还在于封闭壳体的焊接,因此引入激光等高能束焊接方法显得更为重要。

1.4 液压成形技术新进展

1.4.1 管材内高压成形技术新进展

2007 年以来,内高压成形技术在欧洲汽车工业的应用呈现继续增长的趋势。但是,2014 年后在汽车上的应用量开始减少,汽车零件内高压生产线的数量大体稳定在 110 条,如图 1-13 所示[111]。导致这个现象的主要原因是超高强钢热冲压技术的快速发展,一些内高压成形件被热冲压件所代替。据美国汽车工程学会数据统计,2015 年新车型超高强钢零件的质量占比约为 30%,而低碳钢零件的质量占比由 50%以上下降到约为 30%。与低碳钢成形相比,超高强钢内高压成形存在成形压力高、模具磨损严重、回弹大、尺寸精度差、复杂形状截面成形困难等一系列挑战。为此,德国 Schuler 公司和美国 Vari-Form 公司发展了低压顺序成形技术(SHS)[112,113],该技术可比常规内高压成形技术降低压力 30%左右,并且可以有效降低模具磨损,已经在超高强零件内高压成形生产中得到应用。

中国内高压成形技术虽然起步较晚,但是,近年来在汽车工业快速发展的推动下获得了长足的发展,图 1-14 是中国内高压成形生产线的情况。2005 年宝钢从德国 Schuler 公司引进了第一台 5000t 内高压成形设备,开始用于汽车底盘零件研发和小批量生产。哈尔滨工业大学流体高压成形技术研究所,2000 年

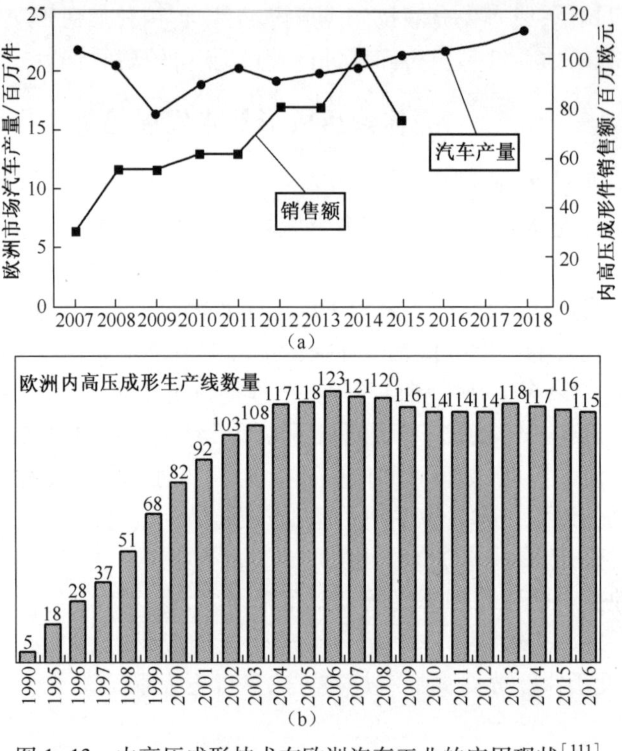

图 1-13　内高压成形技术在欧洲汽车工业的应用现状[111]

(a)销售额;(b)生产数量。

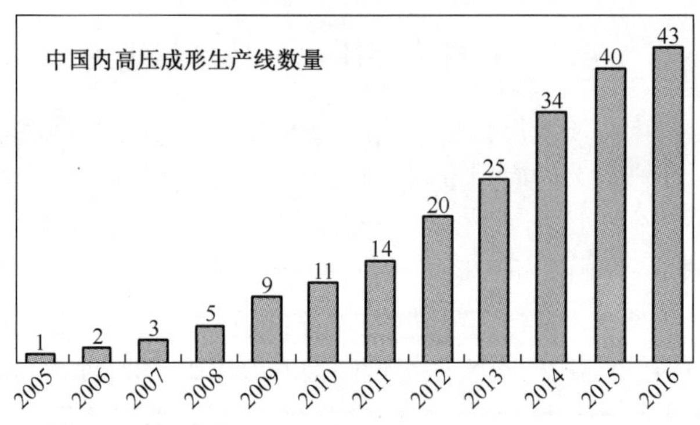

图 1-14　中国内高压成形生产线的情况

研制出第一代内高压成形设备,2006 年为汽车零部件企业提供首台具有自主知识产权的内高压成形设备。经过十余年持续不断研发和改进,形成了第三代数控内高压成形设备系列化产品,各项技术指标和功能达到国际同类设备的水平,其中基于液体压缩补偿的压力控制精度优于国外最高指标一个数量级。据不完全统计,目前在中国汽车工业生产中应用的内高压设备约有 43 台(套),其中哈尔滨工业研制的设备占有率约为 60%,德国 Schuler 公司和瑞典 AP&T 公司的占有率约为30%,日本公司的占有率接近10%。由此可见,中国打破了德国等发达国家对内高压成形技术与设备的封锁与垄断,使得大型数控内高压成形设备成本远低于国外设备的价格,有效地促进了内高压成形技术在自主品牌轿车底盘等关键零件上的大批量应用。

日本学者 Kuwabala 教授等利用其研制双轴加载装置系统地研究在拉-拉应力状态下管材的屈服行为,证明了各向异性管材适应的屈服准则[114,115]。Manabe 教授等探索了三通管液压成形过程智能控制方法,通过在过渡圆角区放置位移传感器,实现了圆角半径的实时检测与智能控制[116,117]。微小件液压成形是近年发展起来的新方向,德国学者 Hartl 教授在微液压成形基础理论、工艺和装置方面取得了重要进展[118,119]。德国斯图加特大学金属成形技术研究所[120]和开米尼茨大学机床与成形技术研究所[121]在管材成形极限、高强钢管材成形工艺及模具方面做了大量研发工作。

近年来,内高压成形技术在中国得到了迅速发展,应用领域不仅有汽车行业,还有航空航天等高技术行业。尤其是哈尔滨工业大学流体高压成形技术研究所在管材内高压成形基础理论、工艺、装备及应用领域等方面均取得重要进展,具体表现为:

在内高压成形基础理论方面,发展了各向异性管材力学性能和应力-应变曲线直接测试方法,研发出专用测试装置,解决单向拉伸无法准确描述复杂应力状态各向异性管材变形行为的难题[122],研究了二维应力状态下管材失稳行为,揭示了法向应力对起皱和开裂等缺陷的影响规律[123-125]。

在内高压成形工艺方面,研发出大尺寸超薄构件内高压成形技术,构件径厚比(直径与厚度之比)达到200;研究了预制坯形状优化方法和充液压制成形技术[126],解决了大尺寸薄壁管预制坯压制失稳无法获得合理形状的难题;发展了多种介质(水介质、油介质、热油介质、半液体介质等)压力成形技术,实现了从室温成形发展到高温成形,为镁合金、铝锂合金、钛合金难变形材料复杂构件的成形提供了新技术[127,128]。

在内高压成形设备方面,发明了快速精确的可变合模力技术和基于液体体积压缩补偿的压力控制方法,研发出系列化大型数控内高压成形设备,设备总体性能达到国际先进水平,其中压力控制精度和速度处于国际领先水平,为各类企业提供三十余台(套)内高压成形设备。

在工业应用方面,除了在轿车零件中获得大批量应用外,还实现了内高压成形技术在航空航天领域的应用。应用的产品包括运载火箭、卫星、飞船、高速飞行器和飞机的关键构件(图 1-15),应用的材料有不锈钢、铝合金、钛合金和高温合金等。内高压成形件形状精度、性能和结构整体性优于传统制造技术的产品,大幅提高了航空航天装备的可靠性。

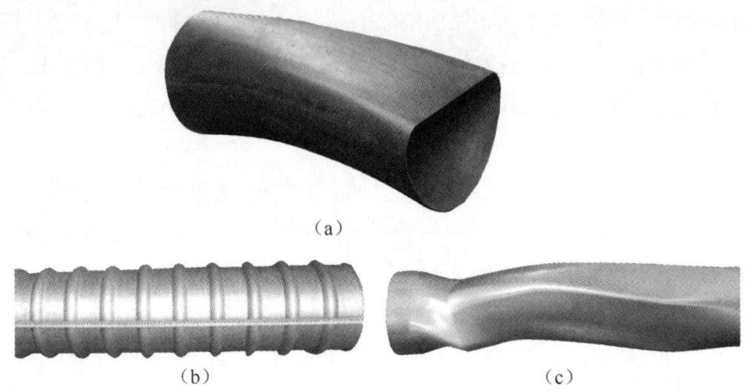

(a)

(b)　　　　(c)

图 1-15　哈尔滨工业大学研制的航空航天领域内高压成形件

(a)高速飞行器钛合金构件;(b)运载火箭铝合金构件;(c)飞机不锈钢整体构件。

1.4.2　板材液压成形技术新进展

德国斯图加特大学金属成形技术研究所对铝合金和高强钢板材液压成形技术和模具进行了系统研究[129]。日本 Amino 公司北美分公司研发出汽车覆盖件板材液压成形生产线,在 2011 年开始了铝合金(5182-O、6111-T4、6022-T4)发动机罩、顶盖、车门外板和车门内板的批量生产,应用的车型包括通用和福特的皮卡车及高档跑车[130]。6000 系铝合金外板的厚度 0.8~1.0mm,5000 系车门内板的厚度 1.5mm。

哈尔滨工业大学流体高压成形技术研究所近年来系统地研究大尺寸曲面构件液压成形起皱行为、高性能铝合金构件液压成形工艺及组织性能演化规律[131,132];提出了多向加载液压成形技术,通过控制板材正向压力与反向压力的比值,使得变形区处于合理应力状态,解决了铝合金深腔曲面构件起皱和开裂同时发生的难题,研制出复杂形状的深腔曲面构件(图 1-16),形状精度和力

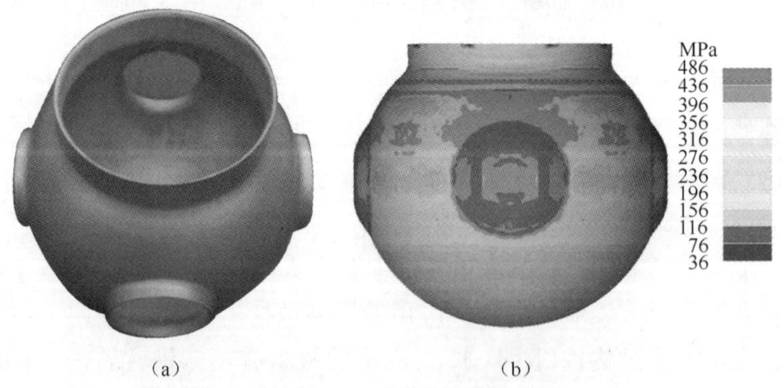

(a)　　　　(b)

图 1-16　哈工大研制的复杂形状深腔曲面构件

(a)实物照片;(b)等效应力。

学性能均满足使用要求,已经应用于实际产品;突破了大体积高压液体介质增压和闭环控制技术,研制出世界上最大的 $5m^3$ 板材液压成形系统,可实现直径大于 3m 的深腔曲面构件整体成形。

1.4.3 封闭壳体液压成形技术新进展

前期的理论分析和大量实验研究表明:采用无模液压成形只能成形出轴长比(长轴直径与短轴直径之比) $1 \leqslant \lambda \leqslant \sqrt{2}$ 的椭球壳体,可获得合格产品。对于轴长比 $\lambda > \sqrt{2}$ 的椭球壳体,在液压成形过程中,因赤道带存在纬向压应力导致起皱,而无法成形出合格产品;对于轴长比 $\lambda < 1$ 的长椭球壳体,因极板刚度大难于发生变形,导致无法成形出合格产品,如图 1-17 所示。

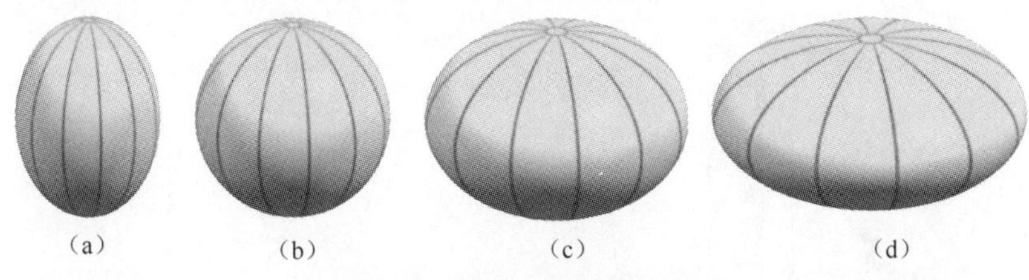

图 1-17 壳体液压成形范围

(a) $\lambda < 1$; (b) $\lambda = 1$; (c) $1 < \lambda \leqslant \sqrt{2}$; (d) $\lambda > \sqrt{2}$。

针对这个难题,本书作者提出了双母线椭球壳体液压成形方法[133-135],用一段轴长比 $1 < \lambda < \sqrt{2}$ 的椭球壳代替存在压应力的赤道带,形成了双母线组合结构椭球壳体,使得双母线组合壳体整体处于双向拉应力状态,从而避免了发生起皱缺陷。同样,还将该思想用于长椭球壳的液压成形,用一段球壳代替极带区的平板,使得长椭球各处的屈服内压基本相同,解决了长椭球壳液压成形过程中极板不变形的难题[136]。

1.4.4 液压成形领域文献分析

随着液压成形技术的发展和应用领域的不断拓宽,液压成形技术领域的学术交流也不断增加。通过对 2005 年以来发表的 480 篇学术论文,分析了液压成形技术的发展趋势和世界主要国家的研究状况,如图 1-18 所示。从发表的论文数量看,2011 年前发表的论文总体上是显现增加的趋势,但是,2011 年后发表论文的数量显著减少。这表明液压成形技术已经发展到相对成熟的阶段,需要研究的理论和工艺问题少了,主要任务是转向了工业应用;从不同国家的情况看,发表论文前 5 名国家分别是中国、美国、伊朗、韩国和德国。中国学者发表的论文数量最多,远远高于其他国家,这表明液压成形技术在中国具有巨大的工业需求和应用背景,政府和企业给予大量资金支持,使得中国在液压成形技术领域的研究非常活跃。关于内高压成形(管材液压成形)方面的代表性

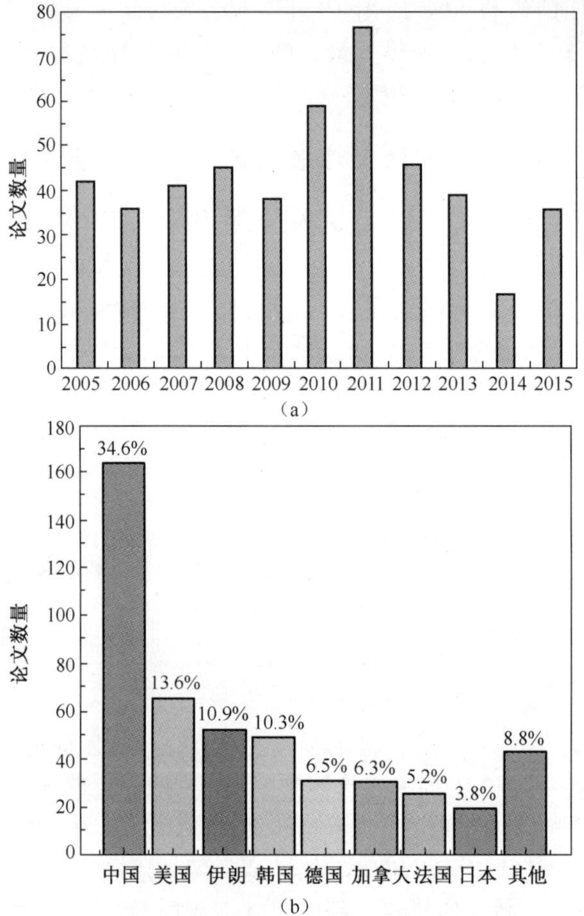

图 1-18　液压成形领域发表的学术论文情况

(a)按年度的分布;(b)按国家的分布。

论文,读者可阅读参考文献[137-150],板材液压成形方面的代表性论文,读者可阅读参考文献[151-162]。

在国际会议方面,有两个液压成形技术领域的系列国际会议。一个是德国斯图加特大学金属成形技术研究所从 1999 年开始主办的 International Conference on Hydroforming of Sheets,Tubes and Profiles,该国际会议参加者主要是欧洲和北美的学者和企业技术人员,论文的内容偏重于技术层面和实际应用;另一个是日本、中国和韩国在 2003 年发起的 International Conference on Tube Hydroforming (Tubehydro),该国际会议每两年举行一次,轮流在中、日、韩举行,后来扩展到在我国台湾地区和泰国举行,参加者主要是来自亚洲国家的学者和技术人员,论文的内容包括学术研究、技术开发和工业应用。

第 2 章 变径管内高压成形技术

2.1 工艺过程和应用范围

2.1.1 工 艺 过 程

变径管是指管件中间一处或几处的管径或周长大于两端管径或周长,其主要的几何特征是管件直径或周长沿着轴线变化、轴线为直线或弯曲程度很小的二维曲线。

变径管内高压成形工艺过程可以分为三个阶段(图 2-1):充填阶段(图 2-1(a)),将管材放在下模内,然后闭合上模,使管材内充满液体,并排出气体,将管的两端用水平冲头密封;成形阶段(图 2-1(b)),对管内液体加压胀形的同时,两端的冲头按照设定加载曲线向内推进补料,在内压和轴向补料的联合作用下使管材基本贴靠模具,这时除了过渡区圆角以外的大部分区域已经成形;整形阶段(图 2-1(c)),提高压力使过渡区圆角完全贴靠模具而成形为所需的工件,这一阶段基本没有补料。

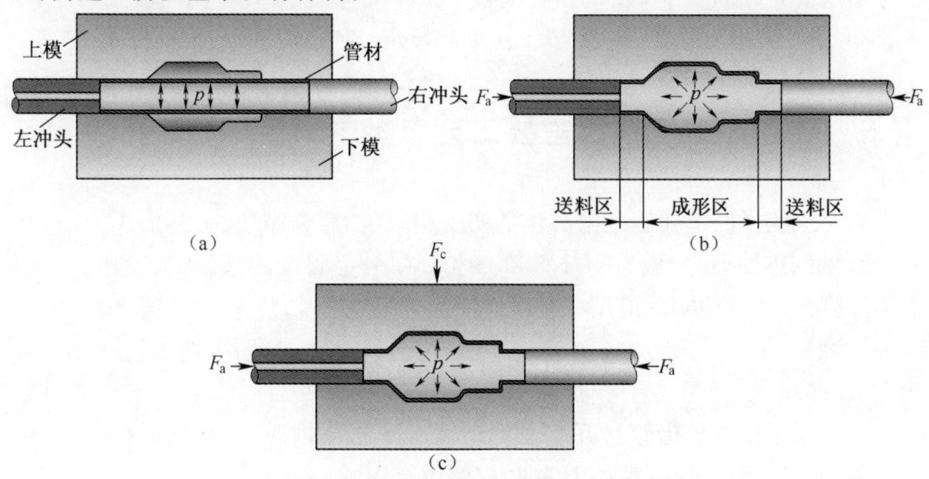

图 2-1 变径管件内高压成形工艺过程

(a)充填阶段;(b)成形阶段;(c)整形阶段。

从截面形状看,可以把管材的圆截面变为矩形、梯形、椭圆形或其他异形截面,如图 2-2 所示。根据受力和变形特点,零件分为成形区和送料区两个区间。成形区是管材直径发生变化的部分;送料区是在模具内限制管材外径不变,主要作用是向成形区补充材料。

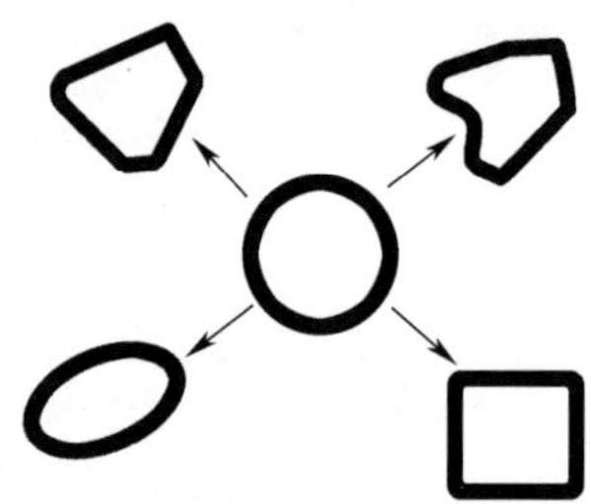

图 2-2　变径管内高压成形截面变化

2.1.2　应 用 范 围

变径管内高压成形技术适用于制造汽车进、排气系统,飞机管路系统,火箭动力系统,自行车和空调中使用的异形管件和复杂截面管件,主要用于管路系统中的功能元件或连接不同直径的管件。此外,小型飞机发动机的空心曲轴和传动系统中空心阶梯轴也可以采用内高压成形技术制造。

变径管的结构又分为对称和非对称两种形式。非对称变径管又有上下不对称、左右不对称和完全不对称三种结构形式。非对称结构的,尤其是上下不对称结构,成形难度要大于对称结构。

适用的管径为 25~200mm,壁厚为 1~8mm,管径与壁厚比一般为10~50。汽车和飞机中使用的变径管壁厚一般为 1~3mm,空心轴壁厚为 4~8mm。

2.2　主要工艺参数的确定

内高压成形的主要工艺参数包括初始屈服压力、开裂压力、整形压力(成形压力)、轴向进给力、合模力和补料量。本节在一定假设的基础上,给出这些参数的计算公式,方便实际应用中初步选择工艺参数。

2.2.1　初始屈服压力

初始屈服压力是指管材开始发生塑性变形所需内压。假设管材为承受内压作用的圆柱壳体,设轴向应力 σ_z和环向应力 σ_θ的比值 $\sigma_z/\sigma_\theta=\xi$,主应力顺序为 $\sigma_1=\sigma_\theta$, $\sigma_3=-\sigma_z$,由 Tresca 屈服准则求得初始屈服压力 p_s的计算公式为

$$p_s = \frac{1}{1-\zeta}\frac{2t}{d}\sigma_s \tag{2-1}$$

式中 σ_s——材料屈服强度(MPa);

t——管材壁厚(mm);

d——管材直径(mm);

ξ——轴向应力 σ_z 和环向应力 σ_θ 的比值。

内高压成形时施加的轴向力为压应力,ξ 的取值范围是 $-1\leqslant\xi\leqslant0$。当 $\xi=-1$ 时,初始屈服压力为

$$p_s = \frac{t}{d}\sigma_s \tag{2-2}$$

当无轴向力作用时,$\xi=0$,即自由胀形时的初始屈服压力为

$$p_s = \frac{2t}{d}\sigma_s \tag{2-3}$$

作为工程上的简便应用,经常采用式(2-3)估算初始屈服压力,这样既简单又趋于可靠。

2.2.2 开裂压力

纯胀形时的开裂压力 p_b 可以用下式估算:

$$p_b - \frac{2t}{d}\sigma_b \tag{2-4}$$

式中 σ_b——材料的抗拉强度(MPa)。

图 2-3 是用不同材料和不同壁厚管材获得的开裂压力实验值与式(2-4)计算值的比较。由该图可见,用式(2-4)计算的开裂压力与实验吻合较好,不仅适用于钢管,还适用于铝合金和铜合金管材。

2.2.3 整形压力

在内高压成形后期,工件大部分已成形,这时需要更高的压力成形截面过渡圆角和保证尺寸精度,这一阶段称为整形,如图 2-4 所示。由于整形是内高压成形的最后阶段,因此整形压力也称为成形压力。整形阶段无轴向进给,整形所需压力 p_c 可用下式估算:

$$p_c = \frac{t}{r_c}\sigma_s \tag{2-5}$$

式中 r_c——工件截面最小过渡圆角半径(mm);

t——过渡圆角处的平均厚度(mm);

σ_s——整形时材料流动应力(MPa)。

对于硬化材料,整形压力需要根据应变硬化公式求得,作为一种估算,可以

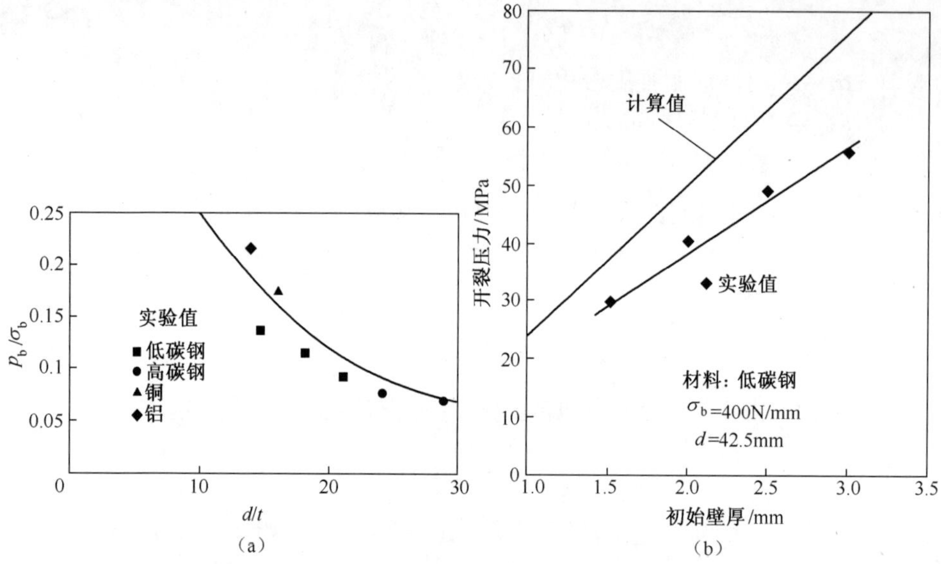

图 2-3　开裂压力实验值与计算值比较

(a)不同材料;(b)不同壁厚。

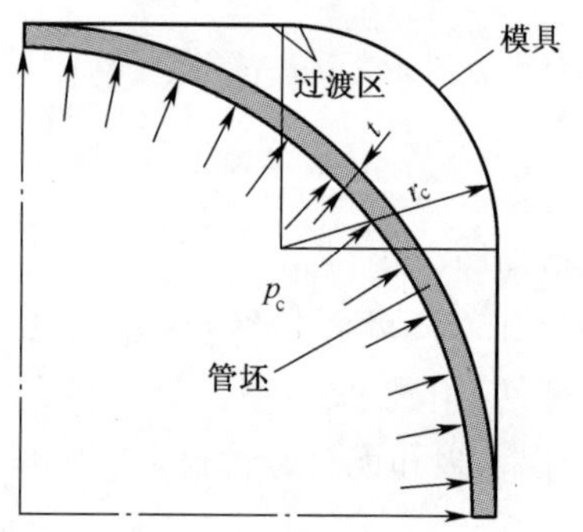

图 2-4　过渡圆角整形压力计算示意图

用材料屈服强度和抗拉强度的平均值的简化算法求得。

图 2-5 所示为整形压力与过渡圆角半径的关系。整形压力随着圆角半径减小而增加,也就是说,圆角半径越小,成形压力越高,需要的合模压力机吨位越大。因此,从设计角度,在满足使用要求的情况,过渡圆角半径应该尽量大。一般地,圆角半径 $r_c=(4\sim10)t$,整形压力约为材料屈服强度的 1/4～1/10。

2.2.4　轴向进给力

轴向进给力 F_a 由三部分构成:冲头上的高压液体反力 F_p、摩擦力 F_μ 及保持管材塑性变形所需的力 F_t。如图 2-6 所示,它是选择水平缸能力的主要工艺参数。假设管材与模具接触的正压力等于内压,F_a 由下式计算:

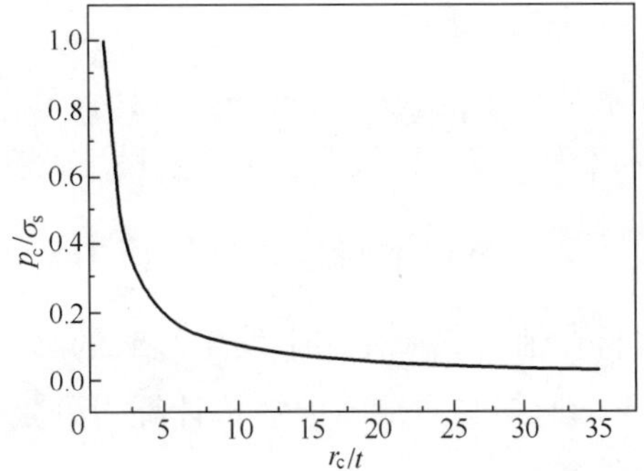

图 2-5 整形压力与过渡圆角半径的关系

$$F_a = (F_p + F_\mu + F_t) \times 10^{-3} \tag{2-6}$$

$$F_p = \pi \frac{d_i^2}{4} p_i$$

$$F_\mu = \pi d l_\mu p_i \mu$$

$$F_t = \pi d t \sigma_s$$

式中 d_i——管材内径(mm);

l_μ——管材与模具的接触长度(mm);

μ——摩擦因数。

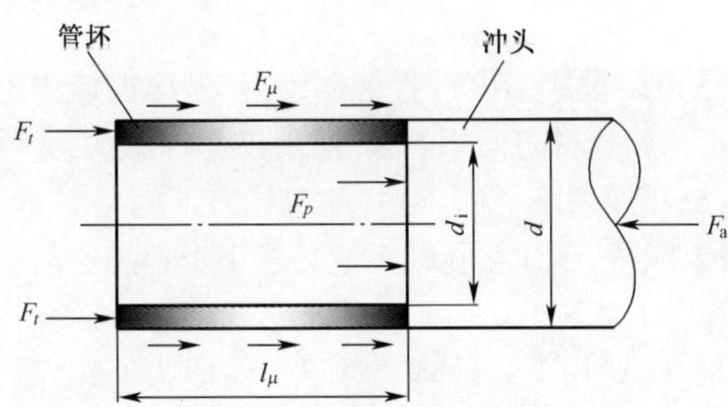

图 2-6 轴向进给力的构成

在构成轴向进给力的三部分中,液体反力占绝大部分,其次是管材与模具之间的摩擦力,最小的是保持管材塑性变形所需的力,在实际应用中,可以采用下式进行估算:

$$F_a = (1.2 \sim 1.5) F_p \tag{2-7}$$

2.2.5 合 模 力

合模力 F_c是在成形过程中使模具闭合不产生缝隙所需要的力,计算合模力主要是为了确定合模压力机能力,合模力计算公式为

$$F_c = A_p p_c \times 10^{-3} \tag{2-8}$$

式中 p_c——整形压力(MPa);

A_p——工件在水平面上的投影面积(mm^2),对于轴向为曲线的零件,投影面积A_p为宽度与轴线在水平面上投影长度之积。

2.2.6 轴向起皱临界应力

无内压作用时管材在轴向载荷作用下发生起皱的临界应力σ_{cr},可以用下式估算(在内压作用下的起皱临界应力的解析计算十分复杂,将在第5章详细介绍):

$$\sigma_{cr}=\frac{E_t t}{1.65d} \tag{2-9}$$

式中 d——管材直径(mm);

t——管材壁厚(mm);

E_t——塑性模量(GPa),简单估算$E_t=E/100$,其中E为弹性模量(GPa)。

2.2.7 补 料 量

用内高压成形技术制造变径管的一个主要特点是通过轴向补料可以减少成形区壁厚减薄和提高膨胀率,因此补料量是确定水平缸行程的一个重要参数。

理想补料量是指假设成形前后管材壁厚不变,根据体积不变条件,由成形后工件表面积等于初始管材表面积的条件,求出此理想状态下的补料量。在实际工艺中,由于摩擦和加载路径的影响,理想状态下的补料量不能完全送到成形区,成形区壁厚要减薄,因此实际补料量必然小于理想补料量,一般为理想补料量的60%~80%。对于图2-7所示的简单形状的圆截面变径管件,管材初始长度l_0和理想补料量Δl用下式计算。对于其他形状工件,需要根据表面积相等原理计算。

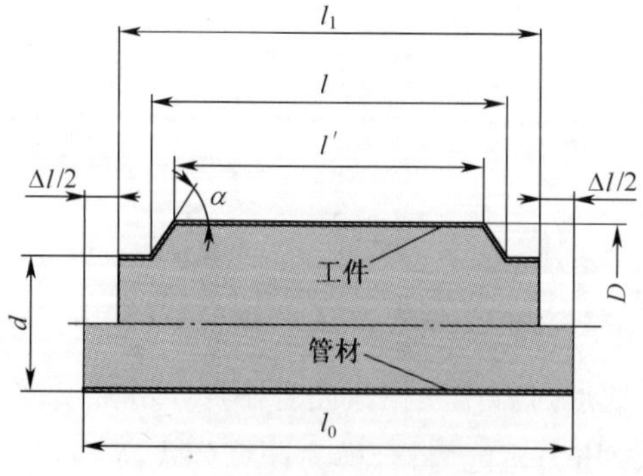

图2-7 理想补料量计算示意图

$$l_0 = \frac{Dl'}{d} + \frac{D^2 - d^2}{2d\sin\alpha} + (l_1 - l) \tag{2-10a}$$

$$\Delta l = l_0 - l_1 = \frac{Dl'}{d} + \frac{D^2 - d^2}{2d\sin\alpha} - l \tag{2-10b}$$

式中　Δl——理想补料量(mm)；

l_0——管材初始长度(mm)；

l_1——工件长度(mm)；

l——成形区长度(mm)；

α——过渡区半锥角(°)；

l'——最大直径处长度(mm)，$l' = l - (D - d)/\tan\alpha$；

d——管材外径(mm)；

D——工件外径(mm)。

2.3　缺陷形式和加载曲线

2.3.1　缺 陷 形 式

变径管内高压成形是在内压和轴向进给联合作用下的复杂成形过程,如果内压过高,则会减薄过度甚至开裂;如果轴向进给过大,会引起屈曲或起皱,主要缺陷形式如图 2-8 所示。只有给出内压力与轴向进给的合理匹配关系,才能获得合格的零件。

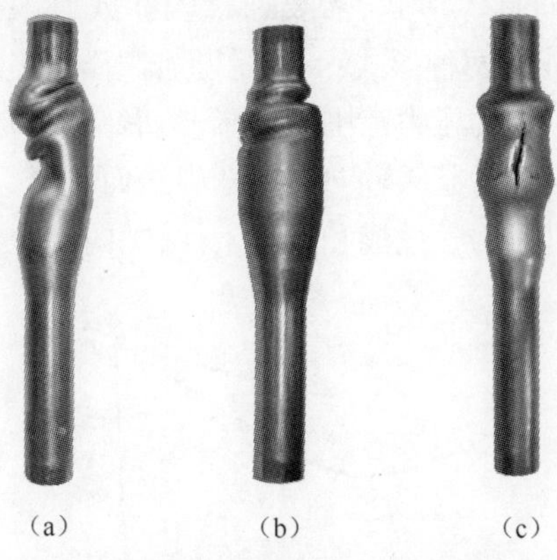

(a)　　(b)　　(c)

图 2-8　变径管内高压成形缺陷形式

(a)屈曲;(b)起皱;(c)开裂。

屈曲是当管材成形区长度过长,在成形初期还没有在管材内建立起足够大的内压时,施加了过大的轴向力造成的。这种缺陷可以通过选择合理管材长度、增加预成形工序和控制工艺参数加以解决。

当轴向力过大时,将产生皱纹。在成形初期产生的皱纹数量、位置和形状与管材几何尺寸和加载条件有关。皱纹可以分为两类:一类是后期加压整形无法展平,这类皱纹称为死皱,它是一种缺陷,可以通过调节加载路径防止这类皱纹产生,但是工艺复杂;另一类通过后期加压可以展平,称为“有益皱纹”,这类皱纹不仅不是缺陷而且还可以作为一种预成形的手段,在成形初期将管材推出皱纹以补充材料,但前提条件是后续整形压力能将皱纹展开,后面将详细讨论。

对于低碳钢材料,当管件的膨胀率大于40%时,内压过高容易使管件发生开裂,开裂压力可以用式(2-4)估算。破裂由管壁的局部减薄所引起,减薄开始的时刻取决于管壁厚度、材料力学性能和加载条件。为了避免开裂,必须保证管壁在发生颈缩前贴靠模具。对于膨胀率较大的零件,采用中间预成形坯或退火是避免开裂的主要方法。

2.3.2 成形区间和加载曲线

成形区间是指管材既不起皱又不破裂的轴向应力和内压之间匹配的区间,如图2-9所示,通过该图可以确定起皱的临界轴向压力和开裂压力。成形区间是由 a、b 和 c 三条线围成的区域,a 线表示保持管材进入屈服开始塑性变形时轴向应力和内压之间的关系,该曲线方程由Mises屈服准则确定,其中 a_1 点代表的初始屈服压力,由式(2-3)计算;b 线表示开裂压力,其中 b_1 点表示无轴向应力时的开裂压力,可以由式(2-4)估算;c 线代表产生皱纹的轴向应力,其中 c_1 为无内压时的起皱轴向应力,可以用式(2-9)估算,而在内压作用下的起皱临界应力,或者说 c 线的具体形式,需要通过实验或有限元分析或复杂的解析公式估算确定。c 线可能有两种形式:一种是随着内压的提高,起皱轴向应力一直提高;另一种情况是在一定的压力范围内下降,然后又提高。对于这种情况,有些实验仅完成了前阶段,表现为起皱轴向应力随内压而下降。实际工艺中具体形式取决于管材几何尺寸、材料力学性能和加载条件(轴向应力与内压的比值)。

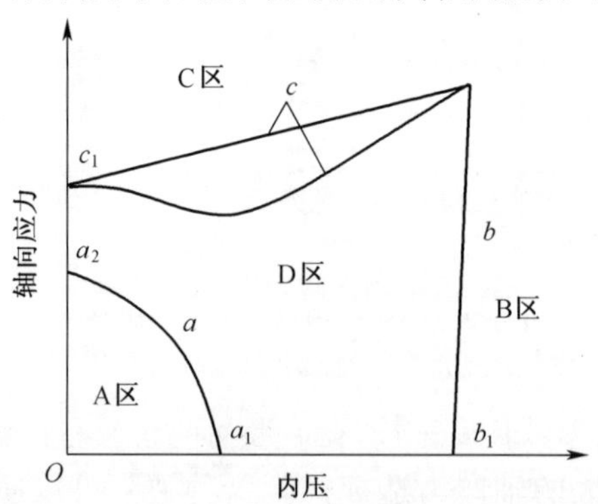

图2-9 轴向应力和内压之间关系示意图

这三条线分为 A 区、B 区、C 区和 D 区四个区间，其中 A 区为弹性区，在该区间内管材还处于弹性范围内；B 区为开裂区，当内压在这个区间内管材将发生开裂；C 区为起皱区，当轴向应力在该区间内将发生起皱；D 区为成形区，只有当内压和轴向应力的匹配关系在这个范围内，才确保管材发生塑性变形、既不起皱又不破裂。

对于一定材料和几何尺寸的管材，可以通过实验或数值计算确定成形区间和应力比对起皱临界应力及开裂压力的影响。图 2-10 所示为直径 36mm、壁厚 0.6mm、初始长度 108mm 的 304 不锈钢，管材的轴向应力与内压关系的实验曲线。从该图看出，随着内压提高，管材抗皱能力先有提高。然后略有下降，而后又提高，对于这种规格的管材，其抗皱能力总体是提高的。随着轴向应力的增加，开裂压力增加，说明提高轴向应力有利于避免开裂现象的发生。

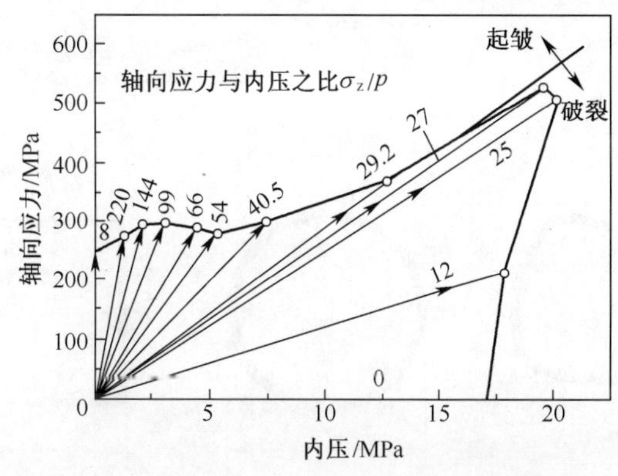

图 2-10　轴向应力和内压之间关系的实验曲线

但在实际工艺控制过程中，由于摩擦等因素的影响，很难准确控制轴向力，因此在生产中通常采用的是内压和轴向进给或轴向补料量之间的关系，如图 2-11 所示，这种关系又称为加载曲线或加载路径。确定加载曲线的关键问题是如何确定内压的上下限，通常的办法是先通过数值拟合获得初步加载曲线，然后再通过工艺实验确定正式的加载曲线。在成形区间内的任何加载曲线都可以获得合格的零件，但是加载曲线位置不同，获得零件的壁厚减薄程度不同，靠近上限时壁厚减薄大，靠近下限时，壁厚减薄小。对于一种零件，成形区间的内压范围越大越好，这样容易实现工艺控制。

2.3.3　极限膨胀率

膨胀率是指零件某一个截面周长相对于管材初始周长的变化率，用百分数表示。极限膨胀率是指在没有预成形的情况下，从管材初始圆截面一次能成形的最大膨胀率，如图 2-12 所示。极限膨胀率是标志变径管内高压成形技术水平的一个重要指标。

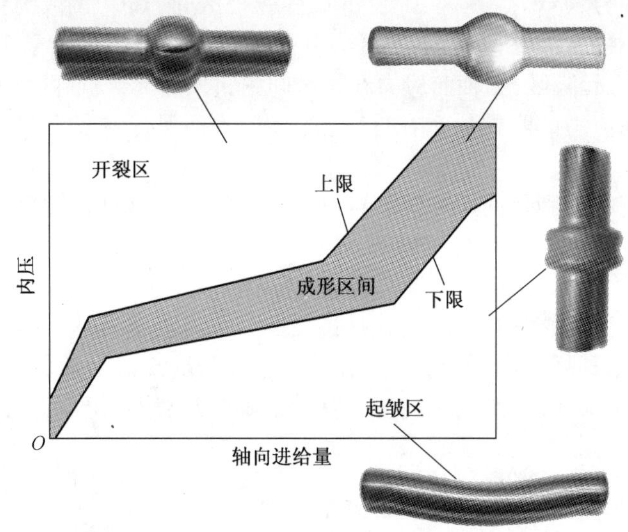

图 2-11　成形区间和加载曲线

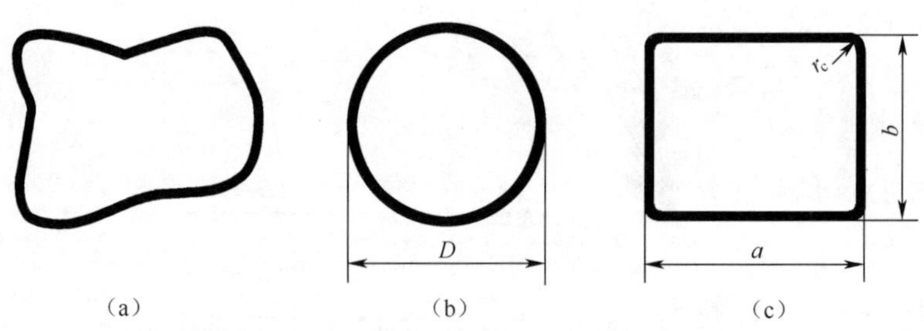

图 2-12　极限膨胀率定义示意图

(a)任意形状截面;(b)圆截面;(c)矩形截面。

膨胀率用下式计算:

$$\eta = \frac{C - \pi d}{\pi d} \times 100\% \tag{2-11a}$$

对于最大截面为圆形的变径管,膨胀率计算公式简化为

$$\eta = \frac{D - d}{d} \times 100\% \tag{2-11b}$$

对于最大截面为矩形的变径管,膨胀率计算公式简化为

$$\eta = \frac{(2a + 2b - 4r_c) - \pi d}{\pi d} \times 100\% \tag{2-11c}$$

式中　η——膨胀率;

C——零件截面周长(mm);

d ——管材直径(mm);

D ——零件截面直径(mm);

a、b ——矩形截面长度、宽度(mm);

r_c——矩形截面过渡圆角半径(mm)。

对于极限膨胀率 η_{max},需将式(2-11)中的截面周长换成零件最大截面周长或最大截面直径。影响极限膨胀率的主要因素有管材力学性能(包括延伸率、硬化指数 n、厚向异性指数 r)、零件形状、成形区长度和加载曲线,此外壁厚和最大截面部位也有一定影响。对于成形区长度为管径 2 倍的圆截面变径管,通过实验获得的不同材料的极限膨胀率如表 2-1 所列,其中的纯胀形是指没有轴向补料时的情况。

表 2-1　圆形截面管件的极限膨胀率

材料	η_{max}/%	纯胀形 η_{max}/%
不锈钢	100	35
低碳钢	80	25
铝合金	40	20
铜合金	120	60

延伸率越大,开裂前的允许变形程度越大,则极限膨胀率越大。硬化指数越大,应变硬化能力强可促使变形区应变分布趋于均匀,同时还可以提高材料的局部变形能力,则极限膨胀率越大,所以不锈钢的极限膨胀率明显大于铝合金。零件最大截面的位置对极限膨胀率也有较大影响,最大截面位于工件两端,容易补料,可以获得较大的极限膨胀率;最大截面位于工件中部,不容易补料,极限膨胀率相对较小。一般来讲,管材厚度增大,极限膨胀率有所增大,但幅度较小。由于变形不均匀的原因,非对称形状结构的极限膨胀率小于对称形状结构。

图 2-13 所示为成形区长度与直径之比(l/d)对极限膨胀率的影响[21],其中管材直径为 40mm, 壁厚为 1mm,无轴向补料作用。成形区长度与管材外径之比l/d=1~3 时,极限膨胀率最大;当 l/d>3 时,成形区长度增大对极限膨胀率影响不大;当 l/d<1 时,成形区长度减小,极限膨胀率急剧下降。

图 2-14 所示为通过理论解析获得的管材各向异性对极限膨胀率的影响[22]。在环向的 r 值一定的情况下($r_\theta = 1.0$),轴向的 r 值(r_z)越大极限膨胀率越大; $r_z = 1.0$ 时,成形区长度越短, r_θ 值越小,极限膨胀率越大,对于 $l/d_0 \geq 2$ 的管材, r_θ 值的变化对极限膨胀率不会产生影响。

2.3.4　起皱的控制和利用

前面提到,皱纹分为两种:一种是成为缺陷的死皱;另一种是可以通过后续加压展平的有益皱纹。本节将从几何角度介绍如何控制和利用皱纹。

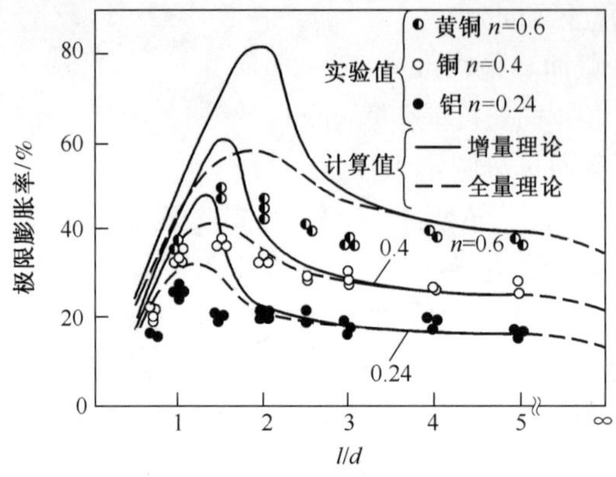

图 2-13　成形区长度与直径之比对极限膨胀率的影响[21]

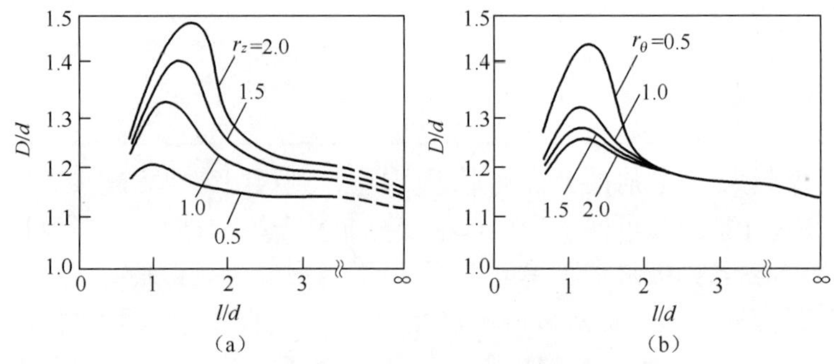

图 2-14　管材各向异性对极限膨胀率的影响[22]

(a)环向各向异性指数 $r_\theta = 1.0$;(b)轴向各向异性指数 $r_z = 1.0$。

利用有益皱纹的内高压成形原理如图 2-15 所示。主要成形步骤如下:首先在管材 1 内施加一定数值内压作为支撑(图 2-15(a)),然后冲头 2 向内推进一段距离 Δl(称为起皱补料量),使管材形成带皱纹的预成形坯 3(图 2-15(b)),然后加压将皱纹展平贴靠模具型腔成形为工件 4(图 2-15(c))。

图 2-15 中原始管材长度为 l_0,工件长度为 l_1,成形区长度为 l,管材原始外径为 d,成形后工件外径为 D,型腔过渡半锥角为 α,最大直径区长度为 $l' = l - (D - d)/\tan\alpha$。

假设形成皱纹的数目为 n,在型腔均匀分布,皱纹波形为正弦曲线,曲线波峰贴模,波谷为原始管径。形成此皱形状态下的补料量称为起皱补料量,形成皱纹数量不同,补料量也不同。

设 S 为工件的表面积,S' 为单个皱纹的表面积,l_W 为单个皱纹的宽度,h 为皱纹正弦曲线的幅值,可见 h 的最大值为 $(D - d)/2$,当半锥角较小时,半锥角区皱纹曲线的 h 值要小于此值,则单个皱纹曲线方程为

$$y = h\sin\left(\frac{\pi}{l_W}x\right) + \frac{d}{2} \qquad (0 \leqslant x \leqslant l_W)$$

单个皱纹的表面积为

$$S' = 2\pi \int_0^{l_W} \left[h\sin\left(\frac{\pi}{l_W}x\right) + \frac{d}{2} \right] \sqrt{1 + \frac{h^2\pi^2}{4l_W^2}\cos^2\left(\frac{\pi}{l_W}x\right)}\,\mathrm{d}x \tag{2-12}$$

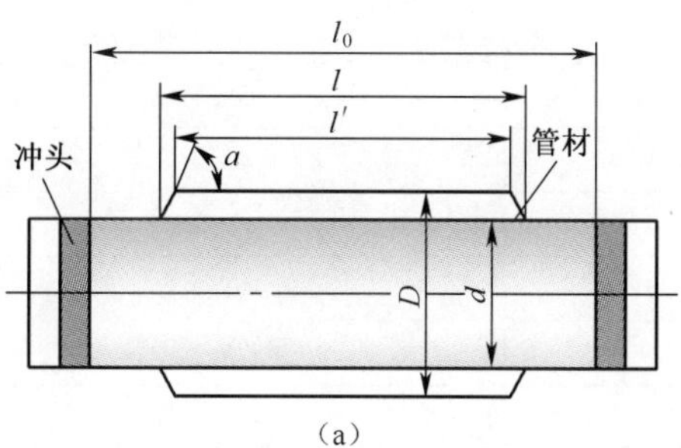

(a)

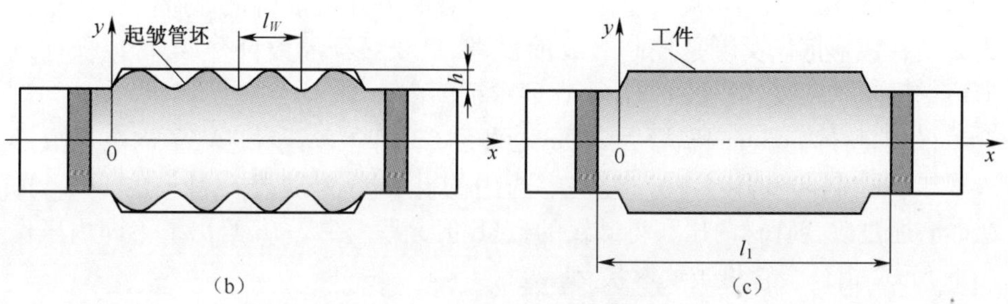

(b)　(c)

图 2-15　起皱的控制和利用

(a)初始阶段;(b)起皱阶段;(c)整形阶段。

设形成皱纹的过程中管材壁厚保持不变,由体积不变条件,则起皱后管材表面积与初始管材表面积相同,即 $nS' = \pi d l_0$,可计算出形成 n 个该形状皱纹所需的补料量为

$$\Delta l = l_0 - l_1 = \frac{nS'}{\pi d} - l_1 \tag{2-13}$$

由于起皱后管材表面积 nS' 与工件表面积 S 之间可能存在差异,当 $nS' < S$ 时,工件成形区将出现减薄,其平均减薄率为

$$\bar{\delta}_t = \frac{S - nS'}{S} \times 100\% \tag{2-14}$$

对于 $D = 88\text{mm}$、$d = 65\text{mm}$、$\alpha = 20°$,成形区长度 $l = 65\text{mm}$、97.5mm 和 130mm 三种情况,即长径比 $l/d = 1$、1.5、2,计算不同皱纹数量、补料量、壁厚平均减薄率(负值代表壁厚增加),具体结果见表 2-2。

表 2-2 皱纹数目与壁厚平均减薄率的关系

长径比	皱纹数目	补料量/mm	平均减薄率/%
1	2	23.2	9.4
	3	28.7	6.1
	4	41.0	-1.2
1.5	3	35.3	7.2
	4	44.7	2.7
	5	58.1	-3.6
2	3	43.4	7.3
	4	49.9	4.7
	5	61.2	0.3
	6	75.2	-5.2

从表2-2中可以看出,对于不同长径比工件,随皱纹数目增加,需要的补料量增加,壁厚减薄变小,甚至增厚。通过起皱的方式可以将成形所需补料量预先聚集在成形区。关键是控制皱纹的数量,只要皱纹的数目合理,可以保证成形后壁厚基本不变,或将减薄控制在要求范围内。

采用直径为63mm、壁厚为2.0mm的5A02铝合金管材进行了内高压成形过程皱纹控制与利用实验。实验中选用的补料量为理想补料量的80%,即30mm,通过改变管材内压获得皱纹的数量和形状。图2-16给出了不同内压作用下5A02铝合金管材皱纹形状。

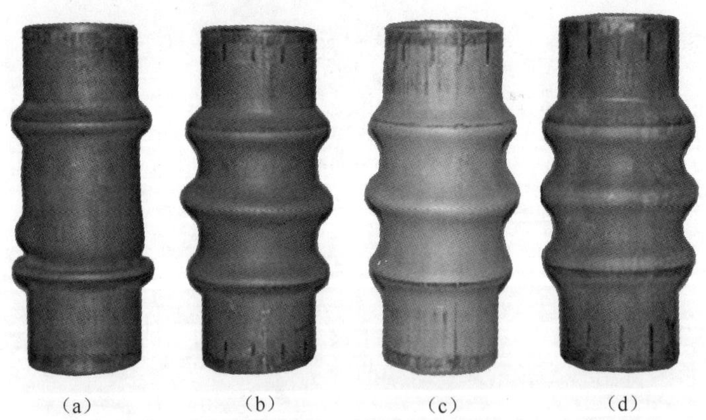

(a)　　(b)　　(c)　　(d)

图 2-16 不同内压条件下5A02铝合金管材皱纹形状

(a)内压 $1.0p_s$;(b)内压 $1.2p_s$;(c)内压 $1.4p_s$;(d)内压 $1.8p_s$。

当内压较低时($1.0p_s$),仅在管材变形区两端发生了起皱,变形区一端的皱纹呈轴对称形式,另一端虽然发生折叠,但是已经开始有向轴对称形式发生转变的趋势。在两个皱纹之间出现中间皱纹，但是这个中间皱纹不是位于管材中间，且发展不完全，沿环向不完整；对于更高内压的情况，如 $1.2p_s$、$1.4p_s$ 和 $1.8p_s$ 三种内压情况，可以形成三个轴对称的皱纹。不同之处在于，随着内压的增加，中间皱纹波峰和波谷的直径增大，且三个皱纹波峰发生宽化。

由上可知，可通过改变内压与轴向补料量的匹配关系来控制 5A02 铝合金管材的起皱行为。此外，通过改变成形区长度，也可得到不同数量和形状的皱纹，如增加成形区长度形成 4 个或更多皱纹。为了在内高压成形过程利用皱纹作为预制坯，需研究不同条件下形成皱纹在展平过程的形状变化规律，将图 2-16 中的 5A02 铝合金管材起皱试件进行加压展平，最大整形压力为 80MPa，展平结束后得到的试件如图 2-17 所示，当起皱阶段的内压较低时（$0.8p_s$ 和 $1.0p_s$），由于起皱阶段未形成中间皱纹，中间区域缺少足够的材料，在展平过程中随着内压的增加，管材未与模具型腔接触就发生了开裂；随着起皱内压的增加，管材在起皱阶段形成三个轴对称皱纹，展平过程并未发生开裂，但是当起皱内压为 $1.2p_s$ 和 $1.4p_s$ 时，展平结束后皱谷位置形成展不平的死皱。随着起皱内压的增加，整形后发生死皱的现象逐渐消失；当起皱内压达到 $1.8p_s$ 时，管材的三个皱纹被完全展平，与模具型腔接触，此试件对应的皱纹可以被认为是"有益皱纹"。

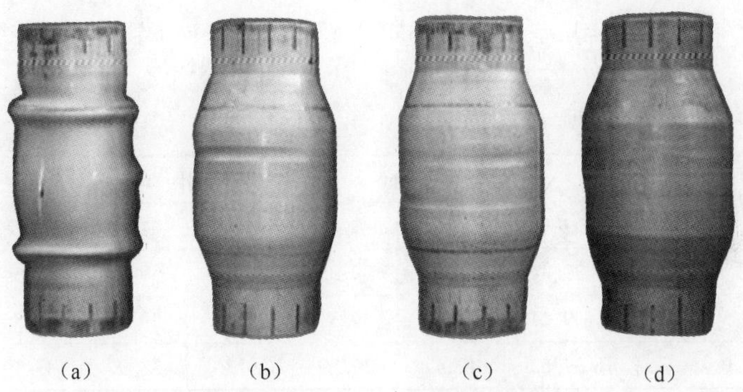

图 2-17　内压对皱纹展平的影响

(a) 内压 $1.0p_s$；(b) 内压 $1.2p_s$；(c) 内压 $1.4p_s$；(d) 内压 $1.8p_s$。

2.3.5　内外压复合作用下管材起皱行为

通过合理匹配内压与轴向补料量的关系可以获得有益皱纹作为预制坯，此种情况下管材一般处于平面应力状态。若将内压与外压同时施加到管材内部和外部，左右冲头同时将管材两端推入模具型腔，使得管材受力状态为三维应力状态，从而进一步对管材的皱纹进行控制和利用。从三种不同的内外压加载情况（恒定压差、恒定内压与变化内压）分别讨论内外压复合作用下管材的起皱行为。

在恒定压差情况下,需要保证以下条件:起皱过程内压和外压都保持恒定不变;起皱过程内压与外压的压差保持恒定不变;无论施加的外压是多大,每种外压情况下的内外压差都相同。图 2-18 给出了恒定压差为 6.8MPa($1.2p_s$)时不同外压条件下的 5A02 铝合金管材皱纹形状。不同外压条件下皱纹波峰和波谷的半径,以及波峰之间的距离,如表 2-3 所示。由图 2-18 和表 2-3 可以看出,恒定压差情况下外压对管材的起皱行为,如波峰和波谷的半径以及波峰间距没有明显的影响。不同外压条件下的皱纹存在着一些微小的差别,这可能是由于压力传感器的控制精度以及不同试样之间性能差异导致的。

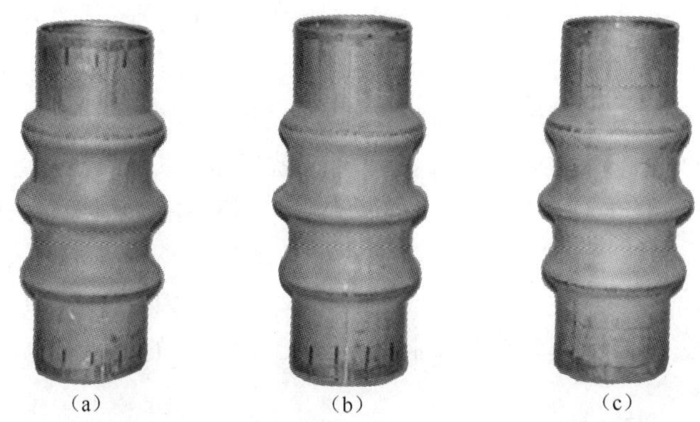

图 2-18 恒定压差条件为 6.8MPa 时不同外压条件下管材皱纹形状

(a)无外压;(b)外压 42.5MPa;(c)外压 85MPa。

表 2-3 恒定压差情况下外压对皱纹半径和距离的影响

外压/MPa	波峰半径/mm			波峰间距/mm		波谷半径/mm	
	左	中	右	左-中	中-右	左	右
0	39.44	41.90	39.35	39.36	39.58	32.54	32.51
42.5	39.61	42.34	39.31	39.15	39.31	33.55	33.49
85.0	39.63	42.47	39.89	39.39	38.93	33.39	33.56

图 2-19 给出了内压为 49.3MPa 时不同外压条件下管材起皱情况。这种情况下管材的起皱行为与只有内压作用时管材的起皱行为趋势刚好相反。当外压从 39.2MPa 增加到 44.8MPa 时,皱纹由三个轴对称皱纹转变为两个非轴对称的端部皱纹。管材内部的法向压力必须足够大才能致使中间部分变得比端部两个皱纹的发展更加不稳定,才能发展成中间皱纹。同样地,在恒定内压变化外压的情况下,管材受到的法向载荷,也就是压力差,是随着外压的增加而降低的。当外压足够大时,就会因为压力差太小而不足以造成中间皱纹的发生与发展。也就是说,更高的外压会阻碍中间皱纹的发展。

恒定内压情况下外压对皱纹参数的影响,如波峰半径、波谷半径以及波峰

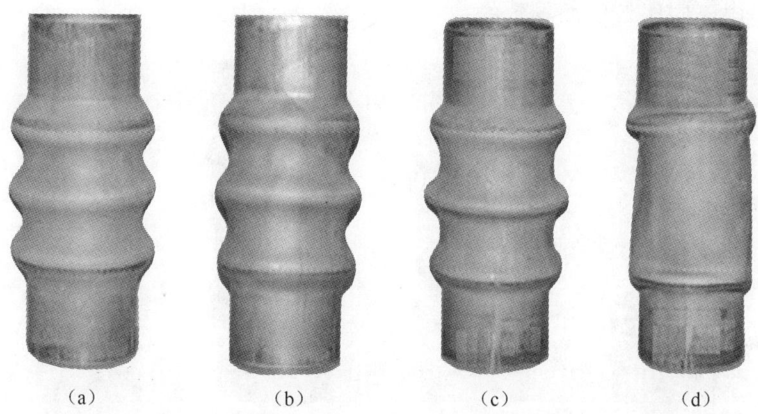

图 2-19　恒定内压情况下(p_i=49.3MPa)外压对管材皱纹形状的影响

(a)外压 39.2MPa;(b)外压 40.3MPa;(c)外压 42.5MPa;(d)外压 44.8MPa。

距离,如表 2-4 所示。从表 2-4 可以看出,左右皱纹波峰的半径随着外压的增加而逐渐减小,外压为 39.2MPa、40.3MPa 和 42.5MPa 时中间皱纹波峰的半径基本没有变化,但是外压增加到 44.8MPa 时中间皱纹消失。此外,随着外压的增加波峰距离逐渐变大,而波谷的半径逐渐减小。

表 2-4　恒定内压情况下外压对皱纹半径和距离的影响

外压/MPa	波峰半径/mm			波峰距离/mm		波谷半径/mm	
	左	中	右	左-中	中-右	左	右
39.2	41.42	42.36	41.45	33.40	32.92	34.25	34.29
40.3	40.25	42.50	40.10	36.71	37.66	33.49	33.43
42.5	39.61	42.34	39.31	39.15	39.31	33.55	33.49
44.8	38.27	—	37.21	—	—	—	—

变化内压情况下,在管材两端被左右冲头推入模具型腔的同时,管材的内压与外压按照一定的比例关系线性增加。因此,管材在起皱过程中内外压力差是一个逐渐增加的变量。图 2-20 给出了不同内外压比例条件下管材起皱情况。内压是逐渐线性增加到 85MPa,而外压时刻与内压保持一定的比例关系。当外压 p_e=0.82p_i 时,可以形成三个皱纹,其中有一处波谷在起皱的最后阶段发生了胀形,这是由于起皱结束时,最大的压力差达到 15.3MPa,足以使管材发生胀形而在波谷处形成一个类似于皱纹的鼓起。对于外压与内压之比为 0.86 的情况,在左右两个端部皱纹之间出现了两个中间皱纹,其中一个形成了完全的皱纹,而另外一个却处于起皱的初始阶段。如果外压增加到 0.90p_i 时,只有一个不完全的中间皱纹出现在靠近某一个端部皱纹的地方。此外,对于更高外压的情况 p_e=0.94p_i,仅仅可以在左右两端形成两个端部皱纹,且有折叠现象发

生,这是由于内压较低而导致的。

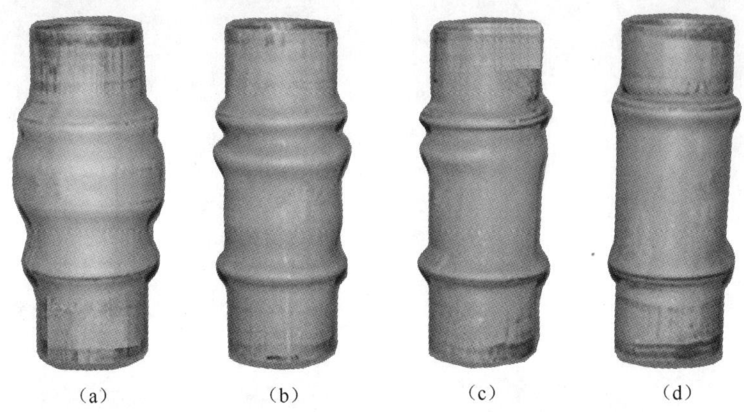

(a)　　(b)　　(c)　　(d)

图 2-20　内压线性变化情况下外压对管材皱纹形状的影响

(a)外压 0.82p_i;(b)外压 0.86p_i;(c)外压 0.90p_i;(d)外压 0.94p_i。

当外压与内压的比例较高时可以抑制中间皱纹的形成,这与恒定内压情况得到的结果是一致的。然而,两种情况下中间皱纹的发展却是截然不同的。在恒定内压情况下,当外压为 39.2MPa、40.3MPa 和 42.5 MPa 时,三个皱纹全部是轴对称的。而在变化内压情况下,所有的中间皱纹都是非轴对称形状。

2.4　壁厚分布规律及影响因素

2.4.1　壁厚分布规律

变径管内高压成形件壁厚分布规律是成形区壁厚减薄,送料区壁厚增加,如图 2-21 所示。减薄率是指管材初始壁厚减去变形后某点壁厚与初始壁厚的比值,数值为正表示减薄,数值为负表示增厚。最大减薄率定义为

$$\delta_{tm} = \frac{t - t_{\min}}{t} \times 100\% = \left(1 - \frac{t_{\min}}{t}\right) \times 100\% \tag{2-15}$$

式中　$t_{\min}$——成形区最小壁厚(mm);

t——管材原始壁厚(mm)。

对于图 2-21(a)所示的双锥管件,原始壁厚为 2.5mm,成形区最小壁厚为 2mm,最大减薄率达到 20%;送料区最大壁厚为 2.72mm,增厚 8.8%。对于图 2-21(b) 所示的空心阶梯轴,原始壁厚为 5mm,成形区最小壁厚为 3.9mm,最大减薄率达到 28%;送料区最大壁厚为 5.6mm,最大增厚 12%。

影响成形区最大减薄率主要因素有零件形状、膨胀率、成形区长度、加载曲线和材料力学性能(n 值和 r 值)。在同样条件下,n 和 r 越大,最大减薄率越小,成形区壁厚分布越均匀。成形区长度同样时,膨胀率越大,减薄率越大;膨

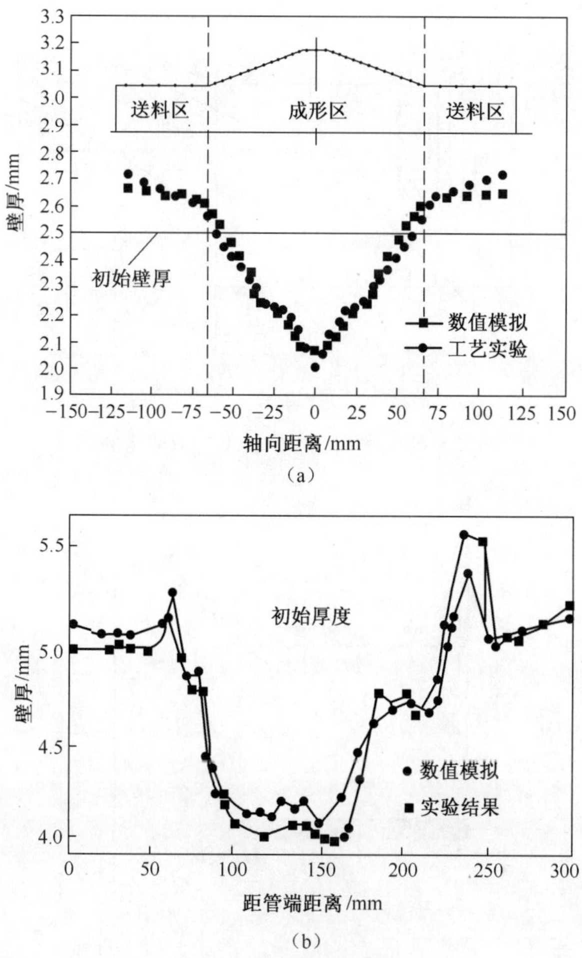

图 2-21 变径管件壁厚分布规律

(a)双锥管件;(b)空心阶梯轴。

胀率相同时,成形区长度越大,减薄率越大,如图 2-22 所示。在零件形状和材料一定的条件下,减少壁厚减薄最有效的措施是控制加载曲线和减少送料区摩擦,向成形区多补料。

2.4.2 厚度分界圆

变径管内高压成形件壁厚分布趋势是成形区壁厚减薄和送料区壁厚增加,那么送料区与成形区之间必然存在一个壁厚不变的截面。对于圆截面工件,壁厚不变的这个截面称为厚度分界圆,如图 2-23 所示。

根据受力分析和塑性增量本构方程,可以推导出厚度分界圆距离管端位置的公式,即

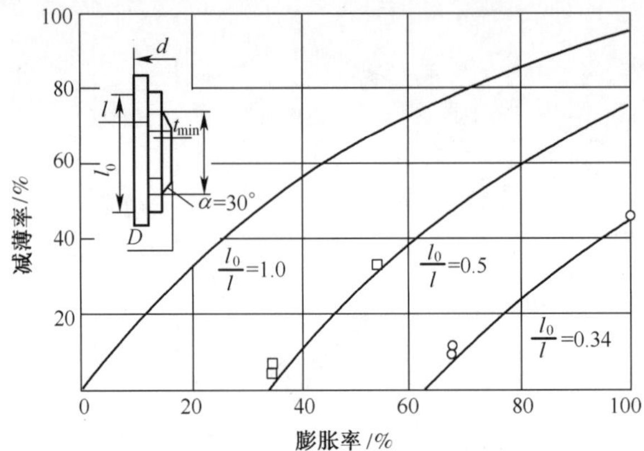

图 2-22　膨胀率和成形区长度对减薄率的影响

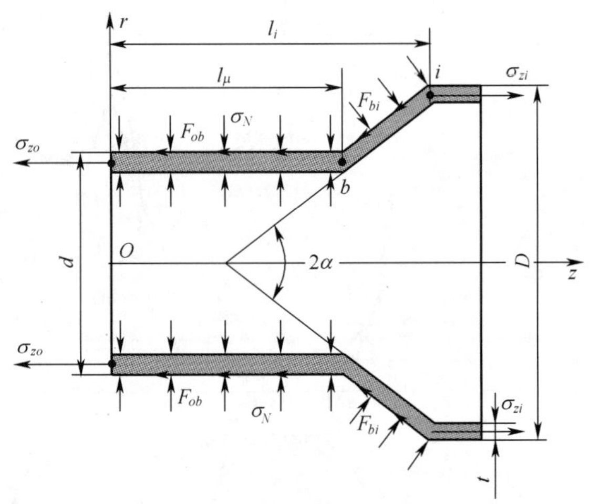

图 2-23　厚度分界圆及受力分析简图

$$\frac{l_i}{d}=\frac{l_\mu}{d}+\frac{1}{\mu\cos\alpha}\left(-\mu\frac{l_\mu}{d}-\frac{D}{2d}-\frac{t}{d}\lambda\right) \tag{2-16}$$

式中　l_i——厚度分界圆到管端的距离(mm);

α——过渡半锥角;

t——厚度分界圆处的壁厚或初始壁厚(mm);

λ——轴向应力与内压之比。

式(2-16)反映了厚度分界圆位置取决于摩擦因数、膨胀系数、管端轴向应力与内压之比、送料区长度和管材相对厚度。图 2-24(a)给出了管材形状尺寸,如管材相对壁厚及送料区相对长度对厚度分界圆相对位置的影响。可见,当送料区相对长度增加时,厚度分界圆与管端的相对距离减小,壁厚不变点向管端移动,壁厚减薄区域增大;当管材相对壁厚增加时,厚度分界圆与管端的相对距离增大,壁厚不变点向成形区移动,壁厚减薄区域减小,因此厚壁管内高压成形时壁厚分布较容易控制,而薄壁管成形的壁厚控制较困难。

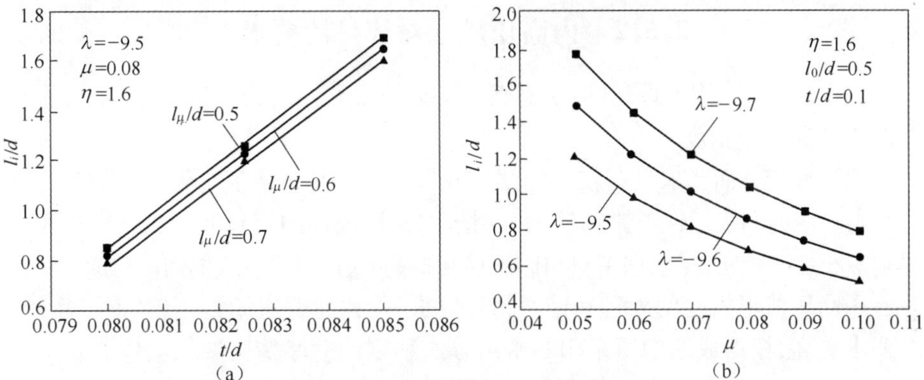

图 2-24 厚度分界圆位置及影响因素

(a)管材几何参数的影响;(b)工艺参数的影响。

图 2-24(b)给出了工艺参数,如摩擦因数、管端轴向应力与内压之比对厚度分界圆相对位置的影响。摩擦因数越大,越难以将管端材料送入膨胀区,导致厚度分界圆与管端的相对距离减小,壁厚不变点向管端移动,成形区壁厚减薄区域增大。在摩擦因数相同情况下,管端轴向应力与内压之比越小,厚度分界圆与管端的相对距离也就越小,壁厚不变点也会向管端移动,也会引起减薄区域的增大。因此,为了缩小减薄区域,应适当增加轴向应力与内压之比,尽量减小摩擦因数。

2.5 内高压成形用管材

2.5.1 适用的材料

适用于内高压成形的材料有低碳钢、低合金高强钢、不锈钢、铝合金、铜合金、钛合金和镍基合金等。

目前汽车工业常用的低碳钢和低合金高强钢的抗拉强度级别为 300~450MPa。随着汽车对减重的进一步需求,内高压成形件的抗拉强度级别将达到 500~600MPa,甚至达到 1000MPa。

不锈钢主要有奥氏体 304 不锈钢和 1Cr18Ni9Ti 等。制造发动机歧管需要使用耐热抗氧化的铁素体不锈钢,如 429、309 等。

铝合金主要有 5000 系、6000 系和 7000 系。飞机和火箭管件多使用 5000 系铝合金管材,汽车和自行车多使用 6000 系铝合金管材,7000 系铝合金管材内高压成形件应用刚刚开始。

钛合金主要有纯钛和TC4。由于钛合金常温下变形抗力高、塑性低和回弹大,目前应用内高压成形只能制造形状简单的零件。

2.5.2 内高压成形对管材的要求

内高压成形使用的管材不仅要满足结构的力学性能,而且还要满足成形性能及直径和壁厚精度。

成形性能方面要求具有较高的塑性及较大的 n 值和 r 值。管材的加工方法对其力学性能和成形性能影响较大。用于内高压成形的管材要求在制管过程中尽量减小加工硬化,尽量保留材料的塑性和提高 r 值,用于后续的内高压成形。

内高压成形管材的外径和壁厚精度要求,往往比普通结构用钢管的尺寸精度要求更高,根据成形中所采用的密封方法和零件壁厚精度要求具体制定。一般来说,精密热轧和冷轧钢管的外径和厚度公差均能满足内高压成形的要求,电阻焊管的公差也易满足要求。如果管材各批次公差有差别,也可以通过调整模具的尺寸来解决。管端必须垂直于管材中心线进行切割,端面与中心线的垂直度误差应该在1.5°以内。

对内高压成形管材还有清洁度要求,管材的内壁外壁均应有很好的清洁度。钢管表面应经过酸洗,保证无锈迹。在内高压成形中,管材表面的氧化皮和锈迹会引起模具的磨损,并污染加压介质。管材内外表面带来的各种碎屑都可能掉在模腔中被压入成形件表面,影响零件的质量。

2.5.3 管材种类和规格

目前能够用于内高压成形的钢管主要有无缝管、电阻焊管(ERW)、拉拔管(DOM)和激光焊管材。对于钢材来说,ERW 管材比无缝管和拉拔管成本低,且成形性能好,因此通常优先选择 ERW 管材。激光焊管成形性能最好,但成本高,主要用于变形量大的复杂零件。

无缝管的制造过程一般能够保证细化的晶粒和均匀的流线,并且可以通过后续的退火、回火等热处理工艺和酸洗过程保证管材的力学性能和表面质量。因为没有焊缝,无缝管的力学性能一致性较好,适合于一定成形压力范围的内高压成形件。但是,由于无缝管加工中难免发生一定的偏心,导致管材周向壁厚变化,容易造成成形过程开裂或壁厚分布不均匀,影响使用性能。

ERW 管材是采用热轧或冷轧板卷制造的,为了满足内高压成形件表面质量要求,板卷表面应无氧化皮,并经酸洗和涂油处理。ERW 管材的制造过程对其加工硬化有一定的影响,不同工艺参数会导致管材圆周上不同部位的屈服应力有所不同,因此需要通过严格控制生产工艺减小这种差别,以便满足内高压成形的要求。ERW 管材在对焊后管材内壁外壁均会有一定的焊缝隆起,内高压成形管材一般是在焊后直接采用特制刀具将隆起部分刮除,有时候也可以保留内部的隆起,但要限制在一定的高度范围内。ERW 管材用于内高压成形最大的问题是焊缝及热影响区的开裂,为此很多厂商开发了专门用于内高压成形的 ERW 管材,通过改变卷制、焊接和焊后热处理工艺可以大大提高管材的塑性。图 2-25 所示为采用一种称为 CBR 的卷焊工艺制成的 ERW 管材,比原工艺制造管材延伸率显著提高,不同规格的 SUS409L 不锈钢 CBR 卷焊管的延伸率基本在 50%以上。通过把 ERW 管材在 900℃左右高温下轧制,可将延伸率和 r 值提高 30%~100%。例如,对于抗拉强度级别 450MPa 的钢管,r 值由 0.8~0.9 提高到 1.7~2.1,大大提高了管材的成形性能。

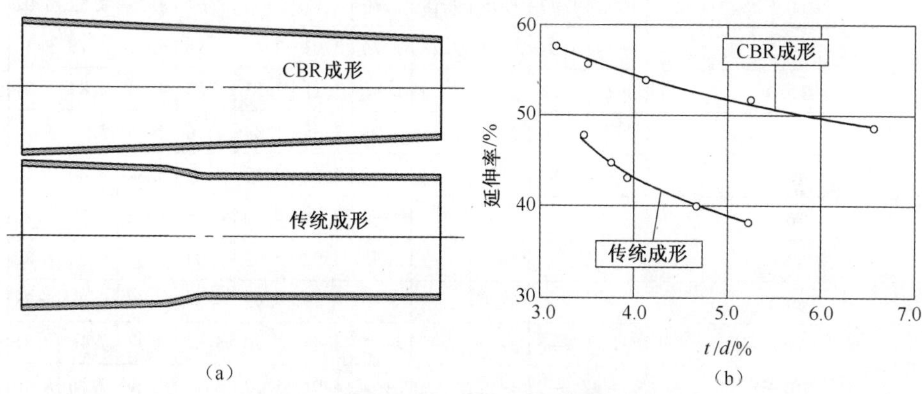

图 2-25 卷焊工艺对 ERW 管材延伸率的影响

(a)不同卷焊工艺的中间形状;(b)延伸率(SUS409L)。

DOM 管材是采用完全退火的厚壁 ERW 管材通过冷拔工艺生产的。采用有芯轴的模具进行管材拉拔生产,可以获得非常精确的尺寸和均匀的材料性能。冷拔后的管材再通过正火或退火获得内高压成形要求的机械性能。

激光焊管用于复杂零件的内高压成形。一般来说,激光焊管塑性和焊接接头抗开裂能力优于 ERW 管材。这是因为激光焊管的热影响区远远小于 ERW 管材。尤其在大膨胀率的内高压成形件上,激光焊管优势显著,其主要问题是成本高。

表 2-5 是常用于内高压成形的管材直径和壁厚通用系列规格。从设计角度,要尽量选用通用系列中的直径和壁厚规格,以降低成本和管材订货周期。对于大批量生产需要的特殊规格管材,向厂家特殊定制。

表 2-5 常用管材尺寸规格和单位长度质量

(—表示非标准系列)

单位长度质量/(kg/m) 壁厚/mm 外径/mm	0.8	1.0	1.2	1.5	1.8	2.0	2.3	2.5	3.0	3.2	3.5
25.4	0.49	0.60	0.72	0.88	1.05	1.15	1.31	1.41	1.66	1.75	1.89

(续)

单位长度质量/(kg/m) 壁厚/mm 外径/mm	0.8	1.0	1.2	1.5	1.8	2.0	2.3	2.5	3.0	3.2	3.5
32.0	0.62	0.76	0.91	1.13	1.34	1.48	1.68	1.82	2.14	2.27	2.46
38.1	0.74	0.91	1.09	1.35	1.61	1.78	2.03	2.19	2.60	2.75	2.98
44.5	0.86	1.07	1.28	1.59	1.89	2.10	2.39	2.59	3.07	3.26	3.54
50.8	0.99	1.23	1.47	1.82	2.17	2.41	2.75	2.98	3.53	3.75	4.08
57.0	1.11	1.38	1.65	2.05	2.45	2.71	3.10	3.36	3.99	4.24	4.62
60.5	1.18	1.47	1.75	2.18	2.60	2.88	3.30	3.57	4.25	4.52	4.92
63.5	—	1.54	1.84	2.29	2.74	3.03	3.47	3.76	4.47	4.76	5.18
65.0	—	1.58	1.89	2.35	2.80	3.11	3.55	3.85	4.58	4.87	5.31
70.0	—	1.70	2.04	2.53	3.03	3.35	3.84	4.16	4.95	5.27	5.74
75.0	—	1.82	2.18	2.72	3.25	3.60	4.12	4.47	5.32	5.66	6.17
76.3	—	—	—	—	—	3.66	4.20	4.55	5.42	5.77	6.28
82.6	—	—	—	—	—	3.97	4.55	4.94	5.89	6.26	6.82
89.1	—	—	—	—	—	4.29	4.92	5.34	6.37	6.78	7.38
94.0	—	—	—	—	—	4.54	5.20	5.64	6.73	7.16	7.81
101.6	—	—	—	—	—	4.91	5.63	6.11	7.29	7.76	8.46
114.3	—	—	—	—	—	5.54	6.35	6.89	8.23	8.76	9.56

2.5.4 管材力学性能测试

由于管材加工过程的影响,通常管材轴向和环向的力学性能不同,尤其是延伸率、n 值和 r 值。管材力学性能测试的难点在于如何测试环向力学性能。目前,主要的测试方法有试样单向拉伸、环向拉伸和液压胀形。

最常用的测试方法是单向拉伸实验。对于焊管,可以用初始板材不同方向的拉伸性能来近似代替焊管的轴向和环向拉伸性能。但是,对直径较小、材料强度较高的管材,由于在卷曲过程中板材会产生严重的加工硬化现象,使管材的性能特别是环向变形性能发生明显变化,同时焊接过程也对板材的性能有较大影响。因此,用初始板材的性能来代替焊管的性能必然产生较大误差。此时,可以从焊接管材上直接切取弧状试样进行拉伸以避免加工硬化的影响,但是该方法只能用于轴向而不能用于环向性能的测试。对于无缝管,如挤压管或冷拔管,管材沿轴向和环向的力学性能有很大差别,需要分别进行测试。管材轴向的性能可以通过沿轴向切取弧状试样或将弧状试样展平后进行单向拉伸实验获得。而对于沿环向或其他方向的性能,一般需要将管材切开后展平再进行拉伸。同样，对于直径较小、材料强度较高的情况，展平过程产生的加工硬化将引起管材性能的明显变化，从而无法准确评价管材的整体力学性能。

为避免展平过程对管材环向性能测试结果的影响，出现了管材环向拉伸试验方法，如图 2-26 所示。试验时，沿管材环向切取环形拉伸试样，然后利用环向拉伸装置进行拉伸，从而得到管材的环向力学性能。其主要优点是直接测量环向力学性能，避免展平时加工硬化的不利影响。主要缺点是试样与拉伸装置中的 D 形块之间的摩擦因数对测试结果有一定影响。

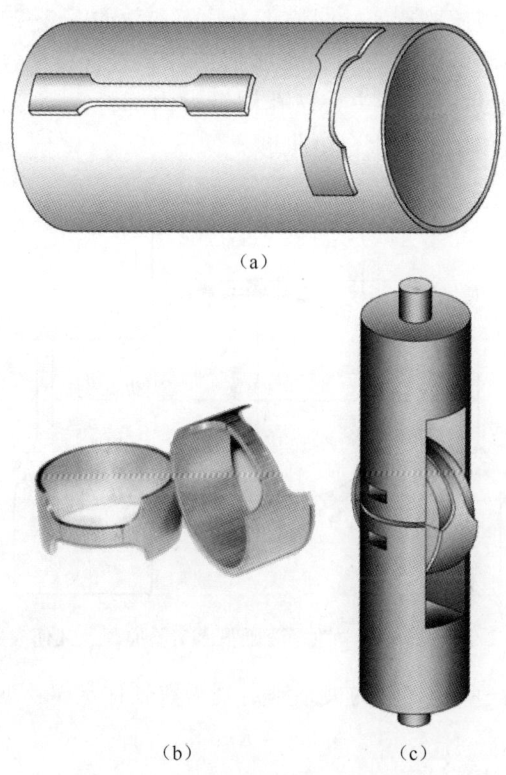

图 2-26　管材环向拉伸试验方法
(a)取样示意图；(b)环形拉伸试样；(c)拉伸装置简图。

为了更直接地评价管材的力学性能，管材液压胀形方法逐渐受到人们重视。试验时，向管材内通入高压液体使管材发生变形，通过测量管材在不同压力下的胀形高度，则可以计算得到管材的轴向和环向拉伸曲线以及等效应力-应变关系曲线。采用液压胀形试验方法，不需要对管材进行加工，不会产生加工硬化，同时胀形时的应力-应变状态也更接近于内高压成形时的状态。其主要优点是可以同时获得环向和轴向的力学性能及应力-应变曲线。主要缺点是根据解析公式计算出来力学性能参数存在一定误差；需要建立专用的胀形装置、模具和仪器，费用高。

2.5.5 各向异性管材力学性能测试方法与装置

准确测试与表征管材的力学性能和流动应力曲线是采用数值模拟准确分析管材液压成形的基础。由于管材沿轴向和环向性能相差较大,存在较强的各向异性,采用单向或环向拉伸方法都难以准确测试管材在复杂应力状态下的力学性能。液压胀形实验过程中管材所受应力状态与液压成形时管材所受应力状态相似,因此提出通过液压胀形实验法测试管材力学性能。

管材力学性能液压胀形实验法原理及几何参数如图 2-27 所示。左右两侧环形模块之间的空腔区域为管材自由胀形部分。当管材两端靠锥形冲头实现密封后,由高压源通过密封冲头处通孔向管材内部打入高压液体,使管坯中间无约束部分在内压作用下发生自由胀形。

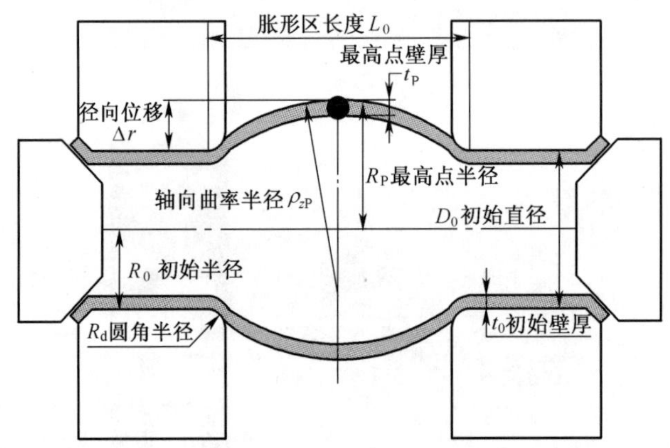

图 2-27 管材力学性能液压胀形实验原理及几何参数

管材等效应力-应变之间的关系满足幂指数硬化定律:

$$\sigma_i = K\varepsilon_i^n \tag{2-17}$$

式中 σ_i——等效应力;

ε_i——等效应变;

K——强度系数;

n——应变硬化指数。

为了得到管材等效应力-应变之间的关系,需要分别得到管材的等效应力与等效应变。

由于液压成形所用管材都很薄,直径与厚度比数值较大,忽略管材厚度方向的应力,近似地认为管材应力状态为平面应力状态,胀形过程中管材环向应力大于轴向应力,即 $\sigma_\theta > \sigma_z > 0$,环向应力为第一主应力,轴向应力为第二主应力。根据 Balart89 平面应力各向异性屈服准则,等效应力可表示为

$$\sigma_i = \left\{\frac{1}{r_{90}(1+r_0)}(r_{90}\ |\sigma_\theta|^M + r_0\ |\sigma_z|^M + r_0 r_{90}\ |\sigma_\theta - \sigma_z|^M)\right\}^{1/M} \tag{2-18}$$

式中　σ_θ——管材胀形最高点环向应力(MPa),对应第一主应力;

σ_z——管材胀形最高点轴向应力(MPa),对应第二主应力;

r_0、r_{90}——分别为管材沿轴向与环向厚向异性系数;

M——材料参数,对于体心立方晶格 $M=6$,对于面心立方晶格 $M=8$。

根据 Drucker 相关联流动准则,环向与轴向应变增量可以表示为

$$\begin{cases} d\varepsilon_\theta = \dfrac{\partial g}{\partial \sigma_\theta} d\lambda = \dfrac{M}{r_{90}(1+r_0)}[r_{90}(\sigma_\theta)^{M-1} + r_0 r_{90}(\sigma_\theta - \sigma_z)^{M-1}]d\lambda \\ d\varepsilon_z = \dfrac{\partial g}{\partial \sigma_z} d\lambda = \dfrac{M}{r_{90}(1+r_0)}[r_0(\sigma_z)^{M-1} - r_0 r_{90}(\sigma_\theta - \sigma_z)^{M-1}]d\lambda \end{cases} \tag{2-19}$$

根据单位体积塑性功一阶增量相等,等效应变增量可表示为

$$d\varepsilon_i = \frac{\sigma_\theta d\varepsilon_\theta + \sigma_z d\varepsilon_z}{\sigma_i} \tag{2-20}$$

联立式(2-19)与式(2-20),并根据体积不变条件,则得到等效应变为

$$d\varepsilon_i = \frac{[r_{90}(1+r_0)]^{1/M}(\sigma_\theta d\varepsilon_\theta + \sigma_z d\varepsilon_z)}{[r_{90}\sigma_\theta^M + r_0\sigma_z^M + r_0 r_{90}(\sigma_\theta - \sigma_z)^M]^{1/M}} \tag{2-21}$$

两端固定液压胀形时,轴向与环向应力分量分别表示为

$$\begin{cases} \sigma_z = \dfrac{p(\rho_{\theta P} - t_P)^2}{2t_P(\rho_{\theta P} - t_P/2)} & (2\text{-}22a) \\ \sigma_\theta = \dfrac{p(\rho_{\theta P} - t_P)}{2t_P(\rho_{zP} - t_P/2)}(2\rho_{zP} - \rho_{\theta P} - t_P) & (2\text{-}22b) \end{cases}$$

式中　t_P——最高点壁厚(mm);

p——胀形内压(MPa);

ρ_{zP}——最高点轴向曲率半径(mm);

$\rho_{\theta P}$——最高点环向曲率半径(mm),$\rho_{\theta P} = R_P = R_0 + \Delta r$。

对液压胀形时管材的应变进行分析,分别得到环向应变与厚向应变:

$$\begin{cases} \varepsilon_\theta = \ln\left(\dfrac{R_P - t_P/2}{R_0 - t_0/2}\right) = \ln\left(\dfrac{R_0 + \Delta r - t_P/2}{R_0 - t_0/2}\right) & (2\text{-}23a) \\ \varepsilon_t = \ln\left(\dfrac{t_P}{t_0}\right) & (2\text{-}23b) \end{cases}$$

式中　t_0——管材初始壁厚(mm);

R_0——管材初始外半径(mm),$R_0 = D_0/2$;

Δr——胀形高度(mm)；

t_P——最高点壁厚(mm)。

为此，要获得各项应力与应变分量，除了测量实验过程中的胀形内压 p 外，同时还需要径向位移 Δr、最高点壁厚 t_P 和最高点轴向曲率半径 ρ_{zP}，也就是对在胀形过程中的 Δr、ρ_{zP}、t_P 与 p 分别进行实时测量，如式(2-24)所示：

$$\begin{cases} \Delta r = \Delta r(p) \\ t_P = t_P(p) \\ \rho_{zP} = \rho_{zP}(p) \end{cases} \tag{2-24}$$

实验过程中的胀形内压 p 与径向位移 Δr，即 $\Delta r = \Delta r(p)$ 很容易通过传感器进行实时测量，但是最高点轴向曲率半径 ρ_{zP} 和最高点壁厚 t_P 难以实时测量。为了避免直接测量轴向曲率半径，将管材轴向轮廓线假设为与模具轮廓线相切的圆弧，如图2-28所示，以坐标轴 r-z 为参考坐标系。已知管材初始壁厚 t_0，初始外半径 R_0，最高点径向位移 Δr，则胀形最高点外半径 $R_P = R_0 + \Delta r$。

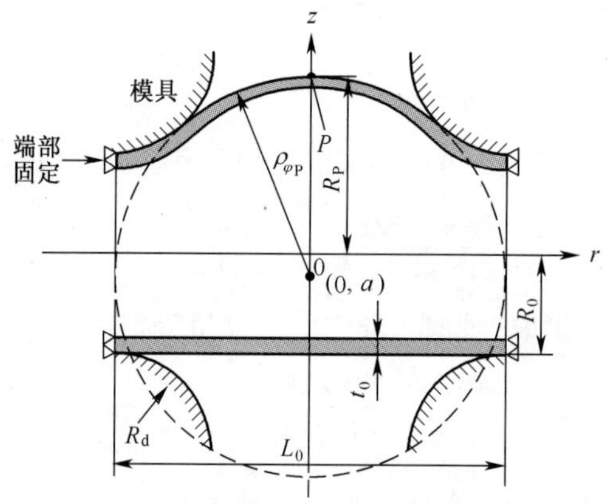

图2-28　轮廓线相切圆几何关系示意图

由于假设管材轴向轮廓线为一段圆弧，且与模具轮廓线相切，则中间胀形区轴向轮廓线可表示为

$$z^2 + (r - a)^2 = r_z^2 \tag{2-25}$$

式中　a——轮廓线圆弧对应圆心的纵坐标；

r_z——管材轴向轮廓线圆弧的半径，$r_z = R_P - a$。

模具轮廓线圆表示为

$$(z - L_0/2)^2 + (r - R_0 - R_d)^2 = R_d^2 \tag{2-26}$$

式中　R_d——约束圆角半径。

由于模具轮廓线和中间胀形区轮廓线两圆相切，联立式(2-25)和式(2-26)，消去 z 得到关于 r 的一元二次方程，进一步根据两圆相切的条件 $\Delta = 0$ 计算得

$$a = \frac{\Delta r R_{\mathrm{d}} + (\Delta r)^2/2 + R_0 \Delta r - L_0^2/8}{\Delta r} \tag{2-27}$$

则中间胀形区圆弧的表达为

$$z^2 + \left(r - \frac{\Delta r R_{\mathrm{d}} + (\Delta r)^2/2 + R_0 \Delta r - L_0^2/8}{\Delta r}\right)^2 = (\Delta r/2 - R_{\mathrm{d}} + L_0^2/(8\Delta r))^2 \tag{2-28}$$

根据全量理论,塑性应变分量与应力偏量之间的关系为

$$\frac{\varepsilon_\theta^p}{\sigma'_\theta} = \frac{\varepsilon_\varphi^p}{\sigma'_z} = \frac{\varepsilon_t^p}{\sigma'_t} \tag{2-29}$$

根据体积不变条件,进一步整理可得

$$\frac{\varepsilon_\theta}{\varepsilon_z} = -\frac{\varepsilon_\theta}{\varepsilon_\theta + \varepsilon_t} = \frac{\sigma'_\theta}{\sigma'_z} \tag{2-30}$$

将式(2-23a)、式(2-23b)代入式(2-30),得

$$\frac{\varepsilon_\theta}{\varepsilon_z} = -\frac{\varepsilon_\theta}{\varepsilon_\theta + \varepsilon_t} = -\frac{\ln\dfrac{R_{\mathrm{P}}}{R_0}}{\ln\dfrac{R_{\mathrm{P}}}{R_0} + \ln\dfrac{t_{\mathrm{P}}}{t_0}} = -\frac{\ln\dfrac{R_{\mathrm{P}}}{R_0}}{\ln\dfrac{R_{\mathrm{P}} t_{\mathrm{P}}}{R_0 t_0}} \tag{2-31}$$

由于管材壁厚相对于环向和轴向曲率半径很小,可以忽略,所以两端固定胀形时轴向与环向应力式(2-22a)、式(2-22b)可简化为

$$\sigma_z = \frac{p\rho_{\theta\mathrm{P}}^2}{2t_{\mathrm{P}}\rho_{\theta\mathrm{P}}} = \frac{p\rho_{\theta\mathrm{P}}}{2t_{\mathrm{P}}} = \frac{p(R_0 + \Delta r)}{2t_{\mathrm{P}}} \tag{2-32a}$$

$$\sigma_\theta = \frac{p\rho_{\theta\mathrm{P}}}{2t_{\mathrm{P}}\rho_{z\mathrm{P}}}(2\rho_{z\mathrm{P}} - \rho_{\theta\mathrm{P}}) \tag{2-32b}$$

假设最高点轴向与环向曲率半径比值为 α ,则

$$\alpha = \frac{\rho_{z\mathrm{P}}}{\rho_{\theta\mathrm{P}}} = \frac{(\Delta r)^2/2 - \Delta r R_{\mathrm{d}} + L_0^2/8}{\Delta r(R_0 + \Delta r)} \tag{2-33}$$

则最高点轴向曲率半径 $\rho_{z\mathrm{P}}$ 可以表示为

$$\rho_{z\mathrm{P}} = \alpha\rho_{\theta\mathrm{P}} \tag{2-34}$$

为了将环向应力表示为管材初始条件和 α 的关系式,将式(2-34)代入式(2-32b)可得

$$\sigma_\theta = \frac{p(R_0 + \Delta r)}{2t_{\mathrm{P}}\alpha}(2\alpha - 1) \tag{2-35}$$

由式(2-32)与式(2-35)可得环向与轴向应力偏量的比值为

$$\frac{\sigma'_\theta}{\sigma'_z} = \frac{2\sigma_\theta - \sigma_z}{2\sigma_z - \sigma_\theta} = 3\alpha - 2 \tag{2-36}$$

将式(2-31)和式(2-36)代入式(2-30),并整理成胀形最高点壁厚的表达式可得

$$t_{\mathrm{P}} = t_0\left(1 + \frac{\Delta r}{R_0}\right)^{-1-\frac{1}{3\alpha-2}} \tag{2-37}$$

式中　α——最高点轴向与环向曲率半径的比值,其值见式(2-33)。

由式(2-37)可知,最高点壁厚 t_{P} 也只与最高点径向位移 Δr 有关,这样只需在胀形过程中得到实时的 Δr 就可以计算得到 t_{P} 。

基于以上理论分析,研制了管材力学性能测试设备(THF. HIT-160/110-A),如图2-29所示。该设备为哈尔滨工业大学流体高压成形技术研究所自主研制,具有完全自主知识产权的先进设备,由机身、液压系统、高压系统、计算机控制系统和分析计算系统五部分组成。主要技术参数如下:最高胀形压力160MPa;最大水平缸推力50t;管材直径测量范围20~110mm;管材长度测量范围120~300mm。

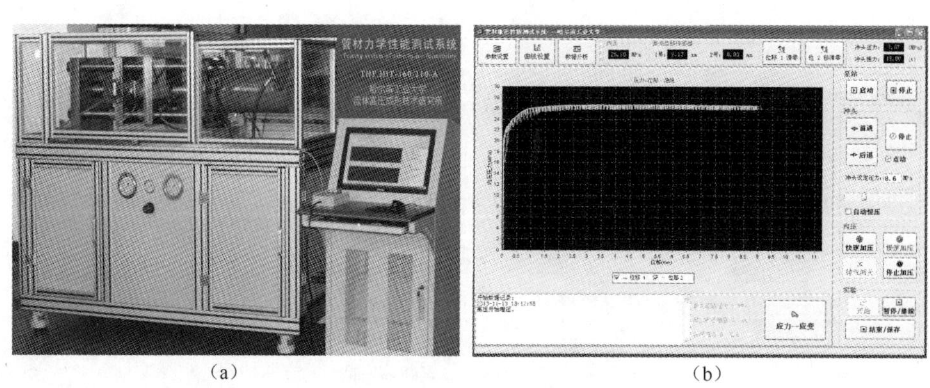

(a)　　　　　　　　　　　　　　(b)

图2-29　管材力学性能测试设备

(a)设备照片;(b) 操作界面。

管材力学性能测试设备具有如下特点:①不剖切管材,可直接获得管材的力学性能及成形性能指标;②测试出复杂应力状态下各向异性材料的应力-应变曲线和成形性能;③仅需测试管材初始壁厚和胀形后最高点的壁厚,根据线性法公式由软件计算出来结果,避免了中断试验多次测量壁厚和多试样法带来的误差;④把板材卷焊成圆筒坯,可获得板材在复杂应力状态的力学性能。

通过测试可获得管材以下力学性能指标:①极限胀破压力;②最大膨胀率;③真实应力-应变曲线;④工程应力-应变曲线;⑤屈服强度;⑥抗拉强度;⑦加工硬化指数 n 值;⑧成形极限图(FLD)。图2-30所示为液压胀形测试获得的典型管材应力-应变曲线。

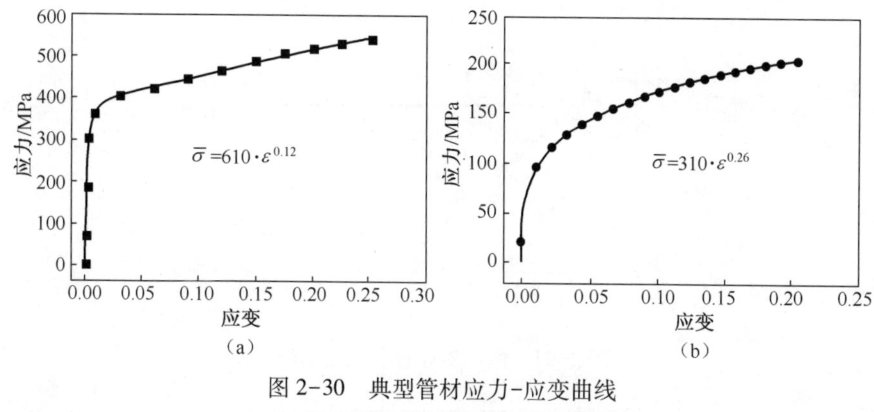

图 2-30 典型管材应力-应变曲线

(a)低碳钢管材;(b)6063 铝合金管材。

2.6 内高压成形的摩擦与润滑

摩擦对内高压成形的壁厚分布、极限膨胀率和缺陷形式有着重要的影响,如何采用合适的润滑减少摩擦的影响是内高压成形的一个关键问题。

一般来说,对于低碳钢和不锈钢管材,摩擦因数范围为 0.02~0.07;对于铝合金管材,摩擦因数范围为 0.05~0.15。对于一种材料的零件,摩擦因数具体数值取决于润滑剂、内压、送料速度、送料量和模具硬度及表面处理情况。

内高压成形中常用润滑剂有以下三种:①固体润滑剂,MoS_2和石墨;②润滑油和石蜡;③乳化剂及高分子基润滑剂。三种润滑剂在生产中使用的大体情况为:固体润滑剂约占 40%,润滑油约占 30%,乳化剂及高分子基润滑剂约占 30%。润滑剂大多通过喷洒和浸泡涂到管材表面。除了润滑油外,在成形之前工件表面的润滑剂涂层要求进行干燥和硬化,润滑剂涂层厚度要求均匀。

图 2-31 是内压对摩擦因数的影响,实验所用材料为低碳钢 St37-2,直径为 70mm,送料速度为 50mm/s。对于用肥皂作为润滑剂的情况,内压对摩擦因数没有影响,在 200MPa 以内摩擦因数保持常数。对于用 MoS_2作为润滑剂的情况,随着内压的增加,摩擦因数减小。这是由于 MoS_2固体润滑剂发生滑动所需要的剪应力是常数,而摩擦因数等于剪应力除以正压力,内压越大,正压力越大,因此摩擦因数变小。

还可以采用一些特殊措施降低摩擦因数,如在管材外部施加带压力的液压油膜就是一种减少摩擦的有效措施(图 2-32),而且压力越高降低摩擦因数的效果越显著,压力 50MPa 时的摩擦因数约为没有油膜时的 15%。另外,通过该实验还发现,随着送料量的增加,摩擦因数显著增加,说明内高压成形后期的摩擦因数要显著大于初期。

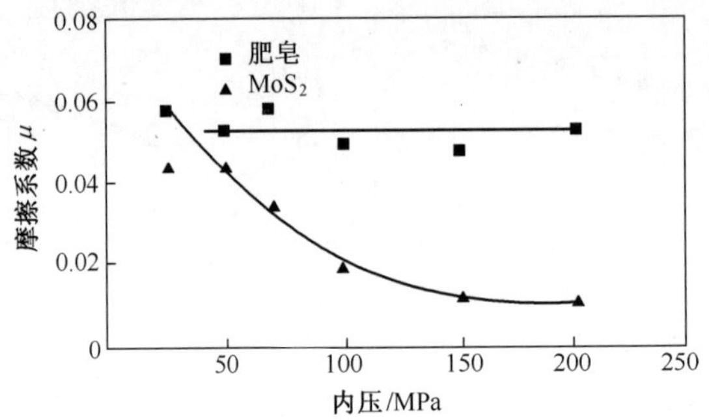

图 2-31　内压对摩擦因数的影响

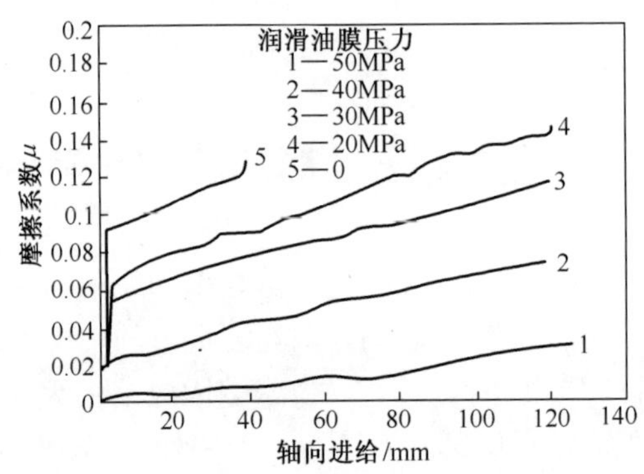

图 2-32　油膜压力对摩擦的影响

2.7　典型变径管内高压成形工艺

2.7.1　铝合金变径管内高压成形

如图 2-33 所示的铝合金变径管,成形区直径(D)为 88mm,最大直径区长度(l')为 65mm,成形区长度(l)为 128mm,零件总长度(l_1)为 200mm,过渡半锥角 $\alpha=20°$,管材外径(d)为 65mm,壁厚(t)为 1.5mm,膨胀率为 35%。零件材料为 5A02 铝合金,材料力学性能屈服强度 $\sigma_{0.2}=81.5\text{MPa}$,抗拉强度 $\sigma_b=183.6\text{MPa}$,延伸率 $\delta=22.4\%$。

主要工艺参数计算如下:

(1) 管材始长度与补料量。根据式(2-10a),可计算出管材初始长度为

$$l_0 = Dl'/d + \frac{D^2 - d^2}{2d\sin\alpha} + (l_1 - l) = 239.1\text{mm}$$

根据式(2-10b),补料量为

$$\Delta l = l_0 - l_1 = 239.1 - 200 = 39.1\text{mm}$$

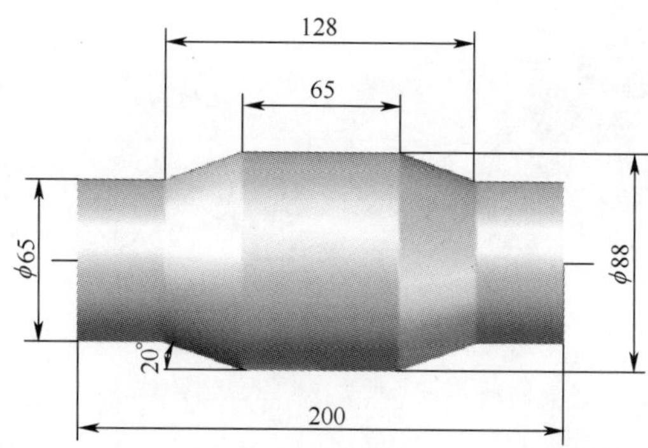

图 2-33 铝合金变径管形状与尺寸(mm)

(2) 初始屈服压力。根据式(2-3)计算初始屈服压力为

$$p_s = \frac{2t}{d}\sigma_s = \frac{2 \times 1.5}{65} \times 81.5 = 3.8\text{MPa}$$

(3) 整形压力。根据式(2-5),考虑材料成形过程发生的加工硬化,估算整形压力为

$$p_c = \frac{t}{r_c}\sigma_s = \frac{1.5}{5} \times \frac{\sigma_{0.2} + \sigma_b}{2} = 39.8\text{MPa}$$

(4) 合模力。根据式(2-8)计算合模力,其中零件投影面积为 12817mm^2。

$$F_c = A_p p_c \times 10^{-3} = 12817 \times 39.8 \times 10^{-3} = 510\text{kN}$$

(5) 设摩擦因数为 0.1, 根据式(2-6)计算轴向推力,其中送料区长度为

$$l_\mu = \frac{l_1 - l}{2} + \frac{\Delta l}{2} = \frac{200 - 128}{2} + \frac{39.1}{2} = 55.55\text{mm},$$

则

$$F_p = \pi \frac{d_i^2}{4} p_i = 3.14 \times \frac{62^2}{4} \times 39.8 = 120\text{kN}$$

$$F_\mu = \pi d l_\mu p_i \mu = 3.14 \times 65 \times 55.55 \times 39.8 \times 0.1 = 45.1\text{kN}$$

$$F_t = \pi t d \sigma_s = 3.14 \times 1.5 \times 65 \times 81.5 = 12.6\text{kN}$$

则轴向推力为

$$F_a = (120 + 45.1 + 12.6) = 190.3\text{kN}$$

用 $F_a = (1.2 \sim 1.5)F_p$ 估算,轴向推力 $F_a = 144 \sim 180\text{kN}$,可见采用式(2-7)估算比较简单。

首先在一定压力下补料获得“有益皱纹”(图 2-34(a)),完成设定的补料量,再增大内压进行整形获得最终零件(图 2-34(b))。由于补料较为充分,壁厚减薄得到有效的控制,最大减薄不超过 10%。图 2-35 所示为成形缺陷情况。

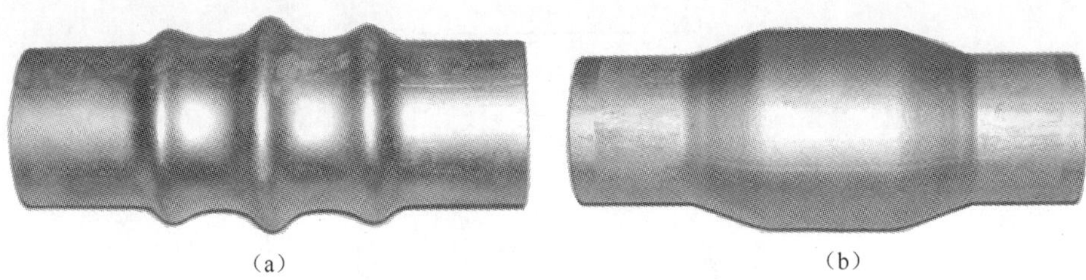

图 2-34　利用有益起皱的内高压成形过程
(a)有益起皱形状;(b)变径管零件。

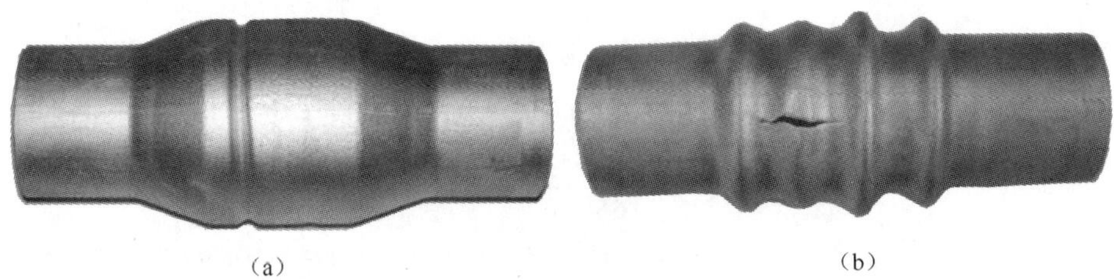

图 2-35　成形缺陷
(a)死皱;(b) 开裂皱纹。

2.7.2　低碳钢瓶形管件内高压成形

图2-36 为一种瓶形管件的零件图。管材外径为 40mm，初始壁厚为 2.5mm,成形区直径为 183mm,材料为 20 钢。该件成形的难点在于:①左右非对称,要求管材两端的补料量不同;②成形区长,长度为管材直径的 4.6 倍,成形过程中所需要的补料量达到 80mm,初始管材的长度为 403mm,接近管材外径的 10 倍,管材初始长度大容易引起屈曲;③膨胀量大,膨胀率为 70%,而材料延伸率仅为 28%。

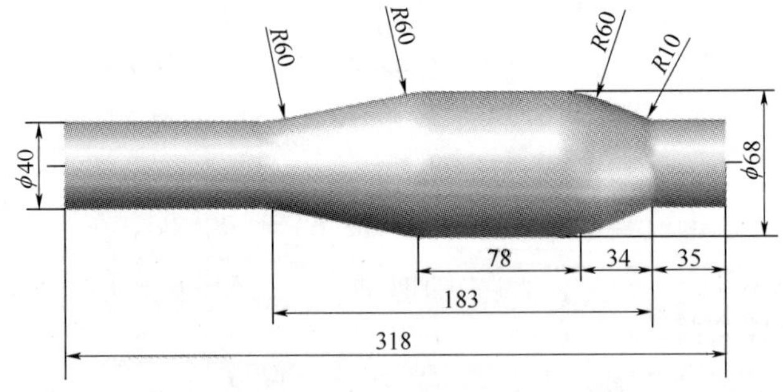

图 2-36　瓶形管件形状与尺寸(mm)

由于该瓶形件材料为低碳钢,而且成形区长,要想获得大膨胀率,必须采用合适的预成形坯。同样采用“有益皱纹”作为预成形坯聚料,皱纹形状如

图 2-37(a)所示。然后通过加压整形使皱纹展平,即可获得该瓶形管件,如图 2-37(b)所示。壁厚分布情况为两端送料区增厚,向中部成形区减薄,送料区越长,增厚越严重,左侧送料区增厚大于右侧。在成形区,壁厚的分布是起伏变化的,这与成形过程中皱峰皱谷的位置相对应,皱峰处壁厚稍薄,而皱谷处壁厚稍厚,这也是利用“有益皱纹”成形的壁厚分布的一个显著特点。最薄处壁厚为 1.92mm,减薄率为 25.2%。左侧最大壁厚为 2.75mm,增厚 10%。

图 2-37 瓶形管件

(a) 有益起皱形状;(b) 瓶形管件。

2.7.3 Ω 接头管件内高压成形

图 2-38 为 Ω 接头管件零件图,该管件轴向剖面形状类似希腊字母 Ω,因此称为 Ω 接头,为运载火箭动力系统中构成补偿管的重要零件之一。管材材料为 1Cr18Ni9Ti。该接头的传统生产工艺为采用模具压出半环,切边配对后焊接成整圆,存在两条轴向焊缝。传统生产工艺的主要问题:①模具压弯出半圆凸筋宽度不一致,精度难以保证;②两半圆焊后变形严重,对接面翘曲,尺寸超标,并造成两端头无法加工;③两半圆采用手工钨极氩弧焊焊接,清除焊漏工作量大,易碰伤工件造成废品,如清理不净,则滚焊钢丝套时易出现虚焊,降低可靠性;④零件结构存在叠加,造成有些位置无法进行 X 射线探伤,易造成焊接缺陷漏判。

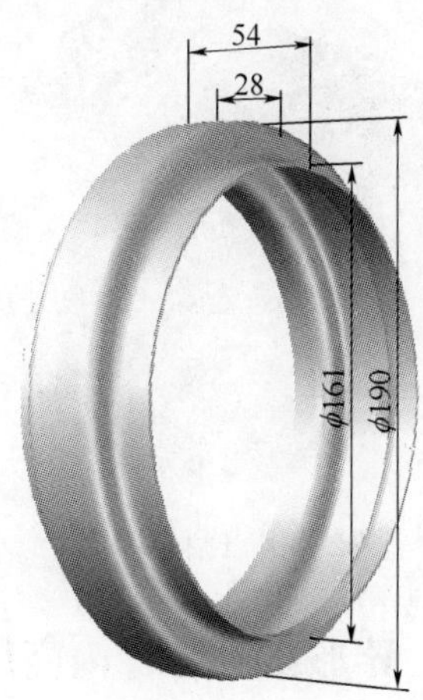

图 2-38 Ω 接头管件形状与尺寸(mm)

采用内高压成形工艺制造图 2-38 所示 Ω 接头,需要外径为 161mm,壁厚

1.5mm的不锈钢管。该管材直径大、壁厚薄，无法获得无缝管材。由于激光焊接工艺具有焊缝塑性好、热影响区小、焊道窄且表面质量好、焊后清理工作量小、可重复性好等优点，故采用激光焊接制造管材。

Ω接头内高压成形的难点：①大直径超薄零件，径厚比达107，管端密封困难；②内圆角小，仅为板厚的3.3倍，需要成形压力高；③轴向反力大，当成形压力为150MPa时，轴向反力接近3000kN，超过现有设备液压伺服缸的能力；④没有过渡区或者过渡区为垂直边，并且要求ϕ190mm凸台处的最小壁厚大于1.3mm。这些难点综合在一起，使得图2-38所示零件成形难度非常大。为了成形小圆角，需要很高的成形压力，成形压力高，轴向反力大、管端密封困难。为了满足最小壁厚要求和高压下整形圆角，需要一定的轴向补料，而补料过度或与内压匹配不合适，就会产生内凹缺陷，如图2-39所示。

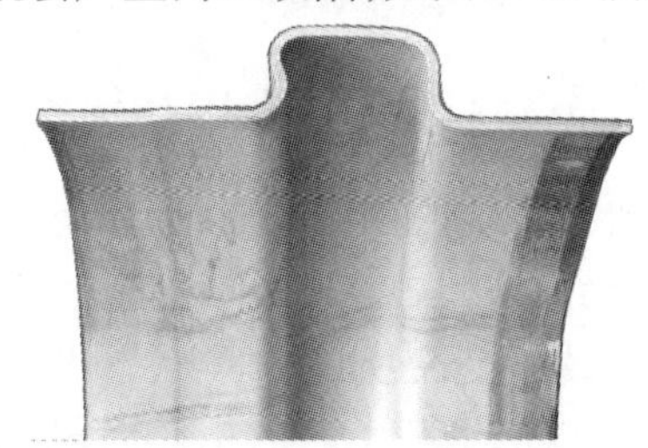

图2-39　内凹缺陷

只有解决超薄管端部密封、大直径管轴向减力、避免内凹缺陷和壁厚控制，才能获得合格的零件，如图2-40所示。其壁厚分布为中部膨胀区减薄较大，两端传料区壁厚基本不变，最小壁厚为1.37mm。

图2-40　Ω接头零件

2.7.4　异形双锥管件内高压成形

异形双锥管件的材料为1Cr18Ni9Ti，均匀延伸率45%，几何形状如图2-41所示。管材直径为56mm，壁厚为2.5mm。该件内高压成形有两个难点：①最大膨胀率达到 111%，约为材料均匀延伸率的 3 倍；②形状非对称，上下左右都不对称，这种非对称使得局部塑性变形量大而易引起开裂，需要特殊形状的预成形坯。

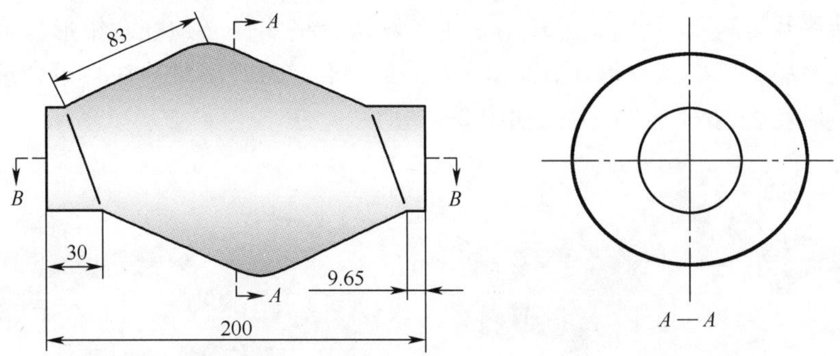

图 2-41　异形双锥形管件形状与尺寸(mm)

表 2-6 为该双锥管件各截面的膨胀率，从中心开始每隔 10mm 取一个截面，各截面选取示意如图 2-42 所示。从该表可知，在 A5～A7 截面处，下半周膨胀率远大于上半周膨胀率，表明此处变形非常不均匀；在 A1～A4 截面，下半周膨胀率已经超过材料均匀延伸率的 2 倍，容易在下半周产生开裂。

表 2-6　双锥管件各截面的膨胀率

截　面	A1	A2	A3	A4	A5	A6	A7
膨胀率/%	111.47	111.56	101.57	84.75	67.92	51.11	34.32
上半周膨胀率/%	111.47	102.99	89.13	72.80	56.45	40.12	23.79
下半周膨胀率/%	111.47	120.13	114.01	96.70	79.39	62.10	44.84
上、下半周比值	1 : 1	1 : 1.17	1 : 1.28	1 : 1.33	1 : 1.41	1 : 1.55	1 : 1.89

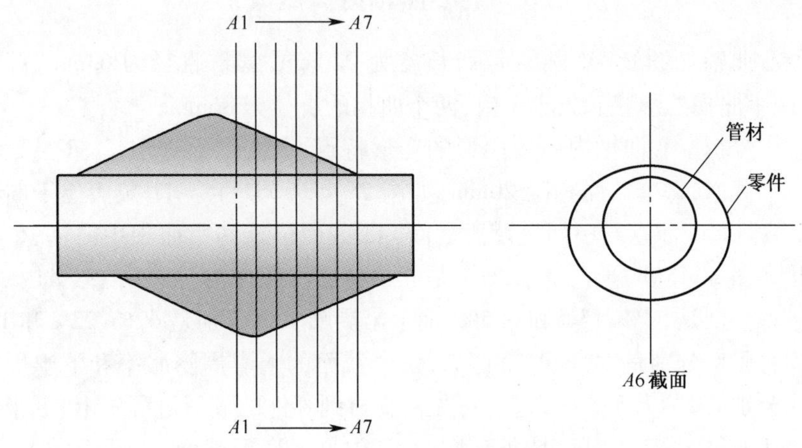

图 2-42　双锥形异形管件截面分析示意图

图2-43(a)所示为用“有益皱纹”方法获得的一个对称的双锥形预成形坯，该件的最大膨胀率达到了78%，用该件作为预成形坯成形最终零件，虽然平均周向变形量已经变小，并进行了退火处理，由于在A5~A7截面处变形不均匀，还会导致开裂缺陷，见图2-43(b)。为了获得合格零件必须在双锥形预成形坯的基础上加工二次预成形坯，以克服塑性变形不均匀的困难。在采用合理的二次预成形坯后，获得合格零件，如图2-44所示。

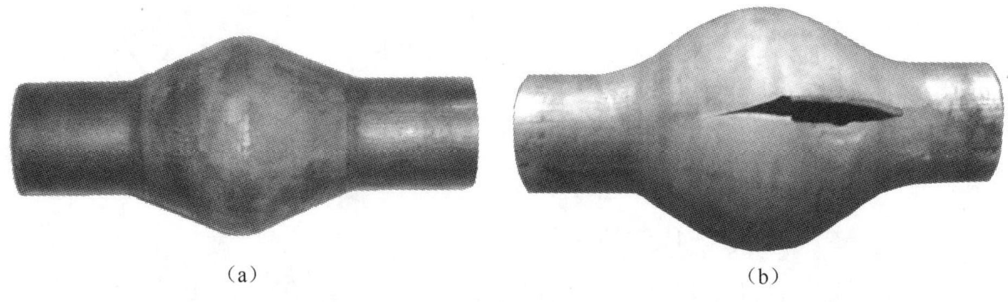

(a) (b)

图2-43 一次预成形坯及开裂缺陷

(a)一次预成形坯；(b)开裂。

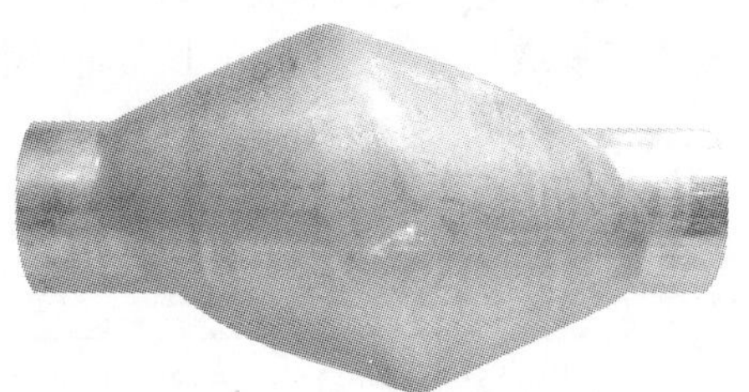

图2-44 异形双锥管件

2.7.5 空心曲轴内高压成形

空心曲轴如图2-45(a)所示，长度为220mm，管材直径为63mm，壁厚为3mm，两个曲拐的形状和大小一致，两个曲拐的直径为86mm。

为了分析空心曲轴内高压成形的变形特点，在曲轴上选取了A1、A2和A3三个典型截面，每个截面相隔20mm，如图2-45(a)所示。A1截面位于曲拐中间，A2截面位于曲拐与中间过渡段之间，A3截面位于两个曲拐中间，三个截面的形状如图2-45(b)所示。表2-7是三个截面膨胀率的计算结果。A1、A2、A3的膨胀率分别是37%、13%和6.5%，而上半周膨胀率分别是62%、22%和11%，下半周膨胀率分别是12%、4%和2%，三个截面的上半周膨胀率和下半周膨胀率之比分别为5.17、5.5和5.5。可见由管材到零件的成形过程中上、下半周的膨胀率相差很大，变形过程是非对称的，其中最大变形截面A1截面的上、下半周的膨胀率相差5倍以上，尤其是上半周的膨胀率达到了62%，成形难度很大。

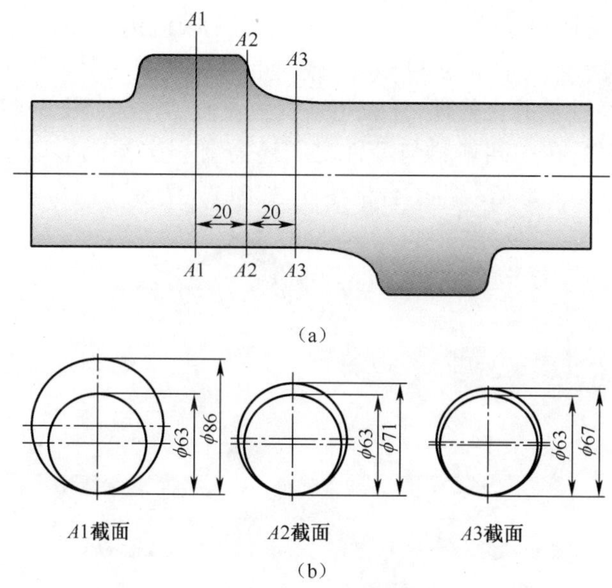

图 2-45　空心曲轴及截面尺寸(mm)变化分析
(a)曲轴剖面;(b)典型截面。

表 2-7　空心曲轴各截面膨胀率

截面位置	A1 截面	A2 截面	A3 截面
膨胀率/%	37	13	6.5
上半周膨胀率/%	62	22	11
下半周膨胀率/%	12	4.0	2.0
上半周/下半周	5.17	5.5	5.5

通过以上分析，直接由管材成形出空心曲轴难度很大,必须有合理的预成形坯料或中间坯料。由于成形的最大难点在于曲拐处的局部膨胀率太大，因此预成形应能够降低曲拐的局部膨胀率。采用图 2-46 所示的预成形坯,可将曲拐的垂直高度由最终零件的 86mm 降到 80mm。

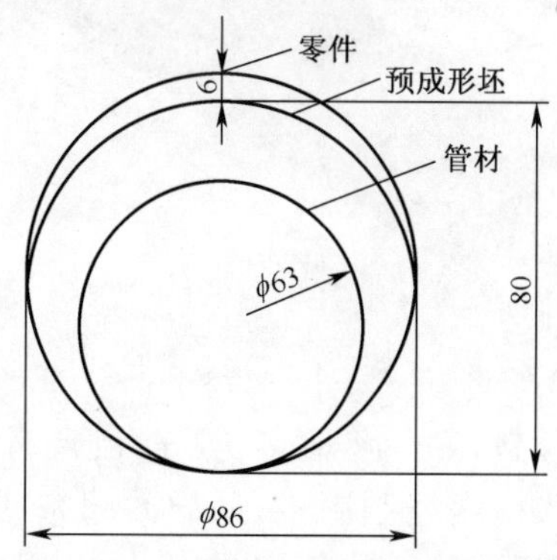

图 2-46　中间毛坯尺寸(mm)示意图

虽然中间毛坯到零件的平均变形量仅为27%,但仍然存在变形不均匀性,A1截面上半周平均变形量为44%,A1截面下半周平均变形量为10%。采用中间管材,尽管经过了退火处理,开裂还是发生在曲拐顶部(图2-47(a))。为了获得合格的零件,在中间坯料与零件之间还需要一次预成形以调整变形均匀性,通过这样的预成形后获得了合格零件,如图2-47(b)所示。

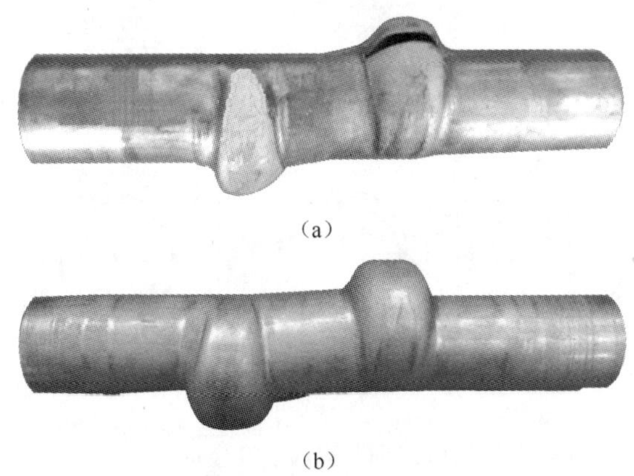

(a)

(b)

图2-47 曲轴零件

(a)曲拐顶部开裂;(b)合格零件。

2.7.6 长距波纹管内高压成形

长距波纹管是一种典型的大尺寸变径管件,其直径范围从240mm至500mm,材料为5A03铝合金,如图2-48所示。由于波纹之间的距离较长,一般大于100mm,现有制造波纹管的技术无法制造这种长距波纹管。目前的制造工艺是采用“滚筒-焊接”的技术路线制造,合格率低、焊缝可靠性差。

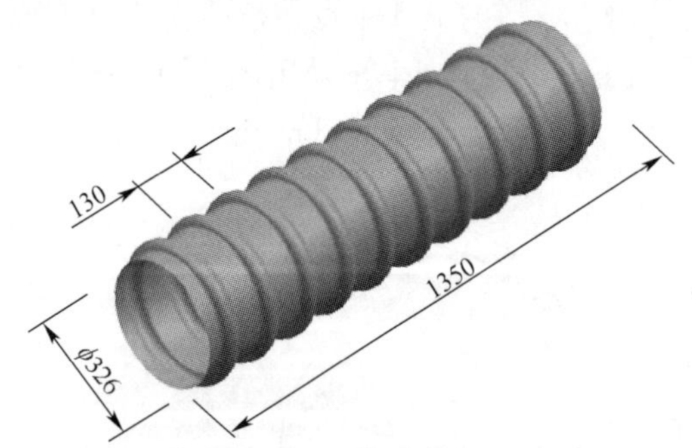

图2-48 长距波纹管形状与尺寸(mm)

长距波纹管整体内高压成形难点为:直径尺寸大,导致轴向推力达8000kN,轴向补料时位移精度控制困难,易导致起皱或开裂;整体成形时,波纹数量达10个以上,中部波纹不能得到材料补充,减薄率大,不能满足设计要求。对于该波纹管,如果对所有的波纹同时进行成形,由于中部波纹无法获得材料补充,最大减薄率高达 24%,不满足波纹减薄率小于 15%的设计要求。而且,由于 5A03 铝合金管材塑性较差,严重减薄还易导致开裂,如图 2-49(b)所示。

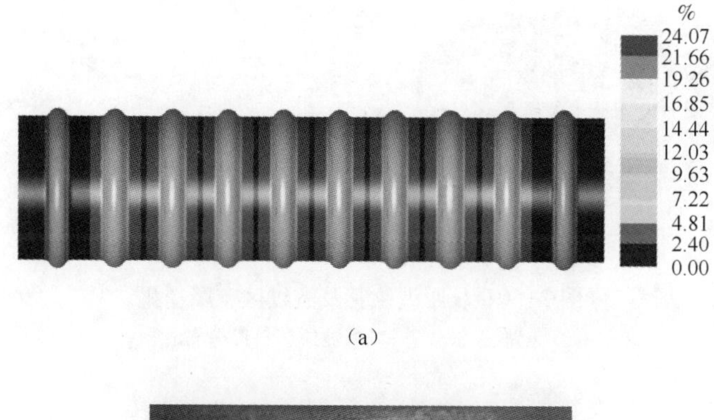

(a)

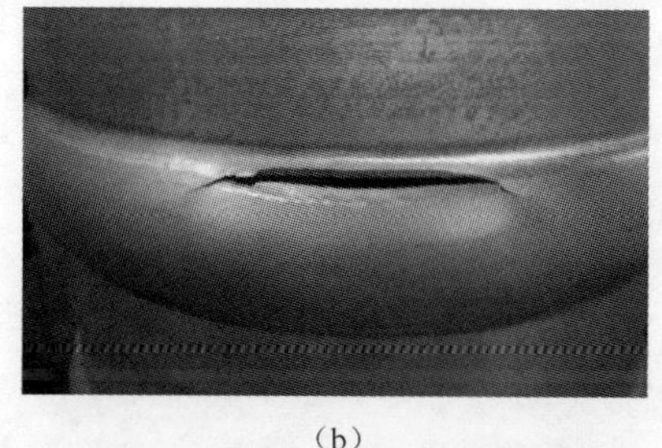

(b)

图 2-49 长距波纹管整体成形壁厚变化和破裂缺陷

(a)减薄率分布;(b)开裂缺陷。

为了解决长距波纹管整体成形存在的难题,发明了自补料局部成形方法。利用波纹区膨胀内压产生轴向拉力,将管材材料拉入波纹区,实现自补料,提高了壁厚均匀性。由于各波纹区仅在胀形部位施加内压,所需合模力仅 300t,降低到整体成形的 1/10。并且由于环向液压反力仅作用于很窄的环形区域,轴向推力仅 30t,降低到整体成形的 1/20。

图 2-50 为采用自补料局部成形方法获得长距波纹管试件及其壁厚与整体成形试件壁厚比较。可见自补料局部成形试件波纹区壁厚减薄明显小于整体成形试件的壁厚。成形结束后管件总长度比初始管坯长度缩短 107mm,每个波纹轴向平均补料量为 10.7mm,各波纹补料量略有差别,导致减薄率略有不同,但是均小于 10%,符合设计要求。成形后最小壁厚均出现在波纹最顶部,整个波纹管最小壁厚为 2.83mm,最大减薄率为 9.9%。在 10.7mm 的轴向补料量下,波纹变形均匀,理想均匀壁厚为 2.93mm,该波纹管壁厚均差率为 3.4%,壁厚均匀性较好。

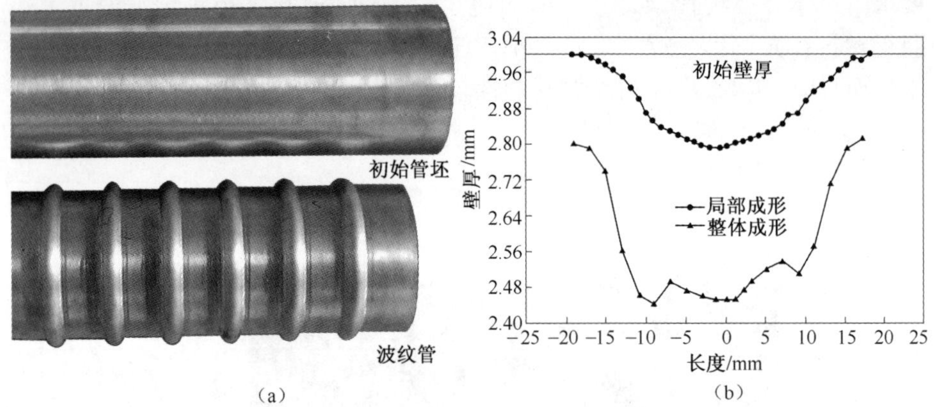

图 2-50 长距波纹管及波纹区壁厚变化

(a)长距波纹管;(b) 波纹区壁厚分布。

第3章 弯曲异形截面管件内高压成形技术

3.1 工艺过程与典型截面

3.1.1 工 艺 过 程

弯曲轴线异形截面管件的内高压成形主要工艺过程包括弯曲、预成形、内高压成形等主要工序,如图 3-1 所示。有时与液压冲孔工序结合,成形后在液压支撑下直接冲孔,关于液压冲孔将在第 7 章详细介绍。

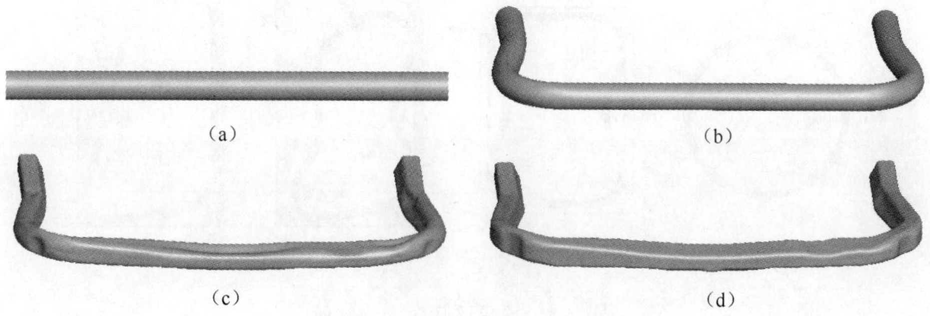

图 3-1 弯曲管件内高压成形工艺过程

(a)管材;(b)弯曲;(c)预成形;(d)内高压成形。

由于构件的轴线为二维或三维曲线,先需要经过弯曲工序,将管材弯曲成和零件轴线相同或相近的形状。用于内高压成形的弯曲件和以往的弯曲件相比,除了保证弯曲轴线形状尺寸满足要求外,更重要的是控制弯曲过程中的壁厚减薄,这是保证内高压成形过程顺利进行的前提。

弯曲后,如果零件截面简单或管材直径 d 小于模具型腔最小宽度 w,可以直接将弯曲后的管材进行内高压成形,如图 3-2 所示。如果零件的截面复杂或管材直径大于模具型腔最小宽度,管材不能放入模具型腔,还需要进行截面预成形工序,如图 3-3 所示。预成形工序主要有三个方面的作用:一是对于初始管材直径大于模具型腔宽度的成形过程,预成形过程将管材压扁使管材能够顺利放到内高压成形模具中,避免在合模的过程中出现飞边缺陷;二是预先合理地分配坯料,使零件在内高压成形过程中变形均匀,避免皱纹和破裂缺陷;三是通过合理的预成形形状,降低过渡圆角整形压力和控制壁厚,降低设备合模力,节约模具费和提高生产效率。

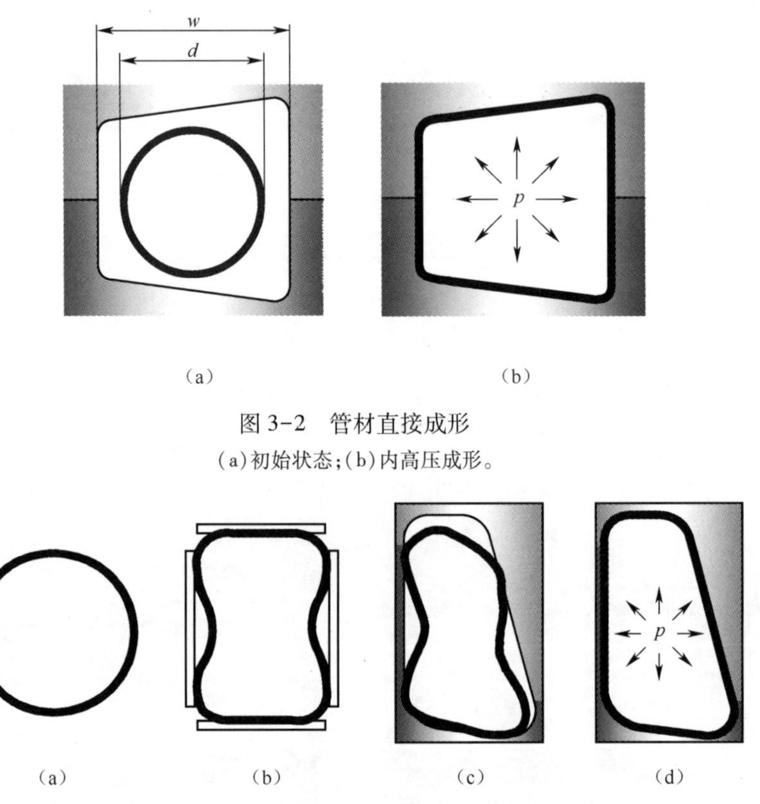

(a)　　　　(b)

图 3-2　管材直接成形

(a)初始状态;(b)内高压成形。

(a)　　　　(b)　　　　(c)　　　　(d)

图 3-3　预成形截面变化过程

(a)管材;(b)预成形;(c)合模;(d)内高压成形。

内高压成形工序是将预成形后的管材放到内高压成形模具中,首先用快速充填系统把管材充满乳化液,再通过一端的冲头引入高压液体,并按照一定加载曲线升压,在高压液体的作用下管材或经过预成形的管材贴靠模具型腔形成所需形状的零件。

3.1.2　典型截面

弯曲轴线管件典型截面形状有四边形、多边形、椭圆和不规则截面,如图 3-4所示。四边形截面包括正方形、矩形和梯形等形状;多边形截面包括正五边形、正六边形和其他形状的五边形、六边形;椭圆形包括长、短轴不同的形状和长椭圆等形状;不规则截面是不包括上述形状在内的他其复杂形状,主要用于规则截面之间的过渡。

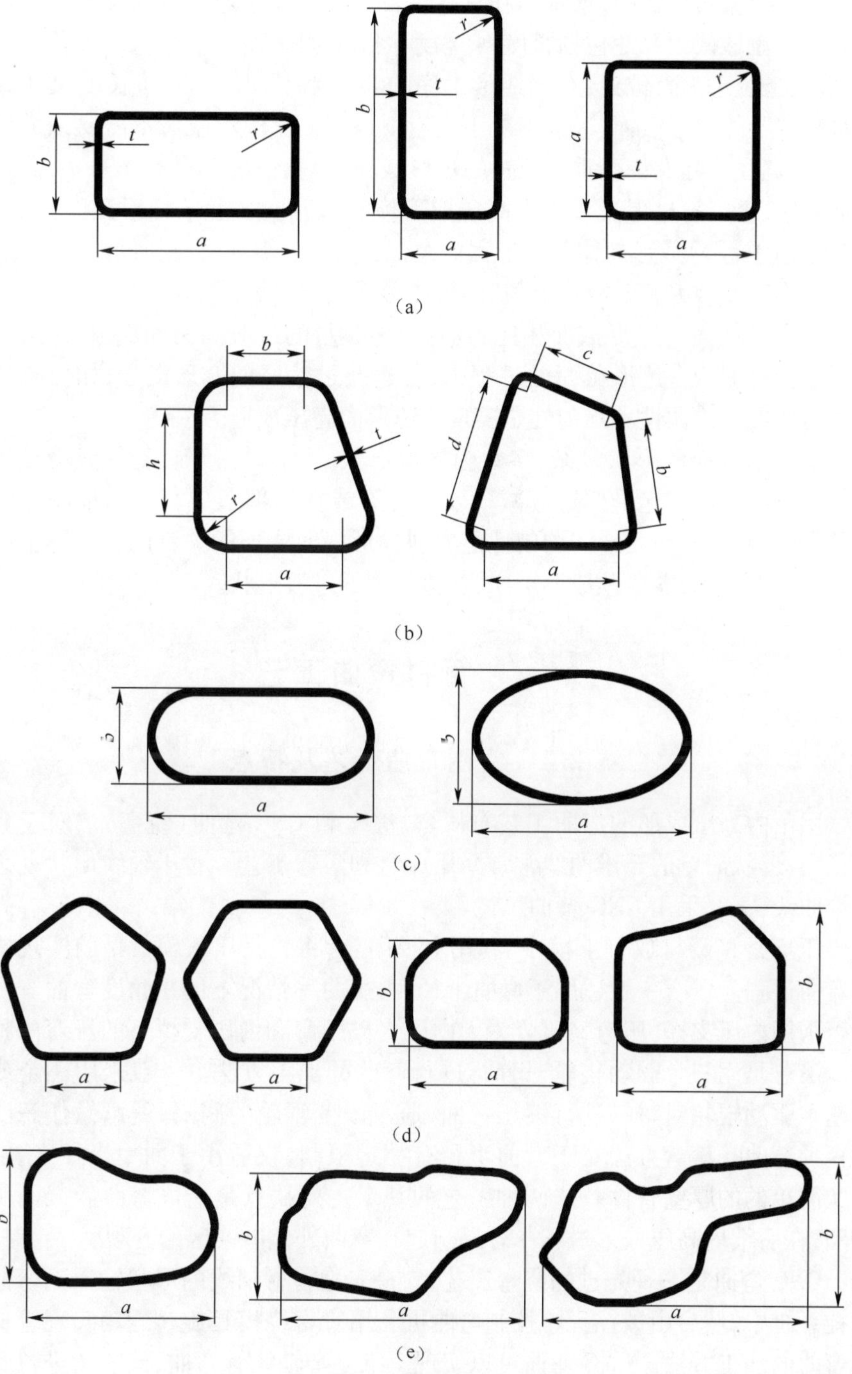

图 3-4　典型截面形状

(a)四边形截面;(b)梯形截面;(c)椭圆截面;(d)多边形截面;(e)不规则截面。

在这些截面形状中,最常用和具有代表性的截面是矩形截面及其特例正方形截面。矩形截面尺寸包括长度 a、宽度 b 和过渡圆角 r。长度尺寸 a 位于水平位置,还是位于垂直位置,对预成形工序的要求是不同的。对于长度尺寸 a 位于水平位置的矩形截面,一般情况下会有 $a > d$(管材外径),不需要预成形工序;对于宽度尺寸 b 位于垂直位置的矩形截面,一般情况下会有 $b \leqslant d$,需要预成形工序,否则管材无法放入内高压成形模具型腔。一般的梯形截面(图 3-4(b)左侧的梯形)成形规律与矩形截面类似,但图 3-4(b)右侧所示的窄梯形截面成形难度非常大,需要特殊形状的预成形截面。

多边形截面与矩形截面相比,具有更多数量的过渡圆角和直边,在由初始的圆形管材变为多边形截面的过程中,各边及过渡区的变形复杂,如何有效控制各边变形的协调性和均匀性是实现多边形内高压成形的关键。

不规则截面的形状复杂,多数为异形形状,成形时由于材料的流动导致变形不均匀往往会引起局部过渡减薄发生开裂或在局部形成材料的堆积而发生起皱,如何控制截面变形的均匀性是实现异形截面成形的关键问题。对于该类截面的成形,一般需要预成形工序,选择合理的过渡形状。

3.2 管材弯曲工艺

3.2.1 常用弯曲工艺及特点

用于内高压成形的弯曲工艺有压弯、滚弯和 CNC 弯曲(绕弯)。对于弯曲半径大、形状简单的二维曲线常常采用压弯和滚弯工艺。对于轴线形状复杂的三维曲线,需要采用 CNC 弯曲工艺。

压弯是将管材放置下模中,利用上模闭合,将管材压入模具型腔实现成形的弯曲过程。压弯一般适用于弯曲半径大、变曲率情况下的小角度弯曲。根据是否采用内压支撑,压弯又可分为无内压支撑压弯和内压支撑下的压弯两种类型。滚弯是用三个驱动辊轮对管材进行弯曲的加工方法。一般采用三个或四个基本驱动辊轮对材料进行滚压弯曲,通过改变辊轮的间隔,就可做任意曲率半径的弯曲。滚弯方法对于弯曲半径有一定限制,仅适用于曲率半径大、轴线形状简单的的厚壁管件。这两种工艺的一个主要缺点是造成弯曲后截面变成椭圆,在后续内高压成形过程中容易引起在弯曲外侧减薄区的开裂。

CNC 弯曲是一种先进的绕弯工艺,它是先把管材轴线的形状输入到弯曲机数控系统中,然后由数控程序控制弯曲机利用管材绕模具旋转运动实现管材自动弯曲的加工方法。CNC 弯曲可以实现三维复杂轴线管弯曲,能连续进行不同角度的弯曲,具有质量好、生产效率高等特点。

CNC 弯曲模具一般由弯曲模、夹持模、压模以及防皱模和芯棒等组成,如

图 3-5 所示。弯曲机主要包括机床床身、液压油箱、机床主轴、弯曲移动平台和控制系统,如图 3-6 所示。弯曲模通过连接机构和弯曲机的机床主轴连接在一起,管材弯曲时,管材的一端由夹持模夹紧在弯曲模上,在管材与弯曲模的相切点外侧装有支撑模,内侧装有防皱模,管材内塞有芯棒,弯曲模绕机床主轴旋转,管材即绕弯曲模逐渐弯曲成形。通过弯曲机的夹持装置夹持管材的后端,将管材的轴向前进或周向旋转,达到轴向加力或空间角度的变化目的,以此实现三维空间弯曲。

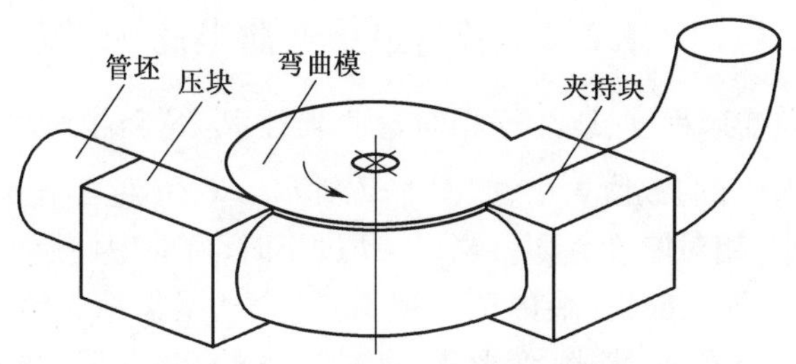

图 3-5　CNC 弯曲工艺简图

图 3-6　CNC 弯曲机

CNC 弯曲机采用液压伺服控制,可实现空间弯曲,配合多层模具,还可实现连续、多曲率半径弯曲。CNC 弯曲机的主要参数包括最大弯曲半径、最大壁厚、弯曲半径、弯曲角度和弯曲速度等,其中最大弯曲半径和最大壁厚决定了弯曲机的性能,弯曲速度和轴向送进速度决定了生产效率。用于汽车结构件的几种规格弯曲机的主要技术参数见表 3-1。

表 3-1　弯曲机的主要技术参数

技术参数	型号 1	型号 2	型号 3	型号 4
最大直径/mm	42	76	101	150
最小直径/mm	10	20	25	50
最大壁厚/mm	2	2	2.5	3

（续）

技术参数	型号1	型号2	型号3	型号4
最大半径（中心线）/mm	200	250	250	400
最小半径（中心线）/mm	25	25	35	75
最大弯曲角度/（°）	193	193	193	193
最大管材长度/mm	3000	3000	3000	3000

3.2.2 管材最小弯曲半径

管材的弯曲变形程度，取决于相对弯曲半径 R_b/d 和相对厚度 t/d（R_b 为管材中性层曲率半径）的数值大小，如图 3-7 所示。R_b/d 越小表示弯曲变形程度越大；t/d 值越小，相对厚度越薄。当 R_b/d 过小时，弯曲中性层的外侧管壁会产生过度变薄，甚至导致破裂；最内侧管壁将增厚，甚至失稳起皱，t/d 越小，起皱趋势越严重。随着 R_b/d 变小，变形程度增加，截面畸变（不圆度）也愈加严重。

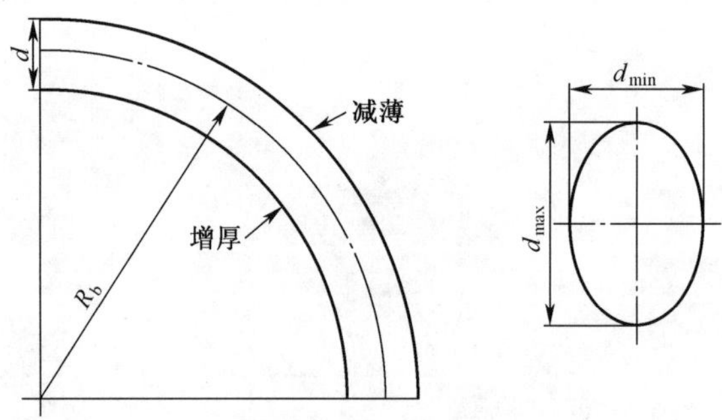

图 3-7 管材弯曲过程形状和壁厚变化

为保证管材的弯曲质量，必须将相对弯曲半径设计在一定范围内。不同弯曲工艺的最小相对弯曲半径参见表 3-2。实际的最小相对弯曲半径不仅取决弯曲工艺（芯模、设备），还取决于材料的力学性能及设备等，管件实际的减薄率和不圆度等，需要通过工艺实验确定。

表 3-2 管材弯曲的最小相对弯曲半径（d 为管材直径）

弯曲方法	最小弯曲半径（中心线）
压弯	$(3\sim5)d$
滚弯	$6d$
绕弯	$(1.25\sim2)d$

3.2.3 管材截面形状畸变及其防止措施

管材弯曲时，会产生截面形状的畸变，使圆截面变为椭圆形，严重时会压

瘪，如图 3-7 所示。用不圆度来衡量截面形状的畸变的程度，即

$$\eta = \frac{d_{\max} - d_{\min}}{d} \times 100\% \tag{3-1}$$

式中　η——不圆度（%）；

$d_{\max}$——弯曲后管材椭圆截面的长轴直径（mm）；

$d_{\min}$——弯曲后管材截面的短轴直径（mm）；

d——管材外径（mm）。

管件弯曲的畸变量过大，将影响后续的预成形和内高压成形，容易引起弯曲外侧的开裂。针对于 CNC 弯曲，防止截面形状畸变的常用办法如下：

（1）使用芯棒支撑断面，以防止断面畸变。常采用的芯棒有球头芯棒、圆锥芯棒、勺形芯棒或多头芯棒等。采用合理结构形式的芯棒是大批量生产中防止截面畸变和内侧起皱的主要措施。

（2）在管材内充填颗粒状的介质、流体介质、弹性介质或低熔点合金等，防止断面形状畸变。这种方法较为容易，应用比较广泛，多用于中小批量的生产。

3.2.4　弯曲力矩的计算

弯曲力矩是确定设备性能、选择设备的重要技术参数。管材弯曲时的弯矩不仅取决于管材的力学性能、管材的直径、弯曲半径等参数，同时还与弯曲方法、使用的模具结构等有很大的关系。在生产中，可以用下式估算弯曲力矩：

$$M = k_W W \sigma_b \sqrt[3]{\frac{d}{R_b}} \times 10^{-3} \tag{3-2}$$

式中　M——弯曲力矩（N · m）；

d——管材直径（mm）；

σ_b——材料抗拉强度（MPa）；

W——抗弯截面模量（mm^3），对于圆管 $W = \dfrac{\pi(d^4 - d_i^4)}{32D}$（$d_i$为管材内径）；

R_b——弯曲半径（mm）；

k_W——与芯棒和润滑有关的经验系数，采用刚性芯棒且不用润滑时可取 $k_W = 5 \sim 8$，若用刚性的铰链式芯棒时可取 $k_W = 3$。

3.2.5　壁厚变化的计算

在弯曲中性层外侧，由于切向拉应力作用而使壁厚减薄，在中性层内侧，由于切向压应力作用而使壁厚增厚。弯曲处的外侧减薄量对内高压成形过程和零件在使用中的承载能力影响非常大。如果外侧过度减薄，即使在弯曲时未发生开裂，在后续内高压成形中也容易引起开裂，增加内高压成形工序的难度。

内高压成形使用的弯曲件除保证轴线形状精度外，还要将控制壁厚减薄率在一定范围内，一般最大减薄率不大于20%。减薄率主要与相对弯曲半径有关，材料力学性能和弯曲工艺（芯模形式）对减薄率也有影响。对于绕弯工艺，减薄率可以用下式估算：

$$\delta_t = \frac{\frac{d}{2}}{R_b + \frac{d}{2}} \times 100\% \tag{3-3}$$

对于同样的相对弯曲半径，材料的力学性能不同，则壁厚分布也会发生相应的变化，例如材料的硬化指数 n 和厚向异性系数 r 越大，发生减薄的趋势越小。另外，弯曲后的壁厚分布还随着芯棒的形式、芯棒直径以及芯棒位置的变化而变化。此外，润滑条件也影响壁厚的分布，随着润滑条件的改善，有利于材料的流动，变形的均匀性增加，壁厚更趋于均匀分布。

3.2.6　管材弯曲极限径厚比

评价管材弯曲难易程度的指标，除了最小弯曲半径外，管材径厚比（直径与壁厚之比）是评价管材弯曲难易程度的另一个重要指标。随着管材径厚比的增大，管材的相对壁厚越薄，弯曲过程起皱趋势严重，管材弯曲难度逐渐增加。极限径厚比是指在相对弯曲半径、弯曲工艺一定条件下，不发生起皱的最大径厚比。目前常用的管材数控弯曲（CNC）工艺，可达到的极限径厚比如表3-3所示。决定管材极限径厚比的主要因素是材料和弯曲半径。对于相对弯曲半径为1.7mm，不锈钢管材的极限径厚比达到127，而6061-O铝合金管件的极限径厚比仅为77，表明弯曲半径相同，材料的弹性模量和强度越高，极限径厚比越大；对于相同材料（镍基耐热合金管），相对弯曲半径越小，极限径厚比也越小。

表3-3　管材CNC弯曲的极限径厚比

材料	相对弯曲半径/mm	规格 $d \times t$/mm^2	径厚比 d/t	弯曲角/(°)
321不锈钢	1.7	63.5×0.5	127	90
AM350不锈钢	1.0	38×0.71	53.5	180
6061-O铝合金	1.7	127×1.65	77	90
6061-T6铝合金	1.4	50.8×0.71	71.5	90
镍基耐热合金管	1.0	38×0.457	83.2	90
镍基耐热合金管	1.5	89×0.71	125.3	45
纯钛	1.5	101.6×0.89	114	90

3.3 管材充液压弯工艺

3.3.1 充液压弯原理及特点

管材充液压弯是管材压弯和液压成形复合的一种工艺，既具有压弯的一般特点，又具有自身的特殊性。其成形原理如图3-8所示，首先从管端充入液体，在管材内建立起内压作为柔性支撑，然后在模具中进行弯曲，并随模具压下的过程控制内压保持在一定数值，利用液压的支撑作用避免起皱和截面畸变，在合模后，可提高内压进行整形，使管材贴模定形。

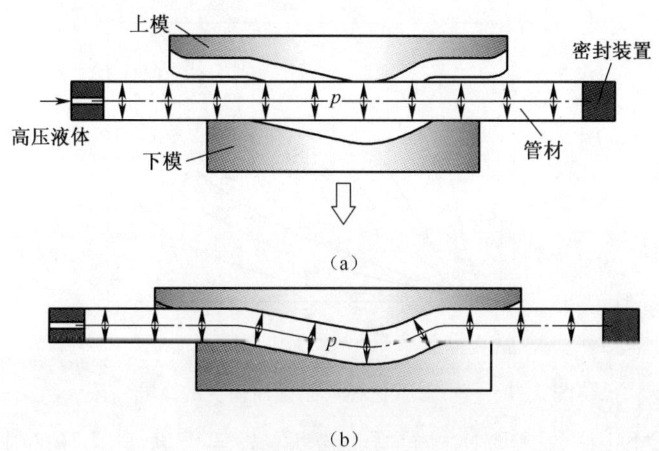

图3-8 充液压弯工艺过程
(a)初始状态；(b)压弯。

管材充液压弯可分为管端无约束和管端约束两种类型，管端约束方式下的成形过程采用压板固定管材两端，对竖直方向的位移进行约束。与管端无约束方式相比，管端约束方式限制了两端的上翘变形和轴向移动，使三个弯同时弯曲成形。

压弯过程中管材弯曲内侧受到轴向压应力作用，外侧受到轴向拉应力作用。轴向压应力导致弯曲内侧壁厚增厚，当压应力达到临界值，垂直于管材轴向会发生失稳起皱。轴向拉应力导致弯曲外侧壁厚减薄，当拉应力达到临界值将导致管材开裂。此外，在上述应力产生的相反合力的共同作用下，管材截面发生畸变。在管材内加入一定压力的液体介质后，管材内受内压的作用，产生与合力相反的支撑力，从而使管材截面畸变受到抑制。同时管材在内压的作用下，通过管端密封装置产生一定轴向拉应力，抵消内侧一部分压应力，有效地减小弯曲内侧发生起皱的趋势。对于一定弯曲半径，内压存在一个临界值，超过该值时，可以完全消除皱纹。

3.3.2 管端无约束下的管材充液压弯

相比采用传统芯棒作为内支撑,充液数控弯曲可以提高管材弯曲成形极限,并改善成形质量。同时随弯曲半径减小,应适当提高支撑内压,使其接近于管材屈服内压。较大内压下截面畸变增加非常缓慢,随着内压增大,相同截面变形对应的曲率明显增大,相应地,随支撑内压增加,管材发生失效的临界弯矩和极限曲率均大幅提高。图 3-9~图 3-11 所示为德国斯图加特大学研究结果[163]。其中:ΔD 为截面直径变化量,$\Delta D/D$ 为管材截面直径变化率;k 为弯管的曲率,k/k_1 为归一化的曲率,$k_1=t/d^2$;p 为管材内压,p_0/p 为归一化的内压,$p_0=2\sigma_0 t/D_0$。

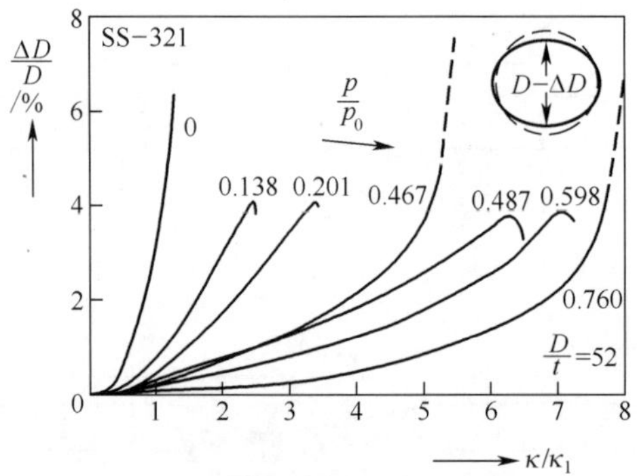

图 3-9 内压对管材纯弯曲截面畸变的影响[163]

同时,支撑内压对管材临界起皱曲率具有重要影响,随内压的升高,管材临界起皱曲率大幅增加,当内压为 $0.76p_s$,极限相对弯曲半径达到 7,为无内压时的 1/6。

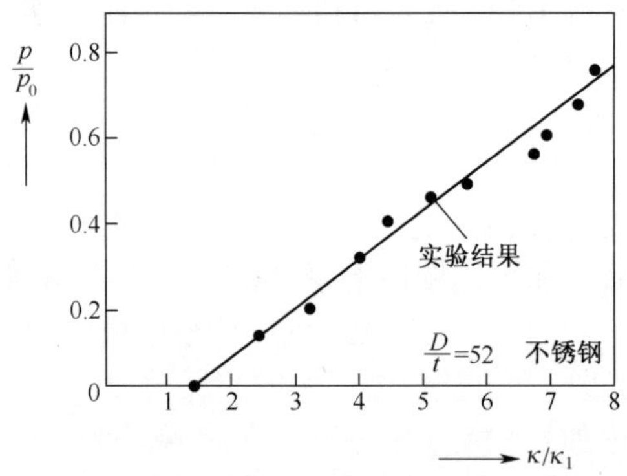

图 3-10 内压对管材临界起皱曲率的影响[163]

不同支撑内压时的起皱行为有所不同,图 3-11 所示为 AlMg3.0Mn 铝合金管材充液压弯的成形极限,其中管材直径 95mm,壁厚 1.5mm,压弯半径

1500mm。当相对弯曲半径为 15 时,采用极限支撑内压 2MPa,管材最大径厚比可以达到 63。随内压的升高,薄壁弯管内侧起皱时刻延缓,成形极限逐渐提高。管材弯曲成形极限随径厚比的增大而迅速减小,当相对弯曲半径为 15,内压采用临界屈服内压时,充液压弯可弯制管件径厚比不超过 100。

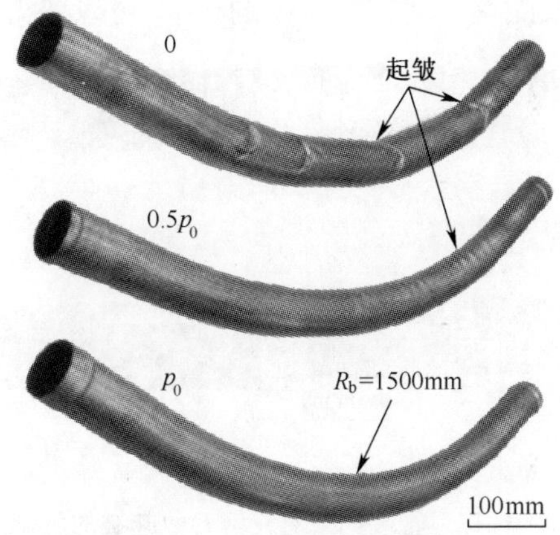

图 3-11　内压对薄管充液压弯起皱的影响[163]

管材充液压弯的极限径厚比除了与材料有关外,还与弯曲半径有关。不同弯曲半径下,低碳钢和铝合金管材充液压弯可达到的极限径厚比如表 3-4 所示,极限径厚比随弯曲半径减小而逐渐减小,当相对弯曲半径为 2~3 时,低碳钢和铝合金管件的极限径厚比不超过 40。

表 3-4　管材充液压弯的极限径厚比

相对弯曲半径	低碳钢	5A02 铝合金
6	60	50
5	50	45
4	45	40
3	40	36
2	36	30

3.3.3　管端约束下的管材充液压弯

铝合金管材充液压弯的主要缺陷形式也是弯曲内侧起皱,通过采用压弯方法可以控制薄壁弯管截面变形,并通过管端施加约束可以大幅提高弯曲成形极限。在管端未施加约束时,支撑内压为极限支撑内压时弯曲内侧仍然出现严重起皱。在管端施加约束后,极限弯曲半径大幅降低,可以有效降低弯曲内侧受压程度,从而消除了内侧起皱,如图 3-12 所示,分别是管端约束和管端无约束弯曲实验结果。在管端无约束条件下,内压小于2.4p_s时,中间弯内侧圆弧两侧均起皱;内压等于或大于2.4p_s时,仅中间弯内侧圆弧靠近长直段一侧起皱,仅通过提高内压很难消除皱纹。在管端施加约束条件下,内压小于2.2p_s时,仅中间弯内侧圆弧靠近长直段一侧起皱,内压等于或大于2.2p_s时,中间弯内侧圆弧两侧均无皱,管端约束能有效地抑制皱纹的产生,可以获得合格试件。

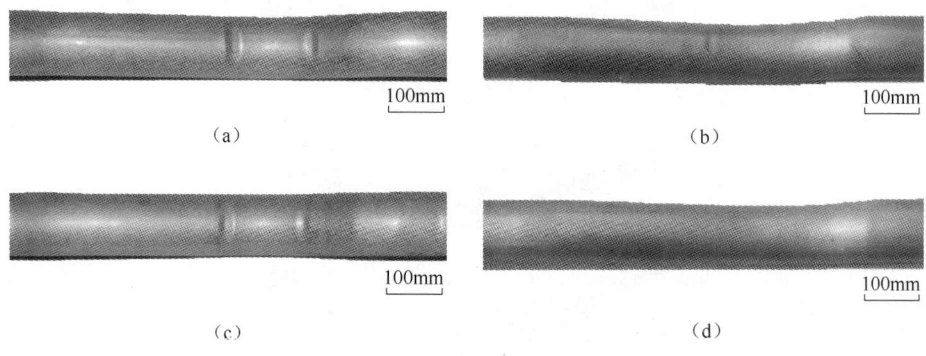

图3-12 管端约束对充液弯曲起皱的影响

(a)管端无约束(内压2.0p_s);(b)管端约束(内压2.0p_s);
(c)管端无约束(内压2.2p_s);(d)管端约束(内压2.2p_s)。

普通压弯时,试件产生死皱、截面严重畸变等缺陷。充液压弯时,试件的皱纹位于弯曲内侧圆弧靠近长直段一侧。当内压小于2.2p_s时,中间弯内侧圆弧靠近长直段一侧起皱;而当内压等于或大于2.2p_s时,中间弯内侧圆弧两侧均无皱,可以获得合格试件,该试件的临界内压为2.2p_s。如果内压过高,当内压等于或大于2.6p_s时,压弯过程中试件发生塑性变形,造成直径增大,导致试件在分模面处压出飞边,如图3-13所示。

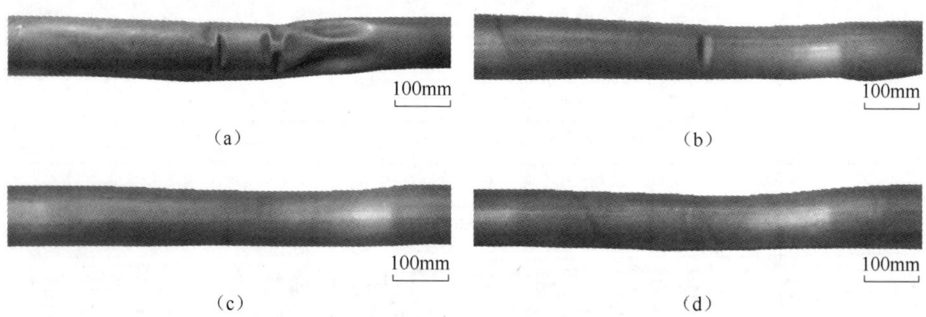

图3-13 不同内压下弯曲内侧起皱情况

(a)无内压;(b)内压1.8p_s;(c)内压2.2p_s;(d)内压2.6p_s。

用两皱峰与皱谷之间的垂直距离来表示皱纹深度h,用皱纹沿试件环向的水平距离来表示皱纹宽度b,如图3-14所示。表3-5给出了实验得到的不同内压下的皱纹尺寸。随内压的增大,皱纹的深度和宽度均逐渐减小,当内压达到临界内压 2.2p_s时，皱纹完全消除。充液能有效地减小截面畸变程度，随内压的增大，截面畸变程度逐渐减小。临界内压 2.2p_s 时，不圆度仅为 1.37%，可以认为近似为圆形，如图 3-15 所示。

表 3-5　不同内压下皱纹尺寸的实验结果

内压 p	皱纹尺寸	
	深度/mm	宽度/mm
1.6p_s	2.58	30.50
1.8p_s	1.46	25.62
2.0p_s	0.72	20.80
2.2p_s	0	0
2.4p_s	0	0
2.6p_s	0	0

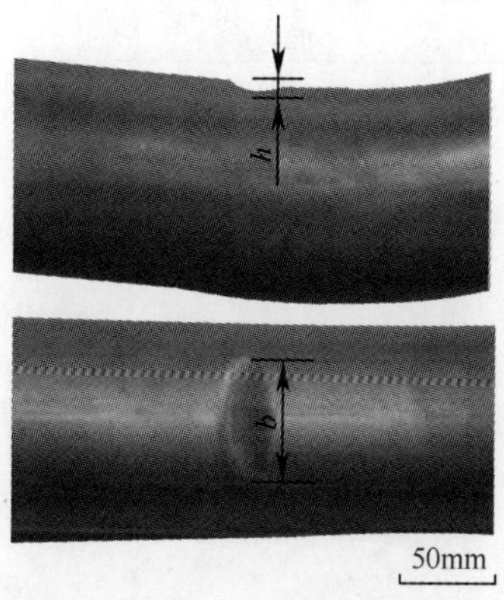

图 3-14　皱纹尺寸测量示意图

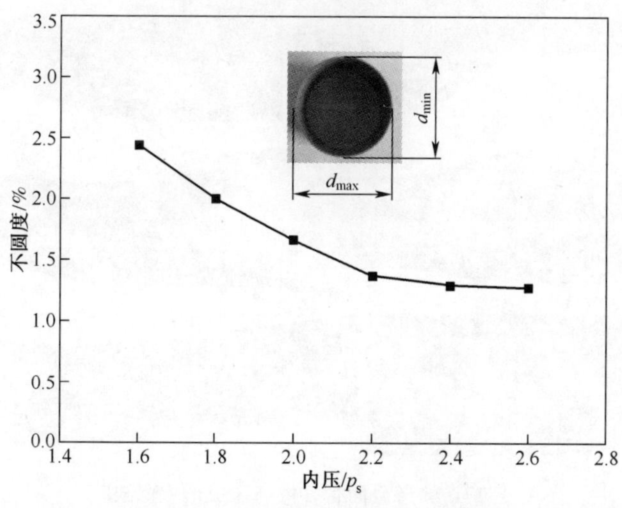

图 3-15　内压对管材截面不圆度的影响

充液压弯和普通压弯的壁厚分布规律是一致的,弯曲外侧减薄,内侧增厚,如图3-16所示,在三个弯的内侧壁厚均发生增厚,而外侧壁厚均发生减薄,壁厚最大减薄点位于中间截面的外侧点B,最小壁厚为0.90mm,减薄率为9.7%。

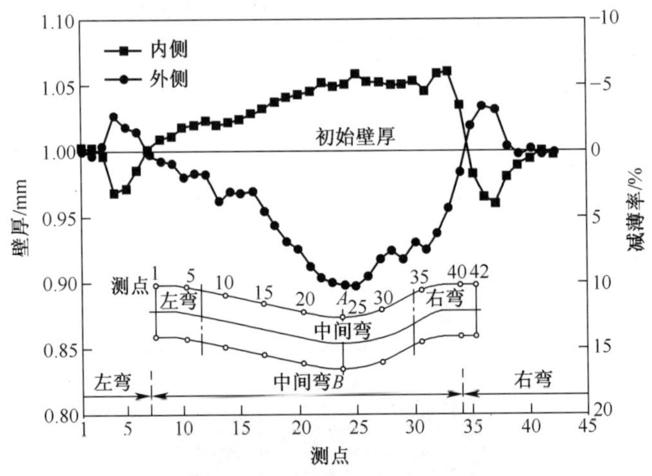

图3-16　充液压弯壁厚分布规律

3.4 缺陷形式

弯曲轴线异形截面管件内高压成形缺陷主要有开裂、死皱和飞边,如图3-17

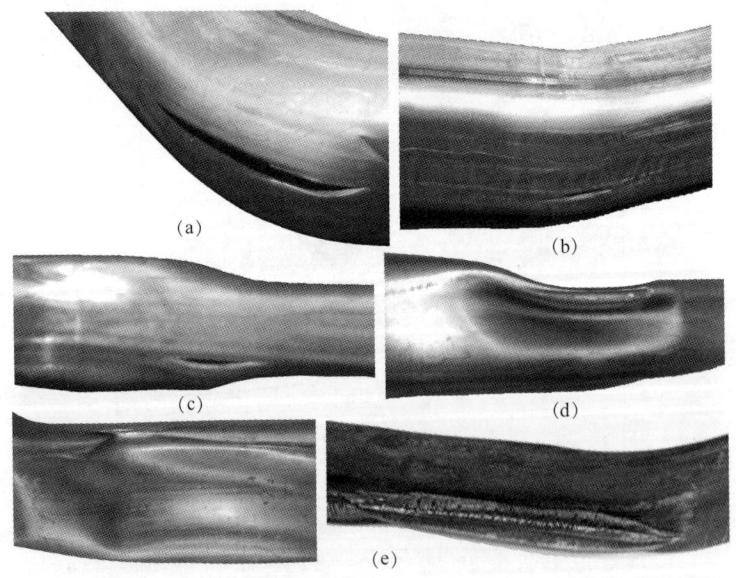

图3-17　异形截面管件内高压成形主要缺陷

(a)弯曲段开裂;(b)过渡区开裂;(c)焊缝开裂;(d)死皱;(e)飞边。

所示。常见的开裂部位是弯曲段外侧(图 3-17(a))、多边形截面过渡区(图 3-17(b))和焊缝热影响区(图 3-17(c))。

弯曲段外侧开裂的原因是弯曲过程造成壁厚过度减薄和加工硬化使材料塑性不足,防止措施主要是弯曲时控制壁厚过度减薄。焊缝开裂的主要原因是当采用 ERW 焊管成形时,因焊缝质量不良造成在焊缝及附近热影响区开裂,在正常的生产中,内高压成形过程主要开裂缺陷是焊缝开裂。下面结合图 3-18 所示的过渡区曲率和受力情况说明产生过渡区开裂的原因。由壳体平衡方程可知环向应力为

$$\sigma_\theta = \frac{pr}{t} \tag{3-4}$$

式中 p——内压(MPa);

r——曲率半径(mm);

t——厚度(mm)。

假设成形过程中某一时刻圆角的半径 r_c 为一常数,而多边形截面中心段与模具接触曲率半径 r_f 为无穷大,由于曲率半径是连续的,过渡区曲率半径 $r_t>r_c$。由于加压过程中,管材内部的压力处处相同且初始壁厚相同,由式(3-4)可知过渡区的环向应力 $\sigma_{\theta t}$ 大于圆角处的环向应力 $\sigma_{\theta c}$。因此,过渡区先满足屈服条件开始塑性变形,引起环向应变增加和壁厚持续减薄而导致开裂。

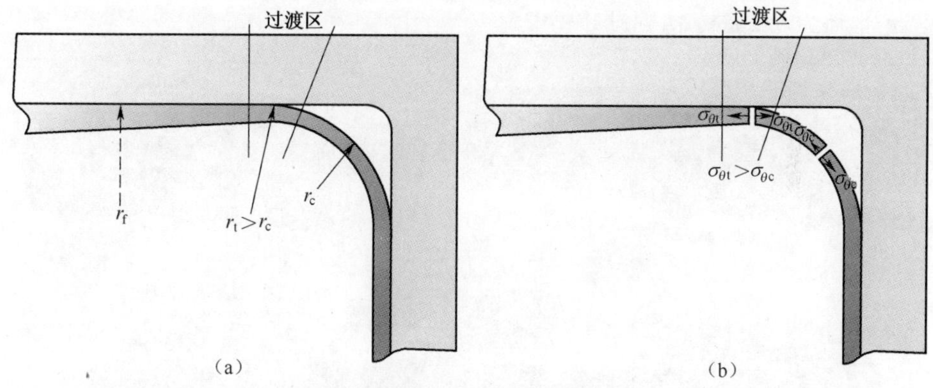

图 3-18 过渡区曲率半径和环向应力

(a)过渡区的曲率;(b)过渡区的环向应力。

加载曲线对开裂的影响是非常大的。采用图 3-19 所示的四种加载路径研究了轴向进给对正方形截面构件内高压成形的影响,其中加载路径 1、2 成形压力相同,加载路径 1 为无轴向进给的情况;加载路径 3、4 内压相同,轴向进给不同。

无轴向进给(加载路径 1)时,当压力达到 105MPa,在圆角与直边相切的过渡区发生破裂(图 3-20(a)),圆角半径仅为 13.5mm,未达到设计要求。采用加

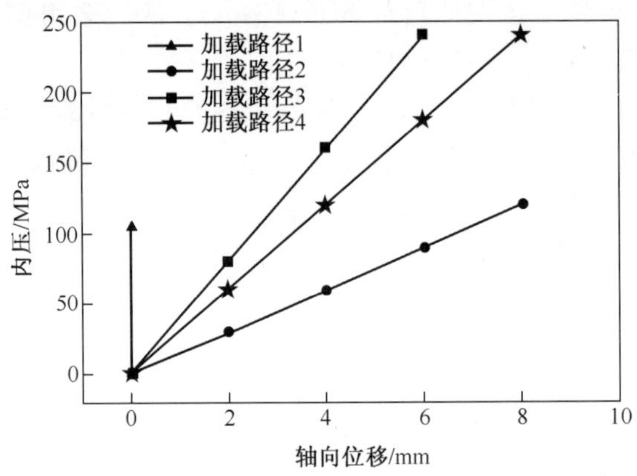

图 3-19 正方形截面内高压成形的加载路径

载路径 2 时,由于成形压力较低,轴向进给过快,出现折叠现象(图 3-20(b)),在后续整形阶段即使压力很高,也无法胀平。折叠产生的原因是压力上升速度较慢,轴向进给速度较快,轴向变形来不及转化为周向变形,而使材料在轴向聚集形成折叠;如果压力上升速度较快,而轴向进给速度较慢,即轴向补料量不足以补偿周向变形量,使厚度减薄,当压力过大时也会出现破裂(图 3-20(c)),加载路径 3 属于这种情况,但开裂压力高于无轴向进给。采用加载路径 4 时,当压力达到 240MPa、轴向补料量达到 16mm 时,成形出合格零件(图 3-20(d)),圆角半径为 6.2mm,达到设计要求。

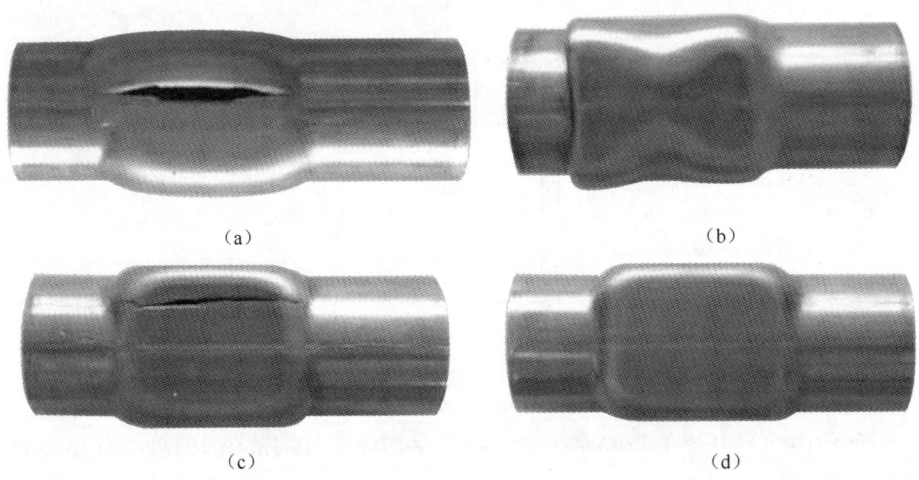

(a) (b) (c) (d)

图 3-20 正方形截面内高压成形

(a)加载路径 1;(b)加载路径 2;(c)加载路径 3;(d)加载路径 4。

死皱产生的主要原因是管材直径过大、预制坯截面形状和内高压成形模具分模面设计不合理,尤其是预制坯截面形状不合理。如图 3-21(a)所示,对于

AB 段,该段零件或模具的长度为 L_0,该段预制坯截面的长度为 L_1,当 $L_1>L_0$ 时,必然在该处产生死皱。

飞边产生的主要原因是当零件某处截面形状特殊,而预制坯截面形状和内高压成形模具分模面设计不合理,造成管材的一部分与模具先接触的管材在模具闭合前被挤压出分模面而形成飞边,如图 3-21(b)所示。飞边有时在一侧产生,有时在两侧均产生。飞边不仅使零件成为废品,严重时还会啃伤模口,是一种非常严重的缺陷。

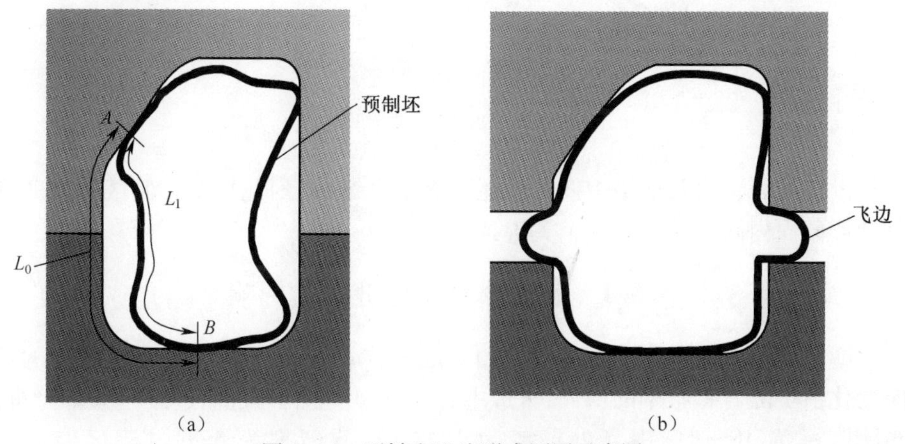

图 3-21　死皱和飞边形成原因示意图
(a)死皱;(b)飞边。

3.5　正方形截面壁厚分布规律

图 3-22 所示为正方形截面构件内高压成形后的壁厚分布的实验结果,其中正方形边长为 43.5mm,圆角半径为 5.5mm。实验管材为外径 51mm、壁厚 1.5mm 的低碳钢管,由外径为 51mm 的管材成形为 43.5mm ×43.5mm 的正方形截面的膨胀量为 3.5%。正方形截面环向壁厚分布规律:沿直边中点到圆角区域的过渡区,壁厚逐渐减薄,在直边中点处壁厚最厚,基本为初始壁厚,在过渡区域的壁厚最薄。对于膨胀量为 3.5%的情况,中点最大厚度为 1.462mm,减薄率为 2.5%;过渡区最小厚度为 1.255mm,减薄率为 16.3%。

矩形截面的壁厚分布规律与正方形截面类似,只是矩形截面长宽比不同时或过渡圆角处于模具上、下型腔,使过渡区的最小厚度数值略有不同。过渡区减薄最大是正方形和矩形截面内高压成形壁厚分布的一个突出特点(图 3-22(b)),当膨胀量为 3.5%,由于没有轴向补料,可以认为处于平面应变条件下,理论讲平均壁厚减薄率等于膨胀量,但过渡区最大减薄率为 16.3%,约为平均壁厚减薄率或膨胀量的 4.6 倍。过渡区过度减薄会引起成形时开裂,即使在成

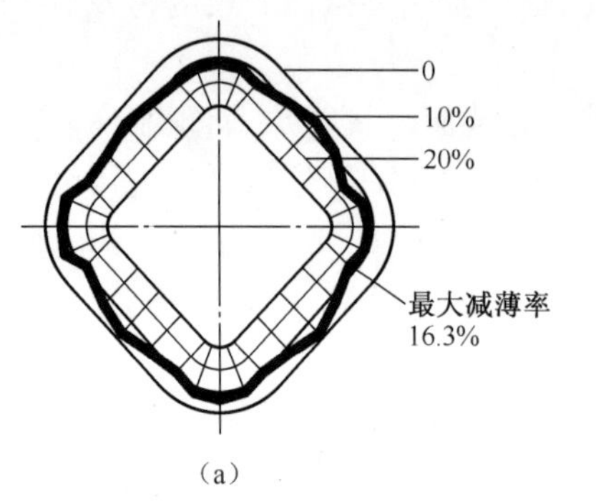

(a)

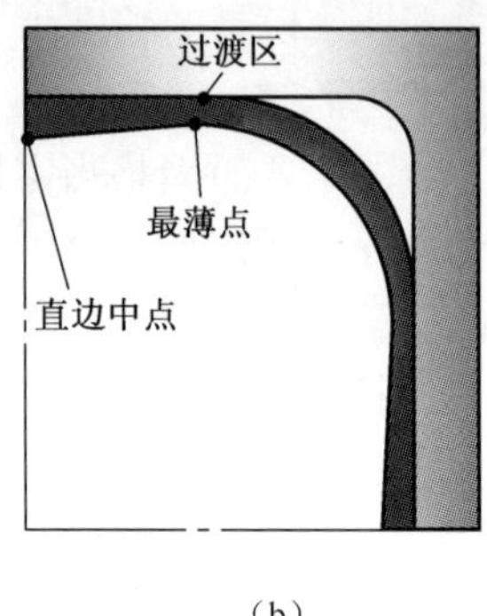

(b)

图 3-22 正方形截面壁厚分布

(a)实验结果;(b)过渡区最薄点。

形时没有开裂也会对使用中疲劳性能造成不良影响,因此控制过渡区的减薄率是异形截面内高压成形的一个关键技术。

3.5.1 膨胀率对壁厚分布的影响

膨胀率是影响壁厚分布的主要因素之一。表 3-6 所列为不同膨胀率的壁厚变化值。随着膨胀率的增加,直边中心处壁厚变化不大,而过渡区减薄严重。当膨胀率为 10% 时,中点处壁厚为 1.43mm,减薄率为 5%;过渡区壁厚为 1.12mm,减薄率达到了 25.5%,容易引起过渡区开裂。

表 3-6 不同膨胀率的壁厚变化值

胀形量/%	边长/mm	圆角半径/mm	直边中点处壁厚/mm	直边中点处减薄率/%	过渡区壁厚/mm	过渡区减薄率/%
3.5	43.5	5.5	1.46	2.5	1.26	16.3
10	46	6	1.43	5	1.12	25.5

3.5.2 摩擦因数对壁厚分布的影响

摩擦对壁厚分布也有着重要的影响,对于矩形截面的内高压成形,随着摩擦的增加,壁厚不均匀性增加,摩擦越大,壁厚不均匀性也越大,过渡区减薄越严重,如图 3-23 所示。当摩擦因数为 0.05 时,过渡区最小壁厚为 1.72mm,减薄率为 14%;当摩擦因数为 0.15 时,过渡区最小壁厚为 1.65mm,减薄率为 17.5%。因此,在实际工艺中使用适当的润滑剂减少摩擦是促进壁厚分布均匀的重要措施。

3.5.3 分模方式对壁厚分布的影响

分模方式不同,在合模和内高压成形的过程中,往往引起材料和模具相对

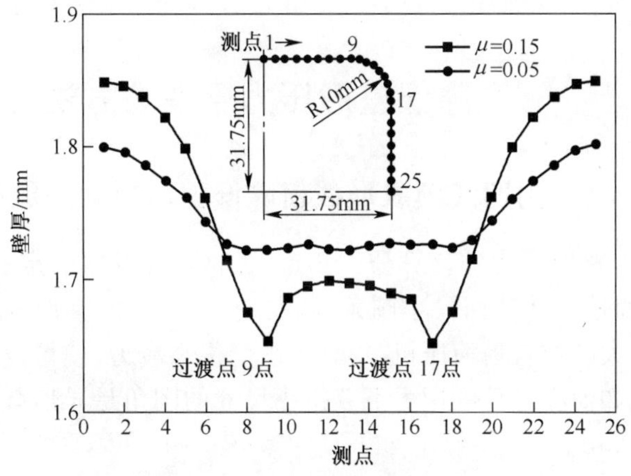

图 3-23　摩擦因数对壁厚分布的影响

运动的方向及运动距离的不同,由此引起摩擦力对材料流动的影响不同,这对于多边形截面的壁厚分布也有着重要的影响。

对于矩形截面,其分模方式的主要形式(图 3-24)有中间直边分模、上侧直边分模、上下对角分模、中间对角分模等。在四种方式中,上侧直边分模(图 3-24(b))方式形成的预成形坯,内高压成形后的壁厚分布减薄最大,分布最不均匀;而上下对角分模(图 3-24(c))生成的预成形坯,内高压成形后其壁厚减薄最小,壁厚分布最均匀;其他形式介于二者之间。

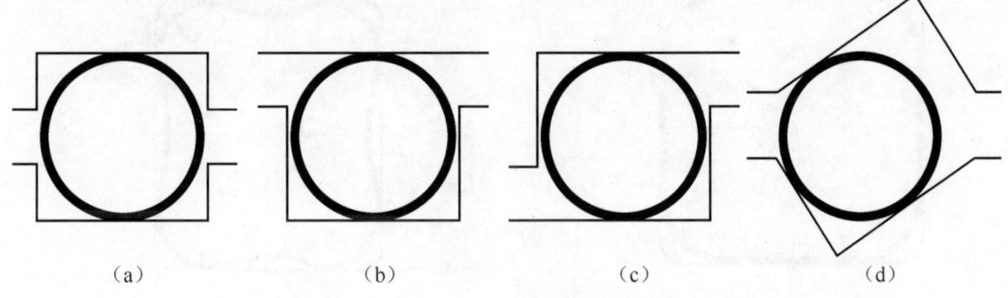

图 3-24　矩形截面采取的不同分模方式

(a)中间分模;(b)上侧分模;(c)上下对角分模;(d)中间对角分模。

3.5.4　材料力学性能对壁厚分布的影响

材料的力学性能不同,矩形截面成形后的壁厚分布也不相同,尤其是材料的硬化指数 n 和厚向异性系数 r 对壁厚的分布有着重要的影响。一般情况下,随着材料硬化指数 n 和厚向异性系数 r 的提高,材料的壁厚减薄的趋势减小,壁厚分布的均匀性提高。例如,对于正方形截面,根据数值模拟的结果,当硬化指数 $n=0.23$(相当于低碳钢),过渡区最薄为 1.23mm,减薄率为 17.8%;当硬化

指数 $n=0.32$(相当于不锈钢),过渡区最薄为 1.32mm,减薄率为 12.1%。

3.6 降低整形压力原理与方法

3.6.1 内凹式预成形截面降低整形压力的原理

由第 2 章中整形压力的计算公式知道,在材料和壁厚一定的情况下,决定最终成形压力的是零件截面最小圆角,圆角越小,所需的整形压力越高。整形压力过高,需要大吨位合模液压机,模具要承受很高应力,使得设备和模具成本大大提高,因此如何在较低的压力下获得小尺寸的圆角是异形截面内高压成形的一个关键技术。

分析图 3-25 所示圆角处受力情况可知,当增加内压进行整形时,内压大小不仅要产生使管材进入塑性变形的力 F,还要克服管材与模具之间的摩擦力 F_f。由于摩擦力 F_f的大小与正压力(这里止压力近似等于内压)成正比例关系,内压越大,摩擦力也越大。因此仅靠提高内压获得小圆角的效果并不明显,或者说代价很高。如果通过预成形工序将管材截面压制成为一种内凹形状(图 3-26),加压整形时,由于中心处的管材内凹,与模具接触面积减少,材料容易向圆角处流动,同时内压产生切向推力 F_x 克服摩擦阻力 F_f,促进材料向圆角处流动,这样使整形压力大大减小,则可在低压下成形小圆角。

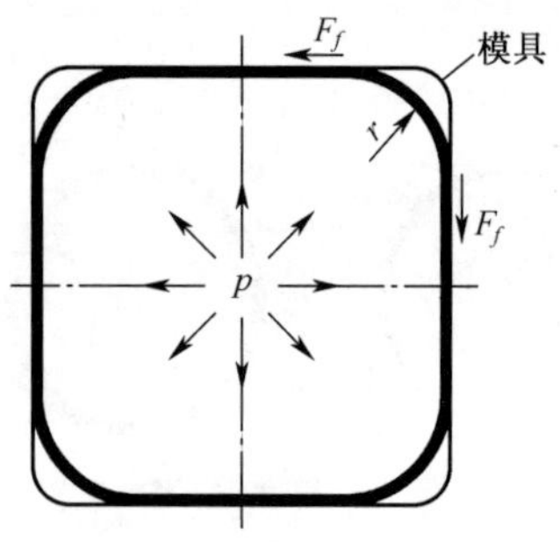

图 3-25 圆角处受力情况

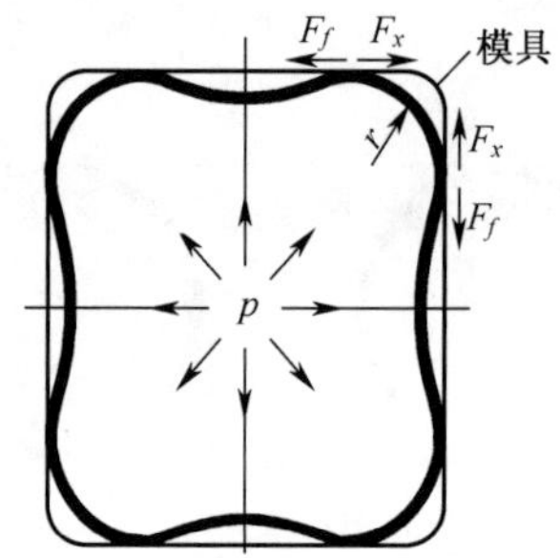

图 3-26 降低整形压力的原理

3.6.2 切向推力与内凹式深度的关系

利用内凹预成形降低整形压力的关键是在过渡区附近产生与摩擦力相反的切向推力,切向推力与预成形内凹深度关系密切。对于内凹预成形截面,在增压整形时,其直边部分的受力情况如图 3-27 所示,为方便起见,只取沿零件轴向单位长度的一段单元进行受力分析,并且由于直边区的对称性,仅分析 CO 段的受力情况。

根据水平方向受力平衡条件,可得到过渡区 O 点处直边段与圆角段之间相

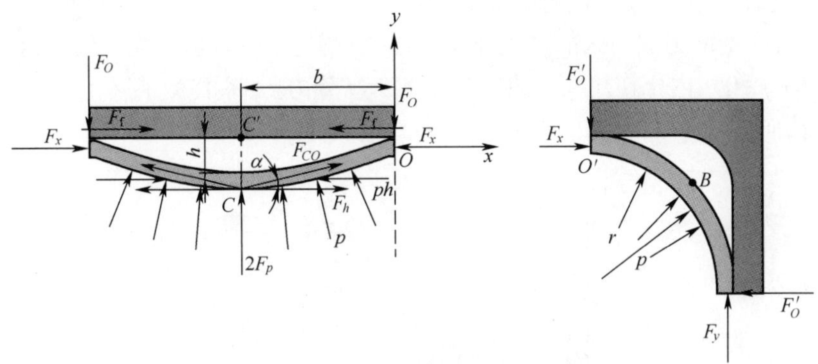

图 3-27 内凹预制坯截面受力分析

互作用的切向推力为

$$F_x = \frac{p_c}{1+\mu}\left[\frac{b^2}{h} - h - \mu(b+r)\right] \tag{3-5}$$

式中 p_c——整形压力(MPa);

μ——管材和模具之间的摩擦因数;

b——模具的直边宽度的1/2(mm);

h——内凹深度(mm)。

由式(3-5)可得到切向推力与预成形内凹深度 h 之间关系的三种情况:

(1) 当 $h = \frac{1}{2}[\sqrt{\mu^2(b+r)^2 + 4b^2} - \mu(b+r)]$ 时,$F_x = 0$,直边段在 O 点对圆角段不存在作用力,这时的截面形状为一种临界状态。

(2) 当 $h > \frac{1}{2}[\sqrt{\mu^2(b+r)^2 + 4b^2} - \mu(b+r)]$,$F_x > 0$,即预成形直边的凹陷深度过大时,$O$ 点的内力 F_x 为拉力,此时过渡圆角的变形与没有内凹截面的纯胀形情况相似。

(3) 当 $h < \frac{1}{2}[\sqrt{\mu^2(b+r)^2 + 4b^2} - \mu(b+r)]$ 时,$F_x < 0$,直边段对圆角段在 O 点作用一个沿 x 轴正方向的压力,该压力将有助于将材料推入圆角区,并使圆角段发生弯曲变形获得很小的过渡圆角,可以把这个力简称为"整形推力"。

图 3-28 所示为由式(3-5)计算出的 F_x 随凹陷深度 h 的变化曲线。由图可见,随着 h 的减小,作用在圆角过渡点的力 F_x 将迅速增大,因此随着直边段凹陷的展平,圆角部位的弯曲变形将更容易继续,只要管材截面外壁周长不小于模具内壁周长,工件角部必将与模具圆角部位形成良好的贴模效果,从而获得小

圆角的成形,而无需发生任何胀形变形。需要指出的是,如果初始的 h 值过小,直边区展平不能为圆角区的贴模补充足够的材料,一旦直边区先于圆角区形成贴模(即 $h=0$),内压作用在直边区产生的水平分力 F_x 将消失,则不再产生上述效应,从而导致后继的圆角部位贴模困难,其情形将与无内凹截面小圆角成形相似。

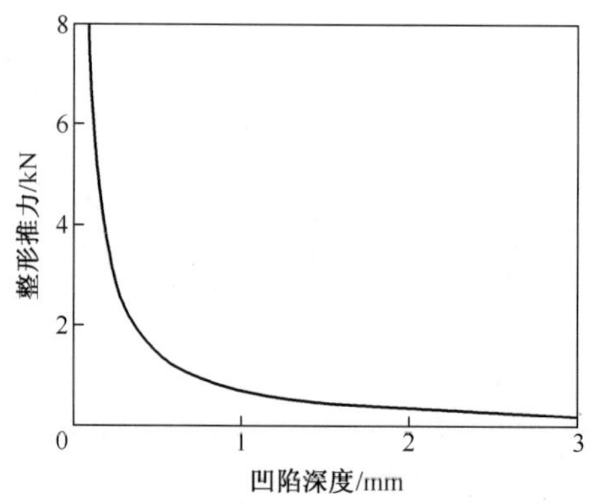

图 3-28　过渡点整形推力与凹陷深度的关系

图 3-29 所示为用数值模拟获得的内凹预成形截面在整形过程中管壁水平方向应力分布。可见当内凹预成形截面受到内压作用时,管壁直边段沿水平方向受到的应力主要为压应力,并且压应力的绝对值在圆角与直边的过渡点处达到最大,也证明了通过力学分析提出的“整形推力”是正确的。

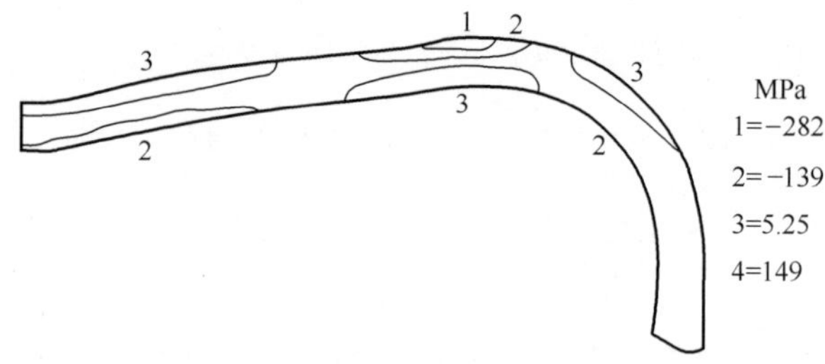

图 3-29　内凹截面整形过程中水平方向应力分布

3.6.3　内凹式预成形截面的整形压力计算公式

根据图 3-27 所示的内凹截面在整形过程中的受力分析和屈服条件,推导出在一定的内凹深度 h 时的整形压力为

$$p_c = \frac{t^2\sigma_s}{b^2/h - h - \mu(b + r_c) + r_c} \tag{3-6}$$

式中 μ——管材和模具之间的摩擦因数；

t——管材壁厚(mm)；

r_c——过渡圆角(mm)；

b——模具的直边宽度的 1/2(mm)；

h——内凹深度(mm)。

为比较采用内凹预成形截面和直接成形小圆角的整形压力,假设图 3-27 所示的内凹预成形截面的主要参数为:$b=10$mm,$r=4$mm,管材壁厚 $t=1$mm,库仑摩擦因数 $\mu=0.1$,材料屈服强度 $\sigma_s=245$MPa。假设矩形截面初始过渡圆角 $r=4$mm,计算将过渡圆角成形为 $r=3$mm 所需要的整形压力。

在没有预成形直接成形 $r=3$mm 过渡圆角,需要的整形压力为

$$p_c=\frac{t}{r_c}\sigma_s=0.33\sigma_s=81.7\text{MPa}$$

对于内凹截面,由凹陷的直边胀平,使半径 4mm 的内圆角成形为半径 3mm 的圆角,忽略管材壁厚变化,直边段需向圆角区补充材料 0.43mm,则凹陷深度 $h=2.96$mm,由式(3-6)可以计算出圆角成形所需整形压力为

$$p_c=\frac{t^2\sigma_s}{b^2/h-h-\mu(b+r_c)+r_c}=0.03\sigma_s=7.3\text{MPa}$$

由此可见,当采用内凹截面时整形压力远远小于没有预成形的直接成形过渡圆角所需内压,由上述理论公式计算整形压力降低了约 90%。图 3-30 所示为采用数值模拟的整形过程中贴模情况的比较,可见没有预成形直接成形时整形压力约为 $0.25\sigma_s$,采用内凹截面时整形压力约为 $0.05\sigma_s$,整形压力降低了约 80%。

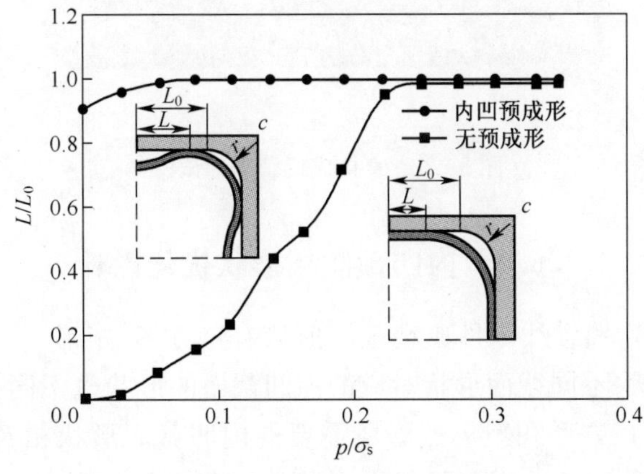

图 3-30 贴模情况与整形压力比较

实际工艺过程中,由于截面形状种类多,不可能获得理想的单一形状的内

凹截面，压力降低的幅度不会达到80%~90%，但只要具有合理内凹截面，整形压力也会有所降低，具体数值需要由实验确定。图3-31所示为采用内凹截面预成形件的实验结果。管材初始壁厚为1.5mm，直径为51mm，矩形截面的边长为43.5mm，通过内凹截面增压整形，获得了过渡圆角半径为5.5mm的成形件，其圆角成形良好，所需成形压力很低。而采用同样的压力，对于直接成形矩形截面圆角，只能获得如图3-32所示的成形件，其圆角半径为10mm左右，进一步变形将需要很高的压力。

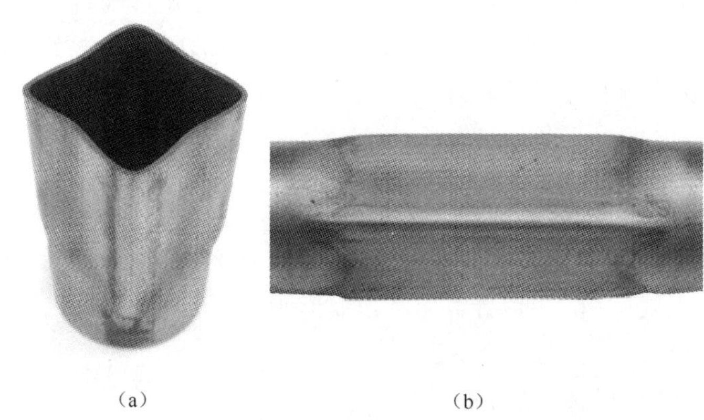

(a)　　(b)

图3-31　采用内凹截面预制坯获得的试件

(a)内凹截面形状；(b)试件。

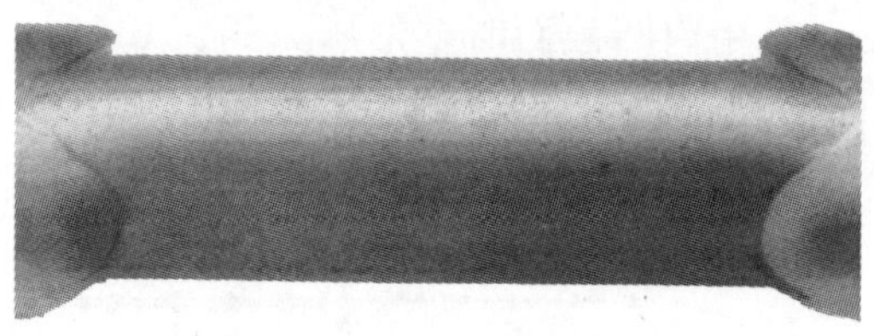

图3-32　直接成形获得的试件

3.6.4　内凹预制坯形状优化设计

前面所述，弯曲轴线零件典型截面形状有正方形、矩形、梯形、多边形、椭圆和不规则形状，不同截面形状对应的内凹截面的形状也不同，如图3-33所示。一般说来，正方形和矩形截面所需要的内凹截面形状相对简单，而梯形及多边形等截面所需要的内凹截面形状比较复杂，在实际工艺中实现难度大。下面以四边形截面为例，介绍如何通过优化设计获得合理的内凹预制坯形状。

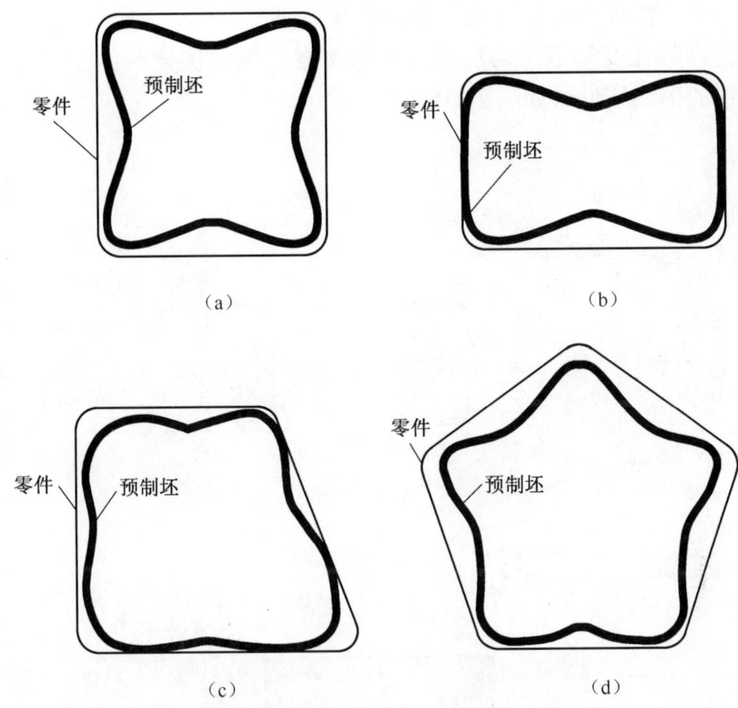

图 3-33　典型截面的预制坯形状

(a)正方形;(b) 矩形;(c) 梯形;(d) 五边形。

考虑到内凹预制坯形状的复杂性,装置需满足多个方向的自由度的运动。如图 3-34 所示,首先在管材内部施加一定的内压,然后经过上下、左右两个方向模块的压制,得到预制坯形状。

通过优化对上下压制量、左右压制量和内压参数获得合理的预制坯形状,以壁厚最均匀为优化目标,参数变量为上、下压块补料量 X_1 和 X_2,左、右压块补料量 X_3 和 X_4,充液压力 p_j ,如图 3-34(c)所示。对于上述成形过程,获得目标函数为

$$\begin{cases}\min\ F(x_i,p_j) & (i=1,2,\cdots,4;\ j=1)\\ \text{s.t.}\quad M\leqslant x_i\leqslant N & (i=1,2,\cdots,4)\\ q\leqslant p_j\leqslant s & (j=1)\end{cases} \tag{3-7}$$

具体约束条件为变量具有一定范围,边界条件常数为 M、N、q、s。与此同时,考虑结构的对称性,令数值上 $X_1=-X_2$ 且 $X_3=-X_4$。

优化设计过程采用最优拉丁超立方设计,在变量范围内设计 200 组实验数据,进行计算分析。然后根据样本点建立二次回归模型。每个参数的一次效应、二次效应以及参数间的交互效应都可以用归一化模型系数来表示,该系数能公平地反应输入变量对响应的贡献。经对充液压制各工艺参数进行优化,得

到20组目标函数满足要求的工艺参数匹配方案，如表3-7所示。随机选取三组，与工艺参数在变量范围内随机抽取的方案1组成优化对比方案，如表3-8所示，获得的预制坯形状如图3-35所示。

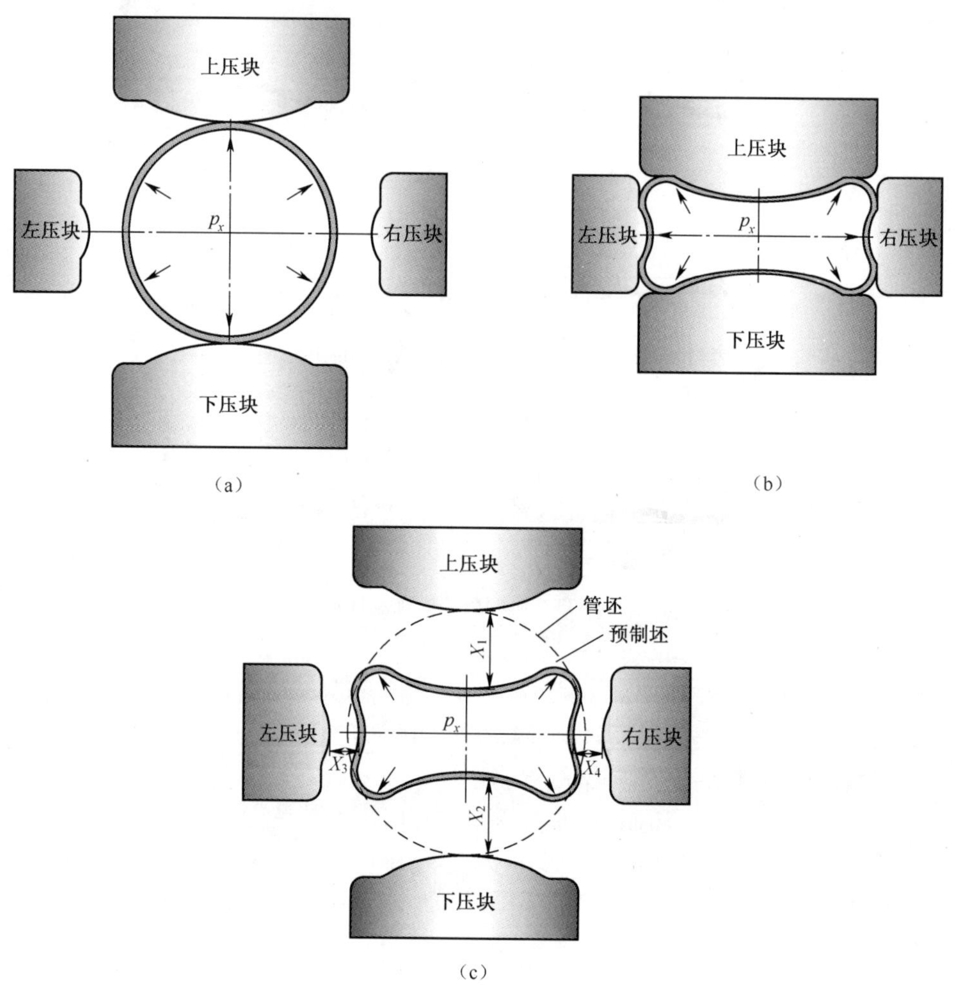

图3-34　多自由度充液压制过程
(a)管材充液；(b) 压制成形；(c) 工艺参数示意。

对各方案终成形试件最大壁厚减薄率进行比较分析，如图3-36所示。方案1在长边过渡区出现严重减薄，最大减薄率达到16.8%；方案2最大减薄率为11.4%，而且长边与短边过渡区的减薄率相差较大；方案3长边和短边过渡区减薄率偏差最小，其最大减薄率为13.5%；方案4在长边过渡区出现严重减薄，最大减薄率为14.6%。通过比较可知，方案2终成形试件最大壁厚减薄率最小，方案1预制坯形状获得的终成形件最大壁厚减薄率最大。

表 3-7 工艺参数匹配方案

编号	上下补料量 $X_1=X_2$/mm	水平补料量 $X_3=X_4$/mm	厚向应变/%
1	22.31	10.87	-0.185
2	21.84	18.83	-0.183
3	23.45	10.54	-0.179
4	29.26	12.27	-0.184
5	19.05	15.77	-0.184
6	26.45	16.48	-0.179
7	19.37	19.16	-0.183
8	22.84	11.81	-0.176
9	21.31	19.91	-0.183
10	21.10	10.60	-0.175
11	22.64	20.03	-0.180
12	21.77	15.55	-0.180
13	24.05	11.54	-0.180
14	18.09	22.84	-0.183
15	22.44	13.01	-0.180
16	26.58	10.74	-0.183
17	27.40	12.01	-0.177
18	27.19	15.62	-0.185
19	22.17	16.76	-0.185
20	21.57	17.69	-0.184

表 3-8 优化对比方案

方案编号	上补料量 X_1/mm	下补料量 X_2/mm	左补料量 X_3/mm	右补料量 X_4/mm
方案 1(随机)	-24.00	24.00	11.00	-11.00
方案 2(优化)	-19.05	19.05	15.77	-15.77
方案 3(优化)	-21.10	21.10	10.60	-10.60
方案 4(优化)	-22.44	22.44	13.01	-13.01

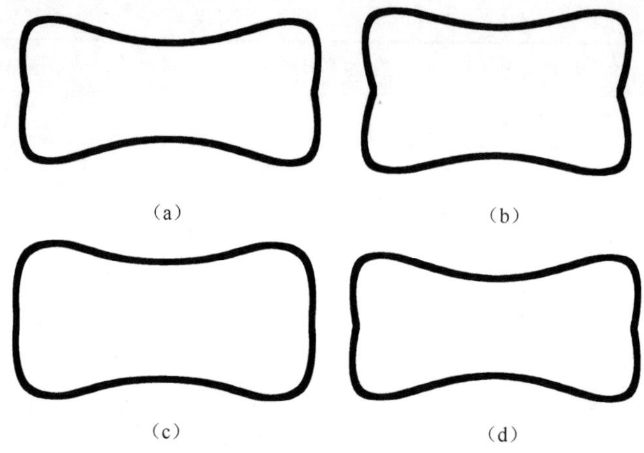

图 3-35　预制坯形状

(a)方案 1;(b) 方案 2;(c) 方案 3;(d) 方案 4。

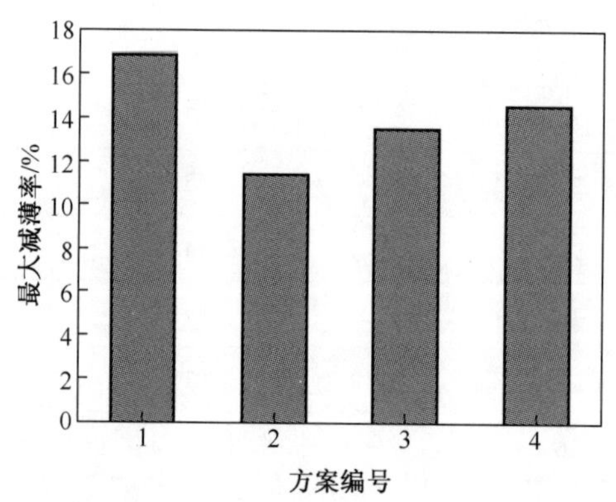

图 3-36　内高压成形件最大减薄率对比

3.6.5　预制坯充液压制工艺

通过优化获得预制坯形状往往比较复杂,采用普通机械压制很难得到所需的形状。一般情况下,采用充液压制工艺可以获得复杂的预制坯形状。充液压制工艺过程可分为两个阶段,如图 3-37 所示。①充填加压阶段:将管坯放在模具中,把管坯充满液体介质,对管坯两端进行密封,然后把液体介质增压到所需要的支撑压力。②压制阶段:模具向下运动,管坯在模具的机械压力和管内液体压力的共同作用下产生变形,成形为所需的形状。在压制过程中,可调节管坯内液体压力的大小,以确保支撑压力在合理的范围内。

管材充液压制的主要工艺参数有:极限支撑内压、压制力、管端液体反力。通常管坯的径厚比大于 20,管坯充液压制的力学模型可以简化为受内压作用的封闭薄壁柱壳,如图 3-38 所示。

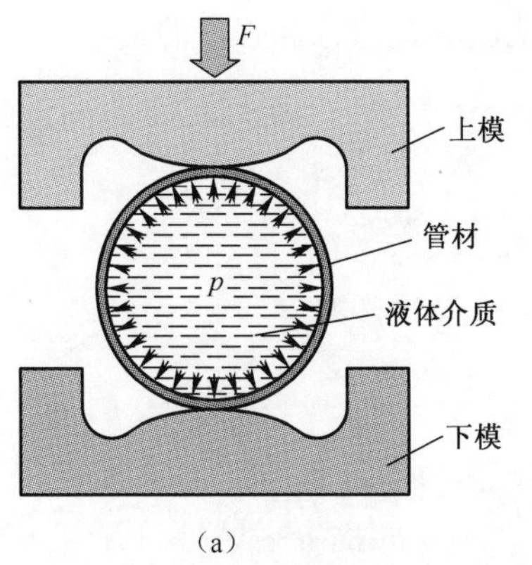

(a)

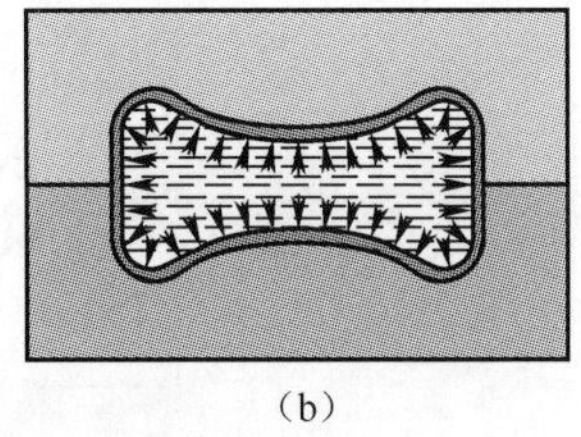
(b)

图 3-37　充液压制成形原理图

(a)初始状态;(b) 压制。

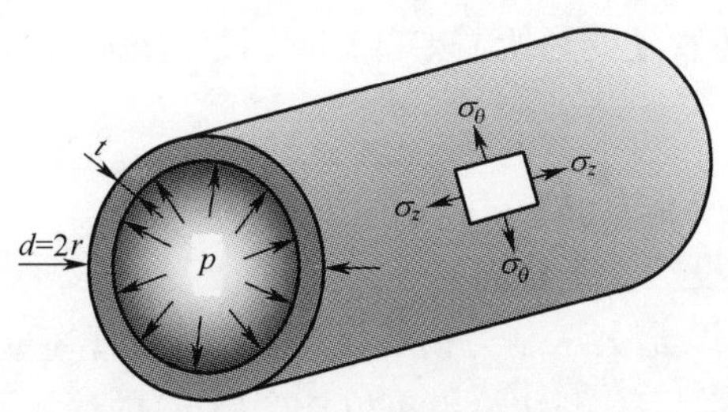

图 3-38　受内压作用的薄壁柱壳

根据柱壳轴向和环向的受力平衡条件,可以获得轴向应力 σ_z 和环向应力 σ_θ 的表达式:

$$\sigma_z = \frac{r}{2t}p\ ,\ \sigma_\theta = \frac{r}{t}p \tag{3-8}$$

式中　r ——柱壳半径(mm);

t ——壁厚(mm);

p ——内压(MPa)。

极限支撑压力为管坯的全部(外层)进入屈服状态的压力。在柱壳的主应力状态为 $\sigma_1 = \sigma_\theta$, $\sigma_2 = \sigma_z$, $\sigma_3 = 0$。由 Tresca 屈服准则,可求出极限支撑内压,即

$$p_s = \frac{t}{r}\sigma_s \tag{3-9}$$

式中　p_s ——极限支撑压力(MPa);

σ_s ——管坯材料的屈服强度(MPa)。

径厚比越大(直径大、壁厚薄)的管坯充液压制所需的支撑压力低。同样尺寸的管坯,屈服强度越大,所需的支撑压力越高,高强钢充液压制的支撑压力大

于低碳钢。图 3-39 所示为极限支撑压力与管坯尺寸和强度的关系。

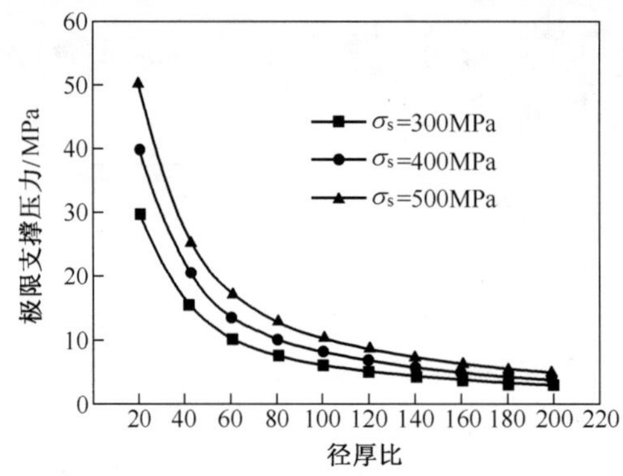

图 3-39 极限支撑压力与管坯尺寸和材料强度的关系

最大压制力为使管坯变形所需要的载荷,最大压制力由下式计算:

$$F_p = 2rLp_s = 2Lt\sigma_s \tag{3-10}$$

式中 F_p——最大压制力(kN);

L——压制区投影长度(mm)。

由式(3-10)看出,最大压制力仅与压制区长度、管坯壁厚和材料屈服强度有关,与管坯直径无关。表 3-9 给出单位长度(1m)的最大压制力。

表 3-9 单位长度(1m)的最大压制力

屈服强度/MPa \ 最大压制力/×10kN \ 壁厚/mm	1.0	1.5	2.0	2.5	3.0	4.0	5.0
250	50	75	100	125	150	200	250
300	60	90	120	150	180	240	300
350	70	105	140	175	210	280	350
400	80	120	160	200	240	320	400
450	90	135	180	225	270	360	450
500	100	150	200	250	300	400	500

管端液体反力 F_a 是管坯内液体压力作用于端部密封装置上的力,最大管端液体反力由式(3-11)计算,为了工程应用方便,表 3-10 给出了不同管坯直径的液体反力。

$$F_a = \frac{\pi d^2}{4}p_s = \pi r^2 p_s \tag{3-11}$$

表 3-10 不同直径管坯的液体反力

液体反力/×10kN 支撑压力/MPa 管径/mm	5	10	15	20	25	30	35	40
25.4	0.08	0.16	0.24	0.32	0.40	0.48	0.56	0.65
38.0	0.18	0.36	0.54	0.72	0.90	1.08	1.26	1.44
50.8	0.32	0.65	0.97	1.29	1.61	1.94	2.26	2.85
63.5	0.50	1.01	1.51	2.02	2.52	3.02	3.53	4.03
76.3	0.73	1.46	2.18	2.91	3.64	4.37	5.09	5.82
89.0	0.99	1.98	2.97	3.96	4.95	5.94	6.93	7.92
101.6	1.29	2.58	3.87	5.16	6.45	7.74	9.03	10.32

支撑压力是影响截面形状的重要参数,当无支撑压力(普通压制)时,截面上下边明显塌陷、两侧圆弧尖锐,没有形成椭圆形状;当支撑压力为 3~15MPa 时,截面形状为长椭圆形(或跑道形),不同压力下两侧椭圆曲线的形状和上下边的内凹不同。图 3-40 所示为不同支撑压力下得到的试件及截面形状。

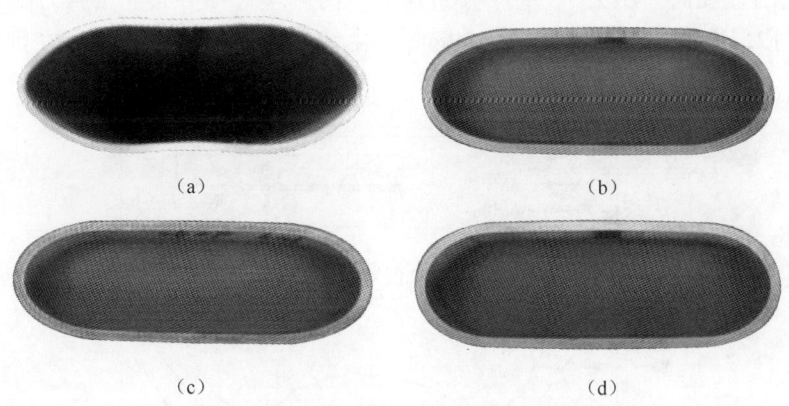

(a)　(b)　(c)　(d)

图 3-40 不同支撑压力下件及截面形状

(a) $p=0$MPa;(b) $p=3$MPa;(c) $p=9$MPa;(d) $p=15$MPa。

用截面内凹深度(h_1-h)来表征支撑压力对截面形状的影响,如图 3-41 所示。传统压制(无内压)时,出现明显塌陷;随着支撑压力的增大,内凹深度逐渐减小,当压力大于 6MPa 时,内凹基本消失;当压力达到 15MPa 时,出现外凸缺陷。当支撑压力较高时,引起截面中部发生回弹,产生了轻微的外凸现象。因此,充液压制能有效地抑制椭圆截面的凹陷缺陷的发生,而且当支撑压力升高到一定值后,凹陷就会消失。如果再增加压力,不仅对抑制凹陷不起作用,过高的压力引起截面回弹,导致外凸现象。

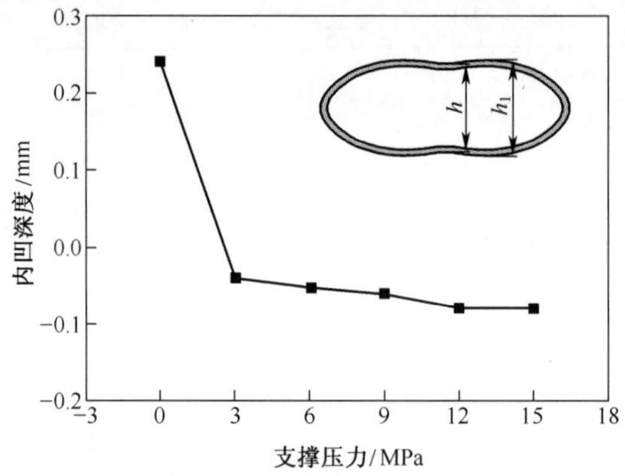

图 3-41　内凹深度随支撑压力的变化曲线

充液压制后的壁厚基本不变，壁厚均匀性很好。但随着支撑压力的增加，壁厚最大减薄率有所增加，但是变化幅度不大。如图 3-42 所示，对于传统压制和支撑压力小于 6MPa 时，截面的壁厚基本没有变化；当支撑压力大于 6MPa 时，减薄最大的点发生在垂直对称面中点（1 点和 13 点），其次为水平对称面中点（7 点）。在同一压力下，壁厚分布在上下两侧呈对称分布。当压力由 6MPa 增加到 15MPa 时，最小壁厚由 2.59mm 变化到 2.55mm，最大减薄率由 0.3%增加到 1.92%。

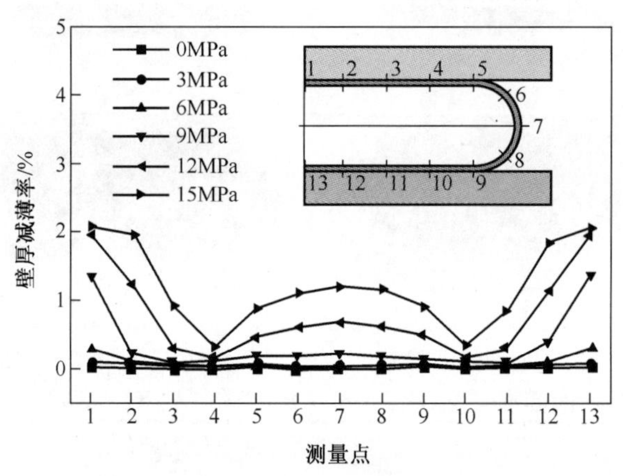

图 3-42　支撑压力对椭圆截面壁厚减薄率的影响

压下量对截面形状也有着重要的影响，图 3-43 是内凹深度与压下量的关系曲线。对于传统压制，压下量越大，截面凹陷深度越大，内凹深度与压下量基本呈线性增加关系。当压下量为 50mm 时，内凹深度为 2.2mm；而支撑压力为 6MPa 时，基本上无凹陷，说明充液压制可以完全消除凹陷缺陷。

传统压制和充液压制时不同压量下截面形状有所不同，如图 3-44 所示。

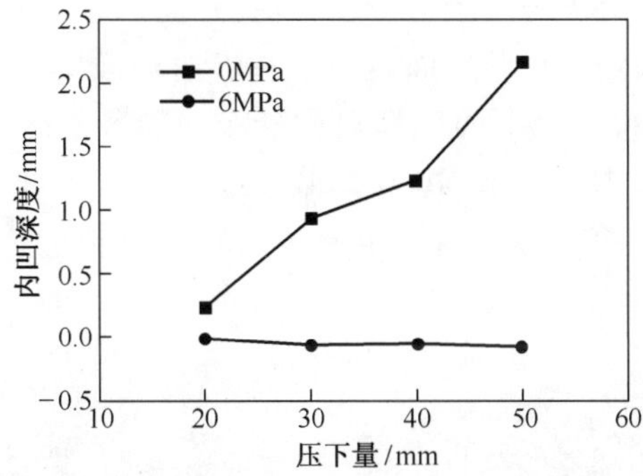

图 3-43　内凹深度与压下量的关系

对于传统压制，当压下量为 20mm 时，上下面轻微凹陷，两侧形成光滑圆弧。当压下量为 30mm 时，上下面出现凹陷，两侧出现尖角。当压量为 50mm 时，上下面凹陷非常严重，两侧出现尖锐的尖角；对于充液压制，当压量为 20mm 时，截面形状基本为椭圆形，上下面没有凹陷，光滑平整；当压下量为 30~50mm 时，截面形状基本为长椭圆形或跑道形，上下面没有凹陷。

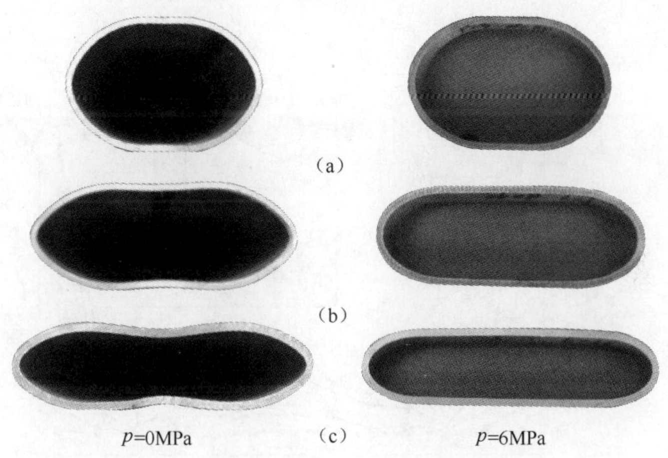

图 3-44　不同压下量(H)时椭圆截面形状

(a) $H=20$mm；(b) $H=40$mm；(c) $H=50$mm。

对于普通压制，上下面出现塌陷，管坯两侧出现了严重咬边；充液压制时，当压力为 3MPa，两侧为曲率很小的弧线，基本没有直线段。当压力大于 6MPa 时，两侧的弧线开始变为直线，随着支撑压力的增大，直线长度不断增加，获得所要求的内凹矩形截面形状，如图 3-45 所示。

支撑压力不同，获得的内凹矩形预制坯的壁厚分布规律也有所差异。如图 3-46 所示，为不同压力下的内凹矩形预制坯的壁厚分布，对于支撑压力等于

3MPa 时,预制坯的壁厚基本没有变化;当支撑压力大于6MPa 时,最大减薄点未发生在圆角区(4 点、5 点、6 点),而是位于垂直对称面中点(1 点和 13 点)。在相同压力下,壁厚分布在上下两侧呈对称分布。随着支撑压力的增加,最大减薄率有所增加。当压力达到 15MPa 时,截面最大减薄率(1 点、3 点)为 4.62%,圆角区的减薄率为 1.5%。总体看,矩形截面充液压制后的圆角区壁厚减薄较小,壁厚均匀性好。

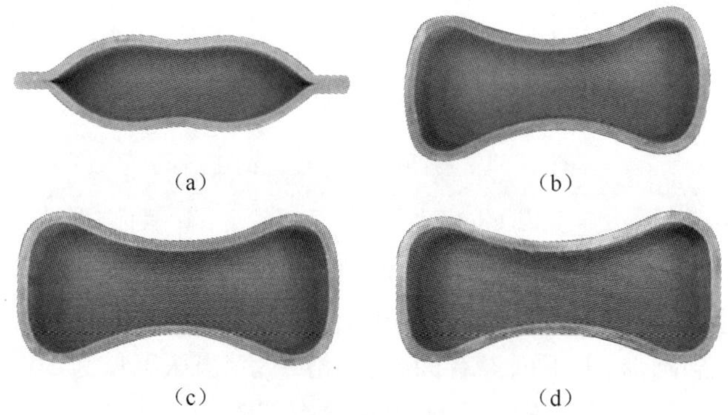

图 3-45　不同支撑压力下预制坯截面形状

(a) 无内压;(b) $p=3$MPa;(c) $p=9$MPa;(d) $p=15$MPa。

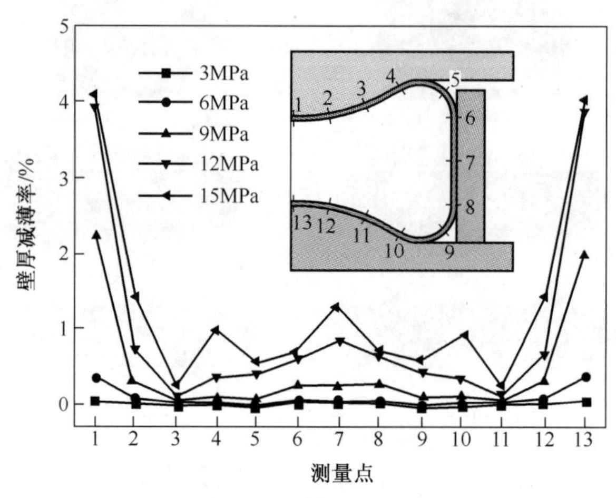

图 3-46　内凹截面壁厚分布

3.7　典型弯曲轴线管件内高压成形

3.7.1　轿车副车架主管件内高压成形

图 3-47 是一种副车架主管内高压成形件示意图。该件的轴线为三维空间

曲线,截面沿轴线变化复杂,具有 18 个不同形状和尺寸的截面,形状包括矩形截面、梯形截面、多边形截面等,导致在内高压成形过程中截面沿环向变形不均匀,容易引起起皱或开裂。尤其是弯角位置形状复杂,弯曲已经发生减薄,特别容易在外侧发生开裂。

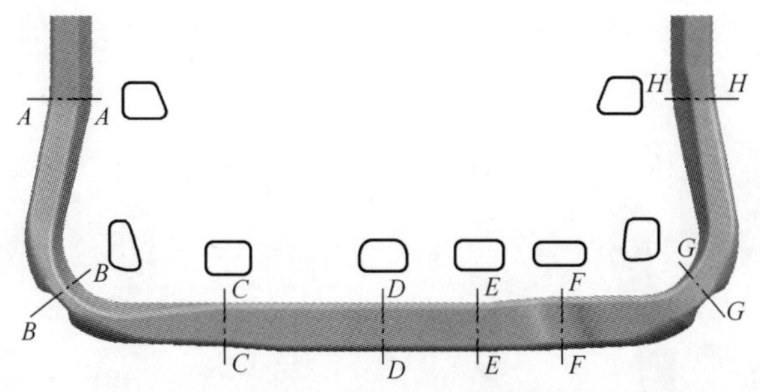

图 3-47 副车架主管零件图

使用的管材外径为 63.5mm,壁厚为 2mm,长度为 1835mm,管材容积为 5.1L。材料为低合金高强钢,屈服强度为 390MPa,抗拉强度为 480MPa,延伸率为 40%。主要工艺参数:当整形压力 150MPa 时,合模力为 16600kN,轴向力为 428kN。图 3-48 为采用多步法数值模拟获得的全过程(包括弯曲、预成形和内高压成形)的壁厚分布。

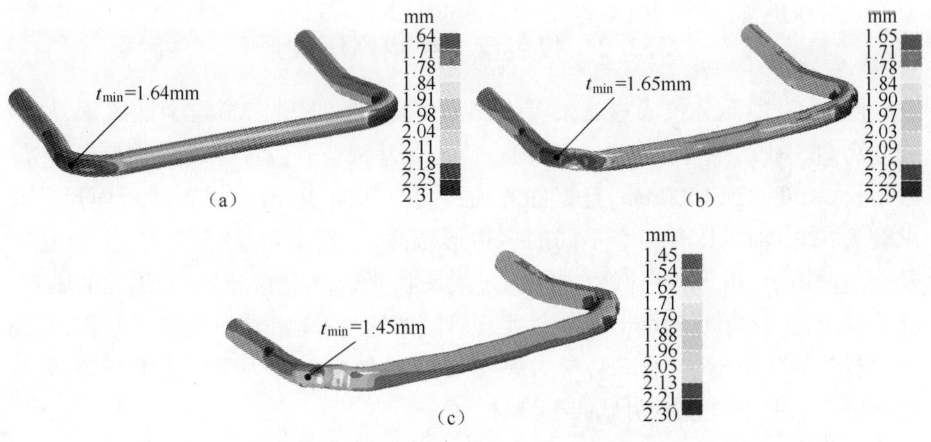

图 3-48 副车架主管内高压成形过程及壁厚分布
(a)弯曲;(b)预成形;(c)内高压成形。

弯曲后外侧最小壁厚为 1.64mm,减薄率为 18%;内侧增厚,最大壁厚为 2.31mm,增厚 15.5%。预成形后最小壁厚基本不变。内高压成形后的壁厚分布规律:沿构件的轴向来看,最小壁厚位于弯曲圆角处凹陷和直边的过渡区域;从环向来看,最小壁厚分布在截面圆角和直边的过渡区域。最小壁厚为

1.45mm,位于左侧弯角段外侧,最大减薄率为27.5%,最大壁厚为2.30mm,最大增厚率为15%。

利用内凹预成形截面降低整形压力的原理,针对该副车架主管件的截面形状特点,设计了具有不同内凹截面的预成形坯,不但保证了内高压成形过程的顺利进行,还有效地控制了截面沿周向变形的均匀性和壁厚的分布,获得了合格的零件,如图3-49所示。

图3-49　副车架内高压成形件及典型截面

3.7.2　仪表盘支架内高压成形

图3-50所示为仪表盘支架零件图和内高压成形件。材料为低碳钢,屈服强度为205MPa,抗拉强度为260MPa,延伸率为36%。该零件成形的难点:①轴线很长,长度达到1600mm,且零件的轴线为空间曲线,所需设备的台面尺寸要求较大;②沿轴线具有多个不同的多边形截面,包括矩形、平行四边形、五边形及异型截面等,由于各个截面之间的过渡形状复杂,给预成形带来很大的困难;③管壁很薄,只有1.75mm,不容易实现管端的密封;④沿轴向两侧不对称,容易导致材料的变形不均匀;⑤管材为焊管,焊接导致管材的力学性能不均匀,焊缝和热影响区的力学性能明显低于母材。

仪表盘支架的典型成形过程包括:弯曲、预成形和内高压成形。对于弯曲过程,由于弯曲半径小,导致在弯曲的过程中弯角内侧容易起皱,采用合理结构芯棒及采用防皱块的方式可避免内侧的起皱。预成形是仪表盘支架成形的关键工序,通过合适的预压工序,实现了材料的预先合理分配,保证了内高压成形时在周向变形的协调性,避免了局部起皱和开裂的缺陷,成形出如图3-50(b)所示的合格零件,零件的圆角尺寸达到了设计的要求,而且表面无起皱。

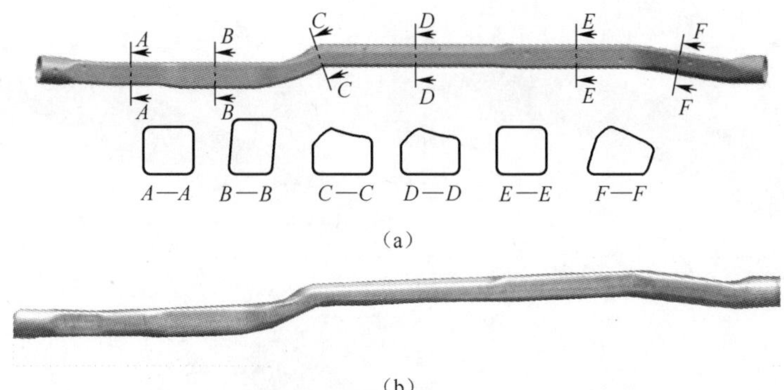

图 3-50 仪表盘支架
(a)零件图;(b) 内高压成形件。

3.7.3 铝合金异形截面管内高压成形

图 3-51 是一种铝合金管件示意图,典型截面形状包括梯形、椭圆形等,材料为防锈铝合金。成形的难点:①材料为铝合金,塑性低,容易发生开裂;②在变形后易造成晶粒的粗大,出现橘皮组织,导致使用性能下降;③非对称结构在成形的过程中变形不均匀,局部变形过大导致开裂;④轴线弯曲半径较小,无法通过数控弯曲来实现管材的弯曲。

通过压弯、预成形和内高压成形工序成形出了达到设计要求的铝合金异形截面管件,如图 3-52 所示。通过数值模拟工序获得的各工序成形过程壁厚分布如图 3-53 所示。管材初始壁厚为 1.2mm,对于压弯工序,弯曲的外侧壁厚减薄到 1.17mm,减薄率为 2.5%,内侧发生增厚,壁厚增加到 1.27mm,增厚率为 5.8%。对于预成形工序,壁厚基本保持不变;对于内高压成形工序,在压力达到一定数值时,最小壁厚为 1.11mm,减薄率为 7.5%,最大壁厚为 1.30mm,增厚率为 8.3%。

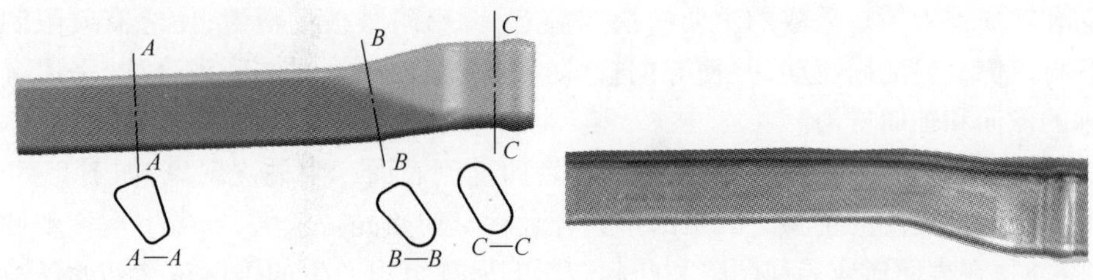

图 3-51 铝合金管件及典型截面图

图 3-52 铝合金异形截面管件

3.7.4 铝合金副车架内高压成形

轿车铝合金副车架零件形状及典型截面如图 3-54 所示，该零件为三维空

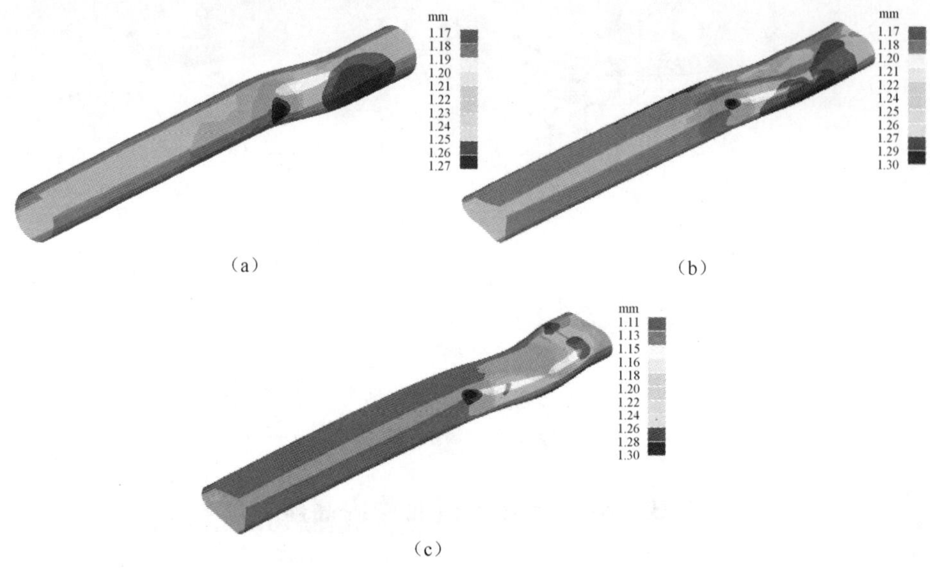

图 3-53　铝合金管件成形工序及壁厚分布
(a)压弯；(b) 预成形；(c) 内高压成形。

间轴线，截面以圆形截面为主，端部为跑道形截面。在所有典型截面中，截面 *A*—*A* 的膨胀量最大，为 3.85%，截面 *G*—*G* 的膨胀量最小，为 2.54%。通过管材液压胀形实验测得材料的力学性能。管材的屈服强度为 61MPa，抗拉强度为 170MPa，*n* 值为 0.26。

铝合金在数控弯曲和内高压成形过程中会出现不同的缺陷形式，在数控弯曲过程中主要缺陷形式为起皱和橘皮，而在内高压成形过程中，其主要成形缺陷形式为开裂。

起皱是铝合金管材数控弯曲时出现的缺陷之一，如图 3-55 所示。影响铝合金管材数控弯曲时出现起皱的主要因素有：导向模与管材间隙，芯轴尺寸，侧向和轴向推力等。采取的主要解决措施有：调整防皱板的位置，使之有效限制管材内侧材料向后流动，并使导向模、防皱板、芯轴与管材的间隙合适，采取合理的侧向和轴向推力。

铝合金管材在数控弯曲时，容易在弯曲外侧表面产生橘皮现象，如图 3-56 所示。产生橘皮的主要原因是由于铝合金管材初始晶粒较大，发生不均匀塑性变形时，在表面形成局部凹陷和凸起。影响橘皮组织产生的因素包括初始晶粒尺寸、微观织构、塑性变形量及受力方式等，其中初始晶粒尺寸是影响橘皮产生的主要原因。因此，为了有效控制橘皮组织的产生，一定要严格控制管材的初始晶粒尺寸。

开裂是铝合金管材内高压成形时最常出现的缺陷形式，开裂一般发生在弯

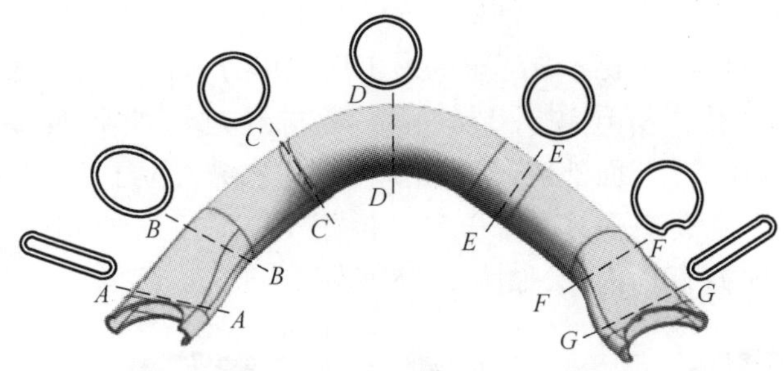

图 3-54　铝合金副车架及典型截面形状

图 3-55　铝合金管材弯曲起皱

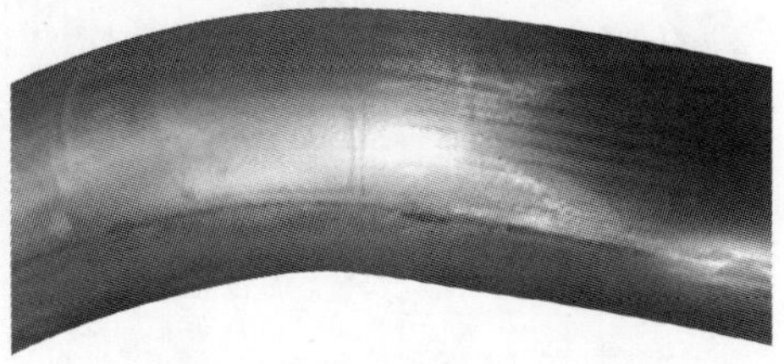

图 3-56　铝合金管材表面橘皮

曲的外侧、形状变化剧烈过渡区域和变形量较大的位置，如图 3-57 所示。在弯曲外侧发生开裂主要是由于弯曲导致管坯外侧过度减薄，导致在后续内高压成形过程中因塑性不足发生开裂。同时，在形状变化剧烈的位置，由于形状的差异明显，合模后的管件与模具的间隙过大，在内高压成形时可能会导致局部膨胀率较大，导致内高压成形出现开裂。另外对于多边形截面形状的管件，容易在圆角和直边的过渡区域开裂，这和钢管等其他材料的变形规律是一致的，主要是由于摩擦导致过渡区过度减薄造成的。解决开裂的措施：一是采用增加轴向推力和改善弯曲模具表面质量等措施，控制外侧减薄，提高弯曲件表面质量；二是优化合理预制坯形状，调整管坯和内高压成形模具之间的间隙，使管坯的轴线形状尽可能和模具型腔形状吻合，同时保证管坯和模具间隙沿周向分布均匀。

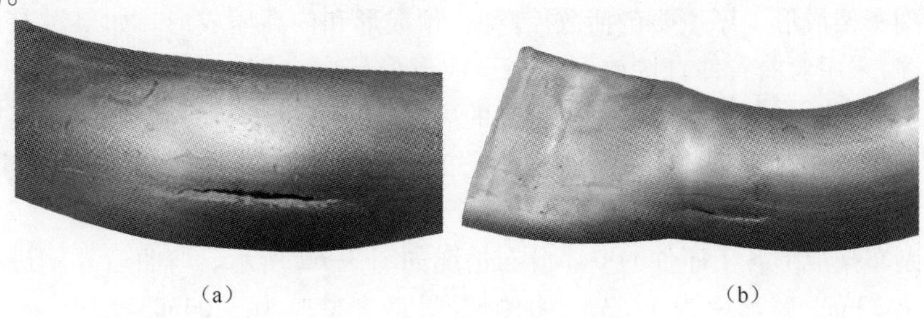

(a)　　　　　　(b)

图 3-57　铝合金管材开裂缺陷

(a)弯曲外侧开裂；(b) 过渡区域开裂。

铝合金副车架内高压成形件壁厚分布对使用性能有着重要的影响。弯曲工序的壁厚分布是影响最终内高压成形工序壁厚分布的主要因素，如果弯曲件壁厚减薄严重，很容易导致开裂缺陷。管材经过弯曲后其最大减薄率为15.8%，位于第 *D—D* 截面外侧，最大增厚率为17.4%，位于 *D—D* 截面的内侧。内高压成形后，最大减薄率为20.2%，位于 *F—F* 截面外侧；最大增厚率为15.7%，位于 *D—D* 截面内侧，如图3-58所示。

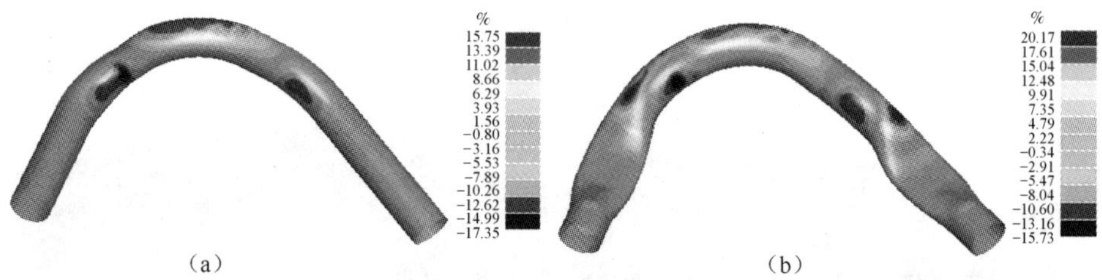

图3-58　铝合金管材内高压成形过程壁厚减薄率分布
(a) 弯管件；(b) 内高压成形件。

铝合金副车架的成形工艺为管材-数控弯曲-预成形-内高压成形，考虑最终的力学性能，增加人工时效工序，人工时效工艺为175℃下保温8h。模具包括数控弯曲、预成形模具和内高压成形模具。由于零件的弯曲半径小，弯曲段之间没有过渡段，弯曲模具为三层成形模，非常复杂。内高压成形模具包括上模、下模和密封装置，其中密封形式采用异形密封。图3-59为铝合金副车架的各个成形工序件，包括数控弯曲件、预成形件和内高压成形件。

3.7.5　MPV轿车副车架内高压成形

MPV轿车副车架主管是一个典型的轴线为三维空间曲线的空心变截面结构件，如图3-60所示。截面周长沿轴线发生变化，最大截面周长245.4mm（*D—D* 截面），最小截面周长234.2mm（*C—C* 截面），零件上有10个直径 ϕ10mm的孔。

副车架成形工序主要包括数控弯曲、预成形和内高压成形。如果没有预成形工序，采用弯曲管件直接放到内高压成形模具中合模，在多个位置出现了咬边缺陷（图3-61(a)），无法完成后续的内高压成形过程。因此，预成形工序是必要的。首先将弯曲管件进行预成形，然后再放到内高压成形模具中合模，可以顺利完成内高压成形合模过程（图3-61(b)）。

副车架成形各工序件的壁厚分布情况如图3-62所示。弯曲后外侧最小壁厚为2.23mm，减薄率为14.2%；内侧增厚，最大壁厚为3.04mm，增厚16.9%。预成形后，壁厚基本保持不变。内高压成形后，最小壁厚1.97mm，减薄率为24.2%，最大壁厚3.23mm，增厚率为24.3%。

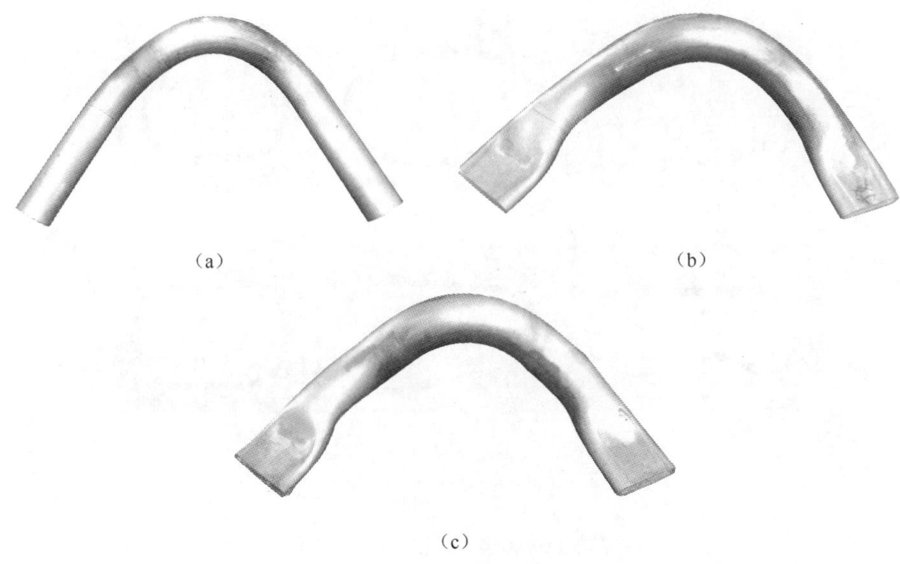

图 3-59　副车架成形工序件
(a)弯曲件;(b) 预成形件;(c) 内高压成形件。

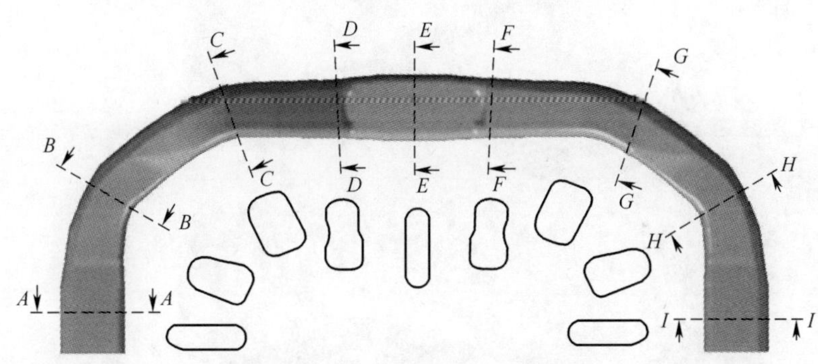

图 3-60　MPV 副车架主管零件图

最终得到副车架的内高压成形件及各个工序件,包括数控弯曲件、预成形件和内高压成形件,其中内高压成形件上带有的 10 个孔全部采用液压冲孔的复合工艺成形,如图 3-63 所示。

焊缝位于内侧的管件,在内高压成形过程中工件完全贴模时,各焊缝及热影响区位置未出现任何缺陷,且经过多个试件的重复验证,具有很好的一致性。说明整形工序中,虽然焊缝属于破裂易发区,但因焊缝远离变形量较大的圆角区,即使整形压力很高,焊缝也未出现破裂缺陷。

为了获得内高压成形件的力学性能,分别从不同的位置选取试样,测试内高压成形件的试样拉伸性能和典型区域的硬度。单向拉伸试样选取位置如图3-64所示,获得的力学性能见表 3-11。焊缝的强度要远高于母材,而延伸率低于母材。

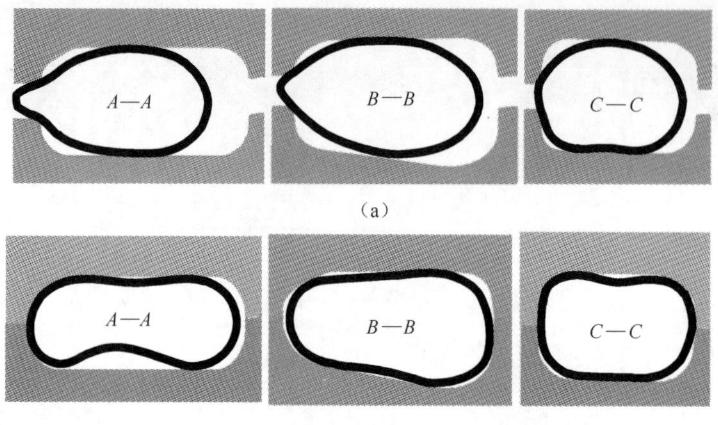

图 3-61　合模过程
(a)弯曲管直接合模;(b) 预制坯合模。

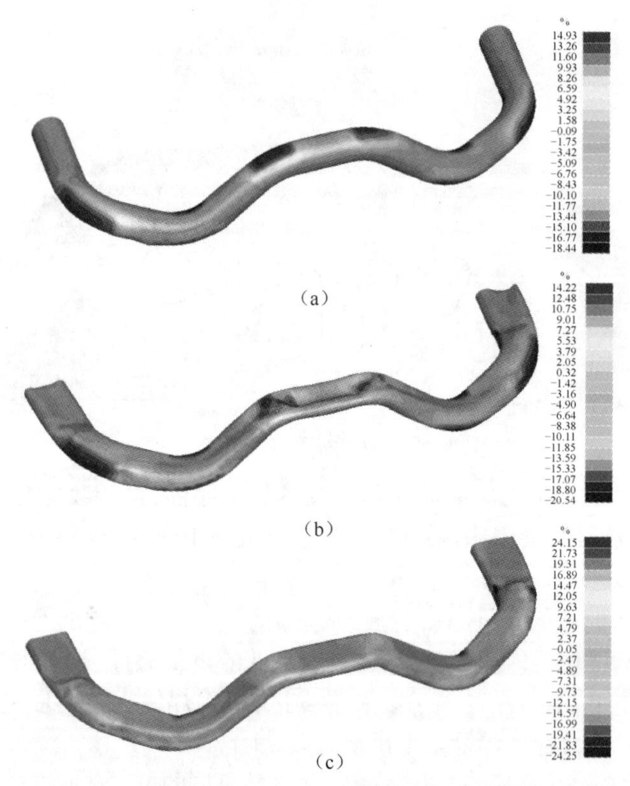

图 3-62　内高压成形过程壁厚变化
(a)弯曲件;(b) 预成形件;(c) 内高压成形件。

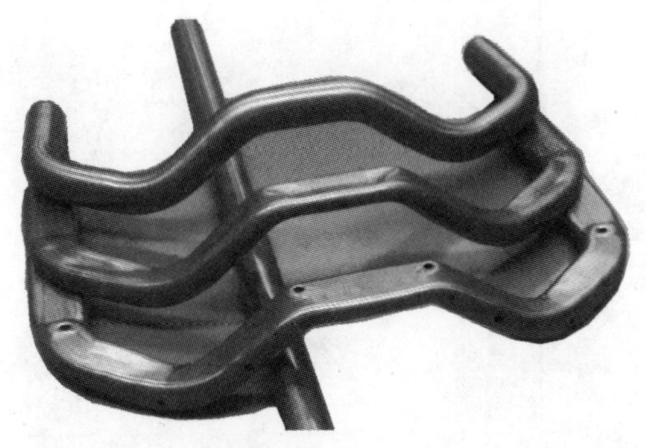

图3-63　MPV轿车副车架工序件

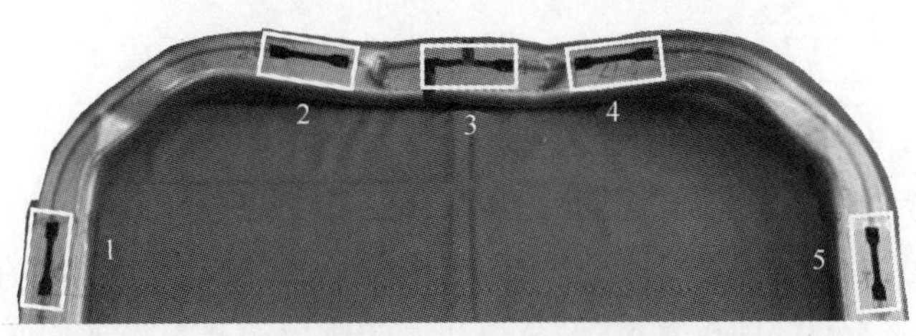

图3-64　试样选取位置

分别于内高压成形件所标注的1～5位置处测量硬度，硬度测量结果如图3-65所示，在焊缝中心位置，硬度最大，在焊缝热影响区，硬度有所降低，在远离焊缝的母材区域，硬度基本保持不变。

表3-11　内高压成形件力学性能

位置	材料	屈服强度/MPa	抗拉强度/MPa	伸长率/%
1	焊缝	443.47	517.47	15.43
	母材	359.27	437.53	27.14
2	焊缝	441.96	514.89	16.57
	母材	372.14	454.25	25.14
3	焊缝	439.44	513.45	17.51
	母材	374.65	451.43	24.71
4	焊缝	437.78	510.24	17.58
	母材	371.58	448.47	25.29
5	焊缝	428.81	498.85	17.65
	母材	368.30	443.70	26.14

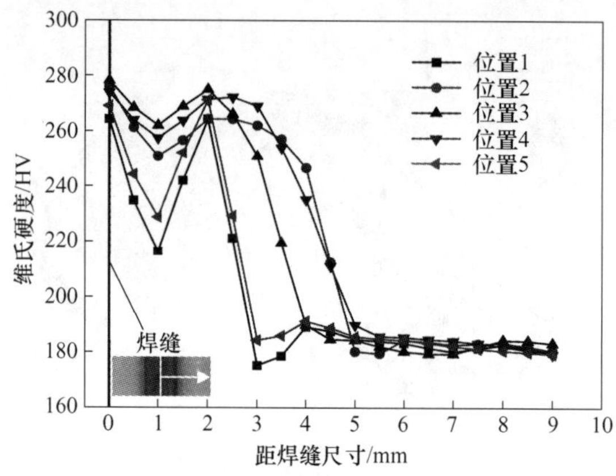

图 3-65　内高压成形件硬度分布

3.7.6　DP590 双相钢控制臂内高压成形

控制臂管件的轴线为三维空间曲线，且弯曲半径不同，局部存在着较小的弯曲半径，弯曲程度大。典型截面为矩形和梯形，截面沿轴线方向变形程度大，截面最大宽度为 82mm，位于 *C*—*C* 截面。该区域既是弯曲变形发生的位置，又是宽度尺寸最大的截面位置，弯曲减薄和大膨胀量的双重累加造成该区域是整个管件最薄弱的环节，是成形难度最大的区域。截面最小宽度为 65mm，位于 *A*—*A* 截面和 *E*—*E* 截面，如图 3-66 所示。材料为 DP590 双相高强钢，材料的力学性能为：屈服强度 390MPa，抗拉强度 590MPa，延伸率 21.6%。

高强钢在弯曲过程中的回弹现象比较明显，管材的弯曲角是影响回弹量大小的主要因素之一，回弹量的大小与弯曲角度基本呈线性关系。如图 3-67 所示，随着弯曲角度的增大，管材回弹角也随着增大，弯曲角度越大，表示变形区长度越大，总的塑性变形量增加和弹性变形的比例就会相应增大，所以回弹角也就越大。

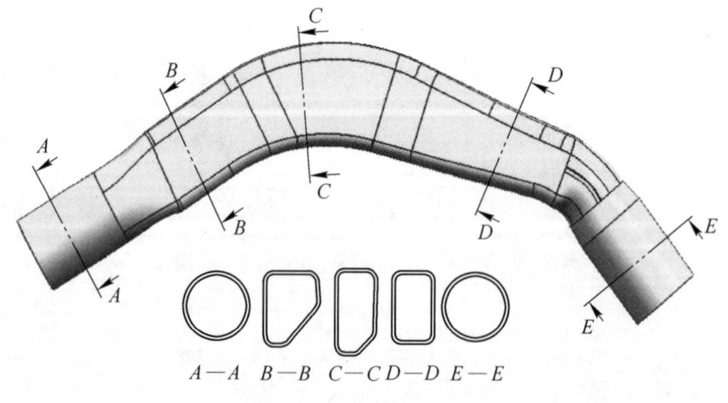

图 3-66　控制臂零件图

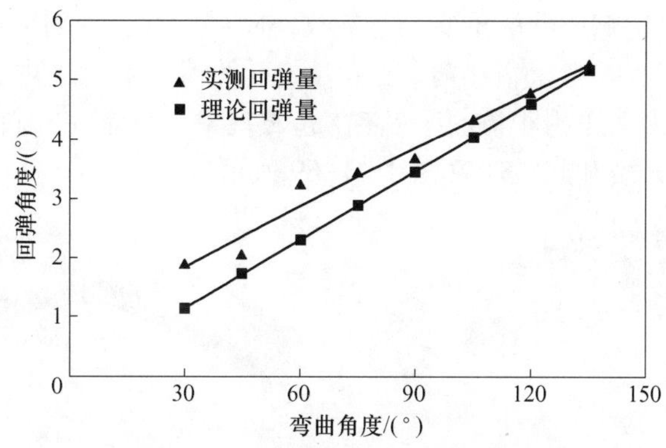

图 3-67　回弹量和弯曲角度关系

在数控弯曲过程中必须考虑回弹量的影响,一般采用回弹补偿的方法,补偿数控弯曲过程中的回弹量,如果未考虑回弹补偿的管件,这样实际弯曲角度小于设计的角度,在预成形的过程中容易出现咬边缺陷。而考虑到弯曲回弹,采用一定的补偿量,这样得到的管件的弯曲角度和设计角度相一致,在后续进行预成形工序时,可以顺利完成预成形过程,得到合格的预成形管件。

焊缝位置对内高压成形过程中开裂缺陷影响明显,图 3-68 为不同焊缝位置对内高压成形的影响,焊缝位置分别位于弯曲中性层,弯曲外侧和弯曲内侧,当焊缝位于弯曲中性层和外侧时,均出现开裂。而当焊缝位于弯曲内侧时,没有出现开裂,得到合格的内高压成形件。因此,在使用高强焊管,采用内高压成形具有弯曲轴线类零件时,焊缝位置处于内侧位置有利于抑制开裂缺陷的产生。

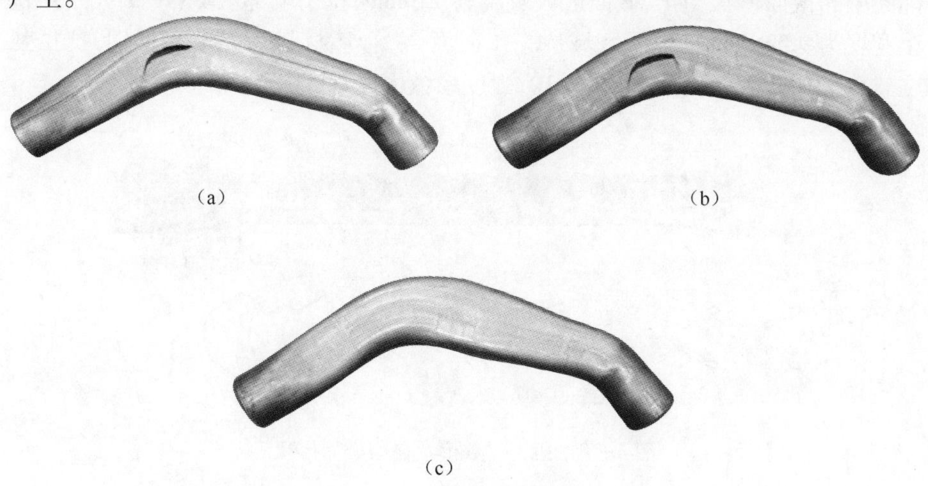

图 3-68　焊缝位置对成形的影响

(a)焊缝位于弯曲中性层;(b) 焊缝位于弯曲外侧;(c) 焊缝位于弯曲内侧。

补料量也是影响成形的重要工艺参数,补料量不同,分别会出现开裂、起皱两种典型情况。当补料量很小时,在压力较低的情况下就出现了开裂现象;当补料量过大时,即使压力很高,仍然存在起皱现象。只有在补料量合理的情况下,才不会出现开裂和起皱现象,如图3-69所示。

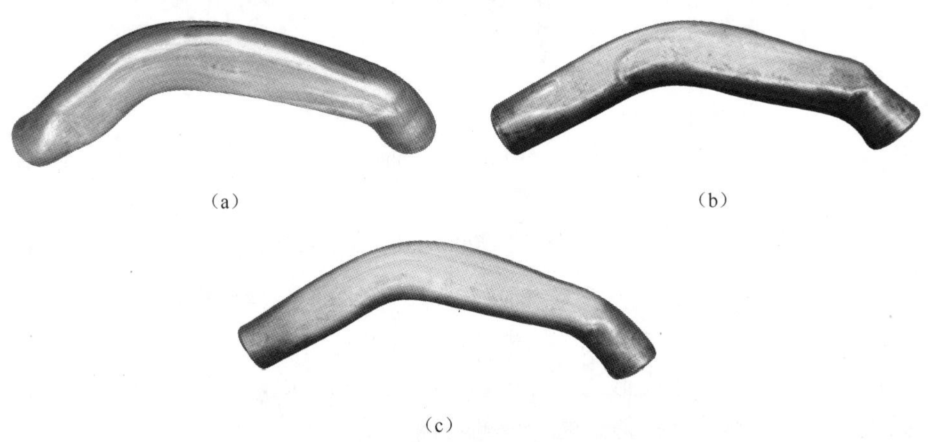

图3-69 补料量对内高压成形的影响
(a)补料量过小;(b)补料量过大;(c)补料量合适。

3.7.7 超高强钢(780MPa)扭力梁内高压成形

图3-70为扭力梁三维图及典型截面形状。管件为V形截面结构,沿轴线方向截面变化复杂,截面周长变化大。沿轴线方向分析截面的宽度变化,从端部到中间截面形状变化,截面最大宽度为120mm,位于端部区域(*I—I*截面),最小宽度为90mm,位于中间区域(*A—A*截面)。管坯材料为先进高强钢,抗拉强度σ_b=780MPa,硬化指数n=0.10,强度系数K=1050MPa。

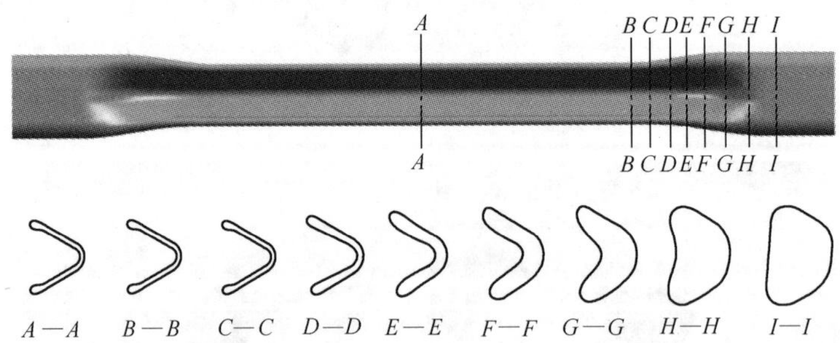

图3-70 扭力梁数模及典型截面形状

在内高压成形过程中,加载路径通常包含三方面:①合模力随时间变化曲线;②内压随时间变化曲线;③轴向补料量和内压之间的关系。图3-71为扭力梁内高压成形过程中的加载路径，其中图 3-71(a)为合模力和内压随时间的变化曲线，采用可变合模力，即内压随合模力变化而变化，在加载初期，设备提供一个较小的合模力，随着内压的增加，合模力按比例逐步增加，始终大于内压产生的反作用力。图 3-71(b)为成形过程中轴向进给和内压的匹配关系，其中初始内压是用来避免因轴向力引起的屈曲。

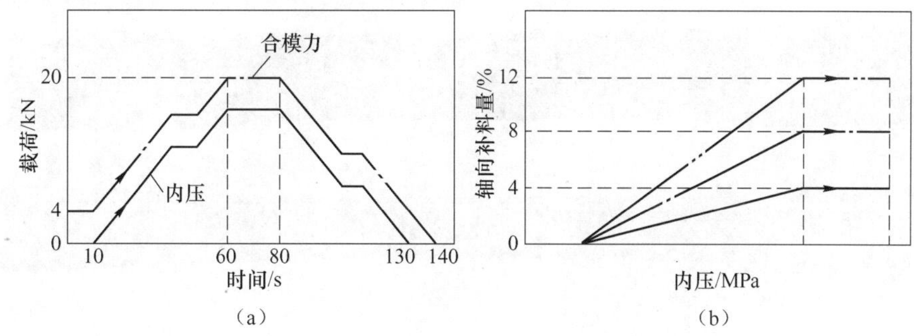

图 3-71　扭力梁内高压成形加载路径

(a)合模力与时间关系；(b) 轴向补料量与内压关系。

轴向补料量对扭力梁内高压成形件的厚度分布和成形精度有着重要的影响。图 3-72 分别给出了内高压成形过程中相对补料量(轴向补料量和零件长度的之比)分别为 4%、8%和 12%时扭力梁壁厚分布的数值模拟结果。可以看出，当轴向补料量为 12%时，在管端和中间 V 型截面的过渡区域出现屈曲，而轴向进给为 4%~8%时，成形效果最佳。在合理的加载路径的情况下，扭力梁可以顺利实现成形，无开裂缺陷产生。

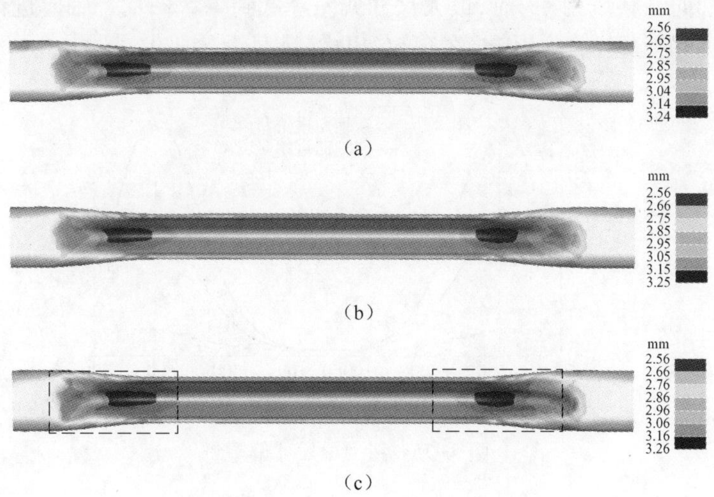

图 3-72　扭力梁内高压成形过程及壁厚变化

(a)补料量 4%；(b) 补料量 8%；(c) 补料量 12%。

当预制坯形状不合理时,合模过程中在管件中间V型截面和端部截面的过渡区域会出现飞边缺陷,如图3-73(a)所示。而在内高压成形过程中,当轴向进给大于8%时,在端部过渡区域会出现起皱缺陷,即使采用很高的整形压力,皱纹也难以消除,如图3-73(b)所示。只有当采用合理的预制坯形状和合适的加载路径时,才能成形出合格的扭力梁内高压成形件,如图3-74所示。

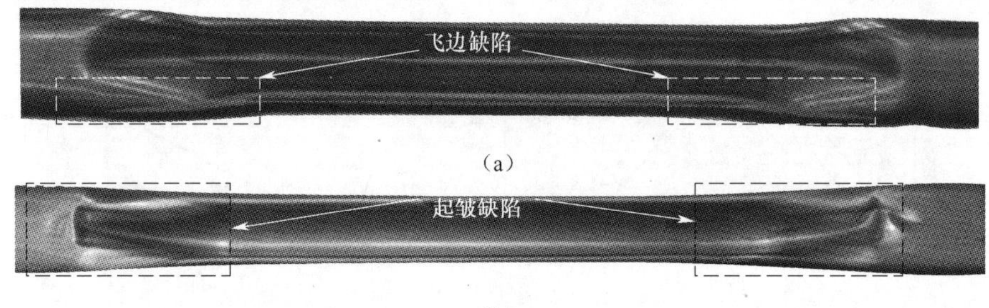

图3-73 扭力梁内高压成形缺陷
(a)飞边缺陷;(b)起皱缺陷。

图3-74 扭力梁内高压成形件

轴向进给可以显著改善零件的尺寸精度,图3-75给出了扭力梁内高压成形件尺寸精度测量结果。当没有轴向进给时,最大尺寸偏差为2.7%,位于端部位置;当轴向补料量为4%时,最大尺寸偏差降低到1.5%;而当轴向进给增加到8%时,整个扭力梁的尺寸偏差在0.5%以内,满足设计要求。

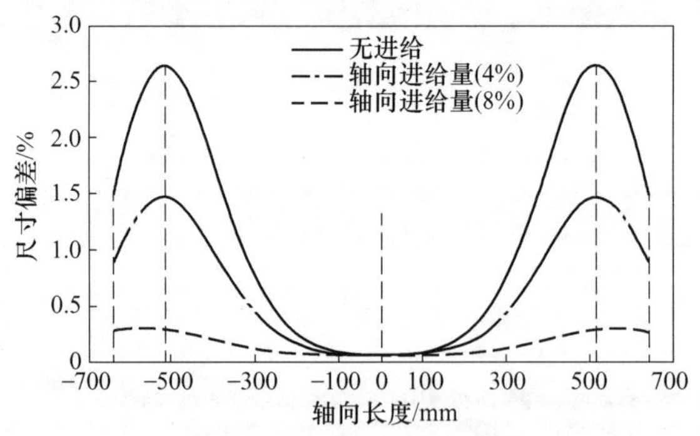

图3-75 扭力梁尺寸偏差

3.7.8 碰撞吸能盒内高压成形

轿车碰撞吸能盒原设计结构为冲压焊接结构,改进设计成内高压成形结构,其横截面为封闭结构减少零件数量,吸能情况也明显提高。在正面刚性墙碰撞工况下,内高压成形结构相对冲焊结构而言,前保险杠总成吸能约增加8%。在碰撞变形过程中,吸能盒逐级被压溃,两种结构保险杠横梁中段无弯曲。侧面40%偏置碰撞工况下,在前25ms内,内高压成形结构的前保险杠总成吸能较多。在碰撞变形过程中,吸能盒逐级被压溃,两种结构保险杠横梁中段无弯曲。

图3-76(a)为内高压成形壁厚减薄率数值结果。可见成形后零件最大减薄率为13.89%,最大增厚为1.78%。图3-77(b)为最终成形的碰撞盒内高压成形件,零件的宽度方向尺寸为(82.5±0.2)mm,高度方向尺寸为(91.7±0.2)mm,满足设计要求。

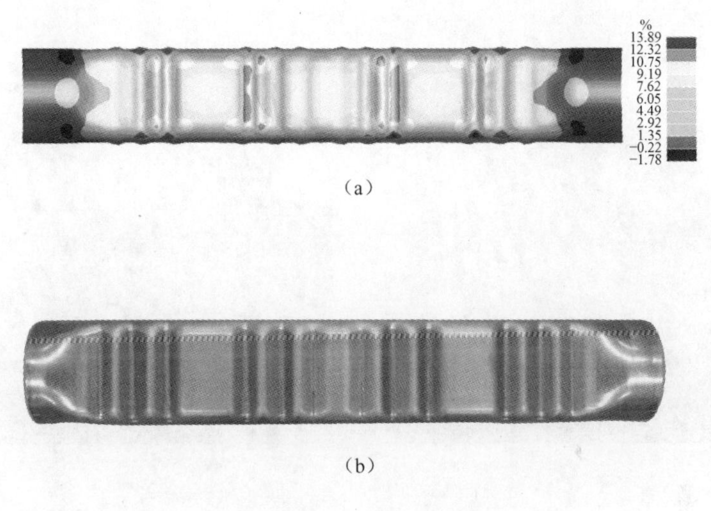

图3-76　碰撞盒内高压成形件
(a)壁厚减薄率;(b) 成形件照片。

3.7.9　汽车结构件内高压成形产品批量生产实例

随着我国汽车产销量的快速增长,尤其是国内自主品牌轿车的飞速发展,促进了汽车轻量化结构件的需求进一步增大,越来越多的自主品牌轿车采用内高压成形工艺。哈尔滨工业大学流体高压成形技术研究所已经为国内多家主机厂和汽车零部件生产厂家开发了不同类型的产品,主要应用单位包括一汽、北汽、宝马、大众和长城等主机厂,实现了300多万件内高压成形批量化产品应用。图3-77为部分汽车结构件内高压成形产品批量生产实例,主要包汽车底盘、车身和排气管件三大类产品,具体产品有副车架、仪表板支架、车身前支梁、摆臂、后桥车架、排气管等。

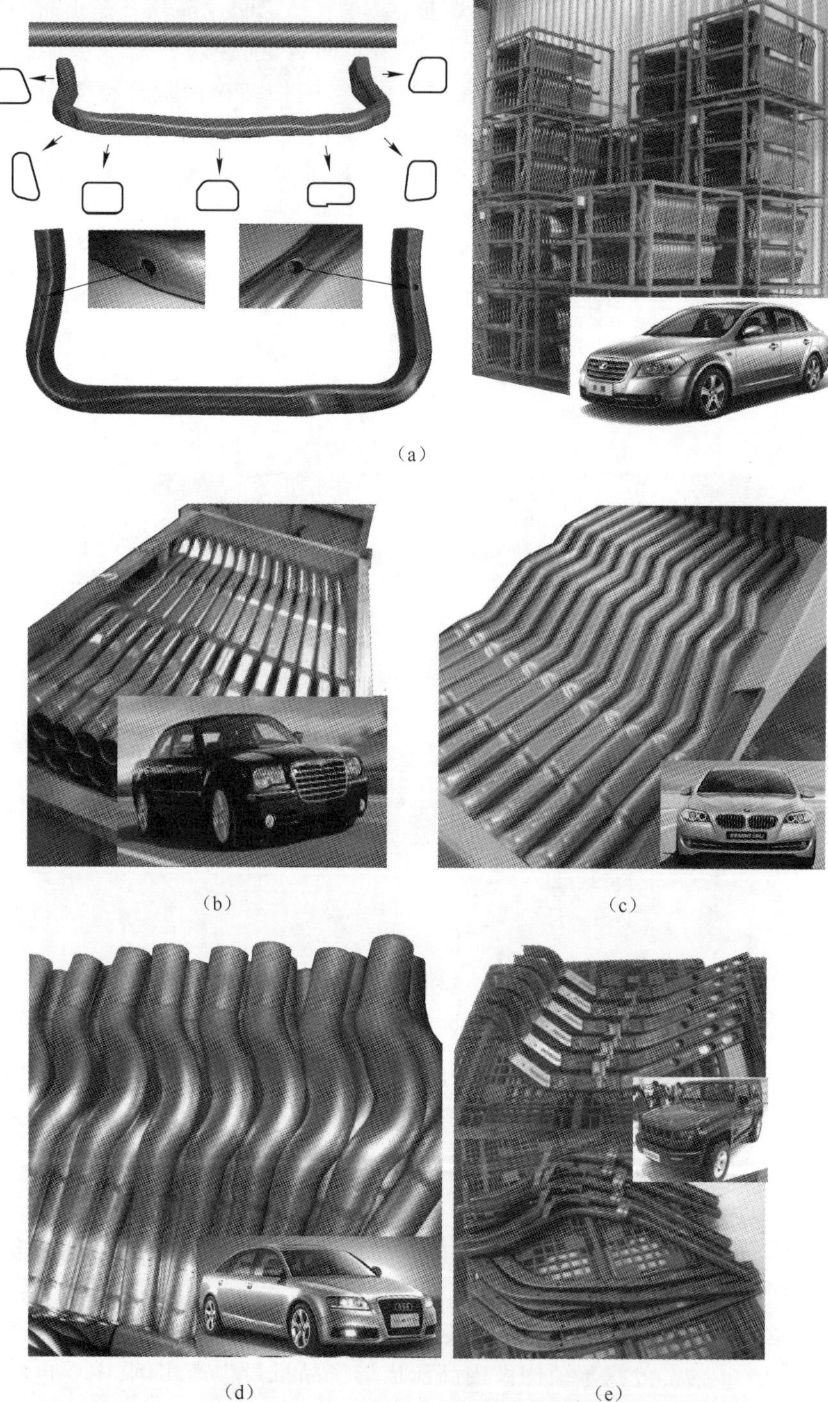

图 3-77　采用哈尔滨工业大学自主技术批量生产的内高压成形产品
(a)副车架;(b) 仪表盘支架;(c) 排气管;(d) 排气管;(e) 前支梁。

第4章 薄壁多通管内高压成形技术

4.1 多通管种类与内高压成形工艺过程

多通管件的种类较多,按照多通数量分为直三通管(T形管)、斜三通管(Y形管)、U形三通管、X形四通管和五通以上的多通管,如图4-1所示。按主管、支管直径大小分为等径和异径多通管;按轴线形状,分为直线和曲线多通管;按对称性,分为对称和非对称多通管。按照壁厚大小,分为厚壁和薄壁多通管,薄壁多通管一般指壁厚0.5~2mm的管件。T形和Y形三通管件是多通管中应用最多的结构形式。

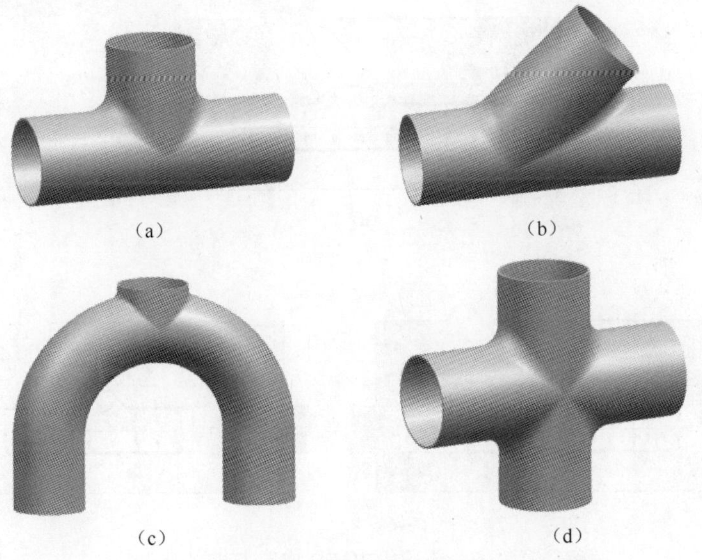

图4-1 典型多通管件

(a) T形三通管;(b) Y形三通管;(c) U形三通管;(d) X形四通管。

薄壁三通管的传统制造工艺主要有两种:一种是两个直管的插焊结构;另一种是利用板料冲压成两个半管后再焊接成整管,如图4-2所示。采用焊接工艺制造多通管存在的主要问题:焊接变形导致废品率高;由于焊逢及残余应力存在,可靠性差;内表面不光滑、流体阻力大。此外,对于支管高度不大的T形三通管,还可以用冲孔和钢球翻边的工艺制造。

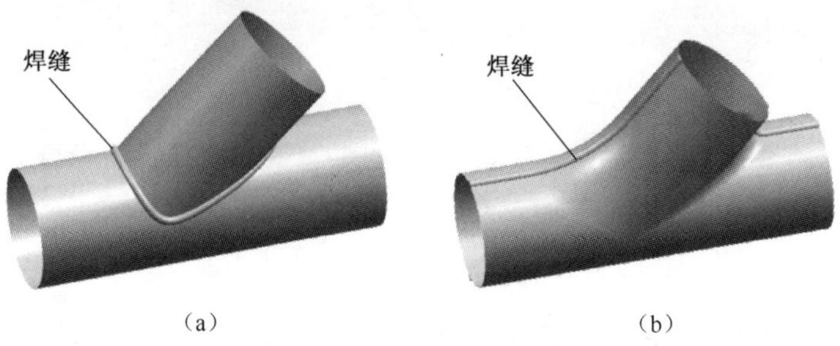

图4-2 薄壁三通管传统制造工艺
(a)插焊;(b) 冲压半管焊接。

以管材为坯料通过内高压成形可以直接加工出整体结构的多通管。下面以Y形三通管为例,说明多通管内高压成形基本工艺过程(图4-3)。三通管内高压成形模具由上模、下模、左冲头、右冲头和中间冲头组成。首先将管材放入下模,闭合上模具后,向管内充满液体,用左右冲头进行密封,然后左右冲头施加轴向力进行补料,同时管内施加一定的压力来使管材成形。

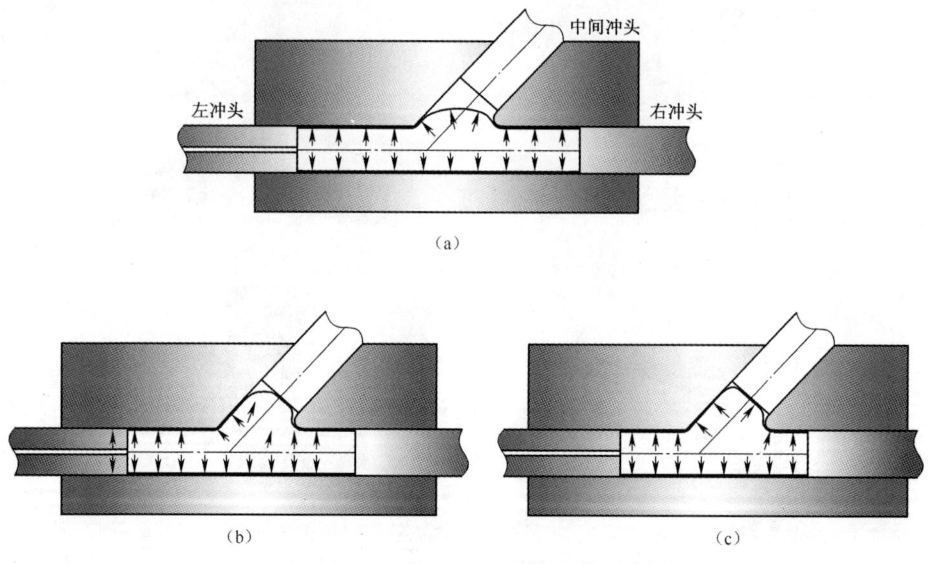

图4-3 三通管内高压成形工艺过程
(a)初期(自由胀形阶段);(b) 中期(支管成形阶段);(c) 后期(整形阶段)。

三通管的成形工艺过程分为三个阶段:①成形初期(图4-3(a)),中间冲头不动,左右冲头进行轴向补料的同时,向管材内施加一定的内压,支管顶部尚未接触中间冲头,处于自由胀形状态。②成形中期(图4-3(b)),从支管顶部与中间冲头接触开始,内压继续增加,左右冲头继续进给补料,中间冲头开始后退,后退中要保持着与支管顶部的接触，并对支管顶部施加一定的反推力，以防止支管顶部的过度减薄造成开裂。在这一阶段已经完成支管高度的成形，但支管顶部过渡圆角尚未成形。③成形后期（图 4-3(c)），左右冲头停止进给，中间冲头停止后退，迅速增加内压进行整形使支管顶部过渡圆角达到设计要求。

三通管内高压成形过程中，不同成形阶段内压与冲头进给行程至关重要。图 4-4 所示为不同成形阶段给定的内压与冲头进给行程匹配曲线。支管成形主要通过左右冲头轴向补料和胀形来实现，因此在成形初期主要是左右冲头进行进给，中间冲头在管材发生自由胀形与中间冲头端面接触后开始后退，以确保支管在中间冲头提供背压的作用下完成成形。

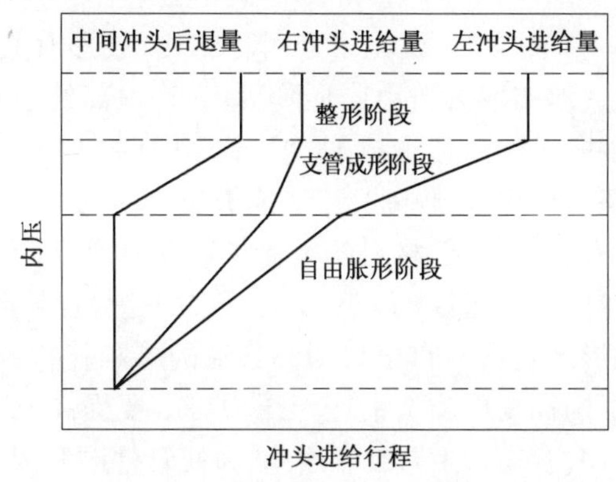

图 4-4　三通管内高压成形工艺过程

4.2　缺陷形式与支管极限高度

4.2.1　缺陷形式

多通管内高压成形过程中，由于内压、左右两端轴向进给量及中间冲头后退量匹配的不合理，会出现不同的缺陷形式。T 形三通管内高压成形的主要缺陷形式有支管顶部破裂、主管起皱，如图 4-5 所示；而 Y 形三通管由于结构的不

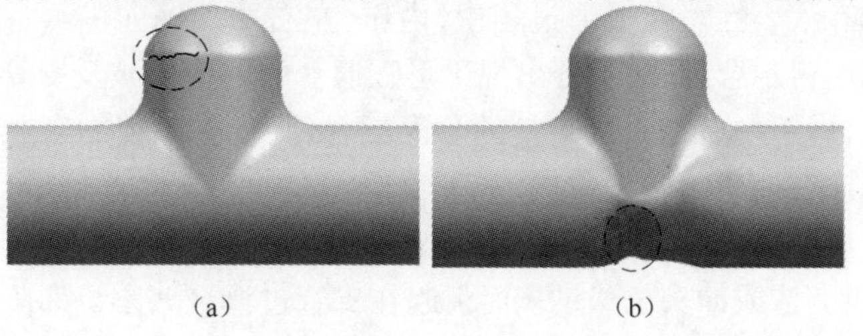

(a)　　　(b)

图 4-5　T 形三通管成形缺陷

(a) 支管破裂；(b) 主管起皱。

对称性还会出现支管过渡区内凹的缺陷，如图4-6所示。

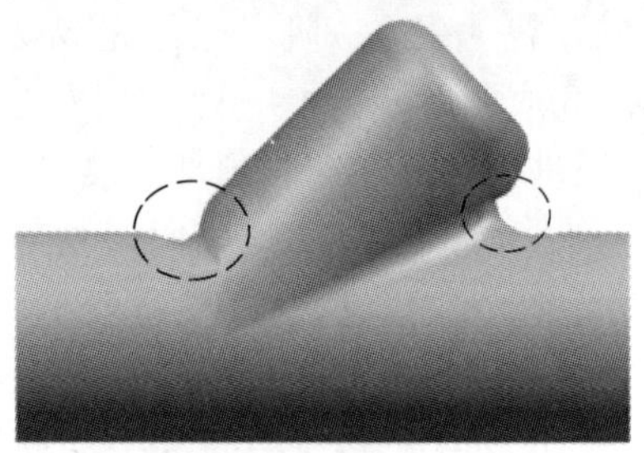

图4-6　Y形三通管过渡区凹陷

T形三通管有一单侧支管，属上下非对称结构，成形时其左右两端轴向进给量是相同的。在成形初期的自由胀形阶段，支管顶部处于双向拉应力状态，破裂是内压过高、轴向进给过慢造成的。在成形中期，支管顶部破裂原因是中间冲头后退过快，甚至与支管顶部脱离，造成破裂。同时，材料的力学性能参数和润滑条件对成形有较大影响，材料的硬化指数 n 越小，壁厚减薄和开裂的趋势越严重；材料的厚向异性指数 r 越小，支管开裂的趋势也越严重。摩擦的影响主要表现在影响胀形区材料的自由移动和管端的顺利补料，如润滑条件不好，摩擦比较大时，成形同样高度支管的胀形压力势必要提高，从而使支管顶部受较大双向拉应力作用，容易产生开裂。因此，为使管件顺利成形，必须减小管材与模具之间的摩擦，其途径有二：一是降低模具型腔内表面粗糙度，如通过化学涂层CVD与物理涂层PVD方法进行表面硬化处理；二是在模具与管材有相对运动的部位喷涂润滑剂。

主管起皱主要是在成形初期、中期因轴向进给过快、内压过低造成的，使得轴向送进的材料不能及时流动到支管部分，从而在主管形成皱纹。管壁越薄、管材原始长度越长，起皱的趋势越严重。同样，如润滑条件不好，摩擦力较大时会阻碍材料流向支管，而继续进行补料时，材料流动受阻会产生压缩失稳从而产生较均匀的褶皱。

Y形三通管上下、左右均为非对称结构，其在多通管液压成形中难度最大，缺陷形式具有代表性。在成形过程中，内压、左右两端轴向进给量及中间冲头的后退量匹配得不合理，除了会出现T形三通管的主管起皱及支管顶部破裂的缺陷形式外，由于左右轴向进给量的分配不合理，还会出现支管过渡区凹陷或起皱的缺陷。在最后的整形阶段，从理论讲左右冲头不需要进给，只要能维持密封保证内压升高整形即可。由于内高压成形设备控制精度差或冲头密封结构不合理，也会造成冲头位移过多而引起在支管过渡区凹陷。凹陷缺陷可能发生在左侧过渡区，也可能发生在右侧过渡区或左右两侧均存在。多通管内高压成形时，加载曲线必须控制在成形区间内，即内压、轴向进给量及中间冲头的后退量匹配合理。

4.2.2　支管极限高度

支管极限高度是多通管内高压成形一个最主要的指标。设计要求的支管高度越大,成形难度越大。多通管的支管极限高度与多通管的形状、材料、壁厚、加载曲线和润滑条件有关。

图 4-7 所示为采用内高压成形能获得的几种典型多通管的极限支管高度。T 形三通管的极限支管高度能达到 1 倍原始管径;Y 形三通管极限支管高度接近 0.85 倍原始管径;弯头三通管的极限支管高度能达到 0.75 倍原始管径;U 形三通管的极限支管高度能达到 0.15 倍原始管径。T 形三通管由于两侧补料量相同,所以支管极限高度较大。而弯头三通管及 U 形三通管其送料区的管材为弯管,成形时补料相对困难,所以支管极限高度相对小些。

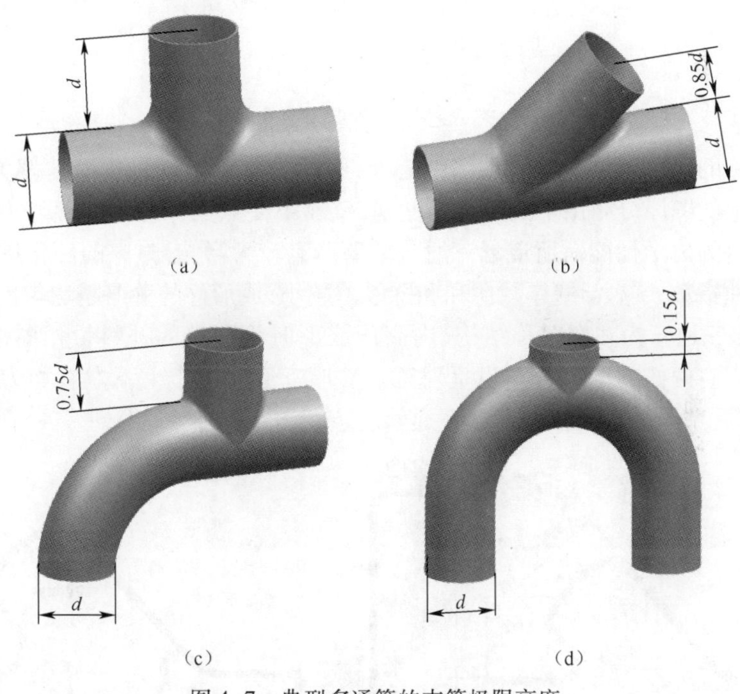

图 4-7　典型多通管的支管极限高度
(a) T 形三通管;(b) Y 形三通管;(c) 弯头三通管;(d) U 形三通管。

4.3　三通管内高压成形壁厚分布规律

T 形三通管厚度分布规律为:支管顶部区域减薄,主管大部分区域增厚,最薄点位于支管顶部中心,最厚点位于主管的送料端,左右壁厚分布规律相同,如

图 4-8 所示。该三通管内高压成形件的管材原始壁厚为 2mm,材料为不锈钢,成形压力为 68.6MPa。

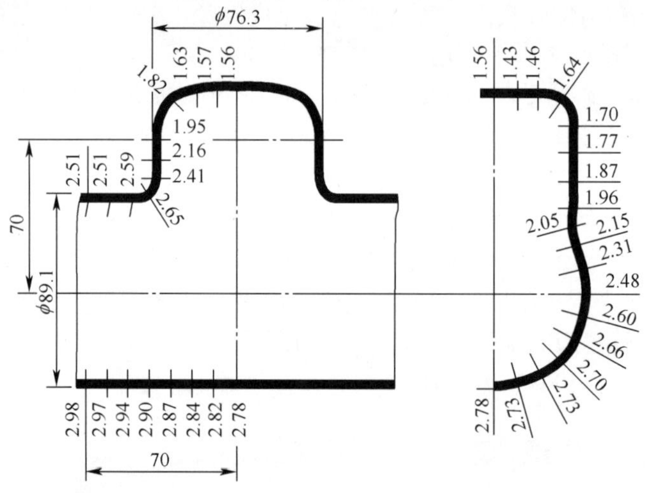

图 4-8　T 型三通管壁厚分布(mm)

该件的最薄点位于支管顶部中心处,厚度为 1.56mm,最大减薄率为 22%。对称面上的壁厚分布由下到上逐渐变薄,壁厚不变点大体位于支管与主管交界处。材料的力学性能对所成形三通管的壁厚有较大影响,材料的硬化指数 n 和厚向异性指数 r 越大,壁厚减薄和和壁厚差越小,成形件的壁厚越均匀。

T 形三通管为左右对称结构,内高压成形时管两端的补料量相同,所成形三通管左右两侧的壁厚分布也呈对称。Y 形三通管由于上下左右均为非对称结构,因此壁厚分布规律比 T 形三通管复杂。图 4-9 所示为 Y 形三通管壁厚分

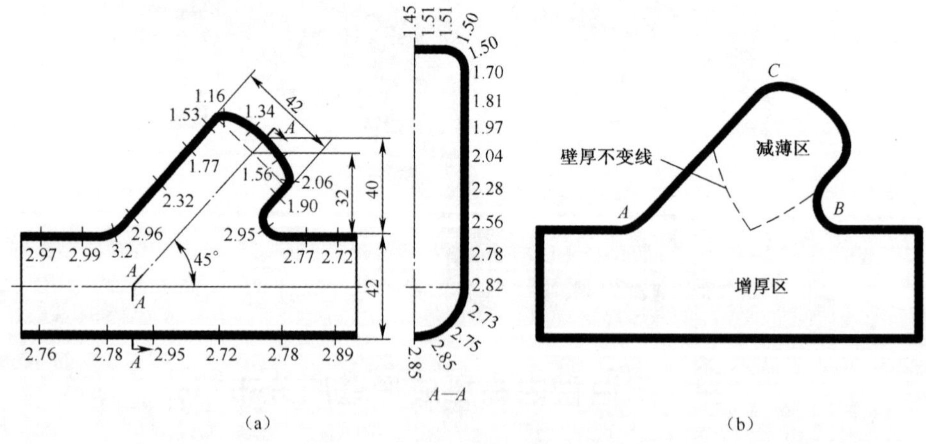

图 4-9　Y 形三通管壁厚分布规律
(a)壁厚分布(mm);(b) 壁厚不变线。

布规律和壁厚不变线的位置，该 Y 形三通管的原始壁厚为 2mm，材料为不锈钢，支管角度为 45°。成形后零件左右两侧过渡区圆角处增厚比较大，从过渡区圆角处到支管顶部，支管逐渐减薄。壁厚不变线为 V 形，位于支管中下部，减薄主要在支管上部区域，其余部位均增厚，支管顶部左侧圆角附近最薄。壁厚最大的点在左侧过渡区圆角 A 点处，壁厚为 3.2mm，增厚率为 60%；壁厚最薄点在支管顶部 C 点处，壁厚为 1.16mm，最大减薄率为 38%。

为了进一步说明三个不同成形阶段 Y 形三通管的壁厚变化情况，采用数值模拟对成形过程进行了分析，不同成形阶段的壁厚分布如图 4-10 所示。

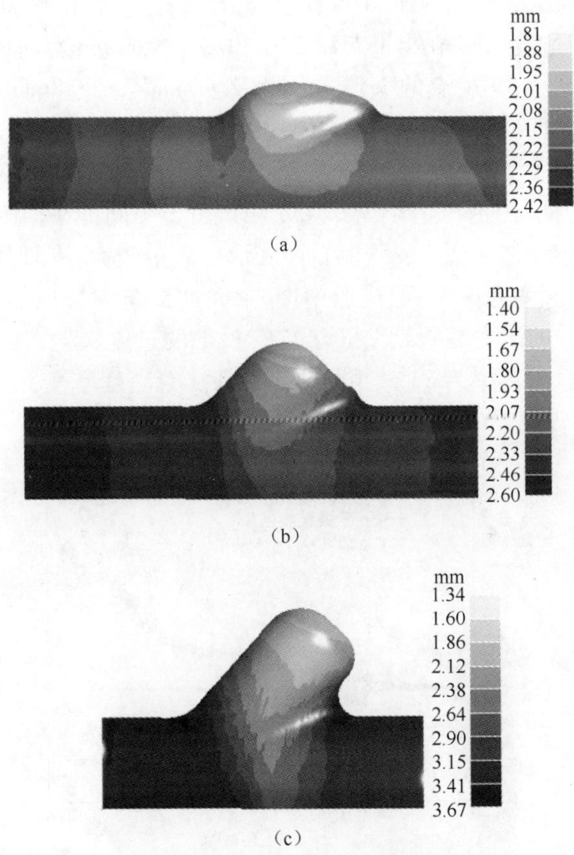

图 4-10 Y 形三通管成形过程的壁厚变化规律

(a) 成形初期（内压 0.25 σ_s）；(b) 成形中期（内压 0.45 σ_s）；(c) 整形（内压 0.55 σ_s）。

图 4-10(a) 所示为成形初期（内压 0.25σ_s）壁厚分布情况，此时，支管的顶部存在明显的减薄，最小壁厚为 1.81mm，减薄率为 9.5%，主管端部送料区、左右侧圆角过渡区的壁厚出现了不同程度的增厚，增厚最严重的主管左侧端部，壁厚最大值达到了 2.42mm，增厚率达到了 21%。图 4-10(b) 所示为成形中期

(内压 $0.45\sigma_s$)的壁厚分布情况,在此阶段,管的轴向部分继续增厚,支管顶部继续减薄,壁厚增厚最严重部分仍为主管左侧端部,最大值为 2.6mm,增厚率为 30%,支管顶部最薄点壁厚为 1.40mm,最大减薄率为 30%。图 4-10(c)所示为整形后(内压 $0.55\sigma_s$)所成形零件的壁厚分布,此时左侧过渡区圆角处最大壁厚为 3.67mm,最大增厚率为 83.5%,右侧过渡区圆角处壁厚为 3.39mm,增厚率为 69.5%,支管顶部壁厚最薄,壁厚值为 1.34mm,最大减薄率为 33%。

图 4-11 所示为成形过程中左侧过渡区 *A* 点、右侧过渡区 *B* 点和支管顶部 *C* 点的壁厚随内压的变化规律,*A* 点、*B* 点及 *C* 点位置如图 4-9(b)所示。在成形的初期,左右过渡区圆角处 *A* 点和 *B* 点的增厚相对缓慢,内压为 $0.45\sigma_s$ 时,左右侧过渡区 *A* 点和 *B* 点的壁厚分别为 2.43mm 和 2.48mm,增厚率分别为 21.5%和 24%;而成形中期,当内压大于 $0.45\sigma_s$ 时,这两个区域的壁厚增加速度较快,成形后,最大增厚率达 83.5%。而支管顶部 *C* 点的壁厚变化情况恰恰相反,在成形的初期,当内压值小于 $0.45\sigma_s$ 时,由于中间冲头尚未与支管顶部接触或接触面积较小,此阶段,支管的自由胀形变形量较大,支管顶部壁厚减薄相对较快,最大减薄率为 30%;而成形中期,中间冲头与支管顶部完全接触,其对支管顶部所施加的压力有效地防止了支管顶部的过度减薄,最后成形时,支管顶部 *C* 点的最大减薄率为 33%,成形中期阶段支管高度增长了 22mm,而壁厚此阶段只减薄了 3%。

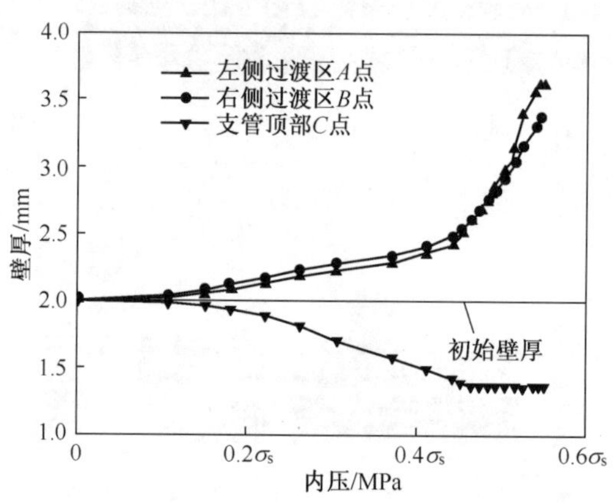

图 4-11　典型点壁厚随内压的变化规律

可见,成形初期,当内压小于 $0.45\sigma_s$ 时,中间冲头尚未与支管接触时,管件处于自由胀形状态,此阶段,左、右两侧过渡区圆角处的增厚相对缓慢,而支管顶部的减薄较快。在支管长高阶段,当内压大于 $0.45\sigma_s$ 时,由于中间冲头的反推作用,左、右两侧过渡区圆角处的增厚相对较快,而支管顶部的减薄较慢。

4.4 Y形三通管内高压成形

4.4.1 Y形三通管形状与材料

在各种结构形式的多通管中，Y形三通管为非对称结构，成形难度最大，工艺具有代表性。图4-12为支管角度45°的一种典型Y形三通管零件结构图。下面结合这个典型零件详细介绍这种类型三通管的内高压成形工艺。该三通管内高压成形件的管材外径为42mm，原始壁厚为2mm，材料为SUS304不锈钢，支管直段长度l要求达到6mm，因此支管的高度h要求达到32mm，总补料量为120mm，管材的初始长度为260mm。成形时，左右补料量是不同的，需要根据所成形Y形三通管的支管角度，确定一个合适的左右补料比例，定义左侧的补料量L_1与右侧的补料量L_2的比值为补料比，即左右补料量的比值。

Y形三通管内高压成形的工艺参数主要有内压、左右补料量和中间冲头的后退量。由于结构的不对称性，内压、管端的两个轴进给量和控制支管位移的一个轴后退量这四个工艺参数必须合理匹配控制。压力是随着补料的进给而变化的，压力的大小跟补料量存在一个对应的关系，在润滑良好的情况下初始压力过低会产生轴向的起皱，在成形后期压力过低会在三通管左侧圆角处产生内凹，压力过高又会使支管过早破裂。

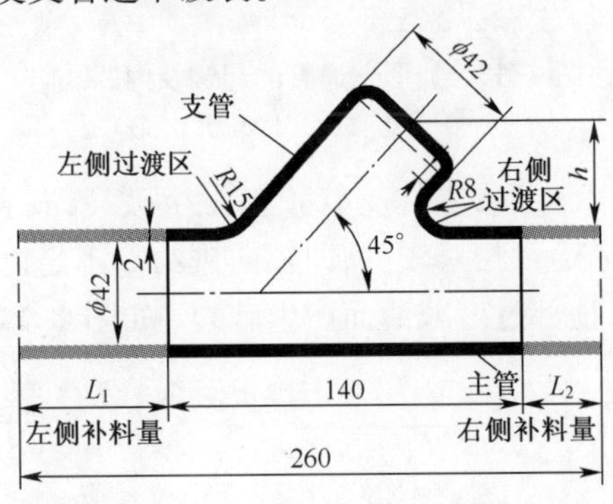

图4-12 Y形三通管零件形状与尺寸(mm)

左右轴向补料量的分配即补料比对成形也有重要的影响，补料的比例跟中间反推冲头的端面的角度是相配合的，补料比例不合适，会在三通管过渡区圆角处产生内凹。中间反推冲头的后退量直接控制支管的高度，要达到一定的支管高度，中间反推冲头的后退量必须达到一定值，但后退量过大会使支管破裂，成形失败。中间反推冲头端面的角度对成形也有一定的影响，主要是不同的端面角度会影响支管的壁厚分布和有效高度，可以根据成形Y形三通管斜角的大小、支管高度或壁厚分布均匀性要求，选用不同端面角度的中间冲头来成形。

4.4.2 内压对Y形三通管内高压成形的影响

为了确定Y形三通管合适的成形压力范围,选定了几种不同成形压力进行Y形三通管的内高压成形工艺实验,成形压力的含义为图4-4中支管成形结束时的内压。采用与材料屈服强度 σ_s 之比的相对成形压力表示,进行了七种相对成形压力(0.15σ_s、0.4σ_s、0.5σ_s、0.55σ_s、0.65σ_s、0.7σ_s 和 0.8σ_s)对成形的影响的研究。总的补料量均为120mm,补料比例固定为2.5∶1,即左冲头补料86mm,右冲头补料34mm。

图4-13所示为采用0.15σ_s 和0.4σ_s 两种成形压力获得的成形结果。成形压力为0.15σ_s 时,零件在左侧过渡区和主管中部均产生严重起皱,主要是由于压力较低,使得轴向送进的材料产生堆积,当达到一定程度时便发生失稳形成皱纹。随着成形压力的提高,主管的起皱得到解决,但成形压力小于0.5σ_s 时,三通管左侧过渡区圆角处仍会有内凹的缺陷,压力越低内凹越严重。

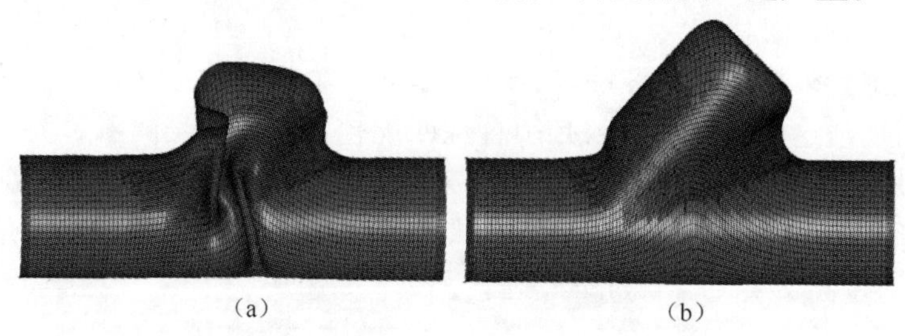

图4-13 Y形三通管的起皱及内凹缺陷

(a)压力0.15σ_s;(b)压力0.5σ_s。

当成形压力为0.8σ_s 时,零件支管顶部发生破裂,其主要原因是补料时压力上升过快,而轴向进给量相对较少,即轴向进给量不足以补偿支管的变形量,使得成形过程中支管顶部过度减薄而产生破裂,如图4-14所示。成形压力为

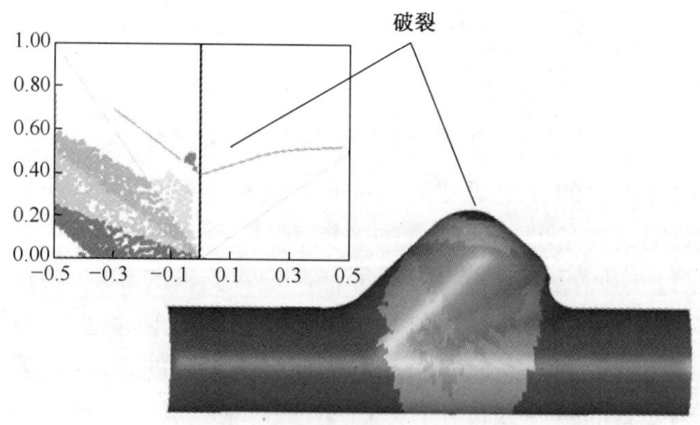

图4-14 压力为0.8 σ_s 时产生的破裂缺陷

$0.55\sigma_s$、$0.7\sigma_s$ 时，可以获得无缺陷的 Y 形三通管。

成形压力在合理范围内均可获得合格零件，但不同成形压力所成形零件的最小壁厚会有所区别。图 4-15 所示为左侧过渡区 *A* 点、右侧过渡区 *B* 点和支管顶部 *C* 点在几种不同成形压力下的壁厚分布对比。从图中可以看出，不同成形压力下，左右两侧过渡区 *A*、*B* 两点的壁厚变化不大，*A* 点的壁厚维持在 3.67mm 左右，*B* 点的壁厚则在 3.4mm 左右；但最薄点支管顶部 *C* 点的壁厚相差较大，终成形压力越大，壁厚减薄率越大，成形压力为 $0.55\sigma_s$ 时减薄最少，此时 *C* 点壁厚为 1.34mm，减薄率为 33.3%，而终成形压力为 $0.7\sigma_s$ 时，*C* 点壁厚为 1.24mm，减薄率为 38%。

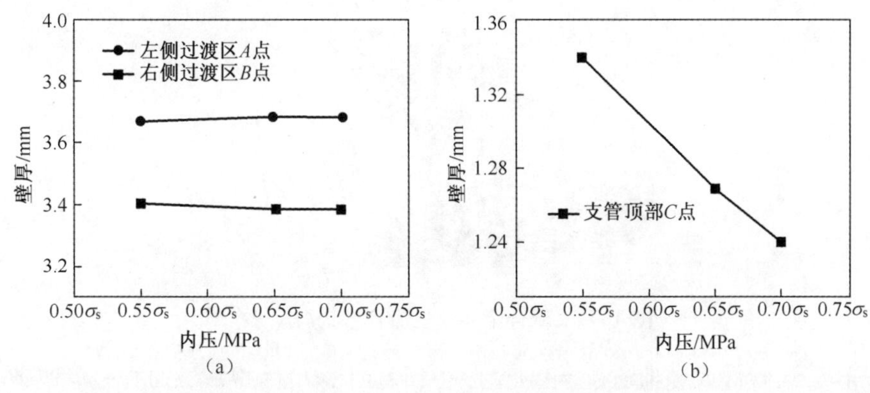

图 4-15 典型点壁厚随成形压力的变化规律

(a) 过渡区；(b) 支管顶部。

为了得到更小的圆角，采用更高压力对 Y 形三通管进行整形，整形时中间反推冲头固定不动，整形后 Y 形三通管的支管高度尺寸如图 4-16 所示，其中支管高度 $h=40$mm，直段长度为 11mm，成形三通管支管高度 h 与原始坯料管径 d（42mm）之比 $h/d=0.95$。

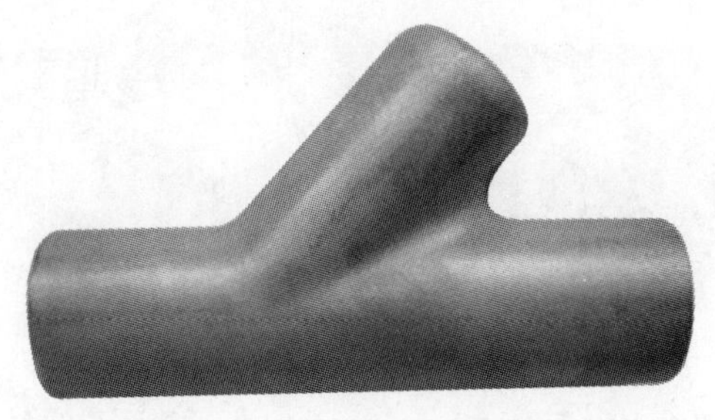

图 4-16 Y 形三通管零件

4.5 薄壁铝合金三通管内高压成形

4.5.1 薄壁三通管形状及成形难点

图4-17为铝合金薄壁Y形三通管形状与尺寸。该三通管件主管直径$D=40t$，支管直径$d=0.9D$，支管高度$H=0.95D$，支管轴线与主管轴线夹角$\alpha=62°$，为典型的薄壁三通管。管材直径为100mm，初始壁厚为2mm，材料为5A03铝合金。

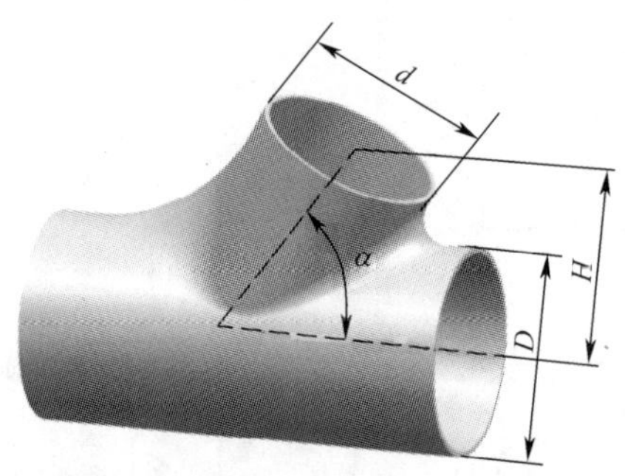

图4-17　铝合金薄壁三通管形状与尺寸

该三通管件成形难题：①相对壁厚小（径厚比$D/t=40$），三通管壁厚越薄，成形过程主管容易起皱；②支管直径小于主管直径，支管在成形过程收缩量大，容易起皱；③结构非对称。由于Y形三通管为单侧局部凸起的非对称构件，要在主管上成形出支管，需要很大的轴向补料量。而且支管与主管成一定夹角，管材两端的轴向补料量不同，内压和轴向进给量的匹配控制要求很高。当内压、左右两端轴向进给量以及中间反推冲头位移匹配控制不合理时，将起皱和开裂并存的现象，即支管顶部出现破裂缺陷，主管出现起皱缺陷，如图4-18所示。

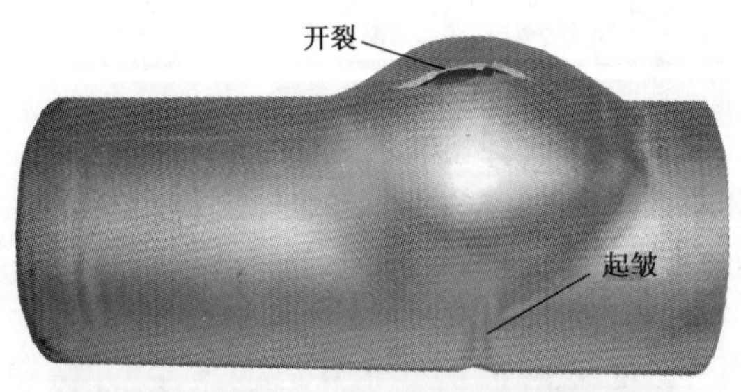

图4-18　铝合金Y形三通管内高压成形缺陷形式

主管起皱的主要原因是成形初期、中期,内压偏低,而轴向进给过快,轴向送进的材料不能及时流动到支管。当管坯厚度越薄、原始长度越长时,主管起皱的趋势越大。传料区长度过长也会引起摩擦力增大,进而会阻碍材料流向支管。如果继续进行补料,将会产生压缩失稳。对于该薄壁 Y 形三通管,要求成形的支管高度较大,通过胀形难以满足支管成形,主要依靠轴向补料成形支管。支管若无背压限制,其顶部极易过度减薄而发生破裂。

为了解决铝合金薄壁三通管起皱和开裂并存的难题,发展了多步成形方法,将三通管内高压成形分为预成形和终成形完成。根据需要,预成形可进行多步成形,这样不仅能避免支管顶部开裂,还可调节内压以避免起皱,从而获得更大的轴向补料量,有助于材料向型腔内流动,从而提高成形极限。

4.5.2　薄壁三通管多步成形数值模拟

多步成形时,预成形工步数量取决于所需要轴向补料量。在确保不发生起皱和开裂的前提下,应尽量减少预成形工步的数量。通过数值模拟分析了加载路径对 5A03 铝合金三通管成形过程的影响,确定了预成形工艺。针对每步成形工序,设计了不同结构的中间反推冲头。预成形的中间反推冲头端面与主管轴线夹角需要设计出合理的角度,采用端面与轴线垂直的中间反推冲头完成终成形。通过支管反推冲头顶端角度的变化,可以减小每步成形时支管顶部与中间反推冲头之间的距离,从而减小顶部的局部变形量,避免该部位发生开裂。

图 4-19 为预成形件和终成形件的壁厚分布规律,图中的数据为减薄率,正值表示减薄,负值表示增厚。预成形时,由于减小了中间反推冲头端面角度,支管顶部最大减薄率仅为 7.57%。支管顶部填充比较饱满,为下一步成形起到很好的聚料作用。因轴向补料作用,主管侧壁和支管过渡处发生了较大的轴向压缩变形,最大增厚率为 20.52%。同时,因支管高度增加,环向发生伸长变形,此时极易发生失稳起皱,需要通过控制内压来抑制起皱。终成形时,支管顶部壁

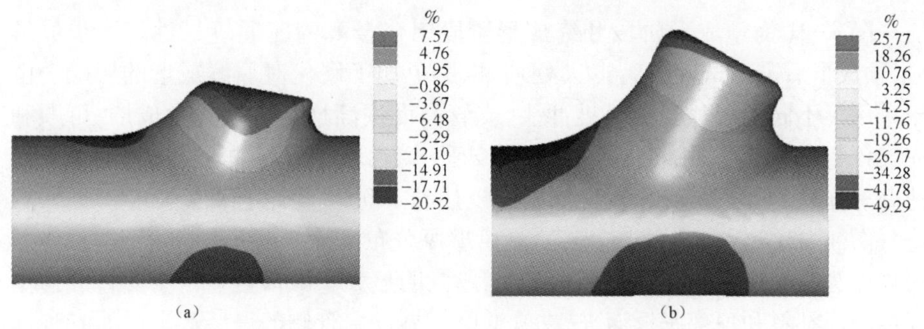

图 4-19　铝合金薄壁三通管壁厚变化率

(a)预成形;(b) 终成形。

厚最薄,最大减薄率为25.77%;主管钝角侧管端与支管相邻的部位壁厚最大,增厚率为49.29%。三通管使用前需要切除支管顶部,最终零件减薄率可控制在18%以内。

图4-20为直接成形和多步成形过程应力状态的变化及屈服椭圆上的应力轨迹。直接成形时,支管顶部变形区处于双向拉应力状态(图4-20(a)),拉应力数值很大,容易发生开裂;送料区处于一拉一压应力状态(图4-20(b)),轴向压应力数值大,容易发生起皱。而多步预成形时,由于减小了每步成形时支管顶部与中间反推冲头之间的距离,从而减小了顶部的局部变形量,支管顶部变形区的双向拉应力和送料区轴向压应力数值均显著降低,因此解决了开裂和起皱同时发生的难题。

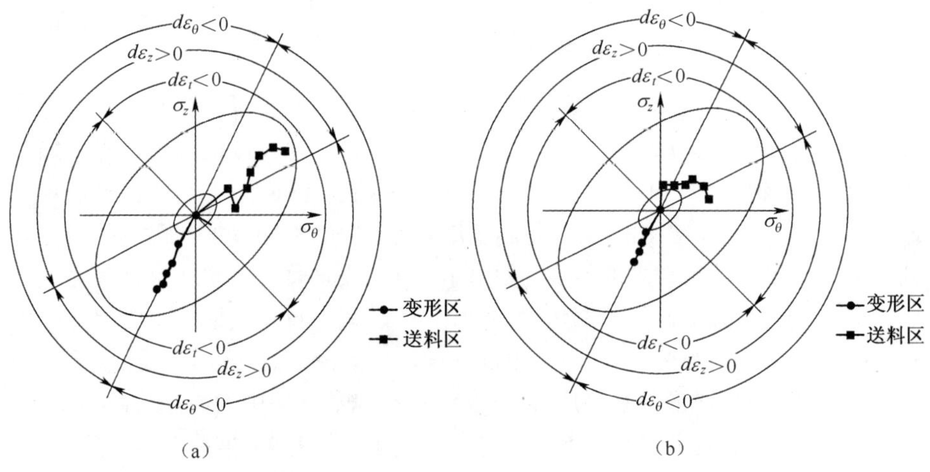

图4-20 薄壁三通管内高压成形过程应力状态与轨迹
(a)直接成形;(b) 多步成形。

4.5.3 薄壁三通管多步成形工艺

图4-21为预成形阶段和终成形阶段铝合金薄壁三通管试件。多步成形时,预成形后需对试件进行退火处理,以避免加工硬化对后续成形的影响。由于采用了不同端面角度的反推冲头,支管高度逐渐增高。通过预成形,可顺利完成该铝合金薄壁三通管成形。切除支管顶部工艺端后,可获得最终的铝合金薄壁三通管,如图4-22所示。支管高度达到了0.98倍主管直径。

图4-23为铝合金薄壁Y形三通管壁厚分布实验结果。三通管壁厚整体分布规律为主管增厚和支管顶部减薄,增厚区明显大于减薄区。由于支管成形主要由轴向补料和顶部胀形而来,支管壁厚由靠近主管侧的增厚逐渐过渡到顶部的减薄。由于钝角侧所需成形的支管高度更大,轴向补料量大,支管钝角侧壁厚增厚率和减薄率相对锐角侧明显更大, 在其贴靠支管冲头端面前, 发生胀形

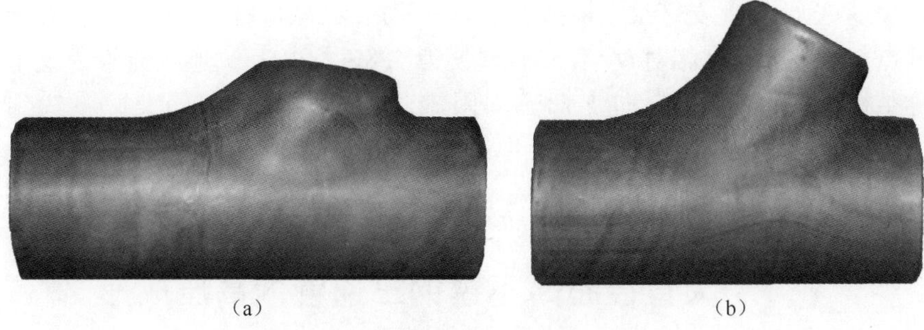

图 4-21　铝合金薄壁三通管成形过程
(a)预成形件;(b) 终成形件。

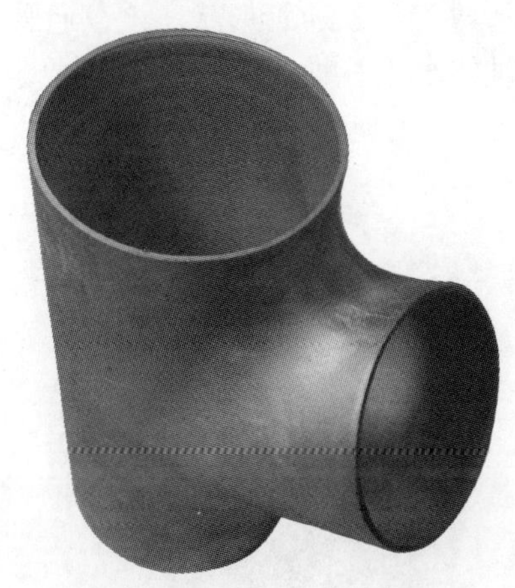

图 4-22　铝合金 Y 形薄壁三通管

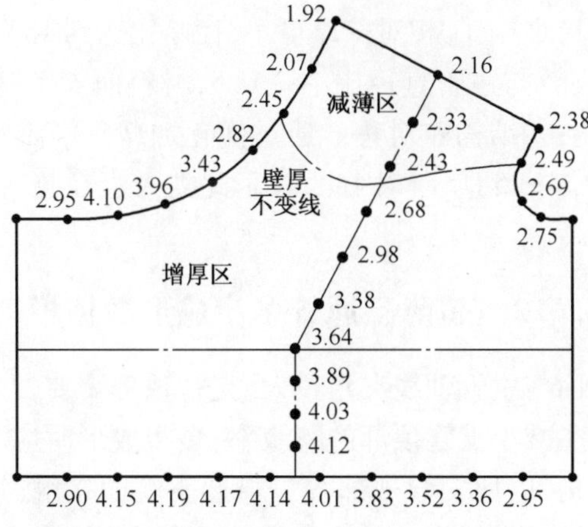

图 4-23　铝合金薄壁三通管壁厚(mm)分布

变形程度更大,因此支管顶端最高点壁厚减薄最大,减薄率为23.2%,支管顶端最低点壁厚减薄程度相对较小,减薄率仅为4.8%。由于Y形三通管为上下非对称结构,主管底部材料向支管流动困难,因此明显增厚,最大壁厚达到了4.19mm,增厚率为67.6%。主管上部靠近支管的材料流动相对容易,越靠近支管,主管增厚率越小。

4.6 大直径超薄不锈钢三通管内高压成形

4.6.1 超薄三通管形状及成形难点

图4-24为大直径超薄Y形三通管形状。该三通管主管直径为220mm,支管直径为100mm,支管轴线与主管轴线夹角为62°,要求采用壁厚为1.2mm的1Cr18Ni9Ti不锈钢管材制造,为典型的大直径超薄三通管。

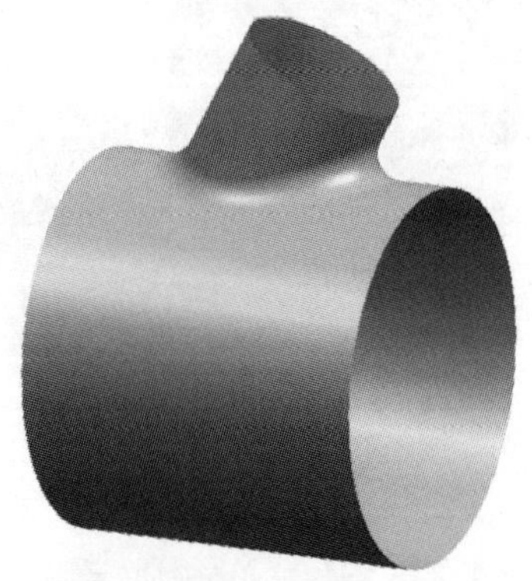

图4-24 超薄三通管形状

该三通管件成形难点:①相对壁厚更小,径厚比达到183,结构超薄,轴向进给时极易起皱;②支管与主管直径比小于0.5,材料向支管流动困难,支管壁厚难以保证,极易开裂;③结构非对称。通过优化加载路径难于消除在内高压成形过程的缺陷,如图4-25所示。因此,对于此类大直径超薄三通管,也需采用多步成形方法。

4.6.2 超薄三通管多步成形数值模拟

考虑到支管端面与主管轴线夹角较大,支管顶部需要发生较大的膨胀才能接触反推冲头。为了减小支管顶部的膨胀率,多步成形时应尽量减小支管冲头端面与主管轴线夹角,以使支管顶部较早与冲头端面接触,然后在背压作用下随支管冲头一起移动,避免发生过度减薄。然后逐渐增大端面角度,直至在终成形时将支管冲头的端面角度增至目标角度,确保与零件形状一致。每个成形

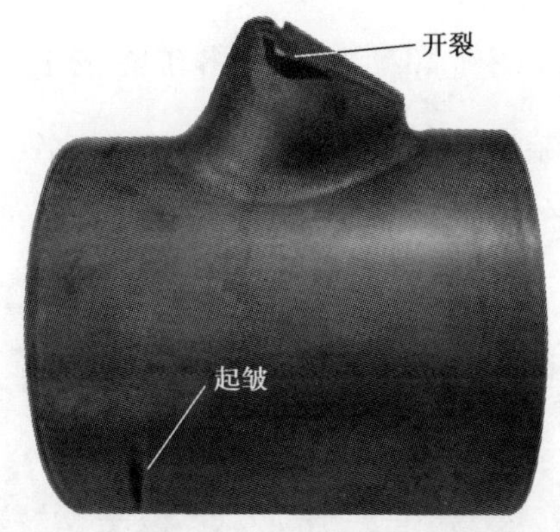

图 4-25 大直径超薄不锈钢三通管缺陷形式

步之间的端面角度增加幅度主要取决于支管壁厚分布要求和管材的极限变形能力。增加幅度越大,减薄程度越大,壁厚分布越不均匀。

图 4-26 为预成形和终成形时壁厚分布规律,图中数据为减薄率,正值表示减薄,负值表示增厚。壁厚整体呈现为主管增厚和支管减薄,并且主管增厚程度大于支管减薄程度。

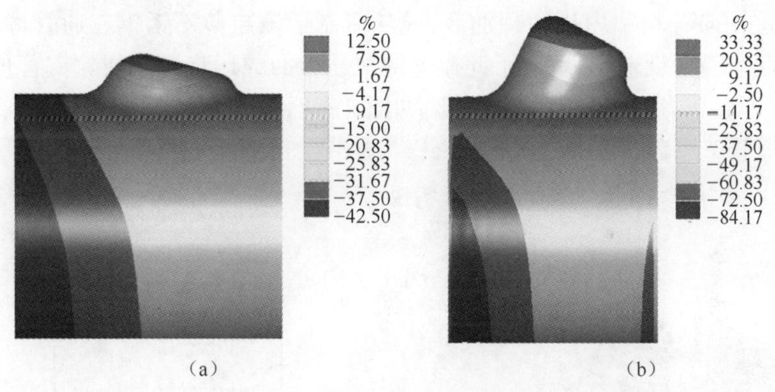

图 4-26 超薄三通管壁厚减薄率分布规律

(a)预成形;(b) 终成形。

预成形时,由于减小了中间反推冲头端面角度,支管顶部较早地与反推冲头接触,进一步的减薄在背压作用下得到抑制,为下一步成形起到了聚料作用。支管顶部填充饱满,最大减薄发生在支管顶部最高处,减薄率仅为 12.5%。由于支管直径明显小于主管直径,材料流动在摩擦作用下受到限制,材料流向支管困难,因此主管增厚比较明显。轴向补料程度越大,增厚越大。终成形时,冲头端面与主管轴线夹角增加至目标角度,支管顶部壁厚最薄,减薄率增为 33.3%;主管钝角侧管端壁厚最大。通过控制每个成形步的轴向补料及支管变化,可实现大尺寸超薄三通管顺利成形。

4.6.3 超薄三通管多步成形工艺

图 4-27 为预成形和终成形阶段超薄不锈钢三通管。多步成形时,由于采用了不同端面角度的反推冲头,支管高度逐渐增高,直至成形出最终三通管件。

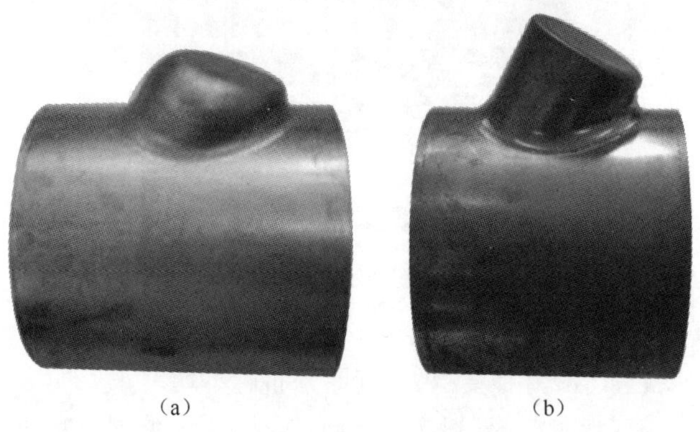

(a)　　　　(b)

图 4-27　超薄不锈钢三通管成形过程
(a)预成形件;(b) 终成形件。

通过轴向补料和内压合理加载,成功研制了该超薄不锈钢三通管件,同时避免了起皱和开裂缺陷,解决了此类超薄三通管的成形难题。切除支管顶部工艺端后,即可获得合格的超薄三通管,如图 4-28 所示。图 4-29 为超薄不锈钢 Y 形三通管壁厚分布实验结果。

图 4-28　大直径超薄不锈钢三通管

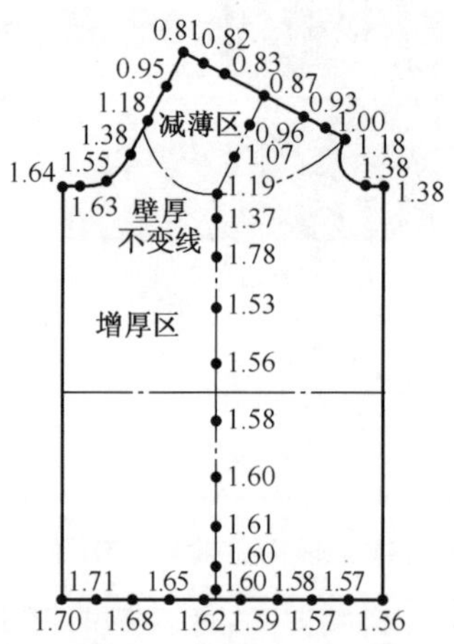

图 4-29　三通管壁厚(mm)分布实验结果

由于支管成形主要由轴向补料和顶部胀形而来,三通管壁厚整体分布规律仍然呈现为主管增厚和支管顶部减薄,增厚区明显大于减薄区。由于钝角侧所需成形的支管高度更大,轴向补料量大,因此支管顶部壁厚最小,减薄率为

32.5%;而主管钝角侧端部也由于大量的补料,支管对侧材料难以流动,壁厚最大,增厚率为42.5%。并且,主管底部壁厚由于补料量的不同增厚程度不同,基本上是从主管左端到右端依次减小,从1.70mm降低到1.56mm。相对直接成形时支管顶部开裂,多步成形时可以有效降低支管减薄。成形时,应尽可能地控制轴向补料和材料流动,进而提高超薄三通管件壁厚均匀性。

4.7 高温合金三通管内高压成形

4.7.1 高温合金三通管形状及成形难点

图4-30为一种球底高温合金三通管形状示意图。该三通管左右、上下皆为非对称结构,将管坯分为主管、变径管、支管、半球等区域。主管直径为52.3mm,变径部分直径为60.2mm,支管直径为90.6mm,半球半径为45.3mm。管材直径为52.3mm,初始壁厚5mm,材料为GH4169镍基高温合金。

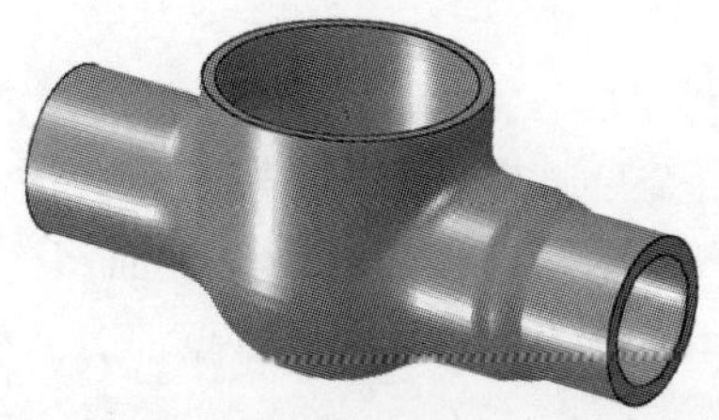

图4-30 高温合金三通管

该三通管件成形难点:①主管直径小于支管直径,仅为支管直径的58%,成形支管需要大量的轴向补料,否则极易开裂;②三通管左右、上下皆为非对称结构,轴向补料时材料流动复杂,极易引起主管起皱和支管顶部开裂;③高温合金常温成形性能差,也容易导致开裂。图4-31给出了高温合金三通管内压成形时常见缺陷形式,主要为主管起皱和变形区开裂,同时存在过渡区起皱以及支管圆角区开裂等缺陷。为解决高温合金三通管起皱和开裂并存的难题,通过加载路径优化,采用了多步成形方法。

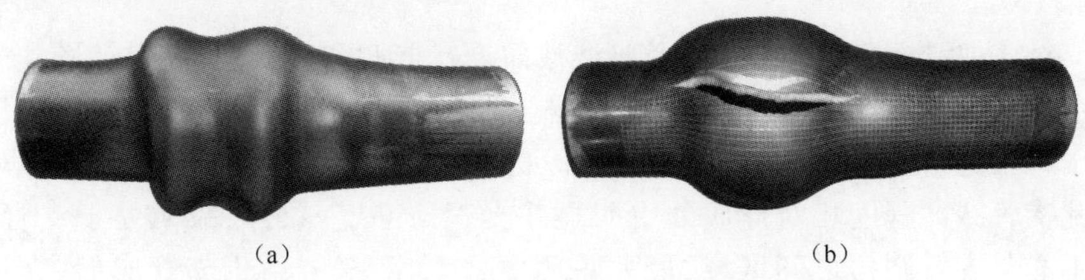

(a) (b)

图4-31 高温合金三通管内压成形典型缺陷

(a)主管起皱;(b)变形区开裂。

4.7.2 高温合金管多步成形工艺

图 4-32 为预成形阶段和终成形阶段高温合三通管试件。多步成形时,需要对预成形后试件进行退火处理,以避免加工硬化对后续成形的影响。由于采用了多步成形,主管先进行了变径,在支管处起到了一定的聚料作用,然后在背压的作用下,支管高度逐渐增高。

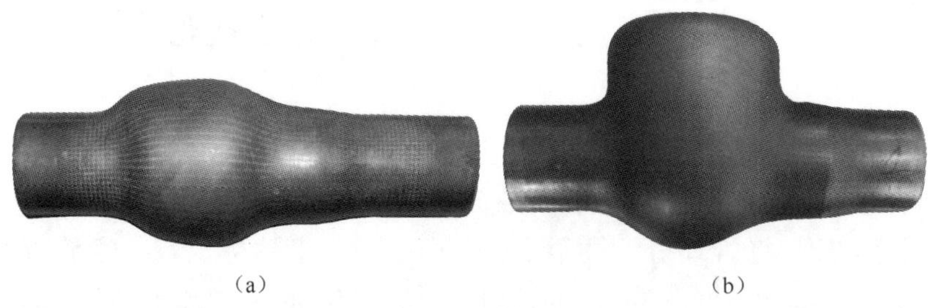

(a) (b)

图 4-32 高温合金三通管成形过程
(a)预成形件;(b) 终成形件。

通过预成形,可顺利完成该高温合金三通管成形。切除支管顶部工艺端后,可获得最终的高温合金三通管,如图 4-33 所示。该高温合金三通管结构非对称,需要严格控制材料流动。由该三通管件表面网格分布可看出,材料经过较大的塑性变形才能流动到支管顶部,成形件壁厚分布受轴向补料和材料流动影响较大。

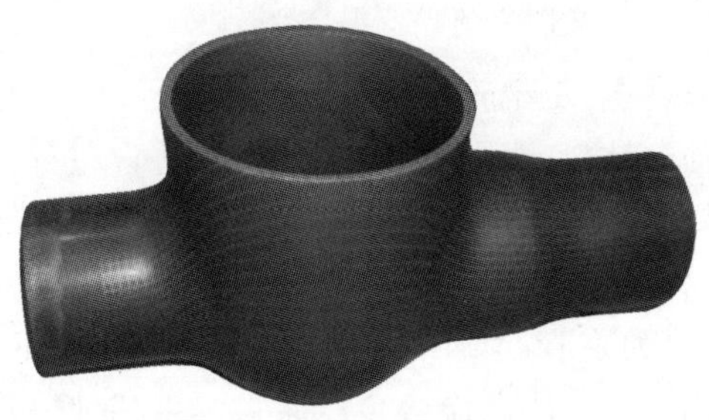

图 4-33 高温合金三通管件

对该高温合金三通管沿三个典型截面进行壁厚测量,壁厚结果如图 4-34 所示。由于支管直径大于主管直径,材料难以流动到支管,支管减薄明显。由于该三通管上下非对称,并且支管高度较大,材料流动到支管顶部更困难,因此支管减薄程度相对球底处更明显。支管顶部壁厚最大减薄处于支管顶部中心与支管圆角之间区域,最大减薄率为 53.78%。由于支管成形主要靠轴向补料,因此主管增厚现象明显,最大增厚率 18.4%,并且越靠近端部,壁厚越大。

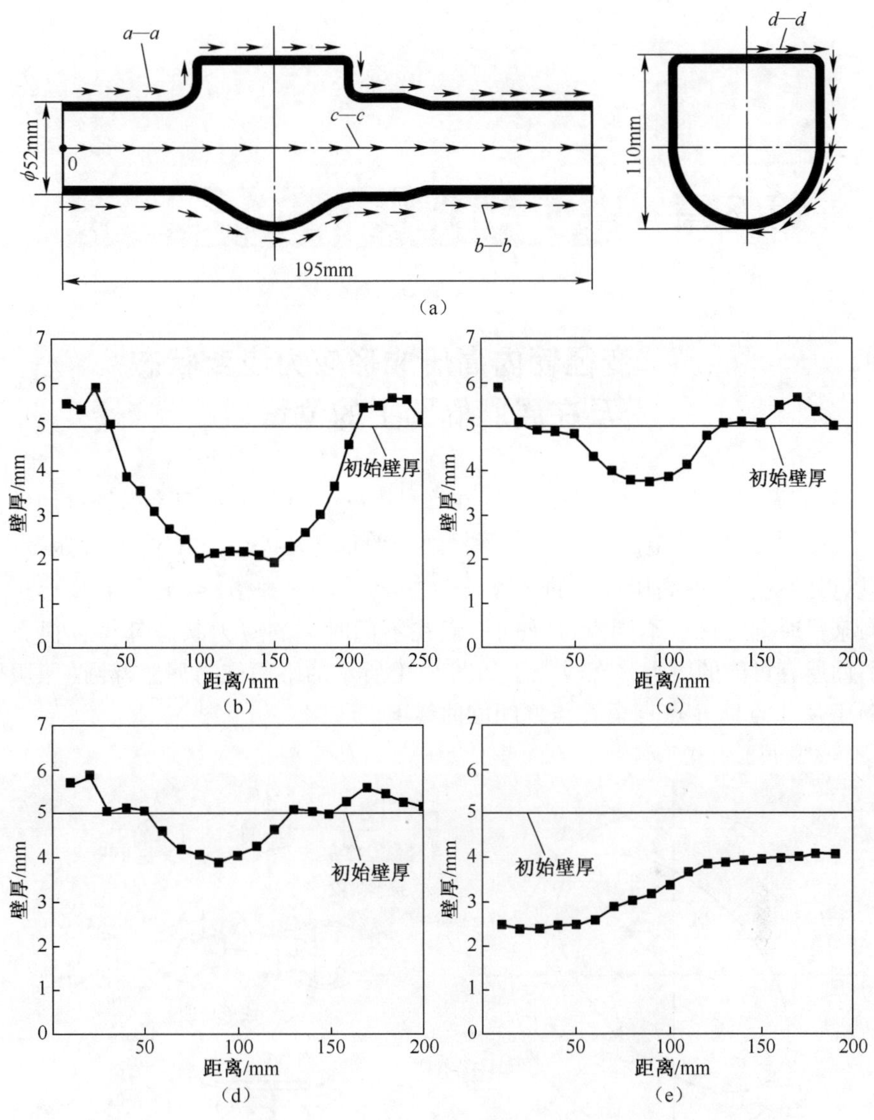

图 4-34　高温合金三通管壁厚分布规律

(a)测点位置;(b) 轴向截面上边(a—a)壁厚分布;(c) 轴向截面下边(b—b)壁厚分布;(d) 水平截面(c—c)壁厚分布;(e)垂直截面(d—d)壁厚分布。

第 5 章 内高压成形应力应变分析

5.1 变径管内高压成形应力应变状态及在屈服椭圆上的位置

若假设管材为薄壁管,忽略作用在管材内壁上的内压 p,只考虑管材的轴向应力 σ_z 和环向应力 σ_θ,则可认为管材处于平面应力状态。由 Mises 屈服准则,可以得到变径管内高压成形的屈服条件为 $\sigma_\theta^2 - \sigma_\theta\sigma_z + \sigma_z^2 = \sigma_s^2$。在变形过程中,某一时刻管材上不同点以及同一点在不同时刻的应力状态都将有很大差别,而所有可能的应力状态应位于如图 5-1 所示的平面应力屈服椭圆(屈服轨迹)上从 A 点到 B 点直至 C 点之间的曲线上。

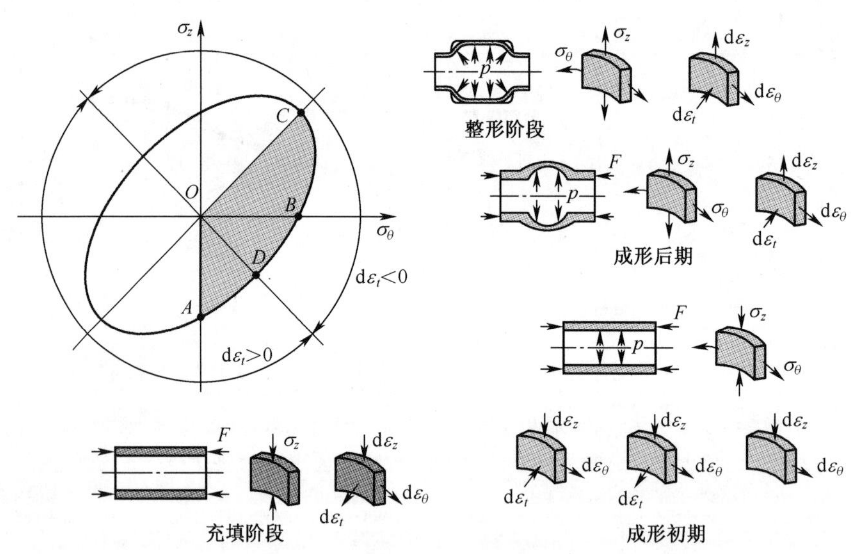

图 5-1 变径管内高压成形应力状态在屈服轨迹上的位置

由第 2 章介绍知道,变径管内高压成形过程中管材可分为送料区和成形区,在送料区和成形区之间还存在一个过渡区。根据管材的受力情况或加载形式，内高压成形过程分三个阶段：①初始充填阶段；②成形阶段；③整形阶段。管材不同区域在不同阶段的应力状态和变形情况也各不相同，下面结合图5-1进行讨论。

5.1.1 初始填充阶段

在此阶段，两端冲头向模具型腔移动并与管端接触而实现密封。管内充满液体，但压力较小，冲头对管端作用有一定的轴向推力以实现密封。此时，可认为整个管材都处于单向轴向受压的应力状态（即位于图5-1中的A点），对应的应变状态为轴向压缩、环向伸长和厚度增加，但变形量都很小，如图5-2所示。在此阶段，如果管材长度较长，当轴向压应力过大时，管材会产生整体屈曲缺陷。

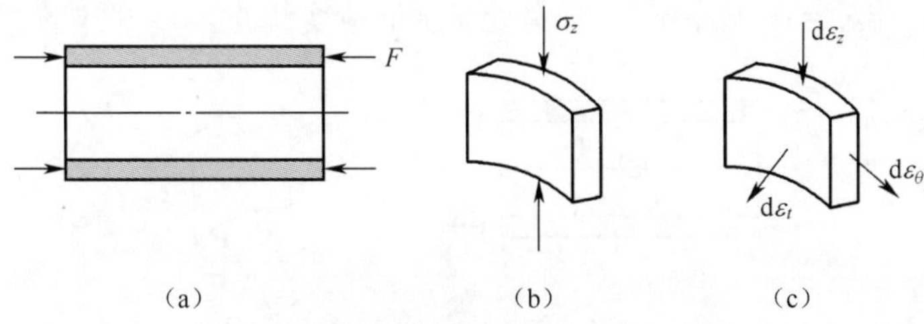

图5-2 初始填充阶段的应力应变状态
(a)管材受力；(b) 应力状态；(c) 应变状态。

5.1.2 成形阶段

在成形阶段，送料区和成形区的受力及应变状态均不同，下面分别介绍。

送料区的应力和应变状态如图5-3所示，对应于屈服椭圆上的A点。对于送料区管材，虽然受到内部液体压力的作用，但管材与模具的接触应力σ_N基本等于内压p，环向应力等于零，送料区仅存在轴向应力。又由于受到模具的约

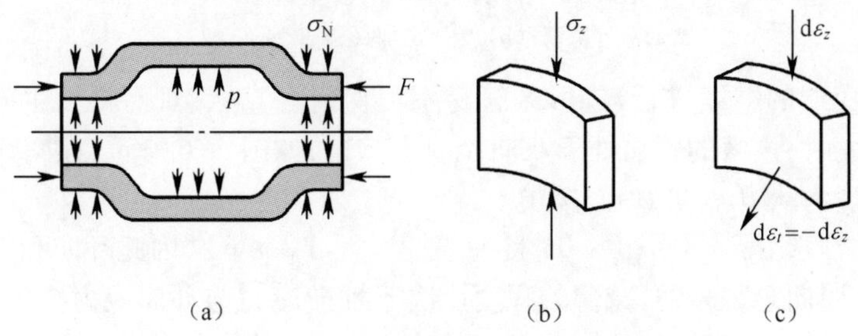

图5-3 送料区的应力与应变状态
(a)管材受力；(b) 应力状态；(c) 应变状态。

束,环向应变也为零,因此送料区处于平面应变状态。考虑到轴向应变为压应变,根据体积不变条件,厚向应变为正,因此送料区必然增厚。但由于管材与模具之间的摩擦作用,轴向应力的绝对值从管端向内逐渐减少,所以管端处的增厚最为严重。

成形区的应力状态在成形初期和后期有所不同。在成形初期,管材还保持平直的状态,成形区的应力状态如图 5-4 所示。管材应力状态为环向受拉、轴向受压的一拉一压状态,即位于屈服轨迹中 A 点和 B 点之间,但应变状态与环向应力和轴向应力的数值大小有关。如图 5-5 所示,当 $\sigma_\theta > |\sigma_z|$,即位于图 5-1中屈服椭圆的 B 点和 D 点之间时,由塑性本构方程 $d\varepsilon_t = -(d\varepsilon_i/2\sigma_i)(\sigma_\theta - \sigma_z)$,有 $d\varepsilon_t < 0$,壁厚减薄;即当 $\sigma_\theta < |\sigma_z|$,即位于屈服椭圆的 D 点和 A 点之间时,有 $d\varepsilon_t > 0$,壁厚增加;当 $\sigma_\theta = |\sigma_z|$,位于屈服轨迹的 D 点时, 此时有 $d\varepsilon_\theta = -d\varepsilon_z, d\varepsilon_t = 0$,壁厚不变,管材处于平面应变状态。

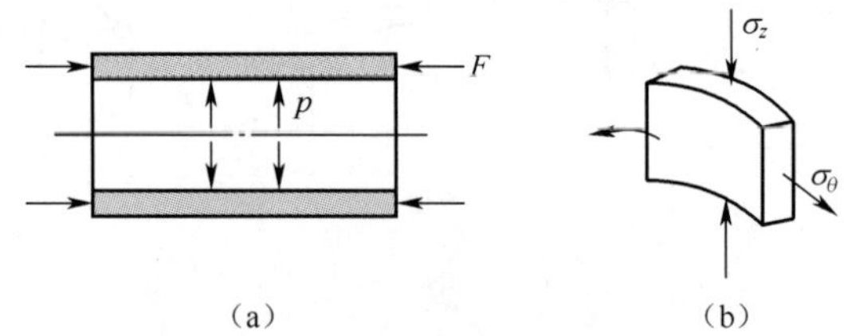

图 5-4 初期成形区的应力状态

(a)管材受力;(b) 应力状态。

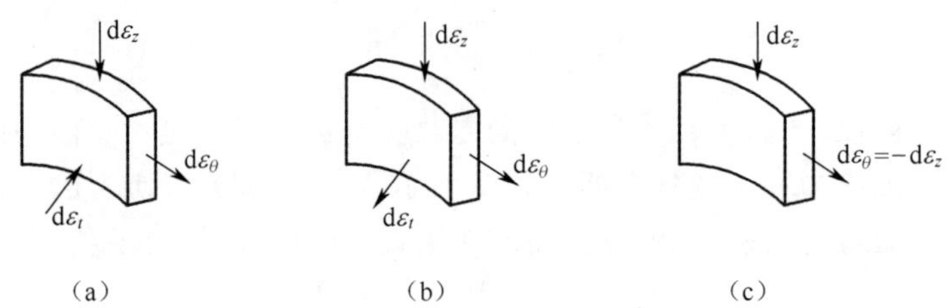

图 5-5 初期成形区的应变状态

(a)壁厚减薄;(b) 壁厚增加;(c) 壁厚不变。

随着变形的继续进行,成形区管材不再保持平直状态,而将发生向外凸起的变形。此时,该区的管材处于双向拉应力状态,如图 5-6 所示,在图 5-1 屈服椭圆中表现为从 B 点向 C 点移动。

在此阶段, $\sigma_\theta > 0, \sigma_z > 0$, 且一般情况下 $\sigma_\theta > \sigma_z$,因此环向和轴向总是伸长变形,厚向总是减薄,减薄的程度取决于轴向应力与环向应力数值的大小。需要指出的是,环向拉应力 σ_θ 与轴向拉应力 σ_z 的相对比值还与变形区的相对长度有关。

在成形阶段还有一种特殊的情况,管材只受内压作用而没有轴向补料,即

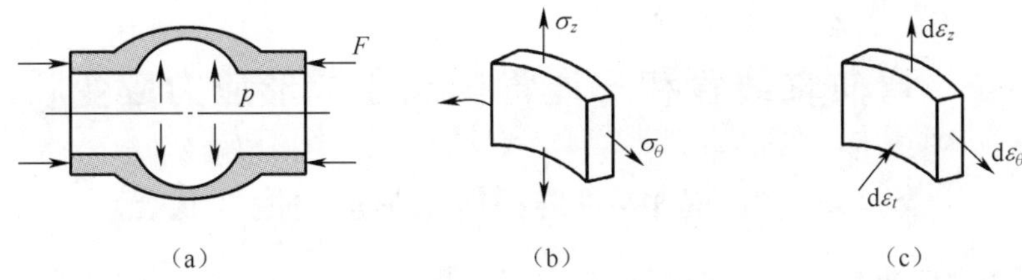

图 5-6　后期成形区的应力与应变状态
(a)管材受力;(b) 应力状态;(c) 应变状态。

自由胀形。在自由胀形的初期管材保持直管状态时,管材只受内压作用引起的环向应力,轴向应力 $\sigma_z = 0$,处于屈服轨迹曲线上的 B 点,应力和应变状态如图 5-7 所示。随着内压的增加,成形区管材将发生向外凸起的变形,这时的应力和应变状态与图 5-6 所示的状态相同,处于屈服轨迹曲线上的 C 点附近。处在这种双向拉伸的应力状态,管材容易发生开裂,这也是自由胀形的极限膨胀率低于内高压成形的主要原因。

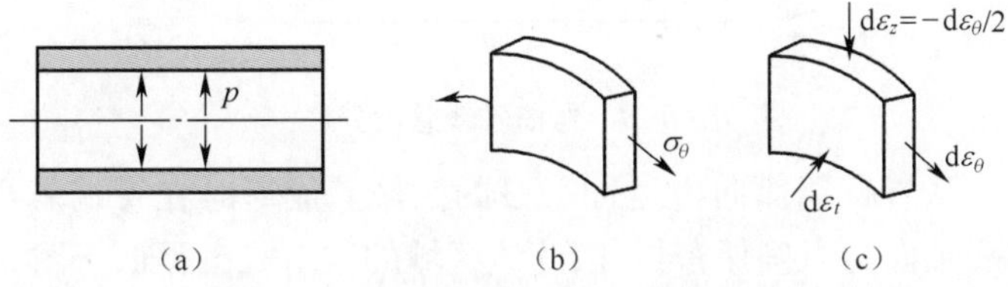

图 5-7　自由胀形初期的应力与应变状态
(a)管材受力;(b) 应力状态;(c) 应变状态。

5.1.3　整形阶段

在整形阶段,成形区管材绝大部分已与模具接触,只有送料区与成形区的过渡圆角局部区域尚未完全与模具贴合。整形就是要通过增加成形压力来使过渡圆角逐渐贴靠模具,达到所要求的圆角。此时过渡区圆角的受力相当于内压作用下的圆环壳,应力状态如图 5-8 所示,在环向和切向都发生拉伸变形,壁厚减薄,在屈服轨迹曲线上位于 B 点和 C 点之间。

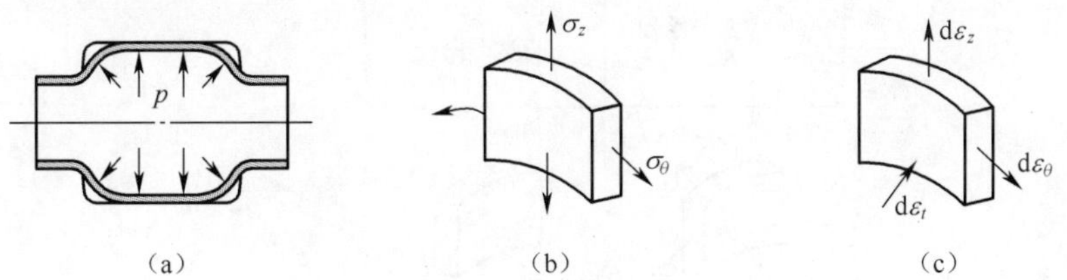

图 5-8　过渡区圆角的应力与应变状态
(a)管材受力;(b) 应力状态;(c) 应变状态。

5.2 弯曲轴线管和三通管内高压成形应力应变状态

5.2.1 弯曲轴线管内高压成形应力应变状态

不考虑弯曲和预成形工序，假设由弯曲圆管直接加压成形为所需的截面形状。根据受力的不同，将弯曲轴线管内高压成形分为管端区、弯曲区和中间区，如图5-9所示。

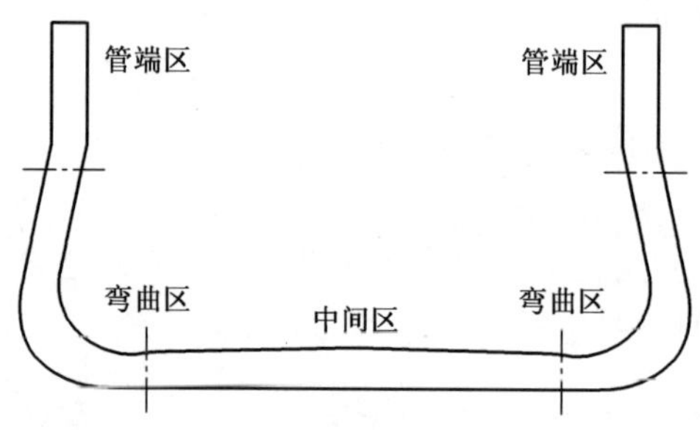

图5-9　弯曲轴线管的分区

管端区为从管材端面向内延伸一段的区域。成形时在管端需要施加一定的轴向位移和轴向力以确保密封，因此该区域的应力状态类似于图5-4所示的应力状态，轴向为压应力，环向为拉应力。由于摩擦的作用，轴向压应力的数值从管端向内逐渐减少，因此应变状态也可能不同。一般在管端附近，平均壁厚会增加（如图5-5(b)所示的应变状态）；在距离管端较远区域，平均壁厚会减薄（如图5-5(a)所示的应变状态）；在这两个区域之间也会存在一个厚度不变线，如图5-10所示。

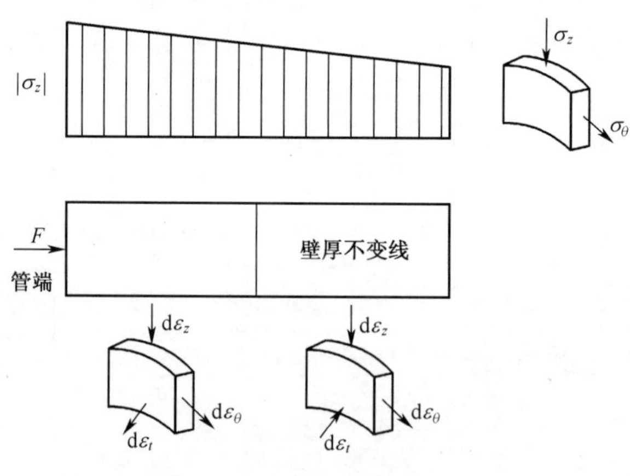

图5-10　管端区应力与应变状态

弯曲区的受力情况相当于受内压作用的圆环壳体，如图 5-11 所示。在承受均匀内压的理想环壳中，由 Φ 所限定的部分壳体垂直方向内力平衡条件和壳体的一般平衡方程，可以推出环向应力 σ_θ 和轴向应力 σ_z 为

$$\sigma_\theta = \frac{pd}{4t}\left(1 + \frac{R_b}{r'}\right) \tag{5-1}$$

$$\sigma_z = \frac{pd}{4t} \tag{5-2}$$

式中　d ——管材直径(mm)；

R_b ——弯曲中径(mm)；

r' ——环壳上任一点到对称轴的距离(mm)。

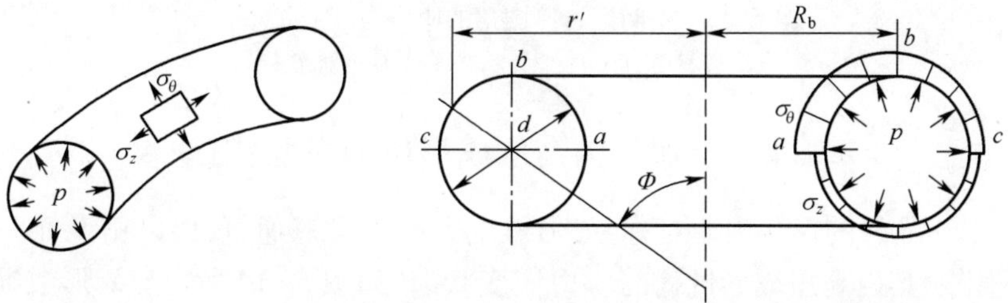

图 5-11　弯曲区的应力状态

由式(5-1)和式(5-2)可知，理想环壳的轴向应力 σ_z 为常量，而环向应力 σ_θ 随着半径 r' 的变化而变化，且总有 $\sigma_\theta > \sigma_z$。环向应力 σ_θ 在外侧 c 点达到最小值 $\frac{pd}{4t}\left(1 + \frac{2R_b}{2R_b + d}\right)$，在内侧 a 点达到最大值 $\frac{pd}{4t}\left(1 + \frac{2R_b}{2R_b - d}\right)$，在顶部内外侧分界点 b 点为 $\frac{pd}{2t}$。因为厚向应力总为最小主应力，所以壁厚总是减薄。当 $r' < R_b$，即位于弯曲区内侧时，$\sigma_\theta > 2\sigma_z$，发生环向伸长和轴向缩短的变形；当 $r' = R_b$，即位于环壳顶部内外侧分界点时，$\sigma_\theta = 2\sigma_z$，发生环向伸长轴向不变的变形；当 $r' > R_b$，即位于环壳外侧时，$\sigma_\theta < 2\sigma_z$，发生环向和轴向都伸长的变形，如图 5-12 所示。

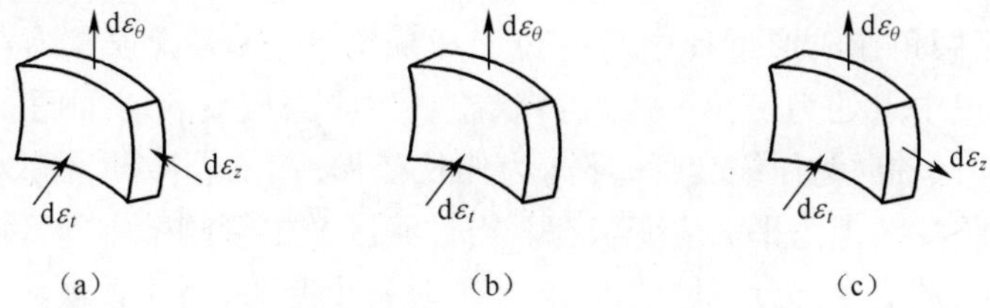

图 5-12　弯曲区的应变状态

(a) 内侧；(b) 分界点 b；(c) 外侧。

中间区为介于两个弯曲区之间的区域，不受到轴向力的作用。当增压整形时，变形将主要集中在横截面上的过渡圆角，中间区圆角处为环向受单向拉伸应力，其应力状态及相应的应变状态如图 5-13 所示。

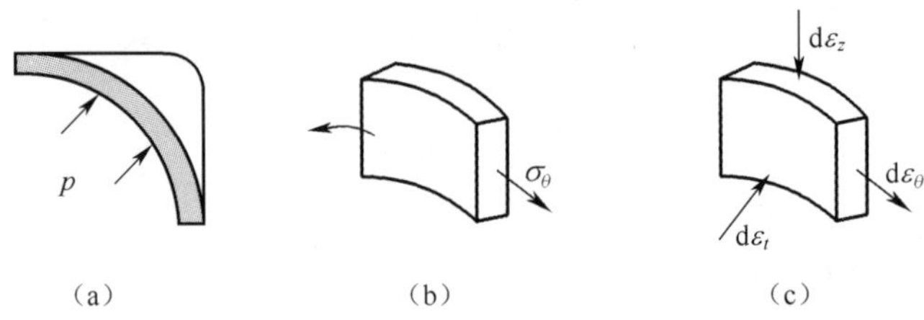

图 5-13　中间区过渡圆角的应力与应变状态
(a)管材受力；(b) 应力状态；(c) 应变状态。

5.2.2　三通管内高压成形应力应变状态

Y 形三通管的形状为非对称，成形难度大于 T 形三通管，所以用 Y 形三通管为例说明其内高压成形过程的应力应变状态，如图 5-14 所示。Y 形三通管上三个典型点位置为左侧过渡区圆角处、支管顶点处、主管侧壁中点处。

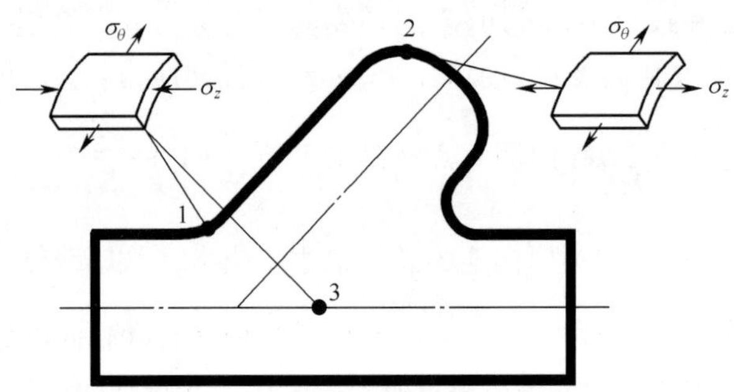

图 5-14　Y 形三通管典型点及应力状态

过渡区圆角在成形过程中为一拉一压应力状态；支管顶点为双拉应力状态；主管侧壁中点处为一拉一压应力状态。相应的应变状态如图 5-15 所示。在主管增厚区轴向为压缩变形，环向为伸长变形；在支管减薄区为双向拉伸变形；在厚度不变线上为平面应变状态。当过渡区及主管侧壁中部区域轴向压应力较大时，会造成这部分区域的内凹，严重时发生起皱；而支管顶部区域始终处于双向拉应力状态，应变也始终为双向伸长变形，当壁厚过度减薄时，支管顶部将产生破裂。

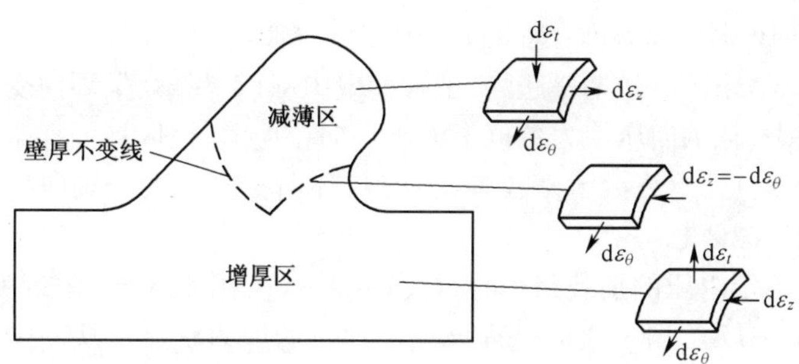

图 5-15　Y 形三通管应变状态

5.3　内高压成形过程的应力轨迹

如前所述,内高压成形过程中管材上不同点以及同一点在不同阶段的应力应变状态有很大差异。对于 Y 形三通管,因为其形状非对称而且加载路径非简单加载,所以成形过程中管材上各点的应力应变状态差别很大并不断变化。成形过程中的主要缺陷形式有支管过渡区凹陷起皱、支管顶部破裂和主管起皱等。在这些容易产生缺陷的部位选取相应的典型点(即图 5-14 中的三个点)为研究对象,分析在不同加载路径下 Y 形三通管成形过程中的应力轨迹及应变状态。

考虑在塑性变形过程中管材将产生加工硬化并假定硬化符合等向强化规律,由此可得到类似图 5-1 的整个成形过程中各点的屈服轨迹。图 5-16 所示即为采用某一加载路径顺利成形 Y 形三通管时三个典型点的应力轨迹在屈服椭圆上的变化。

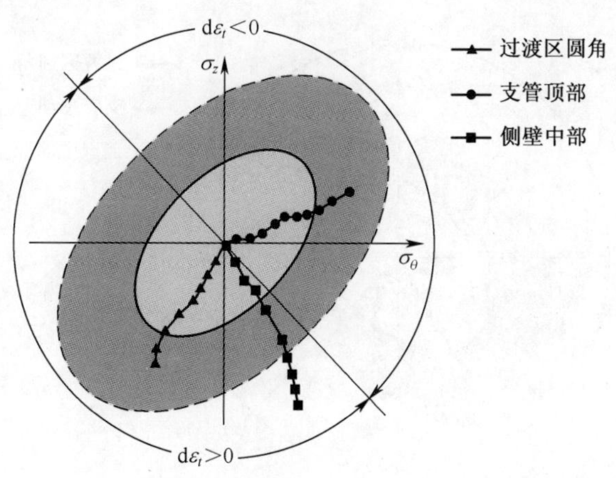

图 5-16　成形过程典型点的应力轨迹

从图 5-16 中可以看出:成形过程中左侧过渡区圆角部位(1 点)处始终为双压应力状态,该区域呈增厚趋势;主管侧壁中部(3 点)处呈环向受拉、轴向受压的应力状态,且轴向压应力数值上大于环向拉应力,该区域同样呈增厚趋势;支管顶部(2 点)处始终处于双拉应力状态,环向拉应力大于轴向拉应力,因此该区域呈壁厚减薄趋势。

当采用恒定内压的加载路径时,将在主管侧壁中部(3 点)附近发生失稳起皱缺陷。图 5-17 给出了成形过程该点(3 点)的应力状态。从图中可见,该点始终处于一拉一压应力状态。图 5-17(a)~(c)所示分别为左冲头补料 20mm、55mm 和 86mm 时的应力状态,三种情况下内压均为 36MPa。从图中可以看出,该点成形过程中环向拉应力随变形的进行逐渐减小,而轴向压应力的数值逐渐增大。轴向压应力过大引起了轴向失稳,从而在该点出现了起皱缺陷。

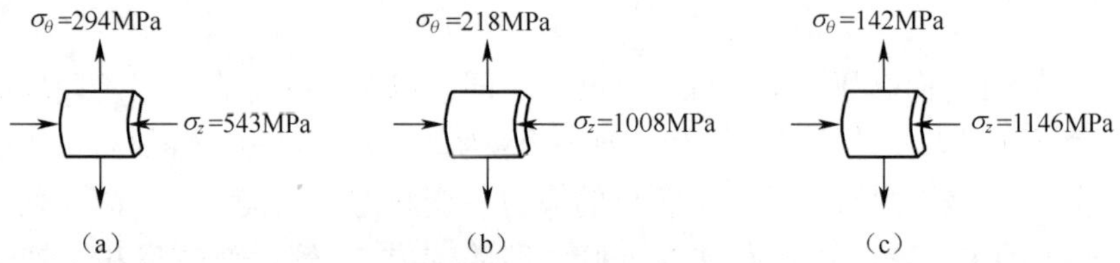

图 5-17 起皱时主管侧壁中部的应力状态

(a)左侧补料 20mm;(b) 左侧补料 55mm;(c) 左侧补料 86mm。

图 5-18 所示为采用上述恒定内压加载路径成形时三个典型点的应力轨迹在屈服椭圆上的变化。从图中可以看出,成形初期三个典型点的应力状态与图 5-16 中基本一致,但在成形后期发生屈服后,左侧过渡区(1 点)和主管侧壁中部(3 点)都存在较大轴向压应力,而该压应力正是引起 Y 形三通管发生失稳起皱的主要原因。

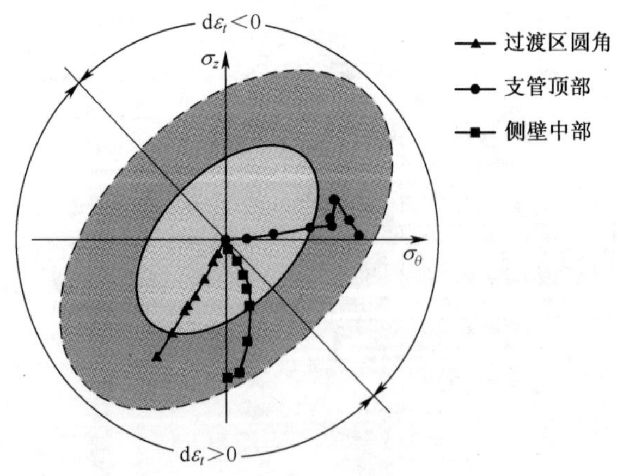

图 5-18 恒定内压成形过程典型点的应力轨迹

图 5-19 所示为采用恒定内压的加载路径成形过程中主管侧壁中部(3 点)的应变状态。成形过程中该点的轴向始终为压应变,环向和厚向始终为拉应变,壁厚呈增厚趋势。从图中还可以看出,成形过程中该点的环向拉应变、轴向压应变和厚向拉应变均随变形的进行逐渐增大。当左冲头补料 55mm 时其轴向压应变达到 0.5,补料 86mm 时达到 0.81,从而导致成形终了时在该区域发生起皱失稳。

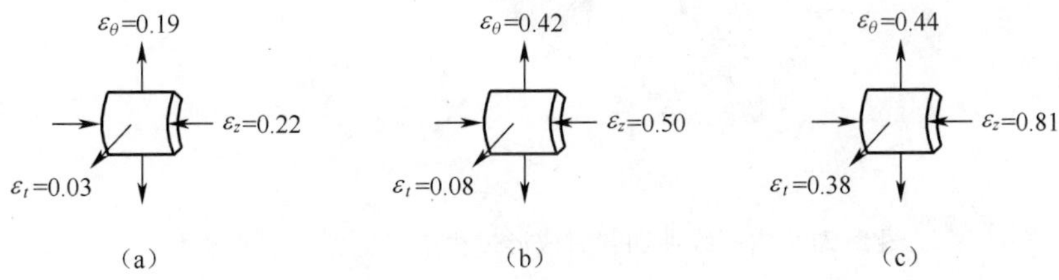

图 5-19　起皱时主管侧壁中部的应变状态

(a)左侧补料 20mm;(b) 左侧补料 55mm;(c) 左侧补料 86mm。

当采用逐渐增加内压的加载路径时,在支管顶部(2 点)区域将发生破裂缺陷。图 5-20(a)~(c)所示分别为左冲头补料达到 20mm、55mm 和 86mm 时的应力状态,三个阶段的内压分别为 62MPa、140MPa 和 188MPa。从图中可以看出,支管顶部(2 点)区域始终处于双拉应力状态。随着变形的进行,双向拉应力值迅速增大,并最终导致在该区域产生破裂。

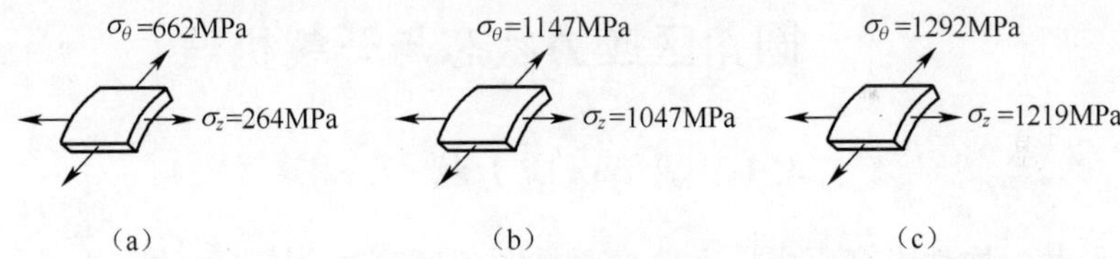

图 5-20　破裂时支管顶部的应力状态

(a)左侧补料 20mm;(b) 左侧补料 55mm;(c) 左侧补料 86mm。

图 5-21 所示为采用上述线性增加内压的加载路径时三个典型点的应力轨迹在屈服椭圆上的变化。从图中可以看出,支管顶部(2 点)在成形过程中受两向拉应力作用,且随着成形过程的进行数值不断增大,且基本呈双向等拉应力状态,因此该处容易因过度减薄而导致破裂。

图 5-22 为采用线性增加内压的加载路径成形过程中支管顶部(2 点)的应变状态。在成形初期和中期,该点的轴向始终为压应变状态;在成形后期,轴向逐渐由压应变转为拉应变。成形过程中环向始终为拉应变状态;厚向为压应变状态,且随变形的进行逐渐增大,最后成形时的厚向压应变值为 0.54,零件成形过程中由于过度减薄而引起开裂。

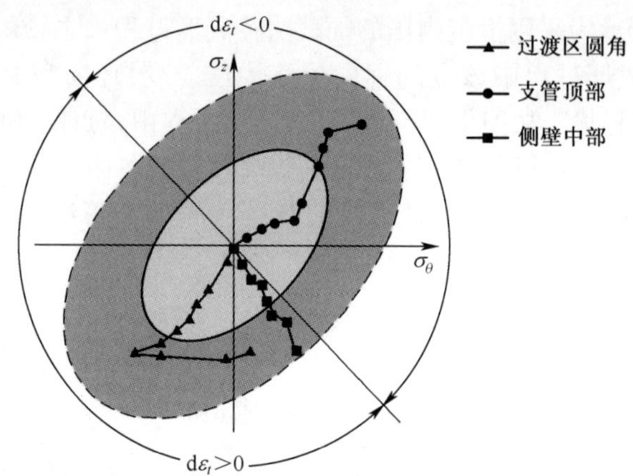

图 5-21　内压线性加载时成形过程中典型点的应力轨迹

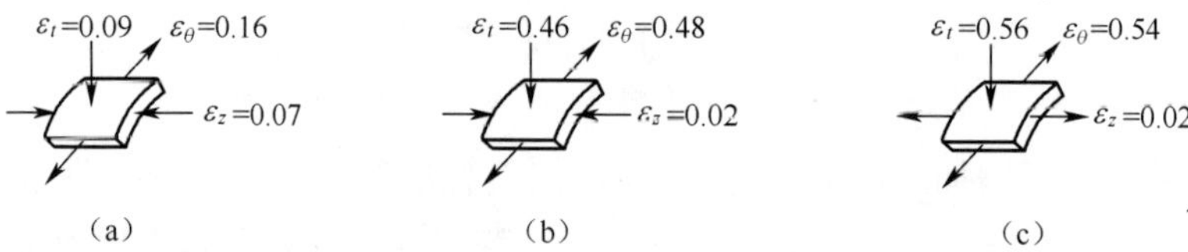

图 5-22　破裂时支管顶部的应变状态

(a)左侧补料 20mm;(b) 左侧补料 55mm;(c) 左侧补料 86mm。

5.4　圆角区应力状态与开裂机理

5.4.1　圆角区应力状态分析

异形截面构件内高压成形后期主要是圆角区充填,由前面的分析可知成形压力与圆角半径成反比,导致小圆角(相对圆角半径 $r/t=3$)的成形压力很高,圆角区处于三维应力状态,使得变形过程十分复杂。通过固体元数值模拟,分析圆角区成形过程的应力状态、塑性变形发生与发展规律,给出特征点的应力状态及在屈服柱面上的应力轨迹,并对特征点的正应力三维图形进行可视化表征。

图 5-23 为矩形截面圆角区的等效应力分布和塑性区。从截面直边区中点到直边区与圆角区的过渡点等效应力由 101MPa 逐渐增大到 215MPa,增加113%。由于摩擦作用的影响,圆角区外侧及直边区与圆角区的过渡点等效应力最大,过渡区在成形过程中始终是等效应力最大的区域,也是成形后期产生缺陷最危险的区域。

随内压的增大,矩形截面塑性区不断扩展,但直边区和圆角区的扩展方式不同。在合模阶段，应力以弯曲应力为主，矩形截面直边区等效应力首先超过屈服应力，由弹性变形进入到屈服状态，产生塑性变形。随着合模的进行，圆角区中间部分继而进入到塑性变形阶段。合模结束后，直边区内外侧以及圆角区内外侧中间部分约 1/4 区域内处于塑性变形，而圆角区两端部分仍处于弹性变形。圆角区中间部分等效应力超过直边区，成为等效应力最大的区域。在内高压成形初始阶段，加压刚开始时，等效应力有所降低。当内压达到时，直边区内侧和圆角区外侧继续处于塑性变形，并且圆角区外侧从中间部分约 1/4 区域扩展到整个区域进入塑性变形。随内压的增大塑性区迅速扩展，当内压达到时，除圆角区外侧中间部分约 1/4 区域和内侧两端部分各约 1/4 区域外，其他区域均已进入塑性变形。当内压达到时，矩形截面等效应力全部超过屈服应力，整个截面完全进入塑性变形。

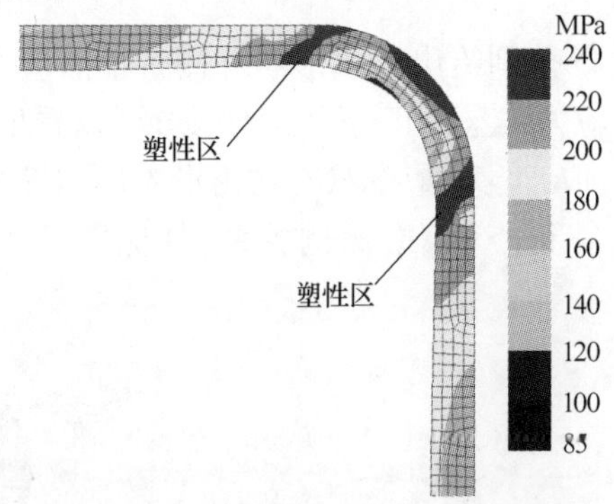

图 5-23　圆角区等效应力分布和塑性区

为了对圆角区的变形进行更直观的分析，对特征点(圆角切点、圆角中点)应力张量的分量在三维主应力空间进行可视化表征。

设三维主应力空间中的一点应力分量为 σ_1、σ_2、σ_3，过该点的任意斜面法线的方向余弦为 l、m、n，则该斜面上的正应力 σ 可表示为

$$\sigma = l^2\sigma_1 + m^2\sigma_2 + n^2\sigma_3 \tag{5-3}$$

对于给定的 σ_1、σ_2、σ_3，根据斜面法线的方向余弦为 l、m、n，利用上式可以计算出该斜面上的正应力 σ 。沿该方向上作一模长等于 $|\sigma|$ 的矢量，该矢量的模长就代表该作用面上正应力的绝对值大小。改变 l、m、n 的数值，将得到不同方向上正应力对应的矢量，连接各矢量的顶点，即可得到应力空间中任一点的正应力三维图形。当 3 个主应力中出现负值时，在某些方向上正应力 σ 也将为负值，但仅从矢量的模上无法得到 σ 的正负。采用浅色代表正的正应力，深色代表负的正应力。

主应力 $(\sigma_1,\sigma_2,\sigma_3)$ 可以分解为偏应力 $(\sigma_1',\sigma_2',\sigma_3')$ 和静水应力 $(\sigma_m,\sigma_m,\sigma_m)$ 之和，根据 Levy-Mises 应力应变关系为

$$\begin{cases} d\varepsilon_1 = d\lambda(\sigma_1 - \sigma_m) \\ d\varepsilon_2 = d\lambda(\sigma_2 - \sigma_m) \\ d\varepsilon_3 = d\lambda(\sigma_3 - \sigma_m) \end{cases} \tag{5-4}$$

式中　$d\lambda$ ——与材料性能相关的正值瞬时常数。

应变增量与相应的应力偏量分量存在比例关系,一点的瞬时尺寸变化由应力偏量决定。在 $\sigma_1 > \sigma_2 > \sigma_3$ 的条件下,始终有 $d\varepsilon_1 > 0$,$d\varepsilon_3 < 0$。$d\varepsilon_2$ 的正负由 σ_2' 的正负决定,这通常用 Lode 系数 μ_σ 来表示,即

$$\mu_\sigma = \frac{2\sigma_2' - \sigma_1' - \sigma_3'}{\sigma_1' - \sigma_3'} \tag{5-5}$$

$\mu_\sigma > 0$ 时,产生压缩类应变;$\mu_\sigma < 0$ 时,产生拉伸类应变;$\mu_\sigma = 0$ 时,产生平面应变。

图 5-24 和图 5-25 分别给出了成形后外侧特征点应力全量及应力偏量的正应力三维图形。由应力偏量的正应力三维图形可以看出,外侧特征点对应的应变类型同样均为平面应变类,应变状态均为沿着厚向缩短和环向伸长的趋势变化。对比外侧三个特征点,根据比例关系,外侧圆角中点厚向的缩短趋势最大。

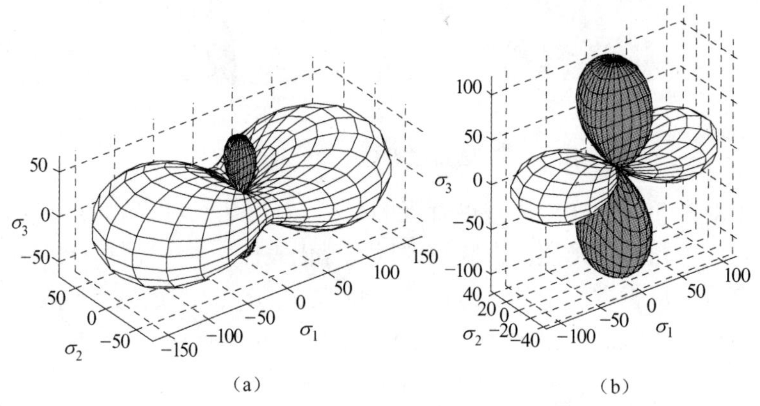

图 5-24　外侧过渡点应力(MPa)三维图形
(a)应力全量;(b) 应力偏量。

六个特征点的应变类型同为平面应变类,但对应的应力状态有所不同。由应力全量的正应力三维图形可以看出,六个特征点的环向应力均为拉应力,厚向应力均为压应力。从直边中点到圆角中点,内侧轴向应力分布从压应力到拉应力再到压应力,而外侧轴向应力分布仅从压应力到拉应力。对于直边中点,内外侧均为二压一拉应力状态,其中环向应力为拉应力。对于过渡点,内外侧均为二拉一压应力状态,其中厚向应力为压应力。内外侧应力状态差别最大的特征点为圆角中点,内侧圆角中点的厚向应力达到-118MPa,其绝对值大于环

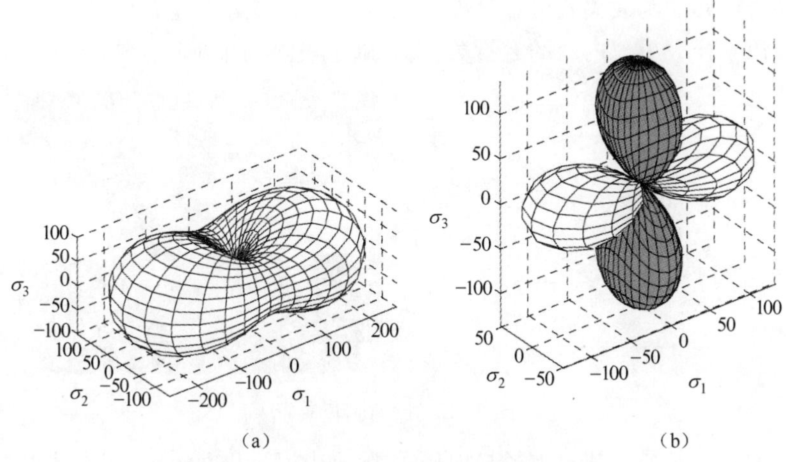

图 5-25　外侧圆角中点应力(MPa)三维图
(a)应力全量;(b) 应力偏量。

向应力,导致轴向应力为压应力。而外侧圆角中点的环向应力达到 266MPa,远大于厚向应力的绝对值,导致轴向应力为拉应力。

5.4.2　圆角开裂机理分析

图 5-26 给出了数值模拟得到的圆角充填过程中管坯外表面轮廓变化过程。试件在模具圆角处的自由胀形部分始终近似为 90°圆弧。在充填过程前期圆角半径变化较快;而随贴模长度的增加,在充填过程后期,内压大于 50MPa 时,圆角半径变化逐渐减缓。

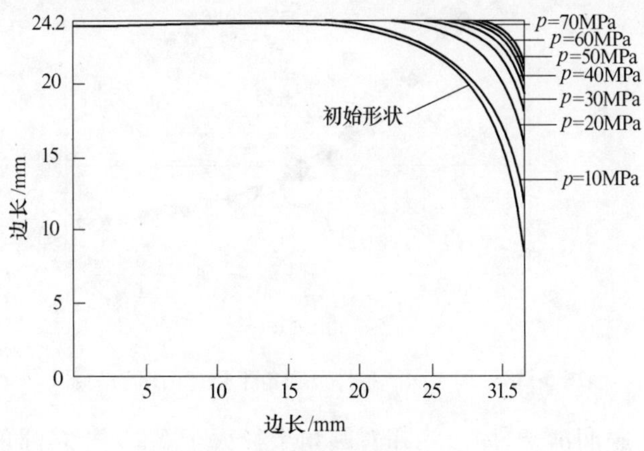

图 5-26　圆角充填过程

为了测量试件充填过程圆角半径与内压的关系,在模具圆角处加装一个接触式位移传感器,如图 5-27 所示。通过测量试件圆角处的位移变化,并结合圆角半径与位移的函数关系可计算出不同内压下的圆角半径大小，从而得到充填过程圆角半径大小与内压的定量关系，并确定极限圆角半径。

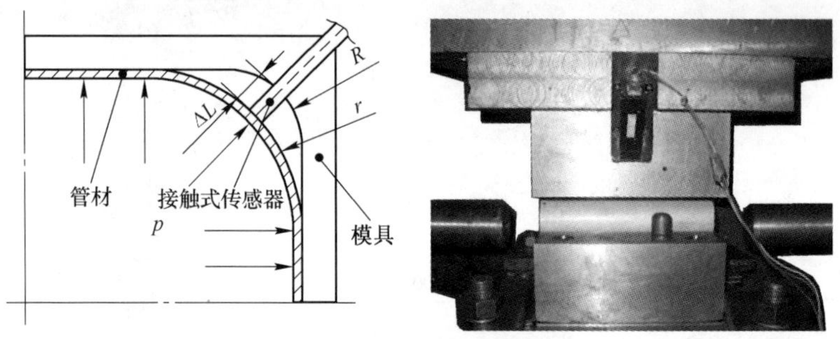

图 5-27　圆角测量装置

通过实验测得的圆角半径与内压关系，如图 5-28 所示。充填过程中随着内压增大，圆角半径不断减小。界面摩擦对圆角充填过程和极限圆角半径影响很大。这是由于在充填过程后期，随内压增大，界面摩擦切应力增大，加之试件贴模长度增加，摩擦作用的影响越来越大，导致圆角半径变化逐渐减缓。如果继续增加压力，圆角半径不再发生变化，反而导致在圆角过渡点开裂。当无润滑剂时，相对圆角半径为 7.5 时发生开裂，也就是对于 5A02 铝合金在无润滑剂的情况，相对极限圆角半径为 7.5；采用机油润滑时，极限圆角半径为 6.5；采用固体润滑剂 MoS_2 润滑效果显著改善，相对极限圆角半径为 4.5；润滑效果最好的是聚乙烯膜，极限圆角半径接近 2。

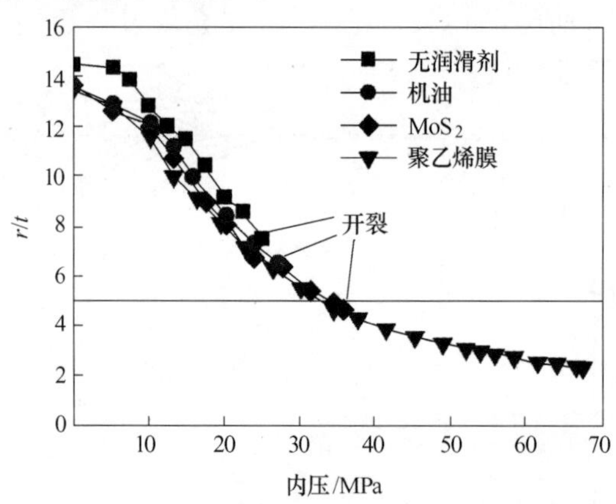

图 5-28　不同润滑条件下圆角半径与内压的关系

在聚乙烯膜润滑条件下，当相对圆角半径大于 5 时，相对圆角半径变化趋势较快；而当相对圆角半径小于 5 时，变化趋势逐渐平缓。可以看出，为了实现小圆角的最终贴模成形，圆角充填后期需要大幅度提高内压。在试件过渡圆角半径值一定的情况下，通过改善润滑或采用适当的预制坯来降低小圆角成形内压。

下面分析直边区与圆角区的过渡点发生开裂的力学机理。沿管坯轴向取单位长度的一段作为分析对象，因为管坯长度远远大于直径，因此假设管坯变形为平面应变问题，圆角充填过程受力分析如图 5-29 所示。

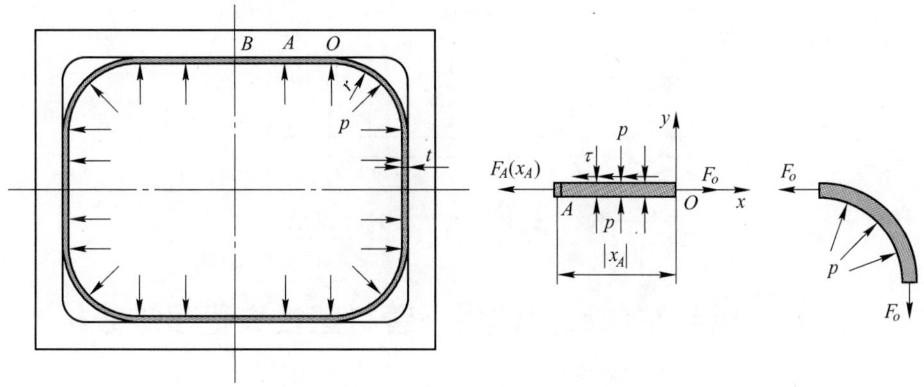

图 5-29　圆角充填过程受力分析

设在圆角充填过程中的某时刻，内压为 p，管坯瞬时圆角半径为 r，设 O 点为直边区与圆角区的过渡点，B 点为直边中点。直边区任意一点 A 处沿 x 方向的受力平衡方程为

$$F_A(x_A) = F_O - \tau b \tag{5-6}$$

式中　$F_A(x_A)$——A 点沿水平方向的内力(N)；

$F_O = pr$——O 点沿水平方向的内力(N)；

$\tau = \mu p$——管坯与模具之间的摩擦切应力(MPa)，μ 为摩擦系数；

b——A 点到 O 点的水平距离(mm)。

A 点沿 x 方向的应力 σ_x 为

$$\sigma_x = \frac{F_A b}{t} \tag{5-7}$$

A 点沿 y 方向受到的应力 σ_y 为

$$\sigma_y = -p \tag{5-8}$$

主应力顺序：第一主应力 $\sigma_1 = \sigma_x$，第三主应力 $\sigma_3 = \sigma_y$，对于平面应变问题，第二主应力 $\sigma_2 = \sigma_z = (\sigma_x + \sigma_y)/2$。主应变为 $\varepsilon_1 = \varepsilon_x, \varepsilon_3 = \varepsilon_y, \varepsilon_2 = \varepsilon_z = 0$，由体积不变条件，可以推出应变状态为 $\varepsilon_1 = \varepsilon_x > 0$，$\varepsilon_3 = \varepsilon_y < 0$。

A 点的等效应力 σ_i 为

$$\sigma_i = \frac{\sqrt{3}}{2}(\sigma_1 - \sigma_3) = \frac{\sqrt{3}p}{2}\left(\frac{r - \mu b}{t} + 1\right) \tag{5-9}$$

由式(5-9)得到的直边区等效应力分布如图 5-30 所示。在矩形截面圆角充填过程中,由于摩擦作用的影响,从截面直边区的中点 B 到直边区与圆角区的过渡点 O 等效应力逐渐增大,在过渡点等效应力达到最大值,所以过渡点附近发生开裂或壁厚过度减薄,矩形截面圆角区存在极限半径值。

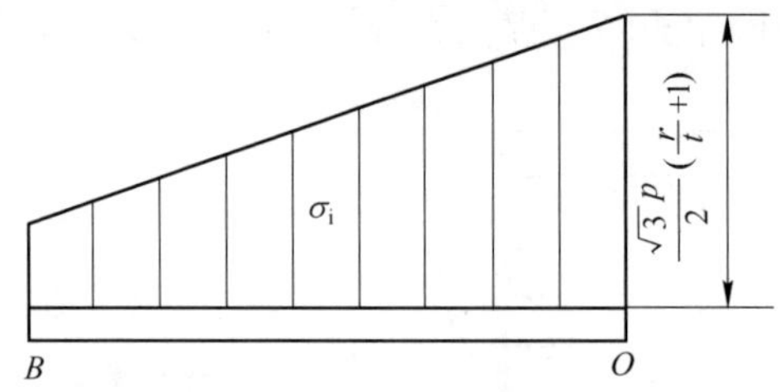

图 5-30 直边区等效应力分布示意图

5.5 内压与轴向压力作用下管材塑性失稳起皱分析

内高压成形过程的起皱是在内压和轴向压力共同作用下发生,起皱前的应力状态为环向受拉和轴向受压,这种一拉一压的应力状态使得管材容易发生塑性变形,通过实验也观察到绝大部分起皱是发生在塑性状态。为了方便理论解析,做如下假设:①内高压成形过程中管材的失稳起皱发生在塑性阶段;②管材为有限长圆柱壳体,处于轴对称变形和平面应力状态;③材料符合理想线性硬化模型,如图 5-31 所示。

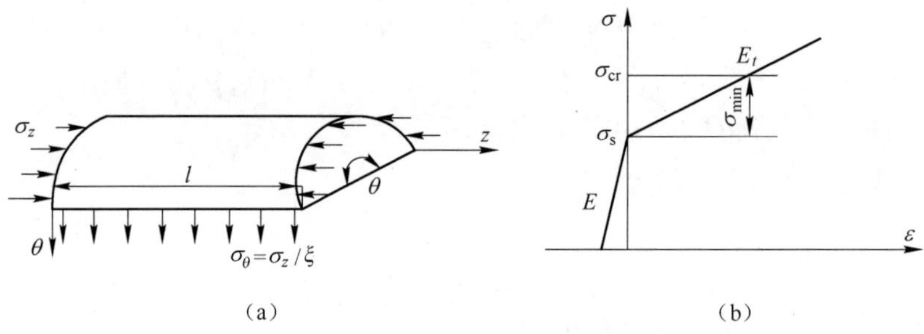

图 5-31 内高压成形起皱分析力学模型

(a)力学模型;(b)材料硬化模型。

当管材的失稳起皱发生在塑性阶段,对应的临界载荷应是管材进入塑性阶段时的屈服载荷与屈曲载荷之和,即起皱临界应力可以表示为 $\sigma_{cr}=\sigma_{zs}+\sigma_{z\min}$ 的形式,其中 σ_{zs} 是屈服时轴向应力,$\sigma_{z\min}$ 为管材的塑性屈曲应力。

在假设材料满足理想线性硬化模型的前提下,对于塑性屈曲,当把本构方程的起算点设置在线性强化的起始位置即屈服点时,本构方程为线性形式。据此建立的求解临界应力基本方程是一个线性方程,如同弹性问题一样,避免了

求解塑性问题的非线性。根据这个思路，推导出圆柱壳塑性屈服应力为

$$\sigma_{z\min} = -\frac{\frac{\xi E_t t}{r}\sqrt{\frac{1}{3(1-\upsilon^2)}}}{\xi + \left(\frac{l}{2\pi rm}\right)^2} \tag{5-10}$$

式中　ξ——轴向与环向应力比，$\xi = \sigma_z / \sigma_\theta$；

l、t、r——管材长度（mm）、厚度（mm）和半径（mm）；

m——起皱失稳轴向半波数；

E_t——塑性模量（GPa），$E_t = 0.01E$；

υ——泊松比。

内高压成形过程中管材处于平面应力状态，$\sigma_1 = \sigma_\theta, \sigma_2 = \sigma_z$。由 Mises 屈服准则可得管材屈服时的轴向应力为 $\sigma_{zs} = \xi\sigma_s / \sqrt{1+\xi^2-\xi}$，则管材起皱临界应力 σ_{cr} 可表示为

$$\begin{aligned}\sigma_{cr} &= \sigma_{zs} + \sigma_{z\min} \\ &= \xi\left[\frac{\sigma_s}{\sqrt{1+\xi^2-\xi}} - \frac{\frac{tE_t}{r}\sqrt{\frac{1}{3(1-\upsilon^2)}}}{\xi + \left(\frac{l}{2\pi rm}\right)^2}\right]\end{aligned} \tag{5-11}$$

式（5-11）即为内高压成形过程中管材发生塑性起皱失稳时临界应力的表达式。它反映了管材的力学性能（弹性模量、屈服强度）、几何尺寸（长度、直径和厚度）、内压（应力比）及失稳半波数对轴向失稳起皱的影响。

由式（5-11）中 $\sigma_{z\min} < 0$ 可知 $\xi < -\left(\frac{l}{2\pi rm}\right)^2$。而在内高压成形过程中，当应力比 ξ 较大时，管材受到的环向拉应力相对较大，容易先产生颈缩失稳（开裂）而不发生起皱失稳。因此，需要进一步确定应力比范围。为简单起见，不妨设内高压成形过程中发生临界起皱失稳的应力比范围为 $\xi \in (-\infty, \ \xi_1]$，$\xi_1$ 为上限值。

对管材的轴向起皱有影响的力学性能参数主要是材料的弹性模量 E 和屈服强度 σ_s。设 ξ, l, r, t, m 为常数，则临界轴向应力可表示为 $\sigma_{cr} = F(\sigma_s, E_t)$。假设两种管材材料（$\sigma_{s1}, E_{t1}$）、（$\sigma_{s2}, E_{t2}$），其起皱临界应力为 σ_{cr1} 和 σ_{cr2}。为方便讨论，令

$$\Delta\lambda_{cr} = \frac{\frac{t}{r}\sqrt{\frac{1}{3(1-\upsilon^2)}}\sqrt{1+\xi^2-\xi}}{\xi + \left(\frac{l}{2\pi rm}\right)^2} \tag{5-12}$$

式中，$\Delta\lambda_{cr}$ 只与管材的尺寸及应力比有关，而与材料的弹性模量和屈服强度无关。

引入比值 $\Delta\lambda = \Delta\sigma_s / \Delta E_t$，由式(5-11)可得临界轴向应力差值为

$$\begin{aligned}\Delta\sigma_{cr} &= \sigma_{cr2} - \sigma_{cr1} \\ &= \left[\frac{\sigma_{s2} - \sigma_{s1}}{\sqrt{1+\xi^2-\xi}} - (E_{t2} - E_{t1})\frac{\Delta\lambda_{cr}}{\sqrt{1+\xi^2-\xi}}\right] \\ &= [\Delta\lambda - \Delta\lambda_{cr}]\Delta E_t \frac{\xi}{\sqrt{1+\xi^2-\xi}} \qquad (5-13)\end{aligned}$$

令 $\lambda = \Delta E_t(\Delta\lambda - \Delta\lambda_{cr})$，由式(5-13)可知，当弹性模量和屈服强度的变化满足 $\lambda < 0$ 时，$\Delta\sigma_{cr} > 0$，即起皱临界应力绝对值随之减小；而当弹性模量和屈服强度的变化满足 $\lambda > 0$ 时，$\Delta\sigma_{cr} < 0$，即临界轴向应力绝对值随之增大。这说明弹性模量和屈服强度单独的数值变化并不能决定管材轴向抗皱能力的变化，需要综合考虑弹性模量和屈服强度的相对变化量，即 $\Delta\lambda = \Delta\sigma_s / \Delta E_t$ 的大小。下面分两种情况举例进行讨论。

对于某一种材料，其弹性模量和屈服强度将随温度的变化而变化。图 5-32 为镁合金管材弹性模量和屈服强度随温度的变化。取管材半径 r = 32.5mm，长度 $l = 4r$ = 130mm，壁厚 t = 1.5mm，轴向半波数为 2。

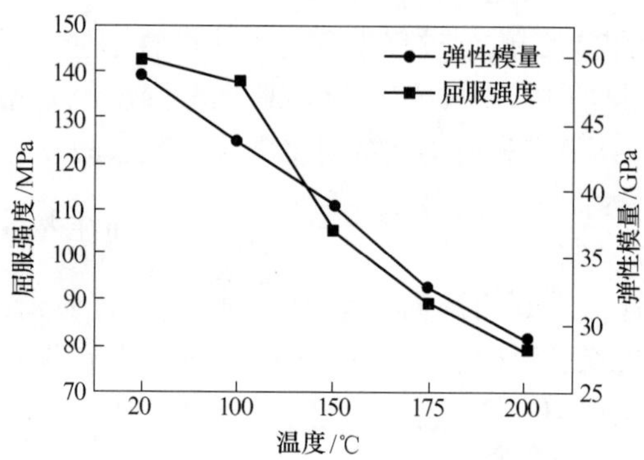

图 5-32　不同温度下弹性模量和屈服强度对轴向起皱的影响

图 5-33 为计算得到的管材内高压成形时在不同温度下的起皱临界应力。从图中可以看出，临界应力绝对值随弹性模量和屈服强度的降低而减小。事实上，当应力比为 $\xi = -1.0$ 时，$\Delta\lambda_{cr} = -0.063$；当应力比 $\xi = -2.0$ 时，$\Delta\lambda_{cr} = -0.037$，弹性模量和屈服强度的变化都满足 $\lambda < 0$。故随着温度的升高，临界应力绝对值随之减小，管材抗皱能力降低。

对于不同的材料，弹性模量和屈服强度差别很大，抗皱能力也会有所不同。表 5-1 所列为几种典型材料的力学性能。

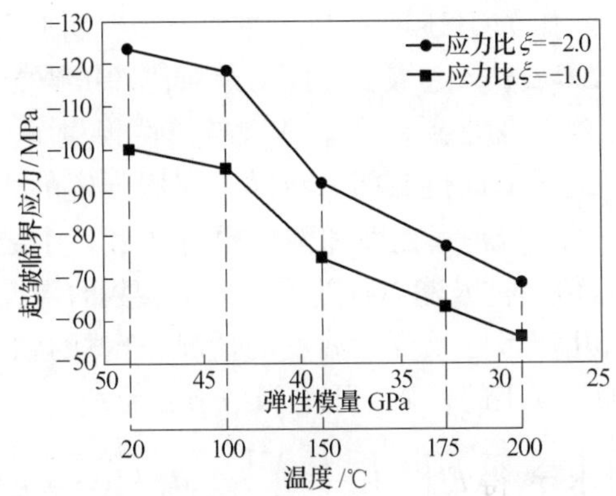

图 5-33 不同温度下起皱临界应力对轴向起皱的影响

表 5-1 典型材料的力学性能

材料	弹性模具/GPa	屈服强度/MPa
镁合金	50	120
铝合金 A	70	120
铝合金 B	70	100
低碳钢	210	300
不锈钢	210	350

图 5-34 是由公式(5-11)计算得到的起皱临界应力,计算时管材几何尺寸及半波数与图 5-33 取值相同。从图中可以看到,从镁合金变化到铝合金 B 材料再到低碳钢,临界应力绝对值先减小再增大。通过计算同样可知, $\Delta\lambda_{cr} = -0.063$。从镁合金变化到铝合金 B 时,弹性模量和屈服强度的变化满足 $\lambda < 0$;从铝合金 B 材料变化到低碳钢时,弹性模量和屈服强度的变化满足 $\lambda > 0$,故从镁合金变化到铝合金 B 材料再到低碳钢,临界应力绝对值即抗皱

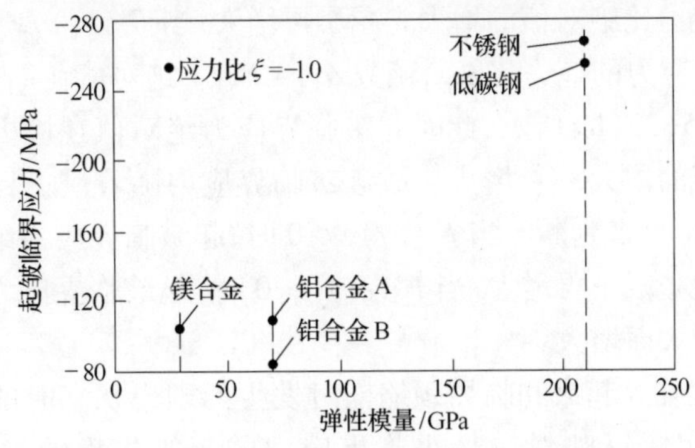

图 5-34 不同弹性模量与屈服强度对轴向起皱的影响

能力先减小再增大。作为上述两种情况的特例,当屈服强度一定时,$\Delta\lambda = \Delta\sigma_s/\Delta E_t = 0, \lambda = -\Delta E_t \Delta\lambda_{cr}$,起皱临界应力绝对值即抗皱能力将随着弹性模量的增大而增大,如镁合金变化到铝合金 A。当弹性模量一定时,$\Delta E_t = 0, \lambda = \Delta\sigma_s$,起皱临界应力绝对值即抗皱能力将随着屈服强度的增大而增大,如低碳钢变化到不锈钢。因此,当屈服强度和弹性模量两者其中之一一定时,轴向起皱临界轴向应力绝对值即抗皱能力将随着另一个参数的增大而增大。

对于给定材料、几何尺寸及变形温度的情况,管材的轴向起皱临界轴向应力只受工艺参数即应力比的影响,可用函数 $\sigma_{cr} = F(\xi)$ 表示。对该函数在 $-\left(\frac{l}{2\pi rm}\right)^2$ 和 $-\infty$处求导,得 $F'\left[-\left(\frac{l}{2\pi rm}\right)^2\right] < 0, F'(-\infty) > 0$,故函数绝对值在 $\left[-\left(\frac{l}{2\pi rm}\right)^2, -\infty\right]$ 内先减小再增大,形状如图 5-35 所示。

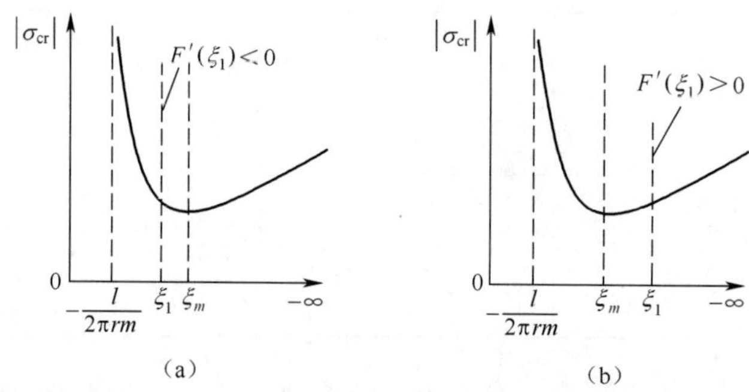

图 5-35 应力比变化对临界起皱应力的影响

(a) $F'(\xi_1) < 0$;(b) $F'(\xi_1) \geq 0$。

在应力比上限值 ξ_1 处对函数求导可得两种情况,当 $F'(\xi_1) < 0$ 时,ξ_1 大于对应最小临界起皱应力的应力比 ξ_m,函数 $\sigma_{cr} = F(\xi)$ 绝对值在 $(\xi_1, -\infty)$ 范围内先减小再增大,形状如图 5-35(a)所示,此时起皱临界应力绝对值在应力比取值范围内随应力比绝对值的增大先减小再增大;当 $F'(\xi_1) \geq 0$ 时,ξ_1 小于对应最小临界起皱应力的应力比 ξ_m,函数 $\sigma_{cr} = F(\xi)$ 绝对值在 $(\xi_1, -\infty)$ 内一直增大,形状如图 5-35(b)所示,此时起皱临界应力绝对值在应力比取值范围内随应力比绝对值的增大一直增大。故起皱临界应力随着应力比的变化情况可以由 $F'(\xi_1)$ 的正负来判断。当 $F'(\xi_1) < 0$ 时,起皱临界应力绝对值随着应力比绝对值的增大先减小再增大;当 $F'(\xi_1) \geq 0$ 时,起皱临界应力绝对值随着应力比绝对值的增大而增大。

ξ_1 实际对应临界起皱和临界颈缩同时发生的理想状态时的应力比。因此 $F'(\xi_1)$ 的正负实际反映对应最小临界应力的起皱失稳的发生时刻。即当 $F'(\xi_1) < 0$ 时,起皱失稳发生在颈缩失稳之前;当 $F'(\xi_1) \geq 0$ 时,起皱失稳发生

于颈缩失稳之时。

表 5-2 给出了铝合金管材起皱临界应力随应力比和内压变化的两种情况。对于第 1 种情况，$F'(\xi_1)=F'(-0.1639)=73.9$，起皱临界应力绝对值随应力比绝对值的增大而增大，随内压的减小而增大，如图 5-36 中实线所示。对于第 2 种情况，$F'(\xi_1)=F'(-0.3448)=-250.4$，临界轴向应力绝对值随应力比绝对值以及内压的增大先减小后增大，如图 5-36 中虚线所示。

表 5-2　$F'(\xi_1)$ 与管材几何尺寸的关系

序号	r/mm	l/mm	t/mm	$F'(\xi_1)$ 数值	$F'(\xi_1)$ 符号
1	32.5	65	1.5	73.9	+
2	32.5	195	1.5	-250.4	-

综合上面分析，可以看出：当弹性模量和屈服强度变化参量 $\lambda>0$ 时，起皱临界应力绝对值随之增大，即管材抗皱能力增强。当 $\lambda<0$ 时，起皱临界应力绝对值随之减小，即管材抗皱能力减弱。当屈服强度和弹性模量两者之一不变时，起皱临界应力绝对值即抗皱能力将随着另一个参数的增大而增大。起皱临界应力绝对值随应力比的变化分两种情况：当 $F'(\xi_1)<0$ 时，即最小起皱临界应力对应的起皱失稳发生在颈缩失稳之前，临界轴向应力绝对值随应力比绝对值的增大先减小后增大。当 $F'(\xi_1)>0$ 时，即最小起皱临界应力对应的起皱失稳发生于颈缩失稳之时，临界轴向应力绝对值随应力比绝对值的增大一直增大。

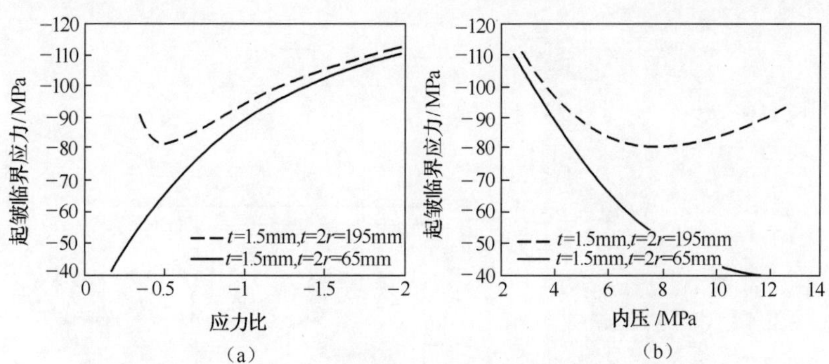

图 5-36　铝合金管材轴向起皱临界应力随应力比和内压的变化
(a)应力比；(b) 内压。

第 6 章 内高压成形设备与模具

6.1 内高压成形机组成和功能

6.1.1 内高压成形机组成

内高压成形机由合模压力机和高压系统两大部分组成(图 6-1)。合模压力机采用框架式或四柱式液压机,与普通液压机的区别是下行运动过程中不进行成形操作,仅在行程终点模具闭合后提供合模力,使得模具完全闭合;高压系统包括高压源(增压器)、水平缸(水平压力机)、液压系统、水压系统和计算机控制系统等五部分。一般来讲,内高压成形机的工作过程主要包括:闭合模具→施加合模力→管材内充满加压介质→管端密封→执行加载曲线→液压冲孔→同步卸内压/合模力→退回冲头→开模。执行图 6-2 所示的内压、轴向位移和合模力匹配的加载曲线是内高压成形机的关键功能,也是内高压成形机与普通液压机重要区别。

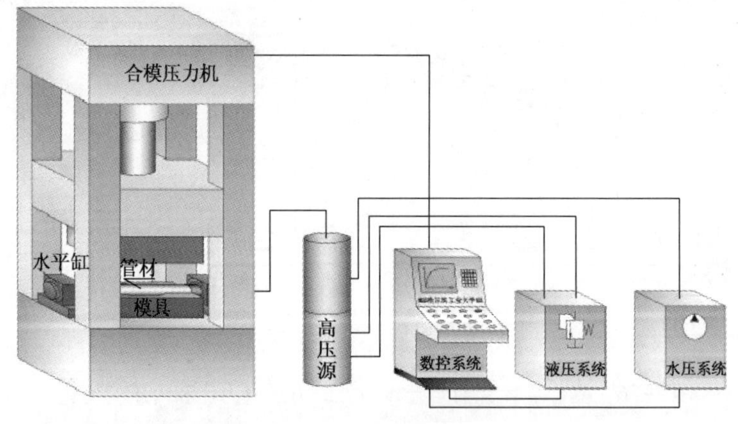

图 6-1　内高压成形机组成

6.1.2 内高压成形机各组成部分功能

1. 合模压力机

内高压成形中首先需将模具闭合严密,并保证整个成形过程中模具不会发生分缝造成零件出现飞边或引起管端密封失败,因此采用合模压力机为模具施加合模力。由于液压机可以在全行程的任意一个位置输出系统的最大压力,并易于实现调压和保压,目前多采用液压机作为合模压力机。

由于内高压成形过程中管材内部的液体压力是逐渐建立起来,并根据工艺要求按一定的加载曲线升高,因此作用在模具上的开模力是不断变化的,为了避免合模压力机始终在最高吨位下工作造成能源浪费,应根据管内压的变化调整设备的合模力,如图 6-2 所示。

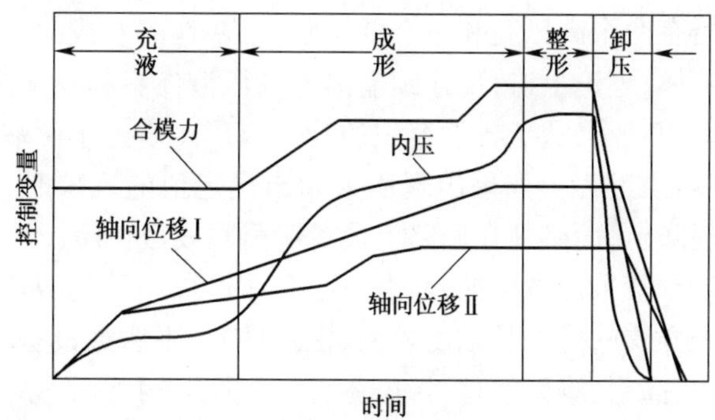

图 6-2　内高压成形过程加载曲线

2. 高压源

内高压成形需要的压力往往高达 300~400MPa 或更高的压力,而常规液压泵最高只能提供 31.5MPa 的压力,无法完成管材的变形,因此一般采用增压器来作为高压源,为管材变形提供高压传力介质。

增压器的工作原理如图 6-3 所示,通过液压泵将较低压力的液压油注入增压器大活塞的一端,驱动活塞运动,根据活塞受力平衡条件 $p_1A_1 = p_2A_2$,高压腔压力 $p_2 = p_1A_1/A_2$,其中低压腔与高压腔的面积比 A_1/A_2 称为增压比,亦即增压器两端的压力比。对于低压端的压力为 25MPa,当增压比为 8 时,增压器高压腔压力为 200MPa;当增压比为 16 时,则增压器高压腔压力为 400MPa。

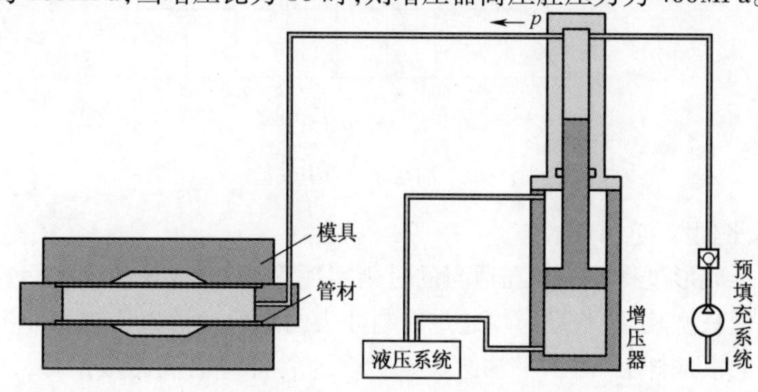

图 6-3　增压器工作原理

按照增压方式的不同,可以将增压器分为单动增压器与双动增压器两种。单动增压器有一个高压腔、一个低压腔,柱塞的动作可分为增压行程和复位行程,在增压行程内可以提供高压,而在到达行程终点后必须复位回到起点才可以进行下一次增压,一般用于一个行程即可完成一次加工的场合。其优点是压力控制方便,由于高压出口不需要安装单向阀,当出现压力超调现象时,可以通过控制增压器活塞回程的方式降低高压端的压力。缺点是增压器体积较大、高压腔容积有限,主要适于容积较小的零件成形。

双动增压器有两个高压腔和一个低压腔,活塞在向左或向右的行程中始终可以输出高压液体,理论上讲,可连续输出的高压液体容积是无限的,因此与单动增压器相比体积较小,适于各种容积的管件成形。但由于两端高压腔出口均带有单向阀,在增压过程中如果出现压力超出设定值的现象时,无法通过控制活塞的运动实现降压,而必须在回路上设置泄荷阀或截止阀,压力控制较复杂。

低压腔介质一般采用液压油,而高压腔介质可以用乳化液或液压油。采用液压油作为高压介质的优点是黏度较大、密封性好,不腐蚀设备和零件;缺点是压缩量大,成本较高,且难以清理,污染零件。如图 6-4 所示,在 400MPa 下,油的体积压缩量达到约 17%,而水仅为 8%左右,由于油的高压缩性,容积效率低,系统能量损耗大。虽然水压缩量小,但是易导致设备机体和成形零件的腐蚀,因此内高压成形一般采用乳化液作为加压介质,即使用 5%~10%乳化油与水混合形成的乳化液,既克服了液压油的缺点,又具有防锈作用。

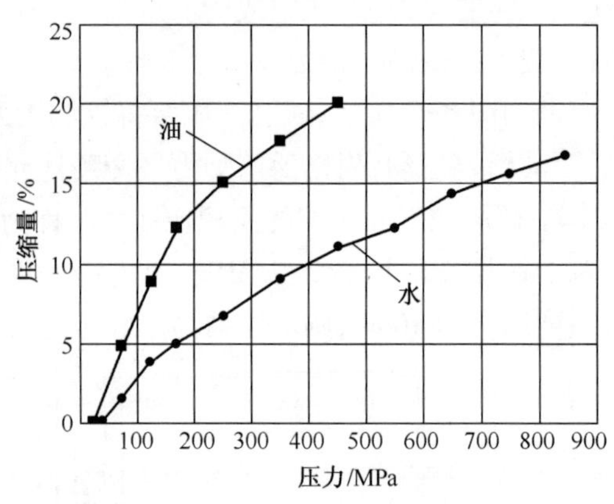

图 6-4　油与水介质压缩量

3. 水平伺服缸

内高压成形过程冲头要在适当的时刻实现管端密封,并随着压力的变化将管材推入模具型腔,这些动作均通过控制冲头的轴向位移来实现。冲头安装在水平油缸的活塞杆上,由水平油缸驱动。多通管件等内高压成形件,不仅需要管端密封,而且需要在支管方向采用冲头施加背压,相应地需要配置更多的水平缸,以实现每个通路的轴向位移控制。

对于冲头轴向位移精度要求高的应用场合,水平油缸多采用伺服油缸,由位移传感器实时检测活塞位移,并采用伺服阀形成伺服控制系统,精确控制油缸活塞的位移,如图 6-5 所示。水平油缸可通过油缸底座安装于设备工作台或模具底板上,构成封闭力系承担冲头形成受到的反力,也可通过在水平油缸之间安装拉杆形成水平压力机。

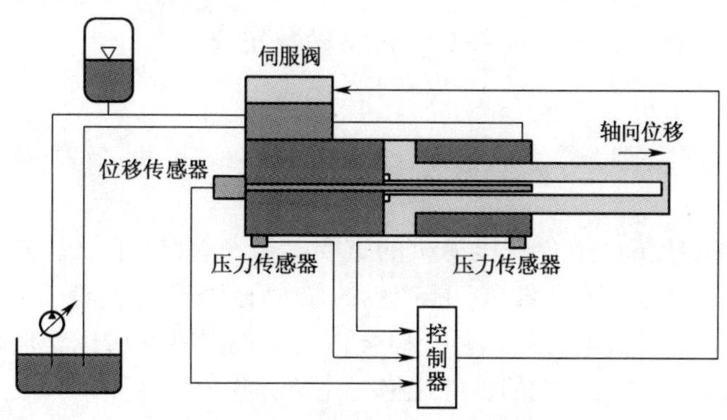

图 6-5 水平伺服缸工作原理

4. 液压系统

增压器的低压腔和水平油缸的动力由共用的液压泵站提供,油泵的流量应保证油缸快速进给与增压器快速增压,为避免液压系统功率过大,可采用蓄能器提供快速增压时的流量,以降低液压泵的功率。对于液压伺服系统,泵站需配备高精度过滤器。在大批量生产中液压系统发热严重,还需要配备冷却系统降低油温。

5. 水压系统

内高压成形机采用专用水压系统进行乳化液的快速填充、回收和过滤处理。快速填充指在加压前向管材内充入乳化液、排出气体,以及向增压器高压腔补液。为了提高效率,水压系统应具有较大流量和一定的压力。在成形结束后水压系统将流入导流槽的乳化液回收和过滤,继续用于下一次生产过程。

6. 计算机控制系统

内高压成形机前述五大部分,均需通过计算机控制系统联合起来,才能按照工艺、工序要求和设定加载曲线实现生产过程的自动化,达到要求的生产节拍。

计算机控制系统以工业控制计算机或 PLC 为核心,其他控制元件包括数据采集板卡、压力与位移传感器和信号放大器等。控制系统通过专用控制软件,根据设定的加载曲线向伺服阀、电磁阀等控制元件发出指令,驱动增压器、水平缸等执行元件动作,同时由压力传感器、位移传感器将内压和轴向位移的变化反馈给计算机,使计算机按照加载曲线的要求输出控制量实时控制各执行元件的动作,实现轴向位移和内压匹配等加载曲线控制,完成内高压成形的全自动生产过程。

6.2 内高压成形机主要参数

6.2.1 主要参数定义

1. 合模压力机

合模压力机主要参数包括公称合模力、台面有效尺寸、最大行程、开口高度和滑块速度。

公称合模力(F_n)是合模压力机的重要参数,它反映了设备的主要工作能力。公称合模力为液压机名义上能产生的最大压力,理论上等于工作液体压力和工作柱塞总工作面积的乘积。公称合模力应根据零件增压整形时产生的最大开模力确定,并考虑可能的零件规格变化留一些余量。

台面有效尺寸($L \times B$)是合模压力机立柱内侧工作台面的长度与宽度的尺寸,如图6-1所示的三梁四柱式合模压力机,其台面尺寸反映了压力机平面尺寸上工作空间的大小。一般来讲,对于水平缸需布置在设备两侧的零件,台面的宽度尺寸(B)应根据工件及模具的宽度来确定,长度尺寸应根据工件长度、冲头长度、模具垫板和水平缸底座等尺寸来确定;而对于水平缸布置在设备一侧的零件(如U形副车架零件),则应综合考虑模具和水平缸总体轮廓,以及模具压力中心位置确定设备台面尺寸,避免台面浪费和压力机偏载。同时,还应留出足够的操作空间,便于维修和更换模具、冲头和水平缸,以及涂抹润滑剂、观察工艺过程等操作上的要求等。台面尺寸对压力机三个横梁的平面尺寸和重量均有直接影响,与设备的刚度、强度以及精度等使用性能也有密切关系。

最大行程(S)指活动横梁能移动的最大距离,需根据工件成形过程中所要求的最大工作行程来确定,它直接影响工作缸和回程缸及其柱塞的长度以及整个机架的高度。对于两管端落差较大的零件,应通过增大最大行程满足装件、取件的要求;对于落差较小的零件,应采用适当的垫板减小活动横梁行程,缩短模具开启与闭合的时间。

开口高度(H)是指液压机活动横梁停在上限位置时从工作台上表面到活动横梁下表面的距离。开口高度决定了合模压力机在高度方向上的工作空间,应根据模具(含垫板)的高度、工作行程大小以及放入坯料、取出工件所需空间大小等工艺因素来确定。开口高度对压力机的总高、液压机稳定性以及安装厂房高度都有很大影响。既要尽可能满足工艺要求,又要尽量减小压机高度。

滑块速度包括工作行程速度和空程(快速下行及回程)速度两种,由于内高压成形时只需在模具闭合后提供合模力,上、下模接触之前滑块均应快速运动,以提高生产效率,因此合模压力机应具备快速和慢速切换功能,在接近合模时转为慢速,避免模具剧烈碰撞和液压系统的冲击。工作行程及空程的速度直接影响泵站供液量的计算。

2. 高压源

适于内高压成形的高压源一般采用单动增压器产生成形过程所需的内压,其主要参数包括最大压力和高压腔容积。最大压力是根据零件成形所需最大整形压力,考虑零件变化和材料变化再乘以一定的放大系数确定的。

高压腔容积主要指单动式增压器每个行程所能排出的高压液体体积。由于双动式增压器可以通过往复动作输出大量高压液体,对其高压腔容积不必做特殊要求。单动增压器要在一个行程内使管材中的液体压力按加载曲线升高,并最终达到整形压力,因此其高压腔容积需按照管件成形前后体积变化以及液体高压下的压缩量计算和设计。

3. 水平伺服缸

水平伺服缸一般采用活塞缸,其主要参数是最大推力、行程和最大速度。对于伺服油缸,还有行程控制精度。最大推力是水平缸在液压泵站输出最大工作压力时可以产生的推力,需根据内高压成形过程中冲头进给运动所需轴向进给力来选取。

水平缸行程是水平缸活塞从油缸一端到另一端可移动的最大位移。行程应满足内高压成形工艺中冲头进给和后退的空间要求,但是如果油缸行程过大,油缸长度大,会增大合模压力机的台面尺寸与成本。

4. 液压系统

液压泵站的主要参数是油泵的最大压力和流量。

增压器驱动泵的流量决定了增压器活塞的运动速度,因此影响增压器的增压速度;其最大压力决定了增压器低压端的最大压力,进而决定了该增压器所能达到的最高内压。应根据管件所需高压液体的容积计算增压器活塞运动速度,进而确定增压器驱动泵的流量,并结合最大压力计算泵的功率。为了提高内高压成形机的增压速度,并避免油泵功率过大,多采用液压油泵与蓄能器联合作用的方式提高系统效率、降低系统功率。

水平缸驱动泵的流量决定了水平缸活塞及安装于活塞上的冲头的运动速度;泵的最大压力决定了水平缸可输出的最大推力。应根据冲头位移、水平缸活塞横截面积和泵站工作压力计算水平缸驱动泵的流量和功率。在增压器和水平缸采用同一个驱动泵时,应综合考虑二者的流量和压力需要,选取合适的驱动油泵。

5. 水压系统

水压系统的主要参数包括快速填充泵流量、增压器补液泵流量与回收泵流量。

快速填充泵流量由所成形管件的容积和排空气体的程度决定，需根据设备所加工的最大管件尺寸和填充允许时间计算。补液泵流量根据增压器高压腔容积和增压器工作频率计算。回收泵的流量根据每个工作循环的时间和回收乳化液的体积来计算。快速充填泵和补液泵的流量对生产效率有重要影响，回收泵的流量对乳化液回收和生产环境的保护有重要影响。

6.2.2 主要参数选用原则

虽然内高压成形机的技术参数较多，但对设备规格影响最大的参数有合模压力机公称合模力、增压器最高压力与水平缸最大推力。下面着重介绍这三个参数的选用原则。

1. 公称合模力

合模压力机可用于多种长度、多种管径零件的内高压成形，由于所采用的成形压力各不相同，应根据零件的长度、管径和成形压力，计算各零件成形所需合模力，根据其中最大值选取略高的标准系列公称合模力。为便于工程应用时查阅，表6-1给出了成形压力100MPa时不同投影长度和管径零件成形所需的合模力。当成形压力或管材参数变化时，可根据表中的数值通过插值计算得到需要的合模力。

表6-1 内压100MPa时的合模力

合模力/×10kN　投影长度/mm　管径/mm	500	1000	1500	2000	2500	3000	3500	4000	4500
25.4	130	250	380	510	640	760	890	1020	1140
38.1	190	380	570	760	950	1140	1330	1520	1720
50.8	250	510	760	1020	1270	1520	1780	2030	2290
63.5	320	640	950	1270	1590	1910	2220	2540	2860
76.2	380	760	1140	1520	1910	2290	2670	3050	3430
88.9	450	890	1330	1780	2220	2670	3110	3560	4000
101.6	510	1020	1520	2030	2540	3050	3560	4060	4570

2. 最高压力

应根据所有目标零件的壁厚、最小圆角半径和管材屈服强度，计算各零件所需成形压力，然后根据其中最大值选取略高的标准系列最高压力。表6-2给出了对于不同强度的材料，成形不同的相对圆角半径 r/t 时所需要的整形压力。工业生产中常用增压器的压力档次为 200MPa 或 400MPa，可以满足常见零件的成形。

表 6-2　不同强度材料成形所需的整形压力

r/t ＼ 整形压力/MPa ＼ 屈服强度/MPa	200	250	300	350	400	450	500	550	600
2	200	250	300	350	400	450	500	550	600
3	100	125	150	175	200	225	250	275	300
4	67	83	100	117	133	150	167	183	200
5	50	63	75	88	100	113	125	138	150

3. 水平缸最大推力

应根据所有目标零件的管径、壁厚、管材屈服强度和所需整形压力，计算各零件所需轴向进给力，根据其中最大值选取略高的标准系列水平缸最大推力。工业生产中常用的水平缸最大推力包括 1000kN、1500kN 和 2000kN 等。表 6-3 给出了不同直径管材在不同成形压力条件下需要的水平推力，表中数据是根据式(2-6)，按照 $F_a = 1.3F_p$ 估算所得。

表 6-3　不同管径所需的水平推力

管径/mm ＼ 水平推力/×10kN ＼ 成形压力/MPa	50	100	150	200	250	300	350	400
25.4	3	7	10	13	16	20	23	26
38.1	7	15	22	30	37	44	52	59
50.8	13	26	40	53	66	79	92	105
63.5	21	41	62	82	103	124	144	165
76.2	30	59	89	119	148	178	207	237
88.9	40	81	121	161	202	242	282	323
101.6	53	105	158	211	263	316	369	422

6.2.3　推荐的内高压成形机规格和参数

根据常见内高压成形件的类型和尺寸，推荐的内高压成形机规格和技术参数参见表 6-4。生产厂家可按照经济性和适用性原则，合理选择内高压成形机的规格，既满足生产效率和零件变更需要，又节省设备投资。

公称合模力为10000kN的内高压成形机,适用于生产当量长度为1m的小型零件。当量长度是指管材直径为100mm、成形压力为100MPa时,该公称合模力下能成形零件的长度。如果管材直径为50mm,则该设备能成形零件的长度为2m。同理,公称合模力为20000kN和50000kN的内高压成形机,分别适用于生产当量长度为2m和5m的零件。

6.3 内高压成形机典型结构及特点

内高压成形机按合模压力机主油缸行程分类,可分为长行程和短行程两类。当合模、开模与锁模过程均由主油缸来完成时,主油缸的工作行程较长,因此称为长行程内高压成形机。当合模和开模过程大部分行程由提升油缸(辅助油缸)来完成,而仅仅锁模过程由主油缸来完成时,称为短行程内高压成形机。

按机身结构进行分类,可以把内高压成形机分为四柱式、框架式和开式(C型)三大类,其他如双柱式和楔块式等比较少见。

目前内高压成形机制造企业主要集中在欧洲,主要的内高压成形机制造公司有德国舒勒(SCHULER)公司、SPS公司,瑞典AP&T公司、Schaefer公司等。目前生产应用的内高压成形装备高压源最高压力为400MPa,用于轿车零件生产的内高压成形机吨位多为5000~6000t,用于卡车零件的内高压成形机吨位达12000t,台面达6m×2.5m,水压系统流量达到400L/min,设备均采用PLC或计算机控制,最多可实现32轴的伺服控制。

6.3.1 长行程内高压成形机

长行程内高压成形机的合模压力机可采用传统的通用液压机,由液压机的主缸进行模具提升与闭合,并在成形过程中施加合模力,典型结构如图6-6所示。长行程内高压成形机主缸行程一般在400mm以上。

通用液压机技术成熟度高,在其基础上制造的长行程内高压成形机具有设备通用性好、设备结构系列化、配件系列化的优点,便于维护和产品变更,将内高压成形机上水平缸和模具取下,即可用于板料冲压生产等其他用途。

长行程内高压成形机的主要缺点:①主油缸容积大,需要大流量泵;②液压油压缩量大、建立合模力时间长,能量损失大;③模具提升和闭合均使用主油缸,开合模具时间长,效率低。

长行程内高压成形机多在立柱式液压机基础上制造。立柱式内高压成形机常见结构为四柱式,即以通用三梁四柱式液压机作为合模压力机,配合其他部件构成内高压成形机。对于某些吨位较小的情况,也可采用双柱式合模压力机。

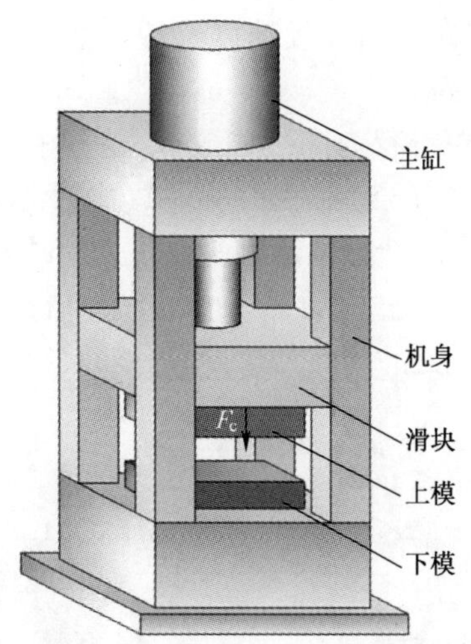

图 6-6 长行程内高压成形机示意图

四柱式合模压力机由上横梁、活动横梁、下横梁(工作台)及四根立柱构成封闭的机身。主油缸固定在上横梁中,主油缸柱塞与活动横梁刚性连接,立柱与上、下横梁之间采用锁紧螺母锁紧,活动横梁的运动由立柱导向,在主油缸作用下上下移动。在活动横梁和工作台面上分别安装上模和下模,合模力由上、下横梁和立柱组成的框架承受。

四柱式合模压力机的优点是:四面均不封闭,操作空间大,设备灵活性强,比较适于内高压成形机水平缸系统和模具的布置,尤其在用于 U 形、S 形弯曲轴线件和三通、多通管件内高压成形时,水平缸和模具可根据工艺需要方便地布置在设备工作台的任意方向;由于横梁、立柱分别加工降低了工艺难度和工序复杂性,设备总体造价低于焊接框架式。

四柱式合模压力机的缺点:立柱截面尺寸小,抗弯性能差,设备整体刚性差,弹性变形量较大,因此比较适于较低吨位内高压成形机;横梁与立柱之间有间隙且难以调整,活动横梁运动精度与框架式相比较低,承受偏载的能力差。

例如德国舒勒公司生产的 30000kN 内高压成形机,其合模压力机为四柱式,公称合模力 30000kN,压力机台面尺寸为 3150mm×1400mm,配置了最高内压 400MPa、高压腔容积 4L 的增压器。由于设备台面很大,对于需要合模力较小的零件,可采用一模两件的形式进行生产,配备了液压冲孔系统,可在零件成形结束卸压前完成冲孔工序。设备可全自动操作,生产效率高,按每天 3 班计算,年产量达 75 万件。

6.3.2 短行程内高压成形机

短行程内高压成形机的主油缸行程一般小于 50mm,开模、合模均由辅助的小吨位提升缸完成,因此合模与开模速度较快,主缸行程小,因此容积小,可快速建立合模力,生产效率高。

图6-7所示为一种短行程内高压成形机,其开模、合模动作由置于上横梁的小吨位长行程缸来完成,开模状态如图6-7(a)所示,在模具闭合后,由两个小型水平定位油缸将两个刚性定位块由两侧推入滑块和上横梁之间,最后由集成于设备工作台内的短行程缸施加合模力,由于短行程缸只需补偿设备框架、模具的弹性变形和定位块处的间隙,其行程可以非常小。

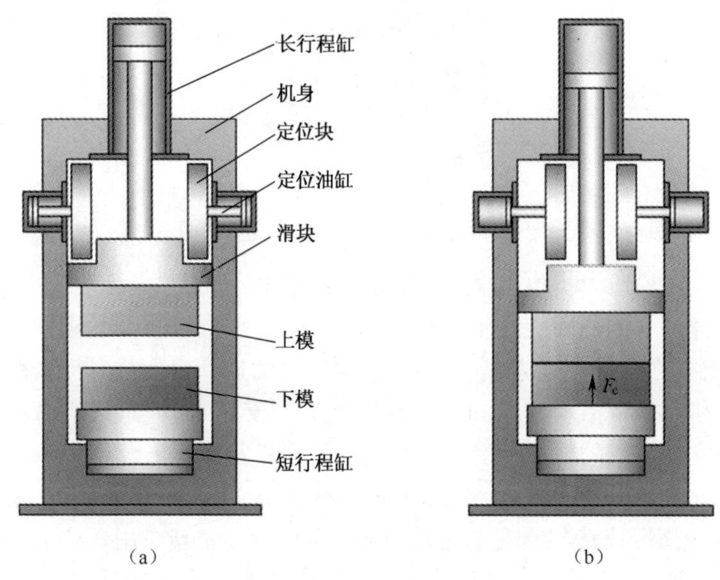

图6-7　短行程内高压成形机示意图
(a)结构形式;(b) 合模状态。

该合模压力机仅可在很短的行程内输出最大压力,只能专用于内高压成形生产,设备通用性差;压力机上还附加了2个水平定位油缸和1个长行程缸,机械结构较复杂,对机架的刚度要求也较高。

短行程内高压成形机多采用框架式机身。框架式机身一般为空心箱形结构,前后敞开,但左右封闭,立柱部分做成矩形截面或Π形截面,并在内侧装有两对可通过螺栓调节的导轨,活动横梁的运动精度由导轨保证。

框架式合模压力机的优点是结构抗弯性能较好,运动精度较高,其中焊接框架式机身重量较轻,运输、安装较方便。其缺点是在相同台面尺寸下,框架式结构与四柱式相比,可用操作空间尺寸较小;并且焊接框架的整体退火和后续加工导致造价较高。由于刚性好,框架式机身更适用于大吨位内高压成形机的制造。

瑞典Schaefer公司设计了结构紧凑、易于安装的短行程新型合模压力机,总高 5.1m,可直接安装在混凝土地面上,而不需庞大的基础。SCHULER 和 AP&T 公司也开发了用于内高压成形的机械锁模装置,这样的锁模装置可不采用液压系统建立合模力,使内高压成形件的生产周期缩短了 25%。德国舒勒公司、万家顿公司和斯图加特大学等共同研发了一种框架式短行程内高压成形机,公称合模力 35000kN,合模主缸的行程仅 50mm,工作压力 60MPa,台面尺寸 2500mm×900mm,最大内压 420MPa。

采用四柱式机身也可以制造短行程内高压成形机,瑞典 AP&T 公司研制的短行程内高压成形机 HF50000,其锁模油缸置于下横梁内,公称合模力 50000kN,行程仅 20mm,而在上横梁安装两个推力为 2000kN 的油缸完成模具提升与闭合的动作,其最大行程为 1100mm,设备台面有效尺寸为 3000mm×2500mm。该设备配备了最高压力 400MPa,高压腔容积为 4L 的增压器,可满足副车架等结构件内高压成形的要求。

日本等亚洲国家也相继开展了内高压成形机研发,日本水压工业所研制了一种机械锁模装置,可以利用小吨位的液压机制作大型的内高压零件;日本川崎油工在普通油压机基础上开发了公称合模力 50000kN 的内高压成形机。

6.4 大型数控内高压成形机

6.4.1 超高压与多轴位移闭环伺服控制

内高压成形工艺要求设备能够实现内压和轴向位移的精确匹配,按照预先设定参数曲线进行数字化加载,才能避免起皱、开裂等缺陷发生,成形出合格零件。内高压成形过程伺服控制的难点是如何控制液体介质超高压、以及轴向位移之间的耦合干扰,这与常见刚体位移伺服控制有很大不同。

超高压下液体体积压缩量较大,会影响压力控制精度;水平缸轴向进给引起管材容积减小,从而使管材压力快速升高,影响内压控制精度;同时内压反力作用在水平缸上,水平缸受到外力的强干扰时,要求位移控制具有快速响应和很高的刚度,水平油缸在快进和快退阶段速度要求快,而在工进阶段要求系统有良好的位移控制精度,为保证管材端部密封工进时只能前进而不能后退。

超高压与多轴位移闭环控制系统原理如图 6-8 所示。针对内压与轴向位移耦合干扰的问题,采取了鲁棒控制算法解决内高压成形过程不同阶段系统对速度与精度的不同要求,以系统稳定性和可靠性作为首要目标来设计系统目标函数,对控制系统进行离线辨识,从而获得系统的鲁棒 PID 控制器。在系统离线辨识的基础上,引入加速度反馈提高系统的阻尼比,利用滞后-超前配置控制器来保证系统的鲁棒性。采用静态前馈补偿控制策略进行解耦控制,解决内压与轴向位移间互相耦合影响干扰的问题。

控制系统实现的技术指标为:轴向位移控制精度0.01mm;轴向位移速度范围0.1~15mm/s;压力控制精度0.5MPa;压力增压速度0.1~50MPa/s;加载曲线时间5~10s。

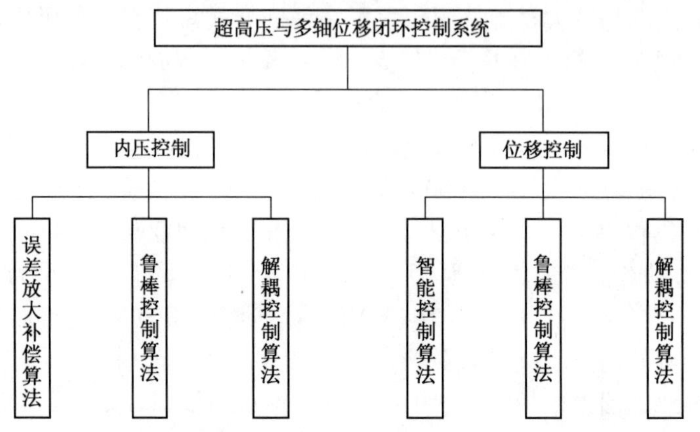

图6-8　超高压与多轴伺服闭环控制系统原理图

6.4.2　数控系统与控制软件

普通数控压力机一般采用多轴数控运动控制卡,如西门子840D系统,进行多轴伺服控制,但该种类型运动控制卡编程规则不适用内高压成形的控制策略,无法完成特殊要求的设定。因此开发了基于PLC控制系统与控制软件,其组成如图6-9所示。该系统的特点:①位移-内压曲线加载精度高。控制系统采用多次样条曲线进行插值处理,并提取其中变化量大的特征值作为二次特征点进行控制,解决了成形过程工艺曲线加载的快速性和准确性之间的矛盾,成形时间和控制精度达到了国际先进水平。②生产效率高。对成形过程状态监控,实现了内高压成形过程的全自动化控制。③系统具有很高的安全性与可靠性。采取了多种超限保护措施及安全设计保证设备及操作人员安全性,对所有

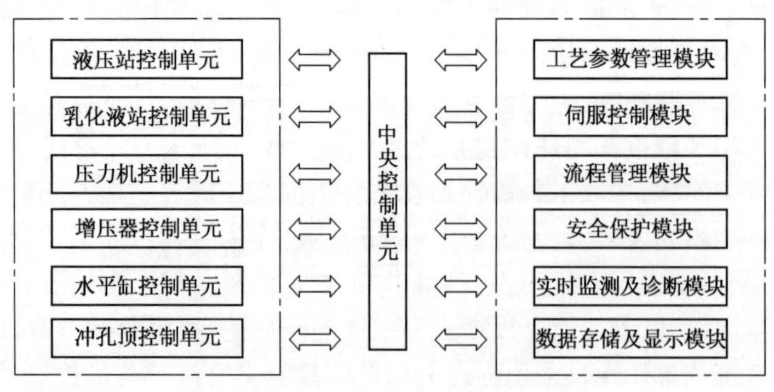

图6-9　内高压成形装备数控系统

关键元件采取反馈式设计实时监测工作状态。报警措施根据安全性进行分级控制,在保证系统安全的前提下,又保证了设备的正常工作。

开发的内高压成形机控制系统操作界面如图 6-10 所示。通过控制界面可以实时显示和监控内压、轴向位移、合模力等工艺参数的当前数据,故障诊断,模式监控,系统的可维护性显著提高,现场操作人员可以解决大部分故障,显著减少维修时间。

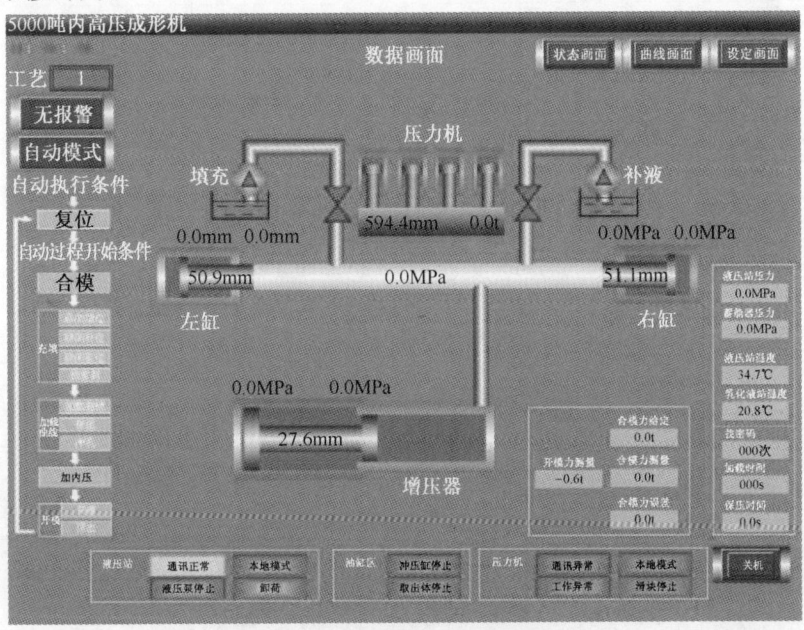

图 6-10　控制系统操作界面

6.4.3　数控内高压成形机系列与特点

哈尔滨工业大学流体高压成形技术研究所在 2000 年研制出国内首台内高压成形机,而后经过生产实践和不断改进,至今已发展至第三代具有自主知识产权的数控内高压成形机,达到国际同类产品的先进水平。在已经应用于工业生产中二十余台套的基础上,完成内高压成形机的系列化、模块化和标准化,形成了定型生产设备。表 6-4 是第三代数控内高压成形机系列及主要参数。

图 6-11 是定型的第三代数控内高压成形机的三维布置图。根据内高压成形机组成,从便于制造、安装、调试和系统集成的角度,形成七个分系统标准模块:合模压力机、水平缸与模具、液压系统、水压系统、高压源、控制系统。为了提高设备集成度,把液压系统、水压系统和高压源集中到一个整体柜(高压系统柜),这样定型内高压成形机的硬件仅有四大件:合模压力机、水平缸与模具、高压系统柜和控制系统。

表6-4 第三代数控内高压成形机系列与主要参数

型号	IHF-5000/400-3-A	IHF-3000/400-3-A	IHF-2000/400-3-A	IHF-1000/400-3-A
公称力/×10kN	5000	3000	2000	1000
最大行程/mm	1500	1200	1200	1000
工作台面尺寸/mm	5000×2500	4000×2500	3500×2200	2500×1500
最高压力/MPa	400	400	400	400
水平缸推力/×10kN	300	200	200	100
伺服轴个数	6轴	3轴	3轴	3轴
液压冲孔回路	16	16	16	10
控制方式	闭环伺服控制	闭环伺服控制	闭环伺服控制	闭环伺服控制

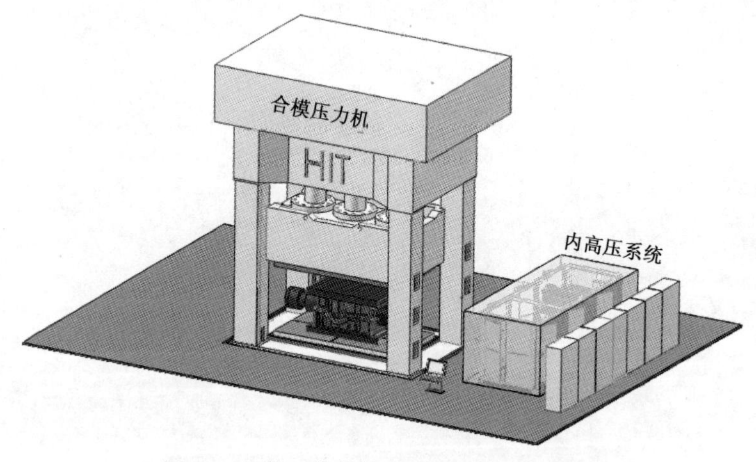

图6-11 第三代数控内高压成形机三维图

第三代数控内高压成形机具有以下特点:①合模压力机和内高压成形系统具有独立的控制系统。可以联机组成完整的内高压成形机,实现全自动生产,又可以各自独立使用。②合模力随内压可变。内高压成形过程中,压力机的合模力随内压实时变化,大幅度降低模具尺寸、受力和变形,提高零件尺寸精度。③工艺参数闭环精确控制,实现数字化加载。在超高压条件下,根据成形工艺要求,内压与轴向位移通过硬件与软件的协同,按设定的曲线,实现数控化加载。④具有自主知识产权的数控系统与控制软件。由哈尔滨工业大学流体高压成形技术研究所独立开发,采用鲁棒控制与PID控制相结合的策略,实现高精度及高效率的控制。采用参数化分级管理方式控制权限,界面形象、操作简单、便于管理,可诊断处理关键参数的异常变化,保护设备正常工作。⑤国产化高压源。高压源(增压器)是内高压成形设备的心脏,增压器的设计制造完全国产化,并经过大批量(20~30万件/年)生产的考验,可靠性高、成本低。⑥节能化设计。液压系统采用油泵加蓄能器的工作方式,大幅降低了系统功率。图6-12是哈尔滨工业大学研制的工业生产用大型数控内高压成形机。

(a)　(b)　(c)　(d)

图 6-12　工业生产用数控内高压成形机

(a)5000t 三轴数控内高压成形机;(b)3000t 三轴数控内高压成形机;
(c)2000t 五轴数控内高压成形机;(d)2000t 三轴数控内高压成形机。

6.4.4　内高压成形生产线构成与布置

内高压成形的主要生产工序包括:管材弯曲→涂润滑剂→预成形→内高压整形和液压冲孔→定位孔检测→端部激光切割→清洗。

相应地,典型汽车零件内高压成形生产线布置如图 6-13 所示,主要由数控弯管机、预成形机、内高压成形机、端部激光切割机与必要的润滑单元组成。以副车架零件为例,典型的生产过程是:首先采用数控弯管机将管材弯曲成与零件轴线基本一致的形状,再传递到润滑单元喷涂润滑剂,然后送到预成形机或预成形装置上进行预成形,再将预成形件传送到合模压力机上,获得内高压成形件,然后将零件放到定位孔检测台检测定位精度,再送到激光切割机上切端口,最后进行零件的清洗和摆放。需注意的是,有时零件预成形后需要进行退火处理才可进行最终的内高压成形,在加热前应先清洗掉润滑剂,退火后重新喷涂润滑剂,以免润滑剂受热产生烟尘污染热处理设备和车间环境。

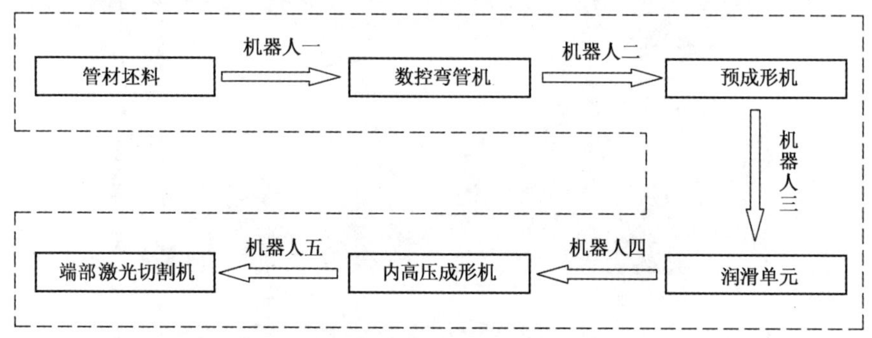

(a)

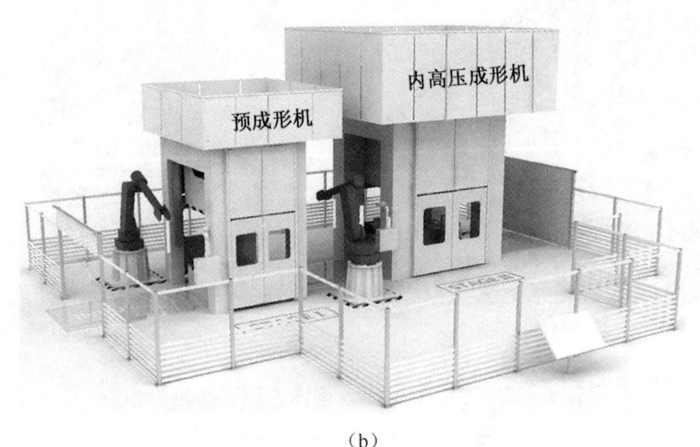

(b)

图 6-13　内高压成形生产线

(a)平面布置;(b)3D 布置。

各工序间的零件传送可以采用人工完成,也可采用机械手来完成,这取决于产品节拍的要求、设备投资规模,以及产品成本核算。根据设备自动化程度的不同,内高压成形生产节拍由 30s/件到 2min/件不等。对于生产效率要求较高的产品,由于数控弯管过程周期较长,可以在每条线上配备 2 台以上数控弯管机保证整条线的生产节拍。

目前内高压成形生产线还主要面向单一零件的生产,未来将向快速换模、快速产品变更、高设备适应性的方向发展。内高压成形生产线的多功能和柔性化将减少生产线的闲置时间,提高生产率。

6.5 大型短行程内高压成形机结构应力与变形分析

6.5.1 大型短行程内高压成形机组成与特点

图 6-14 为大型短行程内高压成形机三维布置图。该机是由哈尔滨工业大学流体高压成形技术研究所牵头为国内某汽车主机厂研制的生产用设备,是目前世界上吨位最大、功能最先进的内高压成形机。主要技术参数:合模力 60MN,水平缸推力 2000kN。采用双增压器,可实现两套模具或一套模具两个型腔同时成形,具有 6 轴数控加载功能。

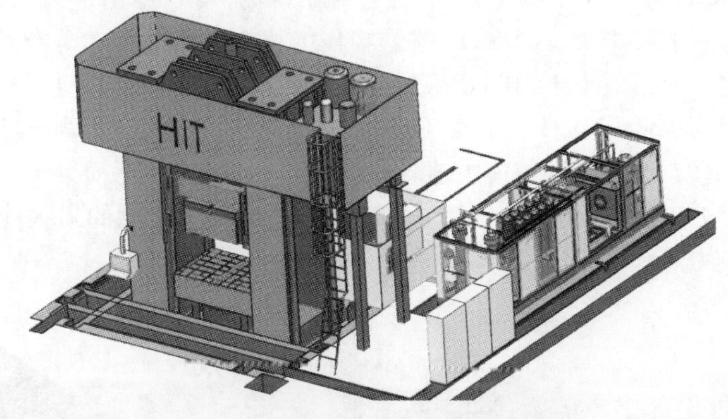

图 6-14　60MN 短行程内高压成形机布置图

该设备独特之处在于短行程油缸为合模压力机的主缸,如图 6-15 所示。它由机身框架、一个下置式短行程主缸、两个长行程油缸、两个定位油缸等组成。

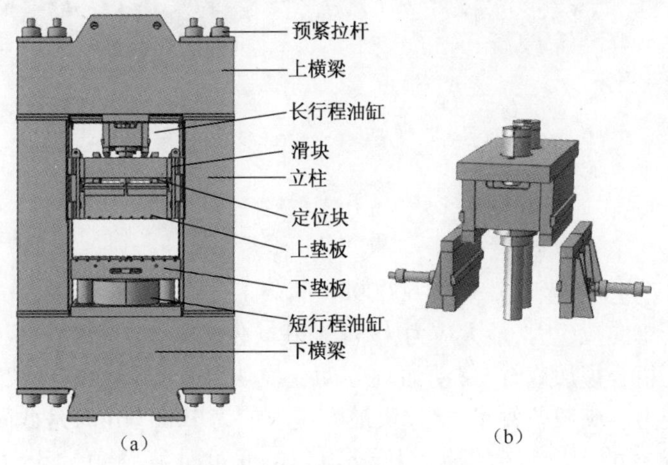

图 6-15　短行程合模压力机结构
(a)机体机构;(b)支撑块结构。

机身为组合框架式结构,包括上横梁、下横梁及立柱组成,由钢板焊接而成。通过拉杆对上、下横梁和两侧的立柱进行预紧,使其紧固成一个整体结构。短行程油缸安装于下横梁内,提供零件成形时的合模力;两个长行程油缸布置在上横梁内,合模和开模动作由这两个油缸来完成;两侧立柱内各装有一个定位油缸,通过它来实现活动横梁与上横梁之间两个刚性支撑块的移动。

6.5.2 合模压力机结构有限元分析

采用 ProE 软件对 60000kN 短行程合模压力机进行了三维实体建模,由于机身结构的对称性,有限元模型为四分之一结构,单元为四面体实体。使用 ABAQUS 有限元程序对机体结构进行了静力分析,给出应力与位移分布,校核机身强度和刚度。图 6-16 是合模压力机横梁等效应力分布。上横梁大部分结构的应力值小于 100MPa,应力集中出现在上盖板与连接筋板过渡处,最大应力为 127MPa;对于下横梁结构,在预紧拉杆与下横梁钢板接触的区域,应力值较大,其余区域应力值较小,应力集中出现在下横梁上盖板与连接筋板过渡处,最大应力值为 145.7MPa。上横梁和下横梁的最大应力值均小于许用应力值。

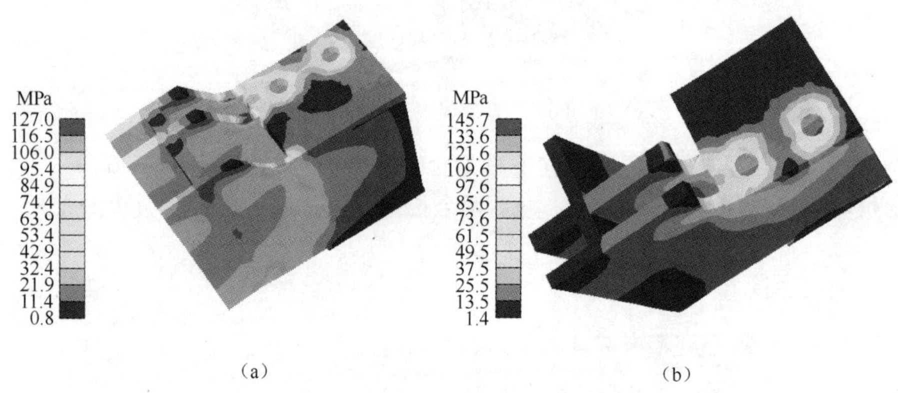

图 6-16 合模压力机横梁等效应力分布
(a)上横梁;(b)下横梁。

图 6-17 为立柱及支撑块在 60000kN 满载工作状态下的等效应力分布。立柱主要承受单向拉应力,最大应力为 37.1MPa,位于加强筋板与立板的过渡区。短行程液压机合模加载时,移动油缸驱动支撑块与长行程油缸支架相接触,使整体机身受力。满载条件下,支撑块最大应力值为 168.5MPa,是截面变化及没有圆角所导致的,其余区域应力比较均匀。通过过渡圆角的设计使应力降低 45%。

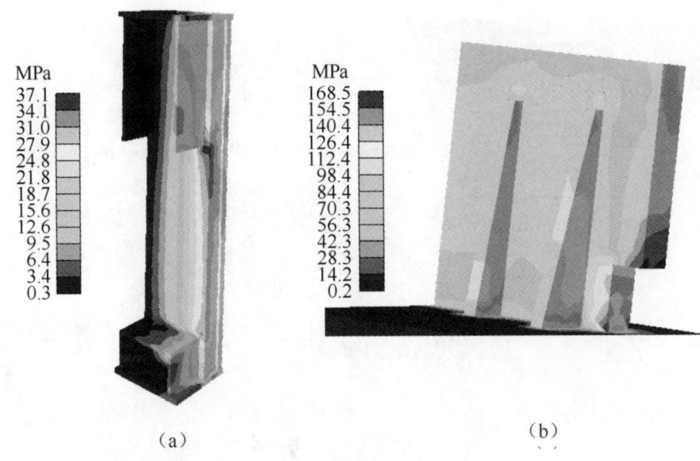

图 6-17　立柱及支撑块等效应力分布
(a)立柱;(b)支撑块。

6.5.3　水平压力机结构有限元分析

图 6-18 为在 2000kN 载荷作用下水平压力机等效应力分布。水平压力机底板受力很小,说明可以对底板减薄,以节约材料和减轻质量。水平缸支座的顶部及两边底部应力较大,最大应力值为 104MPa,其余大部分区域应力值处于 30~60MPa 之间,水平压力结构应力均小于许用应力。

图 6-18　水平压力机等效应力分布

图 6-19 为在 2000kN 载荷作用下水平压力机变形。水平方向位移从水平缸活塞杆向上逐渐增大,最大变形位于水平缸支座顶部,变形量为 0.73mm。在满载条件,总体变形是水平缸支座顶部先外侧移动,但是变形量非常小,对成形精度影响很小。

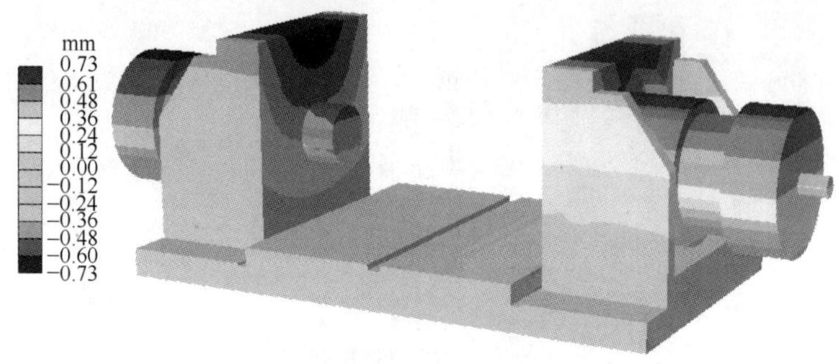

图 6-19　水平压力机变形分布

6.6　内高压成形模具

6.6.1　模具结构和材料

图 6-20 是一种典型的内高压成形模具结构。内高压成形模具的主要组成部分包括上模 1、下模 2、左冲头 3 和右冲头 4。与其他模具一样，还要通过上垫板 5 和下垫板 6 分别与机器滑块 7 和台面 8 连接固定。

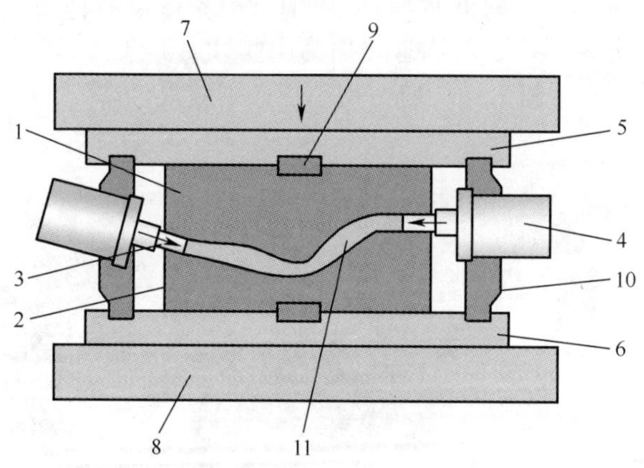

图 6-20　模具结构

1—上模；2—下模；3—左冲头；4—右冲头；5—上垫板；6—下垫板；7—滑块；8—台面；9—键；10—水平缸支座；11—管件。

模具模腔部分可根据不同的工作条件和加工难易程度设计成镶块结构，并应考虑复杂弯曲轴线内高压成形件可能引起的模具水平错移，设计必要的导向和锁扣装置。冲头是内高压成形模具的特殊部分，其作用为密封管端和轴向进给补料。冲头端头的密封结构是非常重要的，关系到整个内高压成形过程能否顺利进行和生产效率高低。冲头的直径和长度要根据管材直径和长度的不同而变化。模具上、下垫板两端均可加工出承力槽,以便水平缸法兰在合模时嵌入模具垫板,形成封闭力系,平衡掉作用在冲头上的轴向推力。

模具材料选择应遵循以下一些基本原则:

(1) 满足内高压成形的工作条件要求,即耐磨性、强韧性、疲劳断裂性能,并根据模具不同部位的工作条件选择不同的材料和相应的热处理工艺。例如,内高压成形时管材端部由冲头和模具挤压形成密封,并由冲头推动实现轴向进给,因此模具管端密封段摩擦严重,可以在密封段采用耐磨性能好的材料制成的镶块,一方面提高模具寿命,另一方面损坏后更换方便。在超高内压作用下,模具的模腔部分内侧圆角处应力往往较大,为提高模具寿命,应选择疲劳断裂性能好的模具材料。

(2) 满足模具加工工艺性要求,即可锻性、切削加工性、淬透性和磨削性等。内高压成形模具形状复杂,模具尺寸精度和表面粗糙度要求高,因此加工难度较大,应采用加工性能好的材料保证模具的技术要求。

(3) 满足经济性要求。应考虑产品产量、产品材料性能和工艺参数,合理选择低成本的模具材料;并根据加工成本优化模具结构。对于产量较小、成形压力较低的零件,可采用优质碳素结构钢如 45 钢等制造模具;对于批量大、成形压力高的零件,可采用合金模具钢。

6.6.2　模具应力和变形的影响因素

1. 合模力加载方式的影响

内高压成形中的合模力有两种加载方式,第一种加载方式:恒定合模力,即在充液阶段就按照工艺需要的最大合模力加载,直至成形结束;第二种加载方式:可变合模力,即按照内压的变化逐级增加合模力,仅在整形阶段施加最大合模力。

不同加载方式下模具的应力和变形差别很大。以 Ω 接头管件内高压成形为例,合模力和内压加载曲线如图 6-21 所示。分别为加载方式Ⅰ:始终施加 5200kN 的恒定合模力;加载方式Ⅱ:0~5200kN 随内压增大逐渐增加的可变合模力。

采用有限元模拟获得了两种加载方式下模具的应力分布和变形结果,根据对称性,仅取上模的一半建立有限元模型进行了数值模拟。

图 6-22 给出成形初期内压为 30MPa 时采用恒定合模力条件下(加载方式Ⅰ)的模具环向拉应力和位移分布规律。由于上模上表面受到 5200kN 压力的作用,而内压较低时模具内腔受到的支撑作用较弱(内压向上作用在模具内壁上的支撑力为 1152kN),模具分模面上受到的压力达 4048kN,因此模具内侧顶

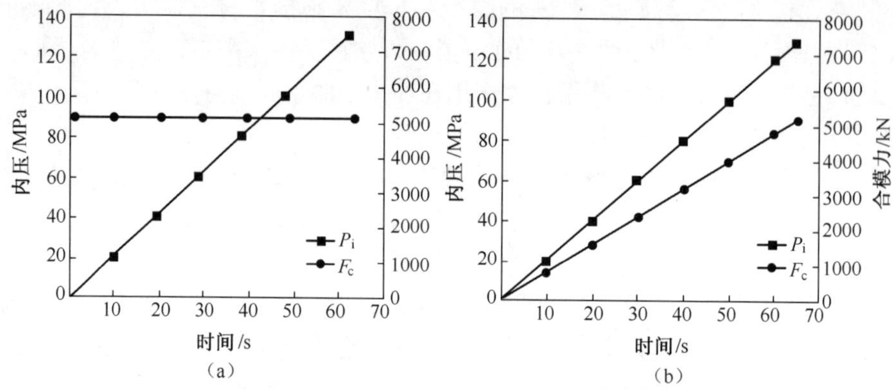

图6-21 不同合模力加载方式下的加载曲线
(a)恒定合模力;(b)可变合模力。

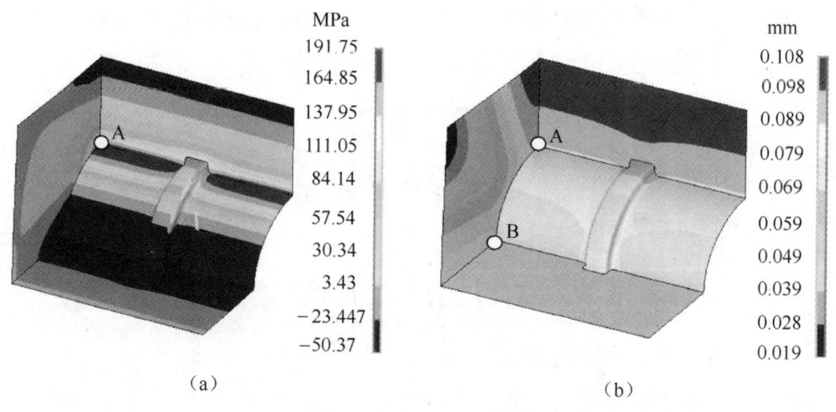

图6-22 恒定合模力时模具应力和位移分布(内压30MPa)
(a)环向拉应力;(b)位移。

部A点环向拉应力达到192MPa,且A点发生竖直向下的位移(约0.09mm),B点发生水平向外的位移(约0.08mm),考虑到下模的变形,模具型腔上下尺寸将减小0.18mm,水平尺寸将增大0.16mm,因此型腔成为长短轴长度差约0.34mm的椭圆。由于Ω接头管件内高压成形模具与冲头间隙很小,模具型腔的尺寸变化将影响冲头进入管材两端时管端的受力状态和密封效果,进而会影响管材的轴向进给量在圆周方向的均匀性,从而造成成形缺陷。

如果采用可变合模力(加载方式Ⅱ),当内压为零时模具不受力,不会发生变形,内压为30MPa时,合模力增大到1500kN,去掉内压的支撑力,实际作用于模具分模面上的压力仅348kN,远远小于采用恒定合模力时模具受到的压力。因此模具的应力状态大大改善,型腔的变形也显著减小。图6-23为内压30MPa时可变合模力(加载方式Ⅱ)的环向拉应力和位移结果。A点环向拉应力仅 74MPa，竖直方向位移仅 0.004mm，B 点水平方向位移仅 0.03mm，型腔长短轴的差仅为 0.068mm，因此对零件的成形不会造成严重影响。

对比可见，采用恒定合模力时，模具不仅变形较大，且长时间承受较大的环向拉应力作用，在大批量生产中易导致模具疲劳破坏，而采用可变合模力，利用内压的支撑作用减小模具受力和变形，有助于提高零件成形精度、避免缺陷产生，并可延长模具使用寿命，但合模压力机主缸控制难度大。

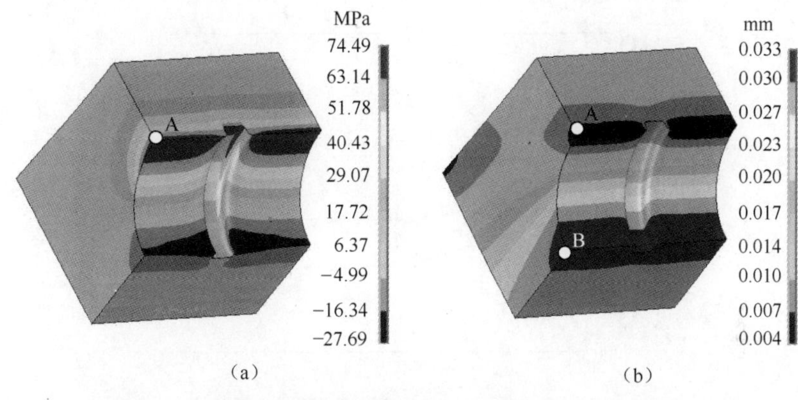

图 6-23 可变合模力时模具应力和位移分布（内压 30MPa）
(a)环向拉应力；(b)位移。

2. 模具侧壁和底边厚度的影响

内高压成形模具的关键尺寸是模具型腔内径（d）、侧壁宽度（B）和底边高度（H），圆形型腔模具受力如图 6-24 所示，因内高压成形管材壁厚较小，可忽略管材影响，认为模具受到的内压等于管材内压 p_{i}。对于一定的零件，型腔内径 d 是一个常数，因此由 B 和 H 这两个尺寸确定了模具的整体轮廓和模具可能承受的合模力和内压。下面以某材料圆形型腔模具为例，根据有限元模拟结果分析 B 和 H 对模具应力和变形的影响。

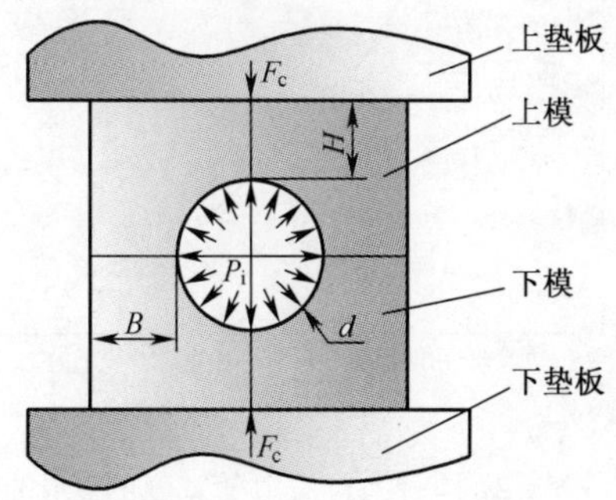

图 6-24 模具受力分析示意图

图 6-25 给出了在一定内压和合模力作用下模具的最大环向拉应力随高度

的变化曲线。随着模具底边高度 H 的增大,模具内的最大环向拉应力减小,但是,当相对高度 $H/d>0.75$ 以后,继续增大底边高度对最大环向拉应力影响很小,这是因为模具高度主要影响模具底边水平方向应力数值,因此主要与内压有关,而与合模力关系不大,沿模具底边方向距离模腔越远的材料对型腔内壁的应力状态影响越小。可见,$H/d=0.75$ 可以作为模具设计时确定最小底边高度的参考依据。

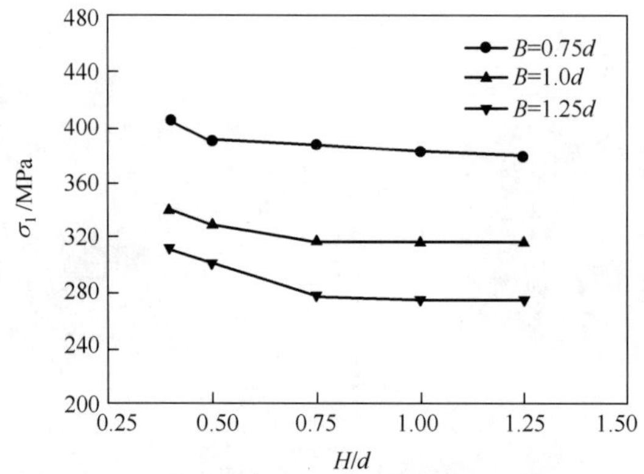

图 6-25　模具最大拉应力随高度的变化曲线

图 6-26 给出了当模具相对高度 $H/d=0.75$ 时模具中最大环向拉应力随宽度的变化曲线。随着侧壁厚度增大,模具内的最大环向拉应力显著减小,当相对宽度 $B/d>1.0$ 时,模具内的拉应力下降幅度减缓。模具变形结果与应力结果一致,在此不再赘述。

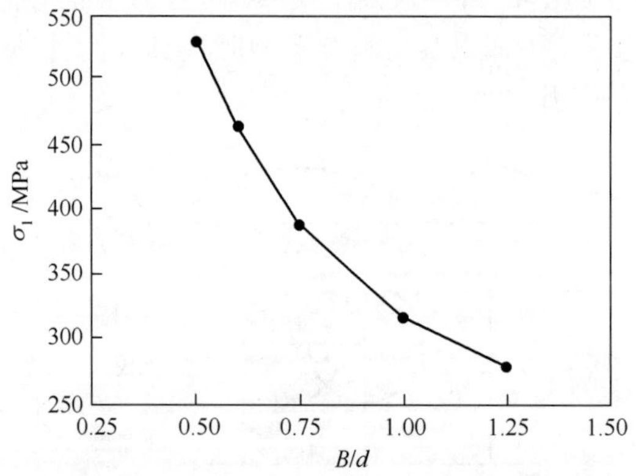

图 6-26　模具最大拉应力随宽度的变化曲线

需指出的是,上述结论仅为基于简化模型提出的初步设计依据,针对不同的模具材料、不同的内高压成形零件及其型腔截面形状,还需具体分析。

3. 分模线位置的影响

模具侧壁和底边厚度确定后，模具整体轮廓即可确定，但是内高压成形件不同部位截面形状不同，对于异形截面零件，为保证零件成形和脱模，各部位分模线的位置往往不在模块的对称轴上，即使是较规则的矩形截面，如果上、下边圆角半径不同，也往往要通过调整分模线位置改善模具的应力分布。

以图 6-27 所示矩形截面件模具型腔为例，设上模圆角半径为 $R=18$mm，下模圆角半径为 $r=9$mm，其他尺寸为 $L=200$mm、$a=64.5$mm、$H=75$mm，$C=20$mm。设分模线到上模圆角与直边交点的距离为 h，以 $\lambda=h/C$ 来表征分模线位置，通过有限元模拟计算出上、下模圆角部位的最大环向拉应力与 λ 的关系，如图 6-28 所示。当 $\lambda=0.25$ 时，分模线位置比较靠近上模圆角，上模圆角部位的最大环向拉应力仅为 186MPa，而下模圆角的最大环向拉应力达到 313MPa，可见下模圆角存在较大的应力集中。随着 λ 的增大，分模线位置下移，上模应力升高，下模应力下降，$\lambda=0.7$ 时，上、下模的最大环向拉应力相等，λ 继续增大则上模应力反而大于下模，可见分模线的位置对模具圆角的应力有重要的影响。

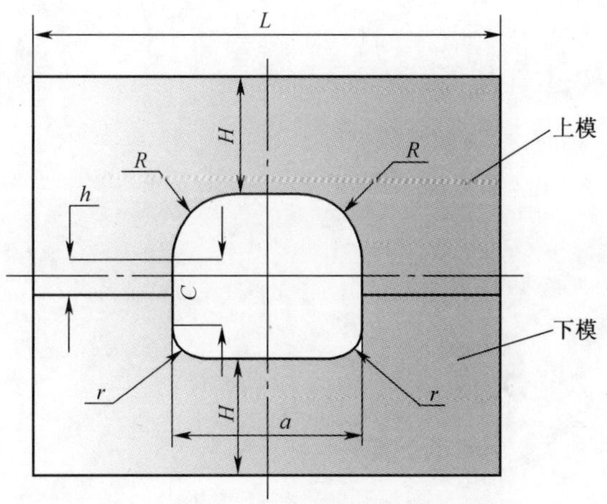

图 6-27　矩形截面件模具型腔示意图

为了降低模具整体的应力峰值，应综合考虑上、下模的应力分布，将分模线设计在上、下模应力相差不大的位置上，对于本例来说，$\lambda=0.7$ 时，上、下模的最大环向拉应力均在 248MPa 左右，此时分模线位置为 $h=14$mm，可作为该模具的最佳分模位置。

分模线位置对圆角处应力的影响主要是由于分模线改变了模具侧壁的高度，引起模具侧壁承受的内压推力的变化。这种受力变化不仅影响应力的分布，同时也对模具变形有影响。模具侧壁较高，在内压推力作用下沿水平向外侧挠曲变形量较大，严重时可能导致上、下模之间内壁错位，影响成形件的外观。因此设计模具时应综合考虑应力、变形两方面因素，优化分模线位置。

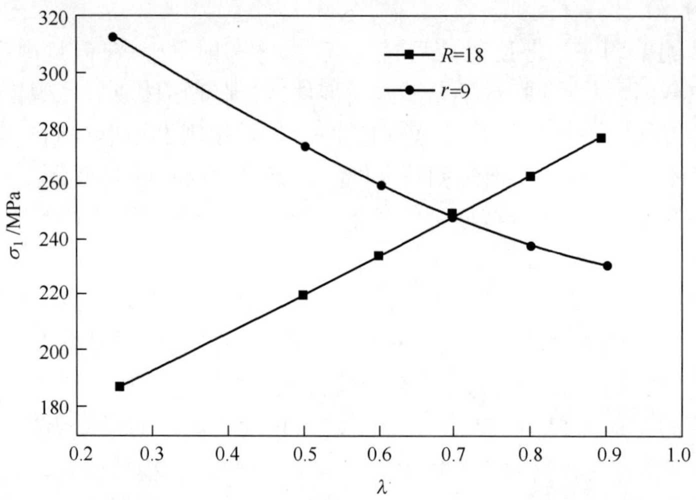

图 6-28　不同分模线位置时模具最大环向拉应力

第7章 液力胀接和液压冲孔

7.1 液力胀接原理和特点

7.1.1 液力胀接原理

液力胀接是以液体介质在轴管内加载产生局部变形，利用液压伺服精确控制内压，实现轴管和多个套环一次性整体装配的工艺方法，适于制造空心凸轮轴等轴类件。

液力胀接原理如图7-1所示。胀接前轴管与套环之间预留初始间隙δ_0，轴管两端与套环不发生连接的部分由模具约束其变形(图7-1(a))，在内压p的作用下，轴管发生塑性膨胀直至与套环内壁接触，继续增大内压，使轴管与套环同时变形，并保持套环仅发生弹性变形且内半径增大δ_1，则轴管外半径增大$\delta_0+\delta_1$，此时卸去内压p，轴管和套环都发生弹性回复，当套环弹性回复量大于轴管弹性回复量，套环变形不能完全恢复，因此保留残余弹性变形量δ_e(图7-1(c))，套环和轴管之间形成一定过盈量的固定连接，二者之间的残余接触压力可使其承受一定的扭矩和拉脱力。

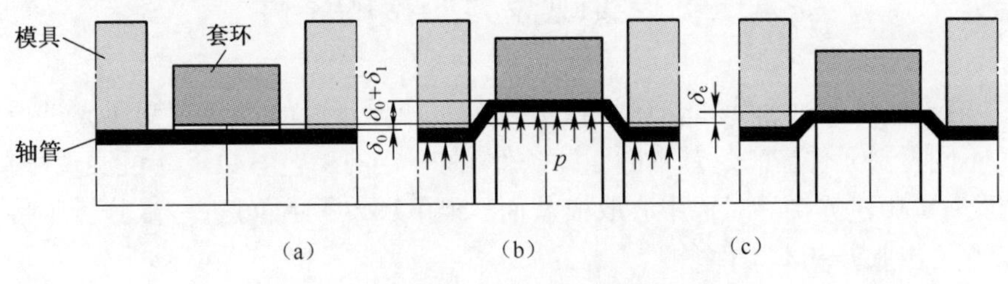

图7-1 液力胀接原理
(a)初始阶段；(b)加压阶段；(c)卸去内压。

7.1.2 液力胀接工艺特点

轴管和套环之间的连接方法较多，包括焊接、扩散连接和烧结、粘接、变形连接(胀接和热装)以及键连接等。其中，焊接具有易产生焊接变形和裂纹、热影响区性能差、异种材料焊接困难等缺点;粘接需专用金属粘接剂,环境适应性差;键连接是在较硬的连接件表面预先加工花键,再使该花键挤入另一连接件表面形成键连接,连接可靠,但易造成元件表面损伤,且工序复杂;热装法需加热套环,利用热胀冷缩形成过盈配合,接合强度较低。这些方法存在的共同问题是要求连接件接合面的初始加工精度较高,增加了工艺难度。与其相比,液力胀接具有如下优点:

(1) 由于轴管在内压作用下先发生较大塑性变形再接触套环内壁,因此轴管与套环之间允许有较大的初始间隙,接合面加工精度要求较低。

(2) 被连接元件不需加工键和键槽等,也不存在连接件之间相互挤压的剪切变形,因此不会形成表面损伤和应力集中等问题。

(3) 材料适应范围广,易于实现异种材料之间的连接,而不需要考虑其可焊性和可粘接性,且连接过程不需加热,不会影响材料组织性能。

(4) 多个套环一次整体装配,一致性好,效率高。采用液体作为传力介质可在轴管内壁各部位产生相同的胀形力,一次增压可同时将多个套环连接到轴管上。

(5) 套环内孔可加工成非圆形状,轴管经胀形与套环形成非圆接合面,成形工艺简单,连接抗扭强度大。

液力胀接的主要缺点是:①胀接元件主要靠过盈配合实现固定连接,套环内壁不可避免地存在残余拉应力,适用范围受到一定的限制;②温度升高导致的热膨胀和应力松弛可能影响连接的抗扭强度,因此不适用于套环热膨胀系数高于轴管的场合;③需严格控制胀接压力,尤其对于铸铁等塑性差的材料胀接,内压控制要求较高,否则易造成元件开裂。

7.2 实现液力胀接的条件

液力胀接通过轴管和套环的弹塑性变形和弹复后的残余应变形成过盈配合,不同材料元件需满足基本的匹配条件,在一定的工艺参数下才可实现胀接。在图 7-1 中过连接件对称中心取横截面,如图 7-2 所示,可进一步分析胀接过程,并给出胀接基本条件。

在胀接过程中,设轴管接触套环之前已进入均匀塑性变形阶段,考虑到材料的应变硬化,以理想弹塑性线性强化模型分析轴管变形过程。由于套环仅发生弹性变形或仅在内壁附近发生微小塑性变形,因此以理想弹塑性模型分析套环的变形过程。

如图 7-2(a)所示,套环和轴管为同心圆环,圆心为 O 点,沿任一射线 OW 取轴管外壁点 N 和套环内壁点 W 为研究对象,设在液力胀接时点 N 沿射线 OW

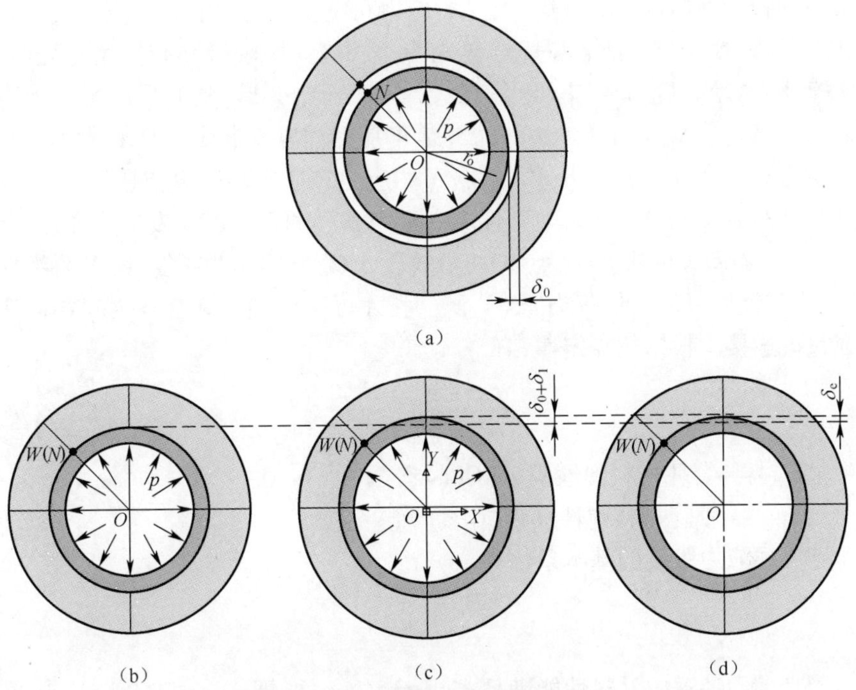

图 7-2　液力胀接过程分析模型

(a)初始位置;(b)轴管与套环接触;(c)内压达到最大值;(d)卸去内压。

运动到点 W 并与点 W 形成连接。将液力胀接过程中 N 点发生理想弹塑性线性强化变形和 W 点发生理想弹塑性变形的等效应力-应变曲线(简称应力-应变曲线)绘制在一起,如图 7-3 所示。其中点 N 的应力-应变曲线为 OAB,点 W 的应力-应变曲线为 $O'A'C$,其中 σ_{si} 为轴管材料在屈服点 A 的屈服应力,σ'_{si} 为轴管材料的应力应变到达 B 点时发生应变硬化后的流动应力,σ_{so} 为套环材料在屈服点 A' 的屈服应力。

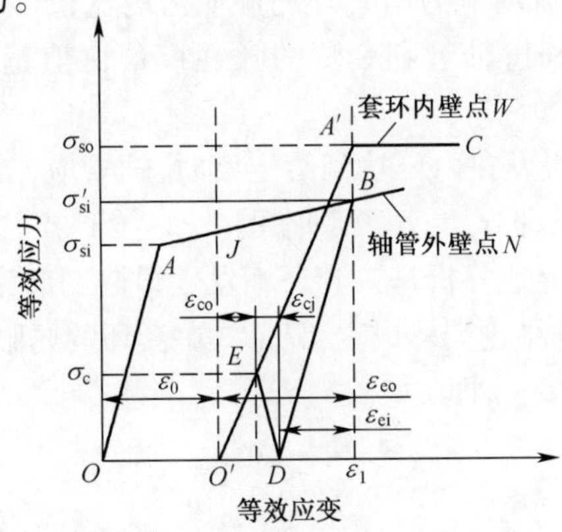

图 7-3　典型点等效应力-应变曲线

当轴管受到内压 p 的作用,点 N 的应力和应变由曲线上的 O 点经过 A 点到达 J 点,其等效应变达到 ε_0 时,点 N 与点 W 重合(即轴管和套环相互接触,如图 7-2(b)所示);随着内压 p 继续增大,点 W 开始变形,其变形起始于 O' 点。此时点 N 的应力应变沿线段 JB 发展,点 W 应力和应变沿线段 $O'A'$ 发展。当点 W 的应力和应变到达屈服点 A' 时,点 N 的应力和应变到达 B 点(图 7-2(c)),点 N 的等效应变记作 ε_1(其中弹性应变量为 ε_{ei});而点 W 仅发生了弹性应变,记为 ε_{eo}。当卸去内压 p 时,点 W 将沿线段 $A'O'$ 发生弹性回复,点 N 将沿线段 BD 发生弹性回复,可见,仅当 $\varepsilon_{ei} < \varepsilon_{eo}$ 时,才可保证轴管和套环之间在卸压后形成过盈连接。根据胡克定律,有

$$\sigma_{so} = \varepsilon_{eo} \cdot E_o \tag{7-1}$$

$$\sigma'_{si} = \varepsilon_{ei} \cdot E_i \tag{7-2}$$

式中 E_o ——套环材料弹性模量(GPa);

E_i ——轴管材料弹性模量(GPa)。

则实现液力胀接的基本条件为

$$\frac{E_i}{E_o} > \frac{\sigma'_{si}}{\sigma_{so}} \tag{7-3}$$

当套环和轴管的材料性能满足式(7-3)的条件,即 $\varepsilon_{ei} < \varepsilon_{eo}$,套环点 W 的弹性回复受到轴管点 N 的阻碍,其弹性变形量不能完全回复,应力和应变由 A' 点回复到 E 点,套环点 W 仍有一定的残余弹性应变 ε_{co};同时,卸去内压时点 N 的应力和应变由 B 点回复到 D 点后,在套环作用下轴管发生环向压缩的弹性变形,点 N 的应力和应变由 D 点也到达 E 点,即轴管发生一定的弹性应变 ε_{ci}。这样,轴管和套环的残余弹性应变导致二者之间的残余接触压力,从而形成固定连接,残余应变的大小决定了二者之间的连接强度。

总之,对于异种材料之间的液力胀接,只有轴管与套环弹性模量的比值大于轴管应变硬化后的流动应力与套环屈服应力的比值,才可以实现液力胀接,并且当其他条件不变时,轴管和套环的弹性模量比值越大,越易于实现液力胀接。

作为一种特例,假设在内压达到给定值时,轴管应变硬化后的流动应力刚好等于套环屈服应力,即 $\sigma'_{si} = \sigma_{so}$,则在图 7-3 中 A' 点与 B 点重合,此时连接条件为 $E_i/E_o > 1$。上述分析是以套环不发生塑性变形为前提,对于套环发生塑性变形的情况,上述结论同样成立,只是式中套环的屈服应力 σ_{so} 变为套环应变硬化后的流动应力 σ'_{so},即

$$\frac{E_i}{E_o} > \frac{\sigma'_{si}}{\sigma'_{so}} \tag{7-4}$$

以某钢质组合式凸轮轴为例,轴管采用 20 钢管,凸轮采用 40Cr 钢锻件,二

者弹性模量基本相等，$E_i/E_o \approx 1$，取 20 钢应变硬化后的流动应力为 280MPa，40Cr 钢屈服应力 373MPa，则 $\sigma'_{si}/\sigma_{so} = 0.75$，满足式(7-3)，表明采用此种凸轮和轴管可以通过液力胀接制造组合式空心凸轮轴。

7.3　液力胀接内压的计算

液力胀接过程是在内压作用下使轴管和套环发生弹塑性变形实现的，内压是液力胀接过程的关键工艺参数，内压决定了被连接元件的变形量和连接强度，也决定了胀接过程能否顺利完成。内压过小，轴管和套环中的残余弹性应变太小，胀接强度低；内压过大，不仅易发生套环和轴管的开裂缺陷，也可引起套环塑性变形，降低胀接强度。本节给出液力胀接内压的计算方法。

对于轴类件胀接，轴管长度远大于直径和壁厚尺寸，同时，由于胀接过程中套环仅发生弹性变形，或者仅内壁附近发生微小塑性变形，套环外层材料对内壁的轴向变形构成约束，因此轴管和套环的轴向变形对胀接结果影响很小。为便于推导，本书忽略轴管和套环的轴向应变，仍采用图 7-2 所示的横截面，将轴管和套环的变形过程简化为平面应变问题进行分析。同时，所采用的材料模型与 7.2 节相同。

液力胀接过程包括轴管变形阶段、轴管与套环同时变形阶段和卸压弹复阶段。

1.轴管变形阶段的应力分析

首先，轴管变形阶段由于轴管和套环之间有初始间隙，仅轴管在内压作用下变形，其受力如图 7-4 所示，设轴管外半径为 r_o，内半径为 r_i，内表面处作用均匀的内压 p，σ_r 为径向应力，σ_θ 为环向应力。

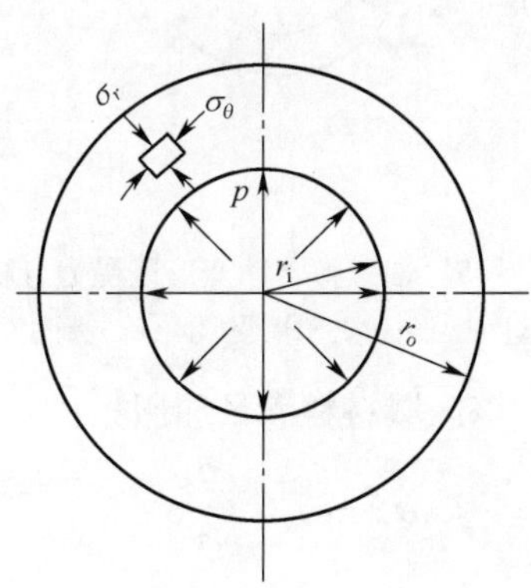

图 7-4　轴管受力状态

(1) 轴管弹性变形。轴管在内压 p 作用下先发生弹性变形，再由内壁开始发生塑性变形,然后逐渐扩展到外壁。当内压较低,轴管仅发生弹性变形时,由受内压厚壁筒应力分量的拉梅公式,可得轴管半径为 r 处任意一点的应力分量和径向位移分量为

$$\begin{cases}\sigma_r = \dfrac{pr_{\mathrm{i}}^2}{r_{\mathrm{o}}^2 - r_{\mathrm{i}}^2}\left(1 - \dfrac{r_{\mathrm{o}}^2}{r^2}\right) \\ \sigma_\theta = \dfrac{pr_{\mathrm{i}}^2}{r_{\mathrm{o}}^2 - r_{\mathrm{i}}^2}\left(1 + \dfrac{r_{\mathrm{o}}^2}{r^2}\right)\end{cases} \tag{7-5}$$

$$u_r = \frac{pr_{\mathrm{i}}^2}{E_{\mathrm{i}}(r_{\mathrm{o}}^2 - r_{\mathrm{i}}^2)}\left[(1 + \mu_{\mathrm{i}})\frac{r_{\mathrm{o}}^2}{r} + (1 - \mu_{\mathrm{i}})r\right] \tag{7-6}$$

式中 r——轴管内任意一点半径(mm);

u_r——弹性径向位移(mm);

μ_{i}——轴管材料泊松比。

(2) 轴管内侧部分发生塑性变形。设 r_{d} 为轴管弹性变形层和塑性变形层分界圆的半径,p_{d} 为塑性层对弹性层沿径向向外作用的内压,如图 7-5 所示。下面按塑性区和弹性区分别给出应力分量的计算公式。

在塑性变形区($r_{\mathrm{i}} < r \leqslant r_{\mathrm{d}}$),可建立平衡方程:

$$\frac{\mathrm{d}\sigma_r}{\mathrm{d}r} + \frac{\sigma_r - \sigma_\theta}{r} = 0 \tag{7-7}$$

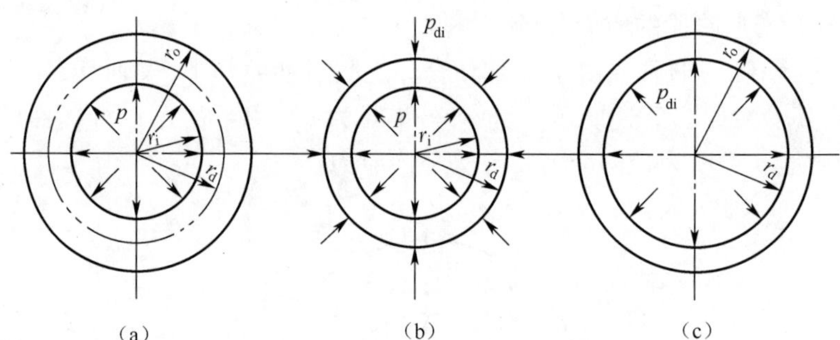

图 7-5 轴管弹塑性变形区受力分析

(a) 弹塑性变形;(b) 塑性变形区;(c) 弹性变形区。

根据 Mises 屈服准则,该区域材料满足屈服条件:

$$\sigma_\theta - \sigma_r = \frac{2}{\sqrt{3}}\sigma_{\mathrm{si}} \tag{7-8}$$

将式(7-8)代入式(7-7)并进行积分,得

$$\sigma_r = \frac{2}{\sqrt{3}}\sigma_{\mathrm{si}}\ln r + C \tag{7-9}$$

由边界条件 $\sigma_r|_{r=r_i}=-p$,可得

$$C=-\frac{2}{\sqrt{3}}\sigma_{si}\ln r_i-p$$

将 C 的表达式代入式(7-9)并利用屈服条件可求得 σ_θ ,由此得塑性区内的应力分量为

$$\begin{cases}\sigma_r=\dfrac{2}{\sqrt{3}}\sigma_{si}\ln\dfrac{r}{r_i}-p\\ \sigma_\theta=\dfrac{2}{\sqrt{3}}\sigma_{si}\left(1+\ln\dfrac{r}{r_i}\right)-p\end{cases} \tag{7-10}$$

在弹性变形区($r_d<r<r_o$),作为受内压厚壁筒,径向和环向的应力分量为

$$\begin{cases}\sigma_r=\dfrac{p_d r_d^2}{r_o^2-r_d^2}\left(1-\dfrac{r_o^2}{r^2}\right)\\ \sigma_\theta=\dfrac{p_d r_d^2}{r_o^2-r_d^2}\left(1+\dfrac{r_o^2}{r^2}\right)\end{cases} \tag{7-11}$$

一方面,可以从弹性区考察弹塑性分界圆上的应力状态,当 $r\to r_d$ 时,即无限逼近分界圆时,应力状态逐渐接近屈服条件,有

$$\lim_{r\to r_d}(\sigma_\theta-\sigma_r)=\frac{2}{\sqrt{3}}\sigma_{si} \tag{7-12}$$

则根据弹性区的应力计算公式(7-11),可得出分界圆上作用于弹性区内壁的内压为

$$p_d=\frac{\sigma_{si}}{\sqrt{3}}\left(1-\frac{r_d^2}{r_o^2}\right) \tag{7-13}$$

另一方面,也可从塑性区考察分界圆上的应力状态,由于作用在弹性区内壁的内压同时作用于塑性区的外壁,塑性区外壁受到的径向应力为 $\sigma_r|_{r=r_d}=-p_d$,根据塑性区的应力计算式(7-10),又可给出 p_d 为

$$p_d=p-\frac{2}{\sqrt{3}}\sigma_{si}\ln\frac{r_d}{r_i} \tag{7-14}$$

联立式(7-13)和式(7-14)得到内压 p 与弹塑性分界圆半径 r_d 的关系式为

$$p=\frac{2}{\sqrt{3}}\sigma_{si}\ln\frac{r_d}{r_i}+\frac{\sigma_{si}}{\sqrt{3}}\left(1-\frac{r_d^2}{r_o^2}\right) \tag{7-15}$$

(3) 轴管全部发生塑性变形。由式(7-15)可求出轴管完全进入塑性变形的屈服极限内压 p_{pi} 为

$$p_{pi} = p\mid_{r_d=r_o} = \frac{2}{\sqrt{3}}\sigma_{si}\ln\frac{r_o}{r_i} \tag{7-16}$$

由于轴管和套环之间存在初始间隙δ_0，使轴管在与套环接触时已发生应变硬化，应变硬化后轴管材料流动应力可表示为$\sigma'_{si} = \sigma_{si} + \frac{\delta_0}{r_o}E_{it}$，其中$E_{it}$为轴管材料的塑性模量。于是考虑硬化的轴管任意一点的应力分量为

$$\begin{cases}\sigma_r = \dfrac{2}{\sqrt{3}}\left(\sigma_{si} + \dfrac{\delta_0}{r_o}E_{it}\right)\ln\dfrac{r}{r_i} - p \\ \sigma_\theta = \dfrac{2}{\sqrt{3}}\left(\sigma_{si} + \dfrac{\delta_0}{r_o}E_{it}\right)\left(1 + \ln\dfrac{r}{r_i}\right) - p\end{cases} \tag{7-17}$$

则使轴管与套环外壁接触所需内压为

$$p_{ci} = \frac{2}{\sqrt{3}}(\sigma_{si} + \frac{\delta_0}{r_o}E_{it})\ln\frac{r_o}{r_i} \tag{7-18}$$

在此忽略了轴管内、外壁塑性应变差别导致的硬化程度差别。胀接过程应保证$p > p_{ci}$，即胀接内压应大于接触所需内压，才有可能实现胀接。

2. 轴管与套环同时变形阶段的应力分析

在轴管与套环接触后继续增大内压，轴管和套环同时变形。此时轴管继续塑性变形，而套环可能发生弹性变形也可能发生塑性变形，取决于内压大小。

图7-6所示为套环受力分析模型，设套环内壁受到的内压为p_i^*，即轴管外壁作用于套环内壁的接触压力，随内压的增大，p_i^*也增大，由于接触压力与轴管外壁径向应力相等，根据式(7-17)，可得p_i^*与轴管内压p的关系，如式7-19所示。

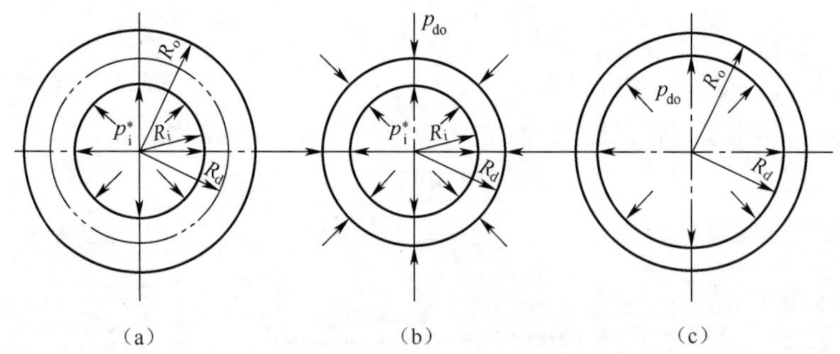

图7-6　套环弹塑性分析

(a)弹塑性变形;(b)塑性变形区;(c)弹性变形区。

$$p_i^* = -\sigma_r\mid_{r=r_o} = p - \frac{2}{\sqrt{3}}\left(\sigma_{si} + \frac{\delta_0}{r_o}E_{it}\right)\ln\frac{r_o}{r_i} \tag{7-19}$$

设 R_o 为套环外半径，R_i 为内半径，R_d 为轴管弹性变形层和塑性变形层分界圆的半径，p_{do} 为塑性层对弹性层沿径向向外作用的内压。

与分析轴管变形类似，基于拉梅公式可得到仅发生弹性变形时，套环内应力分量为

$$\begin{cases}\sigma_r = \dfrac{p_i^* \cdot R_i^2}{R_o^2 - R_i^2}\left(1 - \dfrac{R_o^2}{R^2}\right) = \dfrac{R_i^2}{R_o^2 - R_i^2}\left(1 - \dfrac{R_o^2}{R^2}\right)\left[p - \dfrac{2}{\sqrt{3}}\left(\sigma_{si} + \dfrac{\delta_0}{r_o}E_{it}\right)\ln\dfrac{r_o}{r_i}\right] \\ \sigma_\theta = \dfrac{p_i^* \cdot R_i^2}{R_o^2 - R_i^2}\left(1 + \dfrac{R_o^2}{R^2}\right) = \dfrac{R_i^2}{R_o^2 - R_i^2}\left(1 + \dfrac{R_o^2}{R^2}\right)\left[p - \dfrac{2}{\sqrt{3}}\left(\sigma_{si} + \dfrac{\delta_0}{r_o}E_{it}\right)\ln\dfrac{r_o}{r_i}\right]\end{cases} \tag{7-20}$$

式中　R——套环内任一点处半径(mm)。

再根据 Mises 屈服准则，当 $p_i^* = \dfrac{\sigma_{so}}{\sqrt{3}}\left(1 - \dfrac{R_i^2}{R_o^2}\right)$ 时，套环内壁开始发生塑性变形，其中 σ_{so} 是套环的屈服极限，则使套环达到弹性极限的内压为

$$p_{eo} = \frac{2}{\sqrt{3}}\left(\sigma_{si} + \frac{\delta_0}{r_o}E_{it}\right)\ln\frac{r_o}{r_i} + \frac{\sigma_{so}}{\sqrt{3}}\left(1 - \frac{R_i^2}{R_o^2}\right) \tag{7-21}$$

与轴管相似，如果套环从内层到外层完全发生塑性变形，所需屈服极限内压为(推导过程略)

$$p_{po} = \frac{2}{\sqrt{3}}\left(\sigma_{si} + \frac{\delta_0}{r_o}E_{it}\right)\ln\frac{r_o}{r_i} + \frac{2}{\sqrt{3}}\sigma_{so}\ln\frac{R_o}{R_i} \tag{7-22}$$

为了实现可靠连接，一方面应尽量增大套环的弹性变形量，获得更大的残余弹性应变，另一方面，应尽量避免套环发生塑性变形，如果 $p_{eo} < p < p_{po}$，套环内壁局部发生塑性变形，则可能对胀接强度有不利影响，如果 $p > p_{po}$，套环整体发生塑性变形，可能导致套环弹复量不足，影响胀接强度。因此胀接内压 p 的取值范围应为

$$p_{ci} < p < p_{eo} \tag{7-23}$$

3. 卸压弹复阶段的应力分析

卸去内压后轴管和套环都要发生弹性回复，利用轴管外壁与套环内壁接触面处的位移连续条件，可求出残余接触压力 p_r。

若初次加载时产生的应力为 σ_{ij}，由于卸载应力全部为弹性应力 σ_{ij}^e，则残余应力为

$$\sigma_{ij}^r = \sigma_{ij} - \sigma_{ij}^e \tag{7-24}$$

对于轴管，卸载前内压为 p，外压为 p_i^*，卸载后内压为 0，外压为 p_r，其内壁卸载压力为 p，外壁卸载压力为 $(p_i^* - p_r)$；对于套环，卸载前内压为 p_i^*，卸载后内压为残余接触压力 p_r，卸载压力为 $(p_i^* - p_r)$。

对于轴管,卸载应力分量为

$$
\begin{cases}
\sigma_r^{\mathrm{e}} = \dfrac{1}{r_{\mathrm{o}}^2 - r_{\mathrm{i}}^2}\left[pr_{\mathrm{i}}^2\left(1 - \dfrac{r_{\mathrm{o}}^2}{r^2}\right) + r_{\mathrm{o}}^2(p_{\mathrm{i}}^* - p_{\mathrm{r}})\left(\dfrac{r_{\mathrm{i}}^2}{r^2} - 1\right)\right] \\
\sigma_\theta^{\mathrm{e}} = \dfrac{1}{r_{\mathrm{o}}^2 - r_{\mathrm{i}}^2}\left[pr_{\mathrm{i}}^2\left(1 + \dfrac{r_{\mathrm{o}}^2}{r^2}\right) - r_{\mathrm{o}}^2(p_{\mathrm{i}}^* - p_{\mathrm{r}})\left(\dfrac{r_{\mathrm{i}}^2}{r^2} + 1\right)\right]
\end{cases}
\tag{7-25}
$$

对于套环,卸载应力分量为

$$
\begin{cases}
\sigma_R^{\mathrm{e}} = \dfrac{R_{\mathrm{i}}^2}{R_{\mathrm{o}}^2 - R_{\mathrm{i}}^2}\left(1 - \dfrac{R_{\mathrm{o}}^2}{R^2}\right)(p_{\mathrm{i}}^* - p_{\mathrm{r}}) \\
\sigma_\theta^{\mathrm{e}} = \dfrac{R_{\mathrm{i}}^2}{R_{\mathrm{o}}^2 - R_{\mathrm{i}}^2}\left(1 + \dfrac{R_{\mathrm{o}}^2}{R^2}\right)(p_{\mathrm{i}}^* - p_{\mathrm{r}})
\end{cases}
\tag{7-26}
$$

由式(7-24),有

$$
\begin{cases}
\sigma_r^{\mathrm{r}} = \sigma_r - \sigma_r^{\mathrm{e}} \\
\sigma_\theta^{\mathrm{r}} = \sigma_\theta - \sigma_\theta^{\mathrm{e}}
\end{cases}
\tag{7-27}
$$

可以推导出卸载后轴管残余应力分量为

$$
\begin{cases}
\sigma_r^{\mathrm{r}} = \left(\dfrac{2}{\sqrt{3}}\sigma_{\mathrm{si}}\ln\dfrac{r}{r_{\mathrm{i}}} - p\right) - \dfrac{1}{r_{\mathrm{o}}^2 - r_{\mathrm{i}}^2} \\
\left[pr_{\mathrm{i}}^2\left(1 - \dfrac{r_{\mathrm{o}}^2}{r^2}\right) + r_{\mathrm{o}}^2(p_{\mathrm{i}}^* - p_{\mathrm{r}})\left(\dfrac{r_{\mathrm{i}}^2}{r^2} - 1\right)\right] \\
\sigma_\theta^{\mathrm{r}} = \left[\dfrac{2}{\sqrt{3}}\sigma_{\mathrm{si}}\left(1 + \ln\dfrac{r}{r_{\mathrm{i}}}\right) - p\right] - \dfrac{1}{r_{\mathrm{o}}^2 - r_{\mathrm{i}}^2} \\
\left[pr_{\mathrm{i}}^2\left(1 + \dfrac{r_{\mathrm{o}}^2}{r^2}\right) - r_{\mathrm{o}}^2(p_{\mathrm{i}}^* - p_{\mathrm{r}})\left(\dfrac{r_{\mathrm{i}}^2}{r^2} + 1\right)\right]
\end{cases}
\tag{7-28}
$$

由于液力胀接主要在套环仅发生弹性变形的前提下完成,本书计算公式中并未考虑套环完全进入塑性变形及其材料加工硬化造成的影响。下面仅考虑套环内壁附近可能发生微小塑性变形,而外侧大部分发生弹性变形的情况,给出卸载后套环内弹性变形区和塑性变形区的残余应力分量计算公式。其中,套环弹性区中残余应力分量为

$$
\begin{cases}
\sigma_r^{\mathrm{r}} = \dfrac{p_{\mathrm{do}}R_{\mathrm{d}}^2}{R_{\mathrm{o}}^2 - R_{\mathrm{d}}^2}\left(1 - \dfrac{R_{\mathrm{o}}^2}{R^2}\right) - \dfrac{R_{\mathrm{i}}^2}{R_{\mathrm{o}}^2 - R_{\mathrm{i}}^2}\left(1 - \dfrac{R_{\mathrm{o}}^2}{R^2}\right)(p_{\mathrm{i}}^* - p_{\mathrm{r}}) \\
\sigma_\theta^{\mathrm{r}} = \dfrac{p_{\mathrm{do}}R_{\mathrm{d}}^2}{R_{\mathrm{o}}^2 - R_{\mathrm{d}}^2}\left(1 + \dfrac{R_{\mathrm{o}}^2}{R^2}\right) - \dfrac{R_{\mathrm{i}}^2}{R_{\mathrm{o}}^2 - R_{\mathrm{i}}^2}\left(1 + \dfrac{R_{\mathrm{o}}^2}{R^2}\right)(p_{\mathrm{i}}^* - p_{\mathrm{r}})
\end{cases}
\tag{7-29}
$$

套环塑性区中残余应力分量为

$$\begin{cases}\sigma_r^{\mathrm{r}}=\dfrac{2}{\sqrt{3}}\sigma_{\mathrm{so}}\ln\dfrac{R}{R_{\mathrm{i}}}-p_{\mathrm{i}}^{*}-\dfrac{R_{\mathrm{i}}^2}{R_{\mathrm{o}}^2-R_{\mathrm{i}}^2}\left(1-\dfrac{R_{\mathrm{o}}^2}{R^2}\right)(p_{\mathrm{i}}^{*}-p_{\mathrm{r}})\\ \sigma_\theta^{\mathrm{r}}=\dfrac{2}{\sqrt{3}}\sigma_{\mathrm{so}}\left(1+\ln\dfrac{R}{R_{\mathrm{i}}}\right)-p_{\mathrm{i}}^{*}-\dfrac{R_{\mathrm{i}}^2}{R_{\mathrm{o}}^2-R_{\mathrm{i}}^2}\left(1+\dfrac{R_{\mathrm{o}}^2}{R^2}\right)(p_{\mathrm{i}}^{*}-p_{\mathrm{r}})\end{cases}\tag{7-30}$$

4. 残余接触压力计算

根据式(7-6)轴管弹性径向位移公式、轴管内壁卸载压力 p 和外壁卸载压力 $(p_{\mathrm{i}}^{*}-p_{\mathrm{r}})$，可计算出轴管发生弹性弹复时外壁径向弹性回复量为

$$\begin{aligned}\Delta u_r\mid_{r=r_{\mathrm{o}}}&=\frac{1}{E_{\mathrm{i}}}\left[(1+\mu_{\mathrm{i}})\frac{r_{\mathrm{i}}^2r_{\mathrm{o}}^2[p-(p_{\mathrm{i}}^{*}-p_{\mathrm{r}})]}{(r_{\mathrm{o}}^2-r_{\mathrm{i}}^2)r_{\mathrm{o}}}+(1-\mu_{\mathrm{i}})\frac{pr_{\mathrm{i}}^2-(p_{\mathrm{i}}^{*}-p_{\mathrm{r}})r_{\mathrm{o}}^2}{r_{\mathrm{o}}^2-r_{\mathrm{i}}^2}\cdot r_{\mathrm{o}}\right]\\&=\frac{r_{\mathrm{i}}}{E_{\mathrm{i}}(r_{\mathrm{o}}^2-r_{\mathrm{i}}^2)}[2r_{\mathrm{i}}^2p-(p_{\mathrm{i}}^{*}-p_{\mathrm{r}})(r_{\mathrm{o}}^2(1-\mu_{\mathrm{i}})+r_{\mathrm{i}}^2(1+\mu_{\mathrm{i}}))]\end{aligned}\tag{7-31}$$

类似地根据式(7-6)和套环内壁卸载压力 $(p_{\mathrm{i}}^{*}-p_{\mathrm{r}})$ 也可计算出套环内壁径向弹性回复量为

$$\Delta u_R\mid_{R=R_{\mathrm{i}}}=\frac{R_{\mathrm{i}}(p_{\mathrm{i}}^{*}-p_{\mathrm{r}})}{E_{\mathrm{o}}(R_{\mathrm{o}}^2-R_{\mathrm{i}}^2)}[(1+\mu_{\mathrm{o}})R_{\mathrm{o}}^2+(1-\mu_{\mathrm{o}})R_{\mathrm{i}}^2]\tag{7-32}$$

式中　μ_{o}——套环材料泊松比；

E_{o}——套环弹性模量。

设卸载后轴管和套环仍然接触，则轴管外壁径向弹性回复量和套环内壁径向弹性回复量相等，即：

$$\Delta u_r\mid_{r=r_{\mathrm{o}}}=\Delta u_R\mid_{R=R_{\mathrm{i}}}\tag{7-33}$$

将式(7-31)和式(7-32)代入式(7-33)，再将式(7-19)代入，可解得残余接触压力为

$$p_{\mathrm{r}}=(1-2c)p-\frac{2}{\sqrt{3}}\left(\sigma_{\mathrm{si}}+\frac{\delta_0}{r_{\mathrm{o}}}E_{\mathrm{it}}\right)\ln\frac{r_{\mathrm{o}}}{r_{\mathrm{i}}}\tag{7-34}$$

式中　c——与轴管和套环材料、几何尺寸相关的常数，其表达式为

$$c=\frac{\dfrac{r_{\mathrm{i}}^2}{E_{\mathrm{i}}(r_{\mathrm{o}}^2-r_{\mathrm{i}}^2)}}{\dfrac{(1+\mu_{\mathrm{o}})R_{\mathrm{o}}^2+(1-\mu_{\mathrm{o}})R_{\mathrm{i}}^2}{E_{\mathrm{o}}(R_{\mathrm{o}}^2-R_{\mathrm{i}}^2)}+\dfrac{(1+\mu_{\mathrm{i}})r_{\mathrm{i}}^2+(1-\mu_{\mathrm{i}})r_{\mathrm{o}}^2}{E_{\mathrm{i}}(r_{\mathrm{o}}^2-r_{\mathrm{i}}^2)}}$$

5. 液力胀接所需内压

设轴管和套环之间的有效连接长度为 l 、静摩擦系数为 μ ,则该连接可承受的扭矩为

$$M = 2\pi R_i^2 l p_r \mu \tag{7-35}$$

结合式(7-34)和式(7-35)可得要实现一定的扭矩 M 需要内压值为

$$p = \frac{M}{2\pi R_i^2 l\mu(1-2c)} + \frac{2}{\sqrt{3}(1-2c)}\left(\sigma_{si} + \frac{\delta_0}{r_o}E_{it}\right)\ln\frac{r_o}{r_i} \tag{7-36}$$

在实际应用中,需综合考虑式(7-23)和式(7-36)来确定胀接内压 p 。

为加深理解,仍以7.2节提到的钢质组合式凸轮轴为例,轴管和凸轮结构尺寸和材料参数见表7-1,试计算胀接所需内压的取值范围,其中套环外径按凸轮轮廓基圆直径计算。

表7-1　某钢质轴管和凸轮结构尺寸和材料参数

参数	轴管	凸轮(套环)
材料牌号	20钢	40Cr
σ_{si} /MPa	245	373
E_i , E_o /GPa	210	210
E_t /GPa	1.8	
r_i , R_i /mm	9.0	17.0
r_o , R_o /mm	17.0	23.0
μ_i , μ_o	0.3	0.3
μ	0.3	
l /mm	21	

根据式(7-18),可计算出使轴管与套环接触的内压为 p_{ci} = 195MPa ,也就是说,要实现胀接,内压必须大于195MPa。根据式(7-21),可解得套环弹性极限内压为 p_{eo} = 293MPa ,即内压小于293MPa时,凸轮仅发生弹性变形。根据式(7-23),该结构凸轮的胀接压力取值范围为195~293MPa。设要求该凸轮装配结构可承受的扭矩大于200N·m,则根据式(7-36),可计算出完成胀接所需内压为249MPa,因此应采用249~293MPa之间的内压进行胀接方可满足该凸轮轴的强度要求。

需要说明的是,上述计算采用基于平面应变假设前提下推导出的理论公式,给出了胀接内压大致范围,所采用的计算模型为圆截面轴管和套环,如计算凸轮等非对称元件的胀接内压,必然会存在一定误差。

7.4 液力胀接强度的影响因素

7.4.1 内压对胀接强度的影响

胀接强度指胀接件之间不发生相对滑动时能承受的最大扭矩和最大拉脱力,以及在循环载荷作用下的疲劳强度指标。对于圆截面轴管和套环的胀接,主要通过胀接件所能承受的扭矩来评价。轴管和套环之间的残余接触压力越大,胀接件所能承受的扭矩也就越大,根据式(7-34)可知,当套环仅发生弹性变形时,残余接触压力 p_r 与内压 p 存在正比关系,即残余接触压力随内压的增大而增大。

根据对某结构轴管和套环的胀接实验结果,得到图 7-7 所示胀接件可承受的最大扭矩随胀接内压的变化曲线。可见,胀接内压 p 大于接触内压 p_{ci} 一定量以后,随着胀接内压增大,胀接件抗扭能力基本上线性增加,这是因为此时套环未发生塑性变形,胀接内压增大时,套环弹性变形增大,卸压后胀接件之间过盈量增大,因此连接强度增大,这与式(7-34)的结论是一致的。当胀接内压 p 大于套环屈服极限内压 p_{po} 时,胀接件的抗扭能力基本不再增加,而是维持在一定的水平。这是由于随着内压增大,套环逐渐发生塑性变形,由于套环材料存在屈服平台,套环的弹性变形基本保持不变,当轴管弹性变形量增加较小时,胀接件的抗扭能力基本不变。可以设想,如果继续增大胀接内压,轴管塑性变形过大,将发生加工硬化,则可导致轴管弹性回复量增加,使卸压后过盈量降低,引起胀接强度减弱。可见,并非内压越大胀接强度越好,应根据胀接件材料性能和胀接工艺效率合理确定胀接内压。

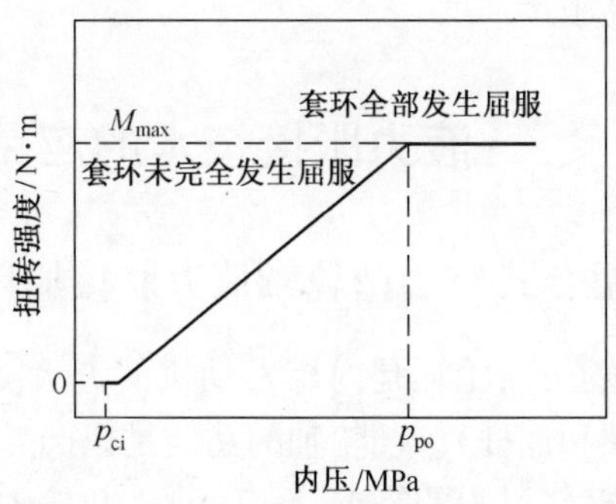

图 7-7 最大扭矩随胀接内压变化曲线

7.4.2 胀接初始间隙对胀接强度的影响

胀接初始间隙的设定主要是为了使轴管完全进入塑性变形,确保卸压弹性回复后能够与套环形成过盈配合,其次是便于轴管穿入套环内孔。根据式(7-34),初始间隙 δ_0 越大,胀接获得的残余接触压力越小,胀接强度越弱。

通过对不同初始间隙的碳钢轴管和套环采用同样内压进行胀接实验,测得胀接结构的抗扭强度 M 随初始间隙变化曲线,如图 7-8 所示。可见随着初始间隙的增大,胀接件可承受的扭矩基本上线性递减。连接强度随着初始间隙增大而降低的主要原因是:当初始间隙增大时,轴管发生较大塑性变形引起加工硬化,增大了轴管卸压时的弹性回复量,而套环的弹性变形量并未增加,导致胀接后套环内壁和轴管外壁间的过盈量减小。

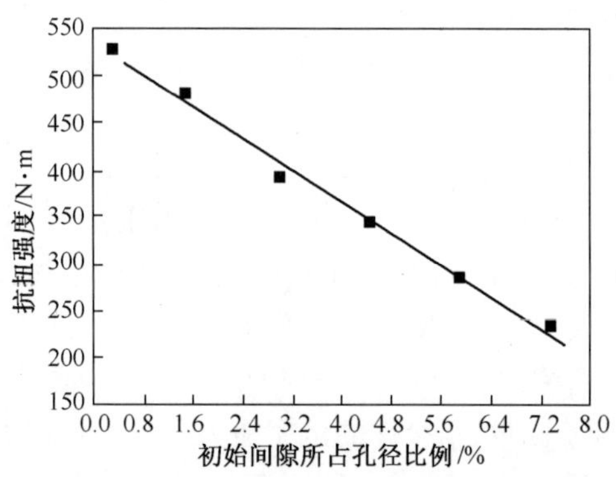

图 7-8　不同初始间隙胀接所获得的抗扭强度

再结合图 7-3 来看,当轴管和套环材质已经确定并满足液力胀接条件后,随着轴管和套环初始间隙 δ 的增大,曲线 $O'A'C$ 右移,则点 B 也右移,轴管应变硬化后的流动应力值 σ'_{si} 也将增大,使胀后轴管的弹性回复量 ε_{ei} 增大,于是 $(\varepsilon_{eo}-\varepsilon_{ei})$ 减小。上述分析表明,在保证轴管完全进入塑性变形的前提下,初始间隙越小越有利于提高胀接强度。

7.5　液力胀接技术的应用

7.5.1　组合式空心凸轮轴液力胀接原理及优点

发动机是汽车的核心,凸轮轴是内燃发动机的五大关键零部件之一(其他还包括缸体、缸盖、曲轴和连杆)。凸轮轴的功能是以凸轮表面型线控制气门开闭,满足内燃发动机对换气过程的需求(图 7-9)。凸轮轴工作时承受周期性载荷,轴杆承受一定的扭矩,凸轮表面与挺柱周期性接触,承受较大接触应力。由于凸轮轴轴颈处承受的载荷大,零件表面相对运动速度大,需采用压力润滑,即以一定的压力(由机油泵提供)将润滑油从凸轮轴的油道(中心孔)输送到摩擦表面间的间隙中,以形成油膜来保证润滑效果,因此需要在凸轮轴上加工出细长的中心孔,由于其长径比往往达到 40 以上,加工难度很大。

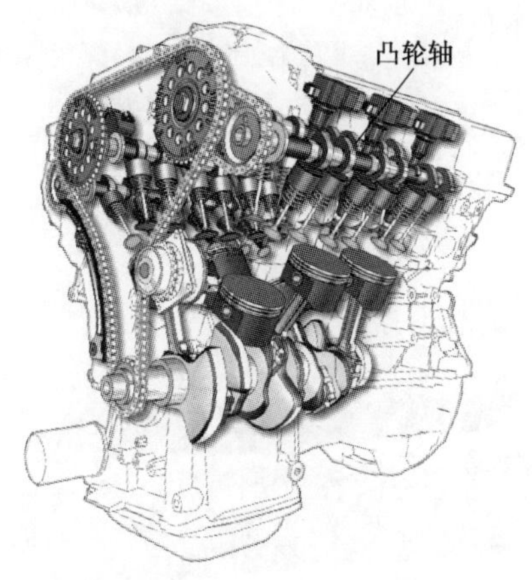

图 7-9　发动机结构示意图

目前凸轮轴的制造方法主要有三种:铸造凸轮轴、锻造凸轮轴和组合式空心凸轮轴。我国基本上是在铸造或锻造凸轮轴上进行钻孔来制造空心凸轮轴,不仅加工量大、周期长,而且材料利用率低。

组合式空心凸轮轴是将凸轮轴分解成凸轮、轴管、轴颈等若干个可装配件,分别进行材料优选及加工,再装配而成。制造组合式空心凸轮轴要解决的主要问题是如何将凸轮、轴颈等元件固定到轴管上,液力胀接技术正是组合式空心凸轮轴先进制造技术之一。其他还有键连接法、热装法和烧结法等。

液力胀接组合式空心凸轮轴结构及其模具结构如图 7-10 所示。其基本过程是:将凸轮和轴颈等元件按照相应设计位置套到轴管上,再一起放入根据凸轮轴轮廓设计的模具中,利用模具约束各元件间暴露的轴管,控制轴管的变形量,同时利用模具型腔保证各凸轮单元的相位角度和各元件之间的轴向位置。采用合模压力机将上、下模具压合并施加足够的合模力,然后由左右冲头将轴管两端密封,并在轴管内通入高压液体施加内压。当内压达到设计值,可使轴管对应于凸轮和轴颈单元的局部先发生塑性变形,其外壁与凸轮和轴颈单元内壁接触,并使凸轮和轴颈发生一定的弹性变形。在卸压后凸轮和轴颈均与轴管形成过盈配合,获得组合式空心凸轮轴。液力胀接过程中应对轴管内的液体压力进行精密控制,保证整轴胀接强度,同时避免凸轮或轴颈中的薄弱部分发生胀裂缺陷。

与传统的凸轮轴制造方法相比,组合式空心凸轮轴液力胀接技术具有以下优点:

(1) 优化材料匹配,提高凸轮轴耐磨性能。凸轮、轴颈和轴管的材料可以根据性能要求进行优选和匹配。凸轮和轴颈可采用锻件、可淬硬合金铸铁或粉

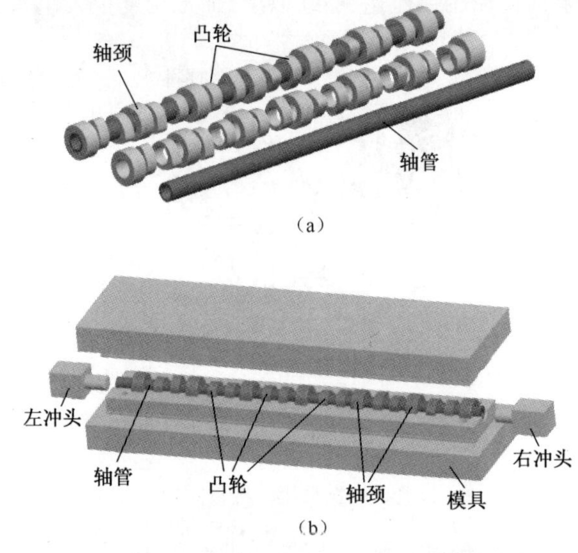

图 7-10 组合式空心凸轮轴结构及其模具结构

(a)组合式凸轮轴结构图;(b)液力胀接模具结构。

末冶金材料,便于提高耐磨性;轴管可采用成本较低、抗弯抗扭性能好的钢管,提高整轴的使用寿命。

(2) 降低发动机转动惯量。与传统凸轮轴相比,组合式空心凸轮轴可通过选择轻质的轴管和凸轮材料以及结构优化实现轻量化,可以减轻质量 30%~50%,凸轮轴轻量化有助于降低发动机转动惯量,从而提高发动机响应速度和燃烧效率。

(3) 减少凸轮磨削量、免去中心孔加工工序,提高材料利用率。采用近净成形工艺成形凸轮,可以大幅度降低后续机械加工工序。凸轮通常采用粉末冶金烧结、精密锻造、精密铸造等工艺制备,可有效减少凸轮磨削加工量;同时轴管内孔可直接作为凸轮轴油路,因此避免了细长中心孔加工难题。与锻造和铸造凸轮轴相比,材料利用率提高 20%左右。

(4) 装配效率高,制造成本低。凸轮轴液力胀接技术以液体介质在钢管内加载产生局部变形,利用液压伺服精确控制内压,实现组合式凸轮轴一次性整体装配,与机械连接法、热装法等相比,其效率高、成本低、连接强度好。

7.5.2 铸铁凸轮组合式空心凸轮轴

1. 铸铁凸轮组合式空心凸轮轴设计

由于凸轮轴轮廓形状复杂,大量凸轮轴采用铸造毛坯经机械加工工艺制造,但是由于中心孔细长,型芯定位困难,往往是先铸造实心毛坯,再钻孔制造空心凸轮轴。某型号微型发动机凸轮轴铸造毛坯如图 7-11 所示,其单边加工余量约 3mm。传统工艺需在此毛坯基础上通过车削、磨削、钻孔等工序加工为空心凸轮轴。由于铸造毛坯存在偏析,易造成中心孔钻偏、卡断钻头等问题,因而成品率低,成本高。

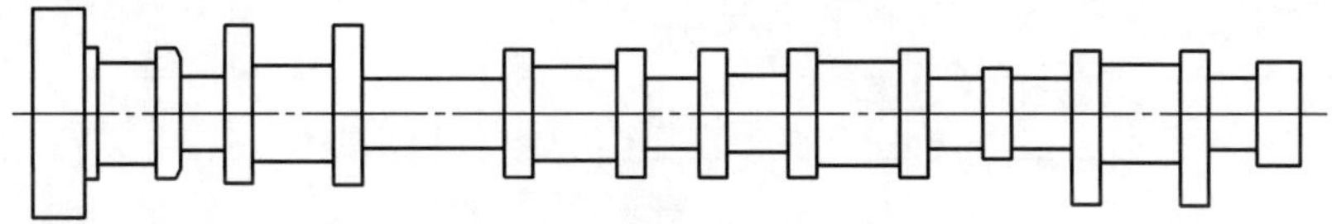

图 7-11　传统铸造凸轮轴铸造毛坯

采用液力胀接制造此类凸轮轴,应首先将其设计为由凸轮、轴颈等单元和钢管组合而成的空心凸轮轴,如图 7-12 所示,该轴由 5 种 7 个零件和钢管(ϕ20mm×3mm)组成,其中铸造凸轮单元 3 个,链轮端 1 个,尾端 1 个,六角环 1 个,定位环 1 个。与原钻孔凸轮轴相比,减轻重量约 22%。

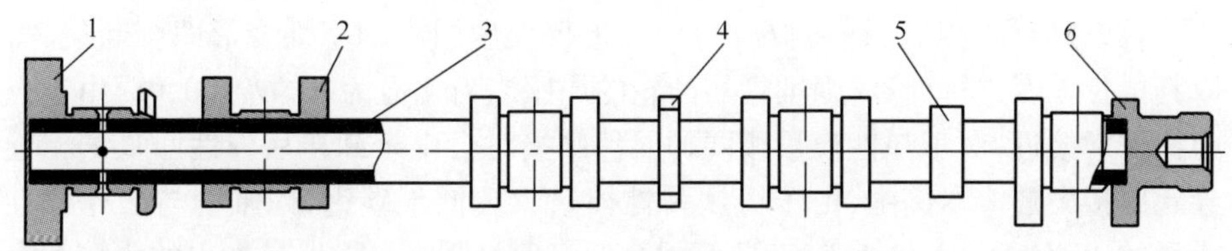

图 7-12　采用铸造凸轮的组合式空心凸轮轴结构示意
1—链轮端;2—凸轮单元(3 个);3—轴管;4—定位环;5—六角环;6—尾端。

凸轮材料为激冷铸铁,轴管材料为低碳钢。铸铁凸轮单元基本结构如图 7-13所示。

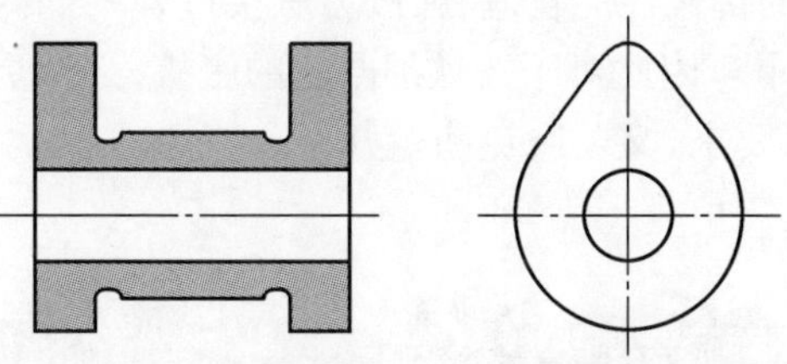

图 7-13　铸铁凸轮单元示意图

2. 铸铁凸轮轴液力胀接工艺参数确定

根据 7. 2 节给出的液力胀接条件,首先可判断该铸铁凸轮与钢管胀接的可行性,然后可根据 7. 3 节给出的理论公式计算胀接所需内压。铸铁凸轮轴材料性能参数和主要结构尺寸如表 7-2 所示。由于铸铁材料抗拉性能差,胀接内压需根据凸轮单元最薄弱的轴颈部位进行计算。

表7-2 铸铁凸轮轴结构尺寸和材料性能参数

参数	轴管	轴颈
材料	低碳钢	激冷铸铁
σ_s/MPa	245	250(σ_b)
E/GPa	210	140
E_t/GPa	1.8	
r_i,R_i/mm	6.0	9.0
r_o,R_o/mm	9.0	12.5
μ_i,μ_o	0.3	0.3
μ	0.3	
l/mm	39	

首先,应注意到铸铁在拉应力作用下仅发生微小的塑性变形即会断裂,需取其抗拉强度进行计算,则轴管与凸轮的屈服应力比值为$\sigma_i/\sigma_o=0.98$,由于应力比非常接近,对于弹性模量相同的元件胀接时会由于卸压后弹性回复量相近导致胀接失败。本例中,由于铸铁弹性模量大大低于碳钢,即轴管与凸轮弹性模量的比值为$E_i/E_o=1.5$,于是$E_i/E_o>\sigma_i/\sigma_o$,满足式(7-3)提出的胀接基本条件,可实现该凸轮轴的液力胀接。

该凸轮轴抗扭强度要求大于20N·m,根据式(7-18)、式(7-21)和式(7-36),按照7.3节的方法,可初步确定该凸轮轴的液力胀接内压为178~192MPa。

3. 铸铁凸轮轴液力胀接实验结果

由于铸铁凸轮的抗拉性能较差,在液力胀接过程中如内压过高易发生开裂缺陷,如图7-14所示。因此对于铸铁类凸轮的胀接,必须更加严格地控制胀接内压,既要满足变形要求,又要避免凸轮开裂。

图7-14 发生开裂缺陷的凸轮轴毛坯

哈尔滨工业大学采用自主研发的内高压成形机和液力胀接模具,使该铸铁凸轮轴胀接内压控制精度达到±0.5MPa,实现了该凸轮轴的液力胀接工艺。采用液力胀接凸轮轴毛坯,经车削、精磨并安装链轮,可获得图7-15所示的组合式空心凸轮轴零件。

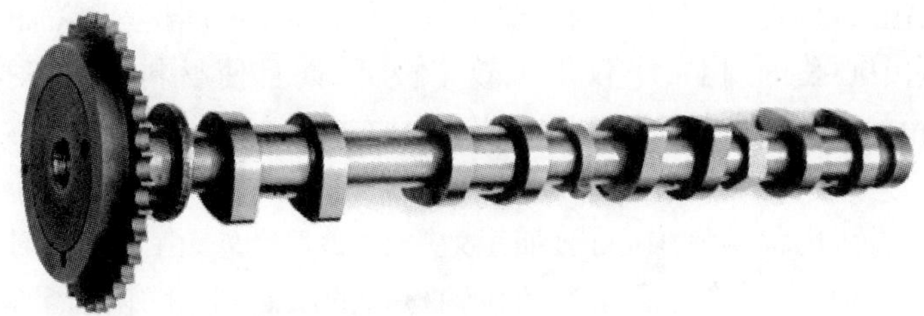

图 7-15　组合式空心凸轮轴零件

4. 铸铁凸轮轴性能测试

凸轮轴在工作时要承受扭矩作用，对于组合式空心凸轮轴，凸轮与轴管之间在不发生相对转动时所承受的扭矩是评定其连接强度的关键因素。图 7-16 所示为铸铁组合式空心凸轮轴的静态抗扭转强度测试结果。设凸轮轴工作扭矩峰值为 M_p，胀接后凸轮轴连接结构的静态扭转强度值为 $(3.5 \sim 4.8)M_p$，具有很好的安全裕度。

除了对连接后凸轮和轴管之间的静态承载性能进行测试外，还要对该组合式空心凸轮轴使用可靠性进行装机检验，对装机前后凸轮相位角变化及装机后发动机输出功率等进行检测。

装机检验的方式是将该组合式空心凸轮轴安装到相应的微型发动机中，在全速全功率发动机试验台上进行 300h 运转，并定时检验相关指标。测试结果显示，该组合式空心凸轮轴在发动机的整个运转过程中工作正常，凸轮轴的强度、刚度及抗扭性能均满足发动机的使用要求。

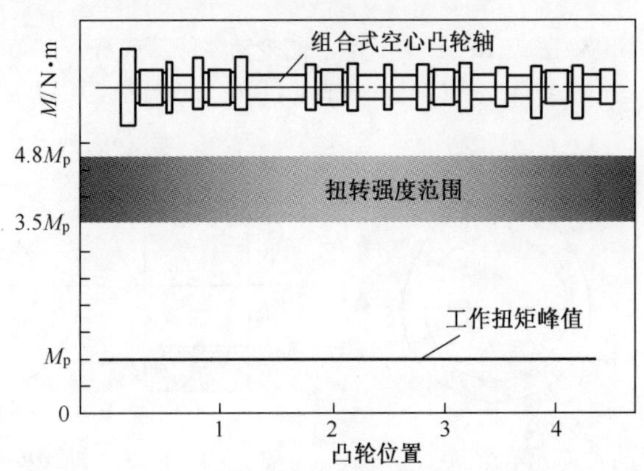

图 7-16　铸铁组合式空心凸轮轴的静态抗扭转强度测试结果

7.5.3　钢制组合式空心凸轮轴

1. 钢制组合式空心凸轮轴设计

锻造或楔横轧技术用于钢制实心凸轮轴毛坯的制造，曾经获得了将凸轮轴材料利用率由50%提高到70%的重要进展。但是在制造空心凸轮轴时,由于必须钻削去除中心孔的材料,不仅加工效率极低,而且使材料利用率打了折扣。图7-17所示六缸柴油发动机空心凸轮轴,原工艺为:锻造→车削→钻孔→磨削,其锻造毛坯单边加工余量2.5mm、中心孔直径为15mm,不仅磨削量大,而且需要通过两端钻孔获得该中心孔,加工效率很低。另外,由于凸轮轴整体采用同一种材料,凸轮表面的耐磨性受到整轴材料的限制,如采用耐磨性更高的材料制造整轴,无疑会增加凸轮轴的成本。

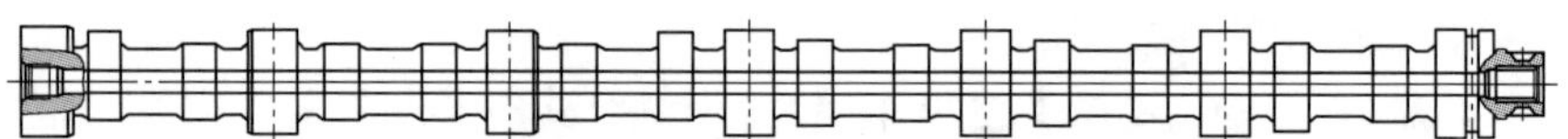

图7-17　六缸柴油发动机锻造凸轮轴示意图

为了采用液力胀接制造该凸轮轴,首先将其设计为组合式结构,如图7-18所示,该轴由三种19个零件和轴管(ϕ34mm×8mm)组成,其中进气凸轮6件,排气凸轮6件,轴颈7件。与原锻造或棒料加工的整体凸轮轴相比,节省原材料约35%,质量约减22%。为了提高耐磨性,凸轮和轴颈采用40Cr锻造获得,为了降低成本,轴管采用了20低碳钢管。所采用凸轮毛坯如图7-19所示,轴颈如图7-20所示,由于加工余量小,材料利用率达91%,远高于采用楔横轧等锻造技术制造的凸轮轴。

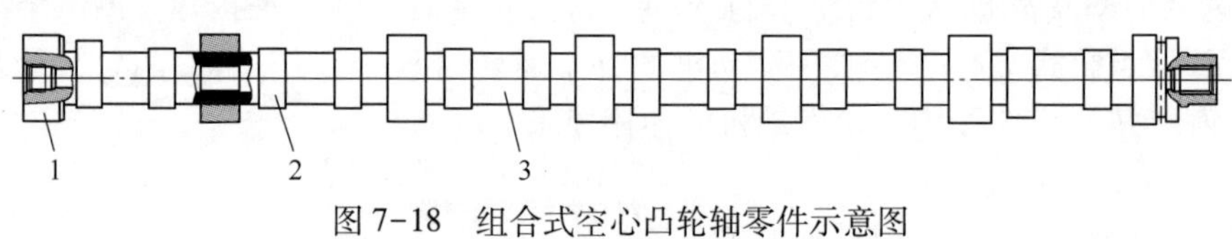

图7-18　组合式空心凸轮轴零件示意图

1—轴颈环(7件);2—凸轮(12件);3—轴管。

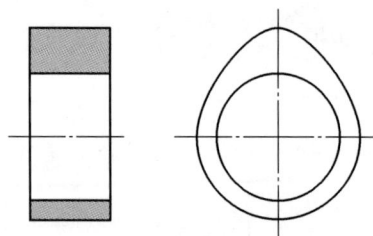

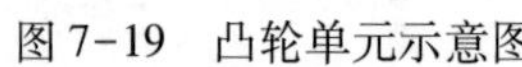

图7-19　凸轮单元示意图

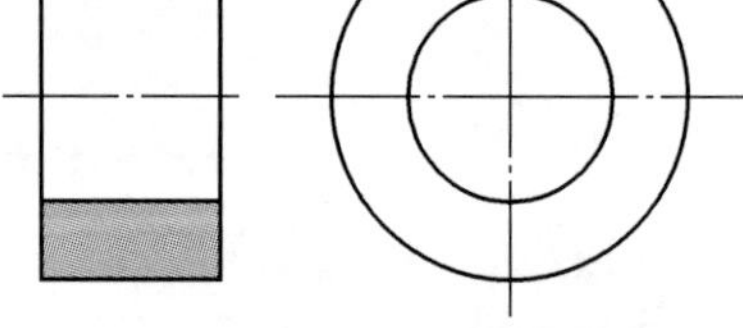

图7-20　轴颈单元示意图

2. 液力胀接工艺参数确定

根据7.2节提出的胀接基本条件 $E_i/E_o > \sigma'_{si}/\sigma_{so}$,由于钢管和钢制凸轮的弹性模量基本相同($E_i/E_o \approx 1$),因此胀接条件主要取决于二者之间的屈服应力比值。考虑20钢管胀接过程发生加工硬化,计算得 $\sigma'_{si}/\sigma_{so} = 0.75$(详见7.2

节)，符合胀接条件。可见对于弹性模量相近的两种材料胀接，通过增加其屈服应力差别可改善胀接性能。根据 7.3 节进行的计算分析，该凸轮轴胀接所需内压在 249~293MPa 之间。

3. 钢制凸轮轴液力胀接实验结果

胀接前的凸轮、轴颈单元件和轴管如图 7-21 所示。该凸轮轴的液力胀接与 7.5.2 节所述铸铁凸轮轴的胀接过程基本相同，在此不再赘述。不同之处在于钢质凸轮材料塑性较好，一般不会发生开裂缺陷。

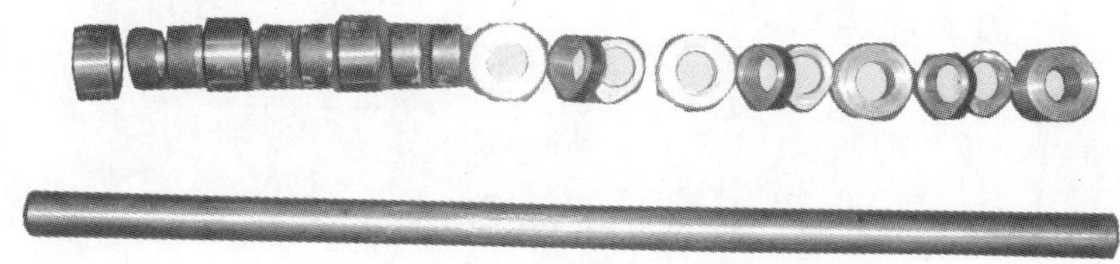

图 7-21　凸轮、轴颈单元件和轴管

图 7-22 所示为胀接获得的组合式空心凸轮轴毛坯，经精磨、端部加工、钻润滑孔等后续加工获得的组合式空心凸轮轴零件如图 7-23 所示。

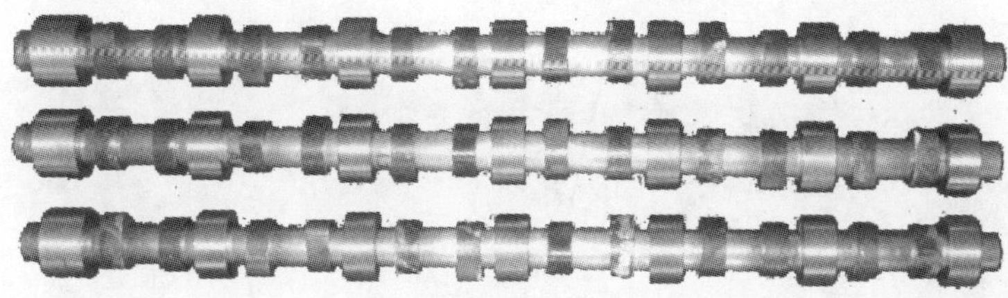

图 7-22　液力胀接组合式空心凸轮轴毛坯

图 7-23　组合式空心凸轮轴零件

4. 钢质凸轮轴性能测试

对液力胀接组合式空心凸轮轴进行了静态扭转强度测试和连接结构疲劳强度测试。疲劳强度测试主要是考察凸轮轴在周期性交变载荷的长时间作用下，是否能够可靠工作。

静态扭转强度的测试结果如图 7-24 所示。可见胀接后连接结构的静态抗扭强度最小值达到凸轮轴工作扭矩峰值的 6 倍，最大值可达 10 倍，说明液力胀接制造的组合式空心凸轮轴抗扭强度满足使用要求。

疲劳强度的测试方法为：在疲劳试验机上，通过电动机的转动和挺杆的加

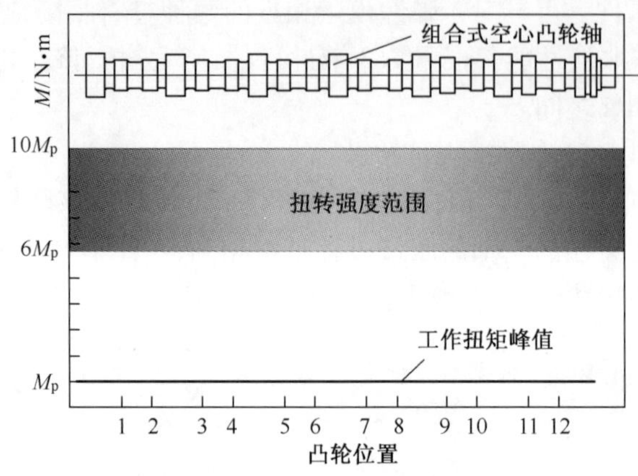

图 7-24　组合式空心凸轮轴的静态扭转强度

载使凸轮轴的凸轮顶点在±150N · m、频率为 25Hz 的疲劳载荷下运转，经一定时间加载后，观察凸轮和轴管之间是否产生了相对转动。

载荷随时间变化曲线如图 7-25 所示。测试进行 8.25×10^7 次循环后（相当于发动机在 2000r/min 转速下运转 687h），凸轮和轴管连接处未出现任何失效情况。测试表明，液力胀接的钢质凸轮轴具有良好的抗扭疲劳强度。

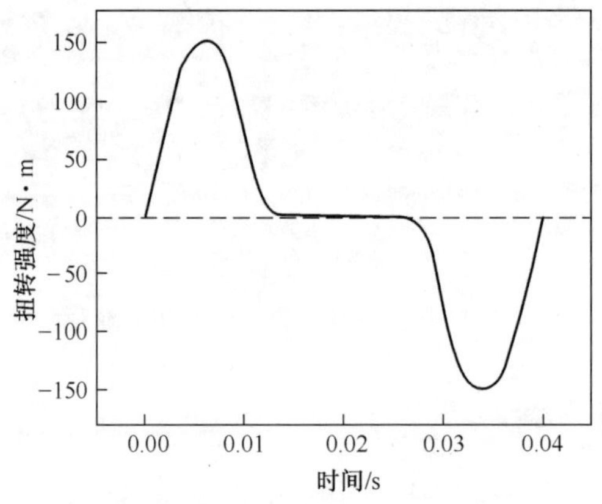

图 7-25　钢质凸轮轴疲劳测试载荷曲线

7.5.4　国外液力胀接组合式空心凸轮轴应用

液力胀接组合式空心凸轮轴已用于 AMG、Audi、BMW、Daimler Chrysler、Fiat、IVECO 和 Porsche 等国外品牌汽车的多种型号发动机中。图 7-26 所示为日本某公司研制的采用粉末冶金凸轮和钢管液力胀接制造的组合式空心凸轮轴。图 7-27 所示为德国 Schuler 公司采用内高压成形-液力胀接复合工艺制造的组合式空心凸轮轴，轴管局部胀形为接近凸轮形状，再与凸轮单元胀接，该轴用于 Audi-TDI 发动机。图 7-28 所示为加拿大 Linamar 公司采用液力胀接技术制造的组合式空心凸轮轴及其装备的发动机。

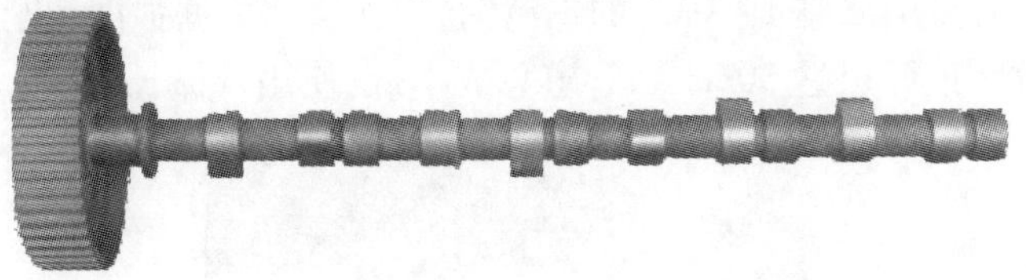

图 7-26 采用液力胀接方法制造的组合式空心凸轮轴

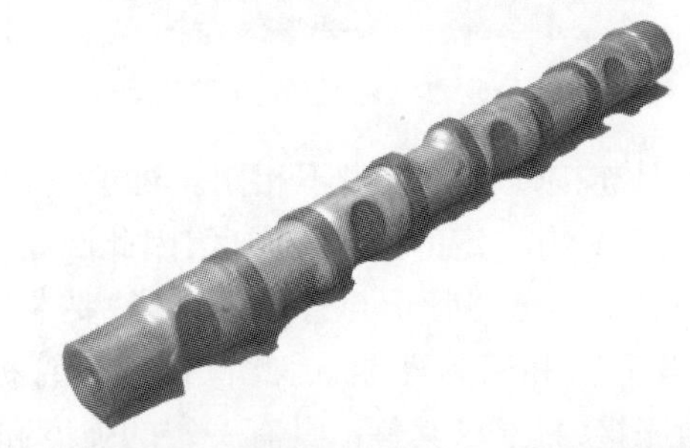

图 7-27 Audi-TDI 发动机组合式空心凸轮轴(德国 Schuler 公司)

图 7-28 采用液力胀接组合式空心凸轮轴的六缸发动机(加拿大 Linamar 公司)

7.5.5 液力胀接的其他应用

液力胀接还可用于管板连接和复合管制造等。换热器、冷凝器和高压加热器等设备制造中管子和管板的连接方法目前主要有:机械胀接、爆炸胀接、橡胶胀接和液力胀接。采用液力胀接方法进行管板连接,胀接压力可以控制,可保证所有的接头在同一条件下胀接,因此接头质量稳定。

复合管又称为双金属管或包覆管,它是由内外两层不同金属构成的复合管材:一种金属管在内,另一种金属管在外;两管之间结合紧密,共同承受外力作用。采用液力胀接可控制管壁减薄量,管壁变形均匀,可根据层间贴合残余应力的要求控制胀接内压。图7-29所示为瑞典Schaefer公司研制的液力胀接双层油气输送管道,为了防止原油和天然气中的硫化物、氯化物和水等对管道的腐蚀,管道内层采用壁厚1~3mm的不锈钢管,外层则根据强度和刚度要求采用较厚的碳钢管(最厚可达30mm),管道总成本低,使用寿命长。

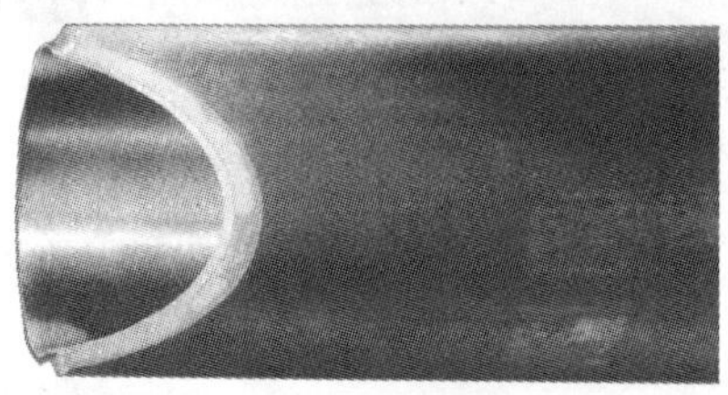

图7-29　液力胀接双层油气输送管道(瑞典Schaefer公司)

不同的应用领域,对连接性能要求也不相同。对于组合式空心凸轮轴,要求胀接后凸轮和轴管之间具有一定的抗扭转强度,因此凸轮在设计时要以连接后的扭转强度为标准;对于换热器管子与管板的连接,要求连接后管子和管板之间具有较好的拉脱紧固力和密封性能,因此在设计时管板孔一般沿环向开槽;对于复合管的液力胀接,只要求其整体具有一定的强度和刚度,而两种金属管之间不需要有很强的抗扭和抗拉脱的能力,因此对内、外金属管孔型设计并无特殊要求。

7.6　液压冲孔原理及分类

液压冲孔就是在管内液体压力的支撑作用下,利用冲头将管壁材料分离的一种冲孔方法。液压冲孔按冲头的运动方向可以分为两类:由内向外冲孔和由外向内冲孔,如图7-30(a)、(b)所示。为了避免落料进入成形件难以清除,往往采用冲孔弯曲,使落料留在成形件上,如图7-30(c)所示。

开始冲孔前冲头保持与模具内壁之间的相对位置,构成完整的型腔。对于由内向外冲孔,在内压达到一定值时,冲头后退,由于管壁受到高压液体的作用,与冲头接触的区域随冲头向外推出,模具内壁的孔口起到凹模的作用,使管材发生剪切变形,最后沿模具孔口断裂分离。由内向外冲孔时,孔的几何尺寸精度高、塌角小,但冲孔直径越小,所需内压越高,而且孔周围毛刺严重。由于密封问题,以及考虑到安全因素,由内向外冲孔采用的内压不能太高,因此可实现冲孔的材料强度一般较低。

由外向内冲孔时,当管件贴模成形后,管内高压液体起到凹模的作用,冲头抵消液体的支撑力冲入管材,实现冲孔。在此过程中,冲头推力由独立的液压系统提供。内压只是为了防止塌陷,与所冲孔的尺寸无关。由于采用液压支撑

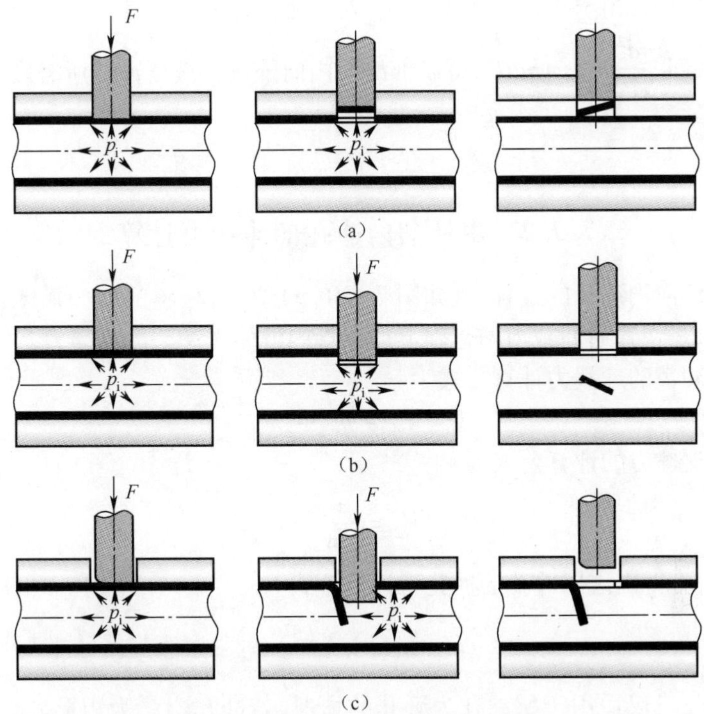

图 7-30　液压冲孔的分类及其原理

(a)由内向外冲孔;(b)由外向内冲孔;(c)冲孔弯曲。

作为柔性凹模,孔口周围会形成塌角,对管件表面质量有一定的影响。

7.7　液压冲孔力计算

7.7.1　由内向外冲孔的冲孔力计算

由于液体压力在液压冲孔过程中的作用不同,由内向外冲孔和由外向内冲孔的冲孔力(冲头推力)有很大的差别。

对于由内向外冲孔,如图 7-30(a)所示,设孔口为圆形,直径为 d,管内压力为 p,则管内液体作用于落料上的推力为

$$F_p = \frac{\pi d^2}{4} p \tag{7-37}$$

设 t 为管壁厚度(mm),k 为材料抗剪强度(MPa),则使孔口剪切断裂需要的力为

$$F_c = \eta \pi d t k \tag{7-38}$$

式中　η——系数,一般取 0.65~0.8。

只有作用在落料上的液压推力 F_p 大于剪切力 F_c 时,才可使孔口材料发生断裂分离,即 $\frac{\pi d^2}{4}p > \eta\pi dtk$,可以推出由内向外进行液压冲孔所需最小内压为

$$p_{\min} = \frac{4\eta tk}{d} \quad (7-39)$$

7.7.2 由外向内冲孔的冲孔力计算

在由外向内冲孔的过程中,如图 7-30(b)所示,材料的分裂形式与普通冲裁相似,只是在普通冲裁力的基础上加上管内液体对冲头的支撑力。

普通冲裁的冲裁力计算公式为

$$F_1 = \eta Ltk \quad (7-40)$$

液压支撑力的计算公式为

$$F_2 = \frac{p\pi d^2}{4} \quad (7-41)$$

于是,可得出液压冲孔的冲孔力计算公式为

$$F = \eta\pi dtk + \frac{p\pi d^2}{4} \quad (7-42)$$

以上公式仅适用于所冲孔为圆孔的情况,若冲孔形状为矩形,冲头推力计算公式推导方法与圆孔相似。此时剪切区周长和面积应取相应冲头周长及面积,可得冲孔力 F 为

$$F = 2\eta(a + b)tk + pab \quad (7-43)$$

式中 a、b——矩形孔的长、宽(mm)。

7.8 内压对冲孔质量的影响

7.8.1 内压对孔周塌陷和孔口形状的影响

由于由外向内冲孔时以高压液体作为凹模,液体压力较低会导致孔周发生塌陷。对于不同内压下的液压冲孔实测的塌陷宽度和深度如图 7-31 所示。随着内压增大,孔口(距孔边距离为 0 处)塌陷深度显著减小,整个塌陷范围也显著减小,从内压 13MPa 到内压 100MPa,塌陷范围由大于 20mm 减小到 10mm。

另一方面,内压越大,获得的孔口直径越小于公称直径。以某汽车挡风架的 ϕ20mm 孔为例,在 220MPa 内压下冲孔获得的最小孔径为 19.5mm,而在 100MPa 时冲孔获得的最小孔径为 19.9mm。同时,对于此类内高压成形管件的液压冲孔,由于管件纵向和横向尺寸差别较大,对冲孔的形状也有一定的影响,一般来说,孔径沿管材轴向略大,而沿管材横向略小,表现为椭圆形,如图 7-32 所示。

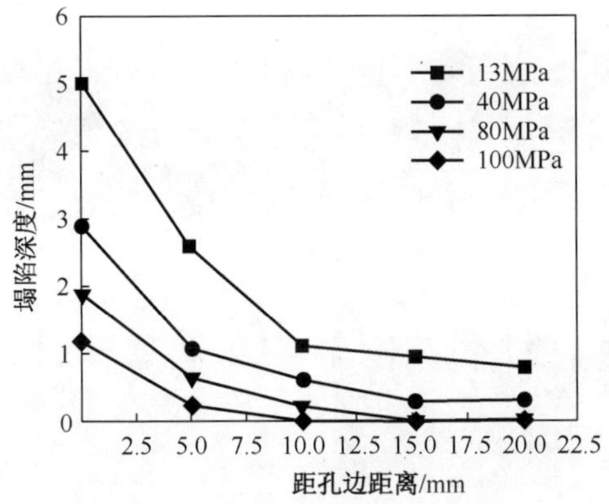

图 7-31　不同压力下塌陷与位移关系

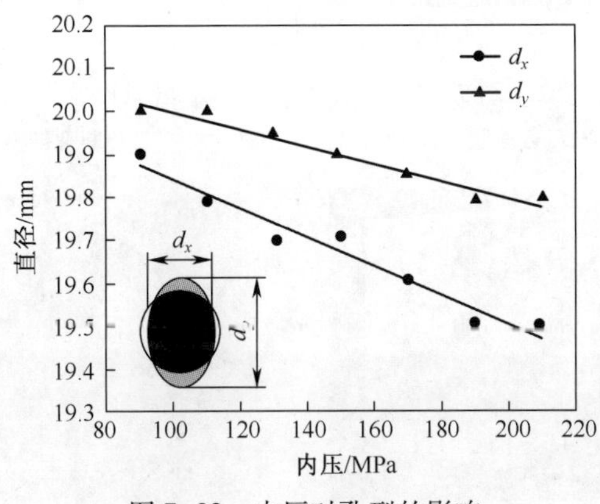

图 7-32　内压对孔型的影响

7.8.2　内压对断口表面质量的影响

液压冲孔的断口与普通冲孔相似,也存在塌角、光亮带和断裂带,如图7-33所示。由于断口表面质量对零件的疲劳寿命有影响,塌角影响零件外观质量,应尽量增加断口的光亮带,并减小塌角。研究表明通过提高胀接内压可以显著改善断口表面质量。

图 7-34 所示为不同内压下液压冲孔断口照片,对比可见,60MPa 内压下获得的断口光亮带宽度较窄,断裂带凸凹不平,撕裂现象比较严重,而 120MPa 下获得的断口光亮带宽,断裂带也更加光滑平整。

根据实验结果绘制的光亮带占壁厚的比例随内压的变化如图 7-35 所示。可见随着内压的升高,光亮带占壁厚的比例明显增加,这是因为冲头周围压应力增加延缓了裂纹的发生,另一方面,与传统冲孔相比,由于没有凹模,使得裂纹的产生需要较大的凸模切入,也是导致光亮带增大的原因。

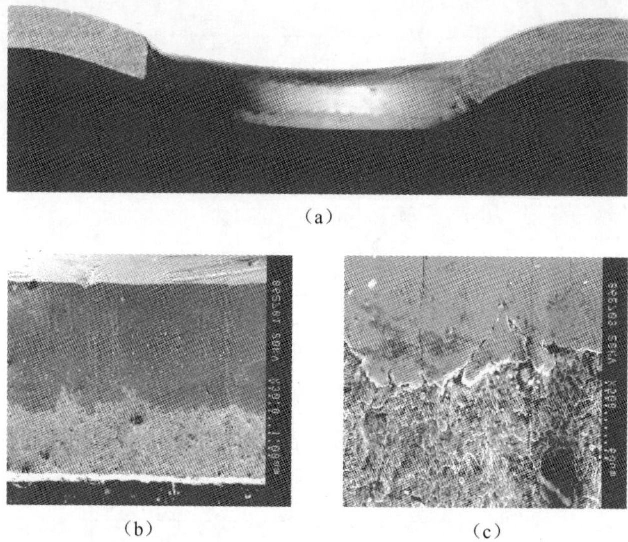

（a）

（b）　　（c）

图 7-33　液压冲孔断口显微照片

(a)断口截面照片;(b)断口放大图;(c)光亮带与断裂带界面。

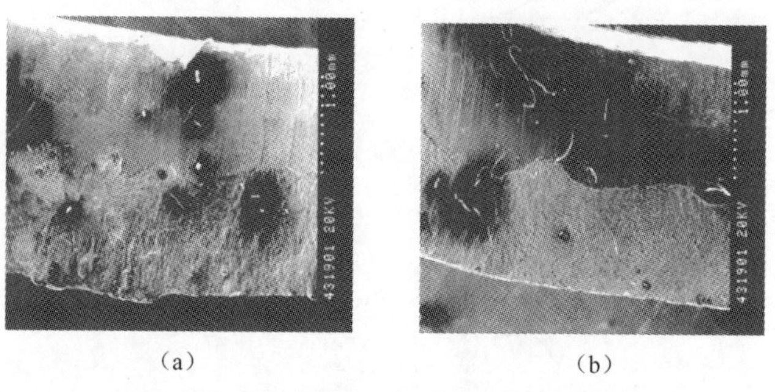

（a）　　（b）

图 7-34　不同内压下液压冲孔断口显微照片

(a)60MPa;(b)120MPa。

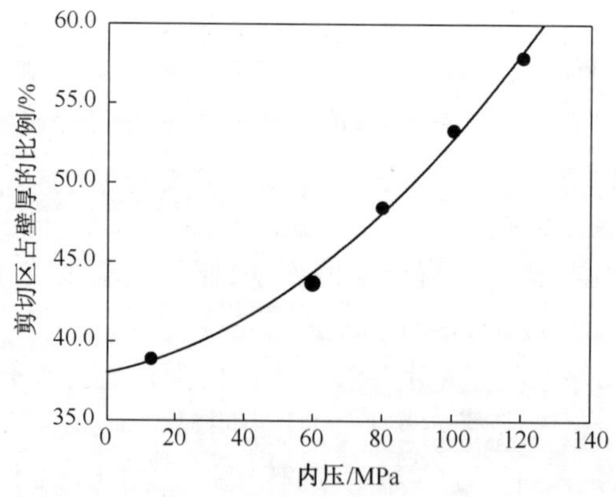

图 7-35　不同压力下剪切带占管材壁厚的比例

7.9 液压冲孔-翻边复合技术

在内高压成形和液压冲孔的基础上,发展起来了液压冲孔-翻边复合技术。其实质是以高压液体介质代替刚性凹模作为支撑,在保持管内具有一定压力的条件下,首先冲出一个所需形状的孔,并随冲头继续下行,将孔周围材料翻成直边,如图7-36所示。液压冲孔-翻边复合成形具有以下三方面优势:①以高压液体为支撑凹模,避免了无凹模翻边产生的严重塌陷;②生产工序少、效率高;③高压液体为支撑,翻边孔口边缘质量好。成形过程受翻边系数、内压和冲头形状严重影响。

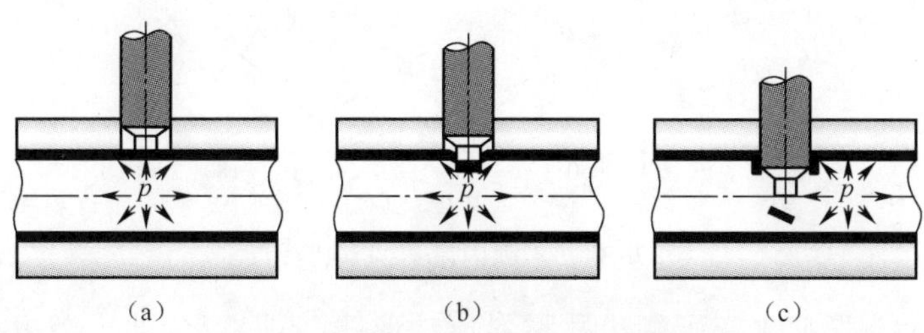

图7-36 液压冲孔-翻边过程示意图
(a)管壁贴膜初始状态;(b)液压冲孔;(c)翻边。

翻边系数($k=d/D$)不同,材料被拉伸程度不同,孔口边缘开裂程度也就不同。翻边系数越小,孔口边缘变形越大,越容易出现开裂。图7-37为不同翻边系数条件下的翻边剖面照片。当内压为50MPa,翻边系数较小(翻边系数$k=0.5$)时,孔口边缘开裂比较严重,翻边高度方向裂纹长度也很大,约占翻边直壁段高度的2/3。随着翻边系数增大,翻边高度方向裂纹长度逐渐减小。当翻边系数$k=0.8$时,无开裂发生,孔口边缘质量良好。

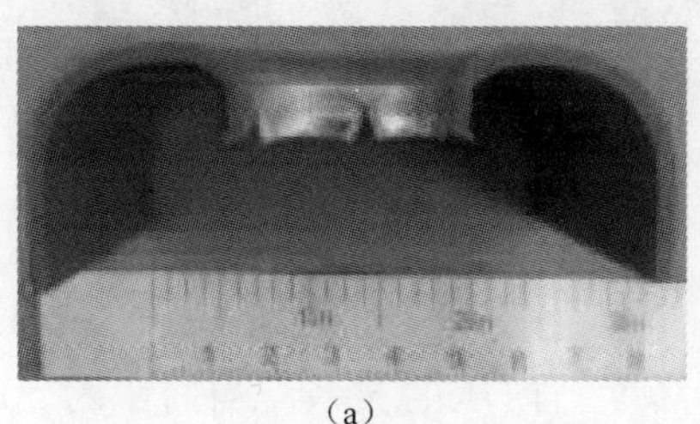

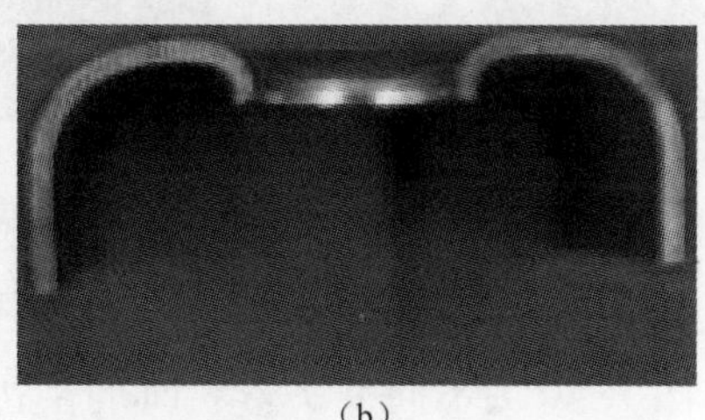

(a) (b)

图7-37 不同翻边系数下翻边孔剖面照片
(a)翻边系数$k=0.5$;(b)翻边系数$k=0.8$。

图7-38为液压冲孔-翻边过程的翻边高度随内压变化。当内压小于150MPa时,翻边高度随内压的升高而减小。这是因为冲头与模具之间存在间隙,悬空区会在内压作用下发生胀形,并且冲头在内压作用下也会略有后退,进

而导致翻边高度降低。当内压进一步增加,外凸变形则会导致翻边不规则。尽管内压增加到一定程度会导致翻边孔边缘开裂,但在内压小于120MPa时,直壁段高度随内压的升高而增大。在内压高于150MPa后,冲孔前悬空区材料发生较大的塑性变形,加剧了翻边直壁段沿孔周分布不均,平均直壁段高度则随内压升高而增加。

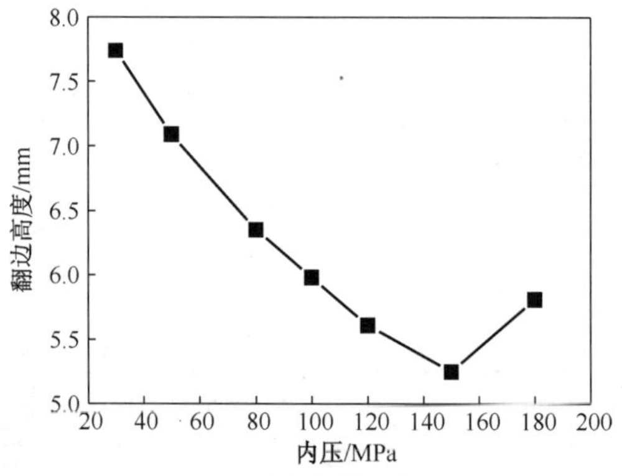

图7-38　不同内压下的翻边高度

由于冲头形状改变了翻边孔材料流动形式,不同形状冲头翻边孔质量不同。图7-39为不同冲头形状时的翻边孔剖面照片,工艺条件分别为内压80MPa,孔径20mm,翻边系数0.6。采用锥形冲头所得翻边孔口边缘开裂较严重,裂纹贯穿冲孔断面的撕裂带和光亮带。球形冲头和椭球形冲头所得翻边孔口边缘质量较好,仅有轻微开裂,且裂纹只存在于冲孔断面的撕裂带,并未延伸至光亮带。椭球形冲头的孔口边缘质量优于球形冲头翻边质量。

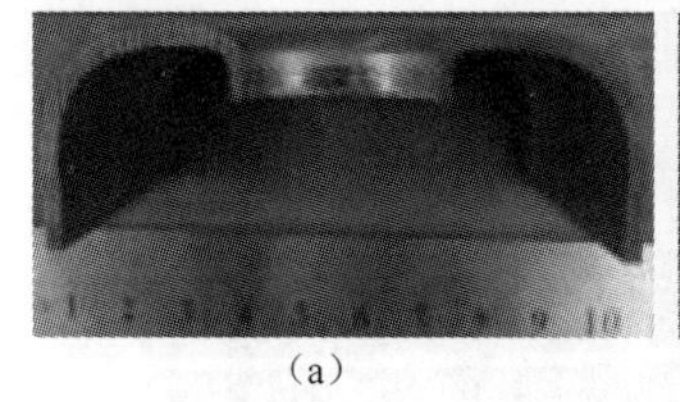
(a)

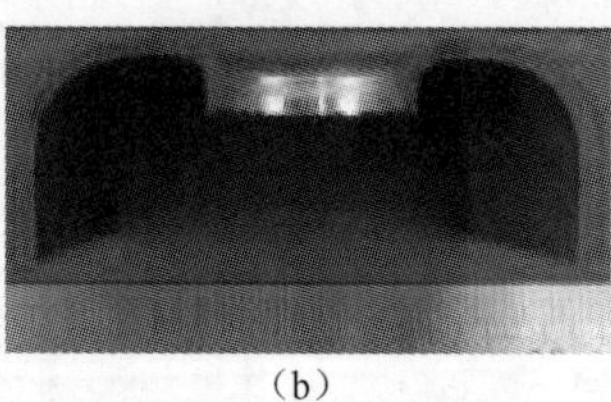
(b)

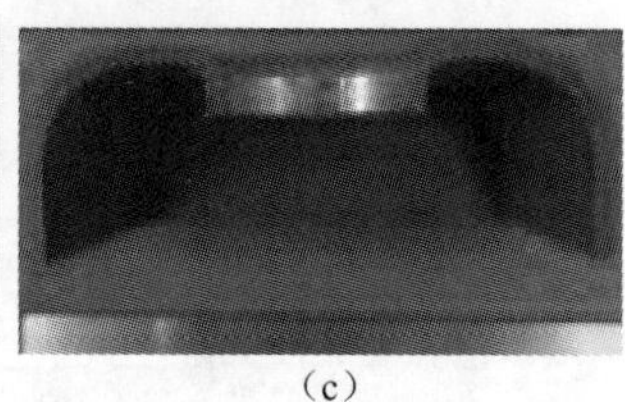
(c)

图7-39　不同冲头形状下翻边孔剖面照片

(a)锥形冲头;(b)球形冲头;(c)椭球形冲头。

图7-40为不同冲头形状时的翻边高度与内压的关系。当内压为50MPa时,球形冲头的翻边总高度最大,但直壁段高度却不是最大,因为球形冲头在此压力时,塌角深度也最大;椭球形冲头的翻边总高度和直壁段高度均最小。随着内压增加,当内压为80MPa时,三种冲头的翻边总高度相差不大,但锥形冲头的直壁段高度大于后两者。

随着内压继续增加,内压为150MPa时的锥形冲头和球形冲头翻边总高度

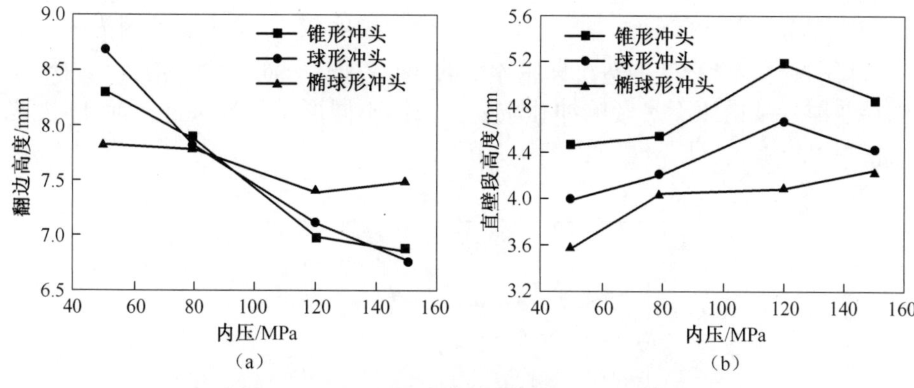

图 7-40　不同冲头形状的翻边高度与内压的关系
(a)总高度;(b)直壁段高度。

相近。由于椭球形冲头翻边时塌角深度相对较大,因此具有较大的翻边总高度。由于相对采用锥形冲头,采用球形和椭球形冲头对悬空区变形的限制作用较小,对塌陷的抑制也相对较弱,因此在不同压力下采用锥形冲头获得的翻边直壁段长度均是最大的。也就是说,可以采用锥形冲头来获得更大的直壁段高度。

7.10　多孔同步液压冲孔

在内高压成形后直接进行液压冲孔,可大大提高生产效率。在实际生产过程中,需要同时成形多个不同形状和直径的孔。多孔同步液压冲孔时,如果内压波动较大将会严重影响冲孔质量。图 7-41 为液压冲孔过程中内压变化曲线。冲孔完成后,内压略有下降,但在短时间内又重新上升到预设压力。这主要是因为冲孔完成之后,冲头和孔直径为过盈配合,密封效果较好,因而不会对内压造成影响。

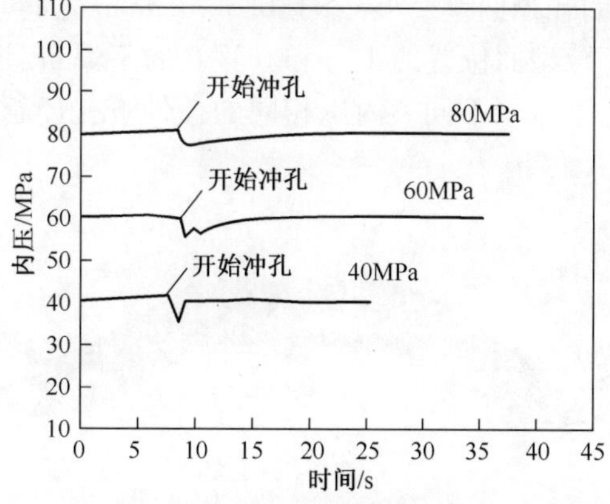

图 7-41　液压冲孔过程中内压变化曲线

对于保压较好的冲孔，冲孔时间差对内压影响较小，这主要是因为冲头能与冲孔实现有效密封。而对于保压较差的冲孔，冲孔时间差会严重影响内压变化，严重时导致内压不足影响冲孔质量。采用不同形状的冲头进行冲孔时，两次冲孔后的内压变化不同，如图7-42所示。

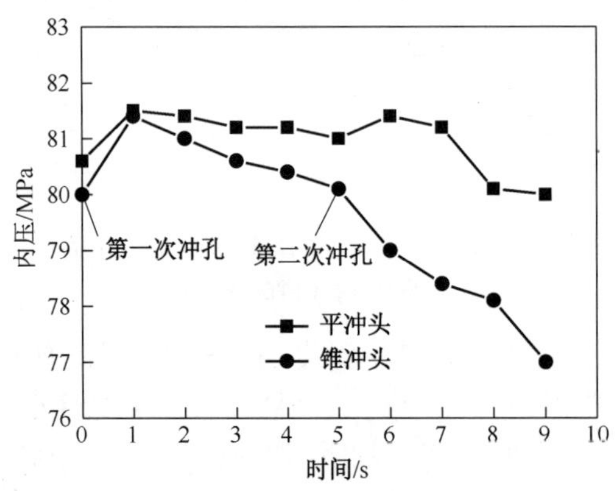

图7-42　冲断时间差对内压变化的影响

采用平冲头进行冲孔时，第一次冲孔后，由于冲进冲头相当于压缩了高压液体，内压略为上升。并且，内压在较长时间内降低缓慢，对第二次冲孔影响较小。采用锥冲头进行冲孔时，第一次冲孔后内压仍然是略为上升，但保压效果较差。第二次冲孔后，内压快速下降。内压降低会导致冲孔质量降低，为此需要采用合适的冲头形状来避免冲孔后内压快速降低。

图7-43为带有液压冲孔的副车架内高压成形件及尺寸精度。采用同步液压冲孔实现了10个孔同时冲孔，并且孔径均相差较小。孔径变化的最大的两个孔位于管材两端，偏差为0.9mm。这主要是因为这两个孔位于凸台上，液压冲孔时容易发生弯曲变形，造成孔径沿轴向和径向存在着差异较大。其他位置的孔径偏差较两端的孔径偏差要小，介于0.3~0.5mm之间。管端两侧孔的下塌量也是最大，位于分型面位置的1号和6号孔的下塌量最小，这主要是由于孔径大小不同，导致下塌量不同。内压相同的条件下孔径越大，则下塌量也相应的越大。

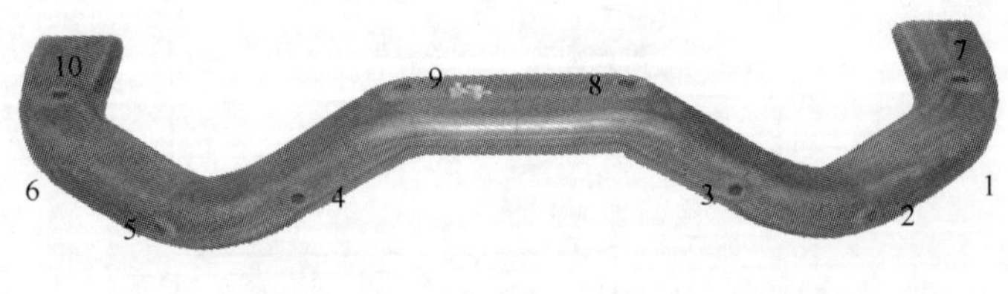

（a）

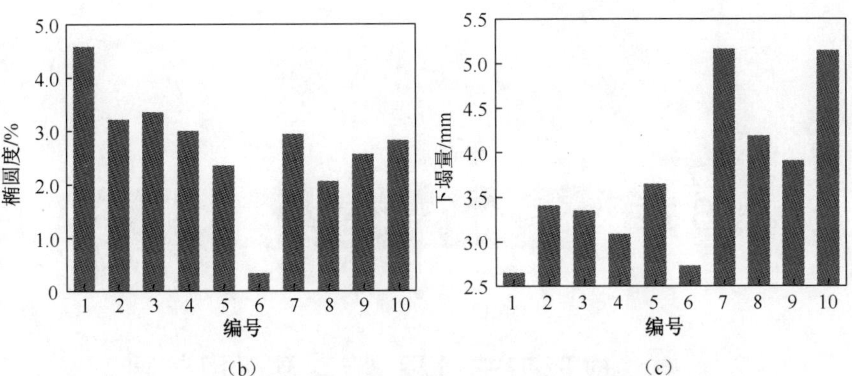

图 7-43　副车架同步液压冲孔及孔尺寸精度

(a)副车架零件;(b)椭圆度;(c)下塌量。

第 8 章 板材充液拉深成形技术

8.1 成形工艺过程、特点及适用范围

8.1.1 成形工艺过程

板材充液拉深成形工艺过程可分为四个阶段,如图 8-1 所示。首先开动液压泵将液体介质充满充液室至凹模表面,在凹模表面上放好坯料(图 8-1(a)),施加压边力 F_Q(图 8-1(b));然后凸模开始压入凹模,通过自然增压或者液压系统使充液室的液体介质建立起压力,将板材紧紧压贴在凸模上(图 8-1(c)),同时流体沿法兰下表面向外流出,形成流体润滑,直至成形结束(图 8-1(d))。

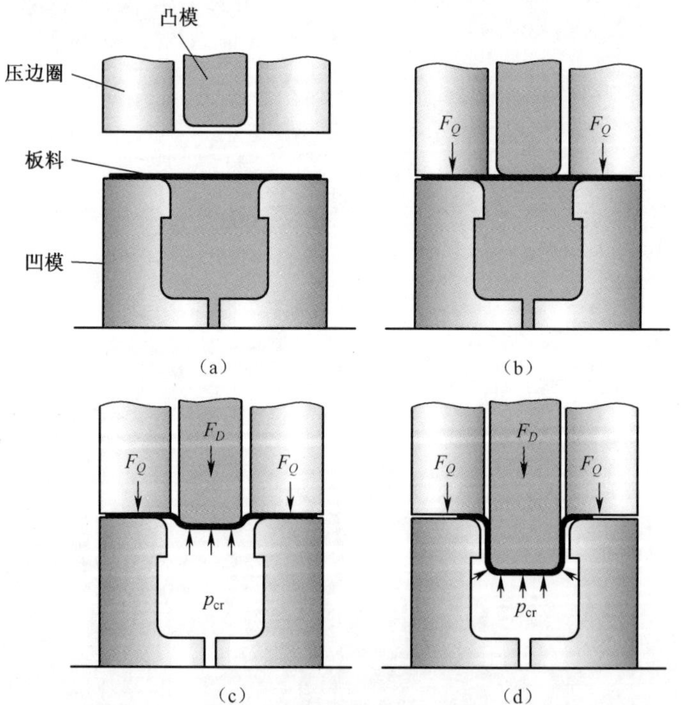

图 8-1 充液拉深成形过程

(a)充液阶段;(b)施加压边力;(c)成形阶段;(d)成形结束。

板材充液拉深成形的基本原理是采用液体作为传力介质传递载荷,使板材在传力介质的压力作用下贴靠凸模以实现金属零件的成形。充液拉深过程中能产生流体润滑和有益摩擦效果,如图 8-2 所示,液室压力使板材与凸模之间产生有益摩擦力 F_f,液室压力越大,摩擦力越大。在液室压力达到某一临界值时,液体的压力作用使坯料法兰部分脱离凹模圆角,消除坯料与凹模圆角之间的摩擦,在没有密封的情况下(图 8-2(a)),充液室内液体介质强行从法兰与凹模之间流出,在整个法兰区形成流体润滑,从而有效降低法兰与凹模间的摩擦,缺点是无法精确控制液室压力。如果采用密封(图 8-2(b)),液体介质无法从法兰下流出,不能形成流体润滑,但此时却可以用溢流阀调节液室压力。完全靠凸模进入凹模的自然增压方式往往使初期液压不足,不能抵消凸模圆角处坯料的拉应力而发生破裂,此时可采用强制增压,即在施加压边力之后,启动液压泵向充液室内注入液体介质增压,然后再使凸模进入凹模,实现充液拉深。

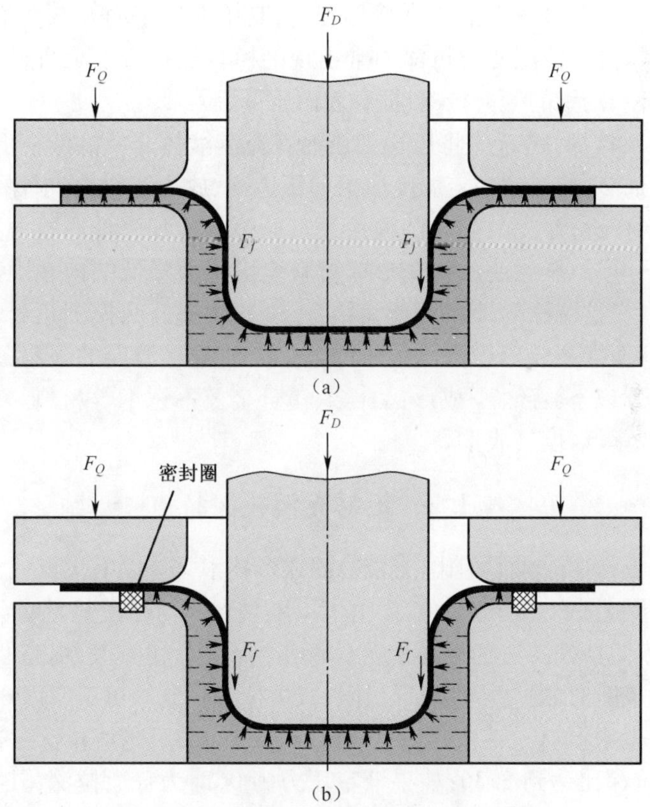

图 8-2　充液拉深的流体润滑与有益摩擦

(a)无密封情况;(b)有密封情况。

在充液拉深基本工艺的基础上,还发展了径向加压充液拉深、径向加压充液反拉深、变薄充液拉深、差温充液拉深等新技术。

径向加压充液拉深方法,是以充液拉深工艺为基础,设置额外的通液孔,使充液室的液体压力作用于坯料外缘,径向压力能够改善变形区受力情况,降低传力区的载荷,从而增大允许的变形程度。另外,前述的充液拉深基本工艺中,液体仅从法兰下方一侧流出,法兰上表面没有形成理想的润滑,而径向加压充液拉深使双面都有很好的润滑状态,这也是促使变形程度提高的一个重要因素。

径向加压充液反拉深,是径向加压充液拉深向反拉深的延伸与扩展。模具上多开几个侧孔,增加一处密封,把液室压力引到拉深件外周。该工艺的优点是能够通过反拉深进一步提高总体变形程度,减少总拉深道次;缺点是模具结构复杂。该方法适合于超深筒形件、尖锥形复杂件的成形。

变薄充液拉深,是把充液介质有效地应用于变薄拉深。按充液方式不同,可分为反向变薄充液拉深、正向变薄充液拉深及双向变薄充液拉深。三种方式均可有效地提高变薄拉深的极限变形程度,其中尤以正向及双向更佳。另外,变薄充液拉深对于传统变薄拉深中常出现的模具热粘着现象有显著的抑制效果,尤其适合不锈钢的变薄拉深,提高表面质量。

差温充液拉深,是首先将压边圈压靠在充满液体介质的凹模上,对凹模及压边圈进行加热,加热到一定温度后抬起压边圈、放入坯料,合模保温到设定温度后,凸模下行进行拉深,同时凸模内通过循环水冷却降低凸模温度。该工艺的优点是通过差温拉深使法兰变形区材料变形抗力降低的内在因素与充液拉深流体润滑、有益摩擦的外在因素相结合,进一步提高凸模圆角处坯料的相对承载能力,从而提高成形极限。由于受液体介质耐热温度的限制,适合在不高的温度(300℃以下)条件下成形铝合金、镁合金及不锈钢等材料。主要缺点是工艺复杂、效率低、模具成本高。

8.1.2 板材充液拉深特点

与普通板材拉深成形相比,充液拉深成形技术具有以下优点:

(1)成形极限高。由于液室压力的作用,使坯料与凸模紧紧贴合,产生有益摩擦;在凹模圆角处及法兰区形成流体润滑,降低不利摩擦,提高凸模圆角区、传力区的承载能力,提高零件成形极限,减少拉深次数。对于厚度0.7mm、直径50mm的不锈钢深筒件,液室压力为86.5MPa时,采用充液拉深一次成形出合格零件,其拉深比达到3.36;如果液室压力为0,即为普通拉深,其拉深比仅为2.31。对于SPCC深拉深板材、圆角较小的筒形件,当液室压力为49.5MPa时,拉深比也可到2.4左右;普通拉深的拉深比则在1.3左右。

(2)尺寸精度高、表面质量好。液体从坯料与凹模上表面间溢出形成流体润滑,利于坯料进入凹模,减少零件表面划伤,成形零件外表面可以保持原始板材的表面质量,尤其适合表面质量要求高的板材零件的成形。

(3)道次少。由于成形极限高,一般只需一个拉深道次,减少中间成形工序及退火等耗能工序。

(4)成本低。复杂零件可在一道工序内完成,减少多工序成形所需的模具;对于尺寸接近或者厚度相当的零件,可用一套模具成形;复杂零件只需加工出与零件尺寸相当的凸模,无需与凸模配合的复杂凹模型腔,降低生产成本。

板材充液拉深成形主要缺点:一是设备复杂,除液压机外,还需要一套独立的控制系统,使用、维护和保养也比较复杂;二是由于凹模内充液及初始反胀需要时间,生产率较低;三是由于液室压力形成的反作用力,使得拉深力大于普通拉深工艺的拉深力,需要的设备吨位大。

8.1.3 板材充液拉深的适用范围

充液拉深成形技术适用于筒形、锥形、抛物线形、盒形等变形程度超过普通拉深成形极限的板材零件、带有冲压负角的板材零件,以及普通拉深模具型腔结构复杂、难于成形的板材零件,主要用于航天领域满足空气动力学性能的整流罩、头罩以及汽车领域的发动机盖等覆盖件。

适合充液拉深成形的材料包括低碳钢、深冲钢、不锈钢等,可一次拉深成形获得超深筒形件,尤其适合低塑性的高强钢、铝合金,如 5A06、2024 等航天领域应用较多的铝合金。在板材厚度方面,主要适合 3mm 以下的薄板。由于充液拉深具有成形极限高和效率相对较低的特点,一般适用于生产批量不大的板材零件的成形。

8.2 主要工艺参数计算

充液拉深成形的主要工艺参数包括临界液室压力 p_{cr}、拉深力 F_D、压边力 F_Q等,如图 8-1 所示。

8.2.1 临界液室压力

临界液室压力是指在充液拉深成形过程中使坯料脱离凹模圆角的最小液室压力。液室压力在成形过程中不仅能够增强坯料与凸模之间的有益摩擦,而且达到临界液室压力还能够避免坯料与凹模圆角的接触,消除坯料与凹模圆角之间的不利摩擦,有利于成形极限的提高。

对于圆筒形零件定间隙充液拉深成形,根据坯料脱离凹模圆角时的受力平衡条件绘制临界液室压力计算简图(图 8-3),在凹模圆角处液体把坯料抬起所需要的力等于凹模口处坯料竖直方向的拉深力,如下式所示:

$$2\pi R_{\mathrm{p}} t \cdot \sigma_z = \pi[(R_d + r_d)^2 - R_{\mathrm{d}}^2] \cdot p_{\mathrm{cr}} \tag{8-1}$$

经过变换可得

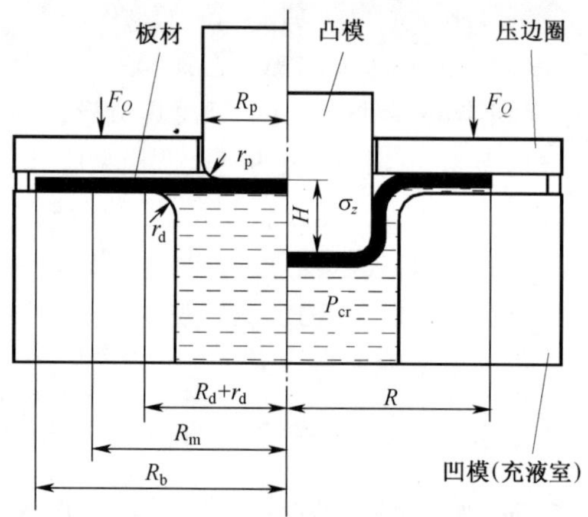

图 8-3　临界液室压力计算简图

$$\sigma_z = \frac{r_{\mathrm{d}}(2R_{\mathrm{d}} + r_{\mathrm{d}}) \cdot p_{\mathrm{cr}}}{2R_{\mathrm{p}} t} \tag{8-2}$$

式中　p_{cr}——液室压力(MPa);

R_{p}——凸模半径(mm);

σ_z——垂直方向拉应力(MPa);

R_{d}——凹模半径(mm);

r_{d}——凹模圆角半径(mm);

t——板材厚度(mm)。

在定间隙充液拉深时,忽略坯料与压边圈之间的摩擦。根据筒形件拉深时法兰变形区满足的微分平衡方程和屈服准则,有

$$\frac{\mathrm{d}\sigma_r}{\mathrm{d}r} + \frac{\sigma_r - \sigma_\theta}{r} = 0 \tag{8-3}$$

$$\sigma_r - \sigma_\theta = \sigma_{\mathrm{s}} \tag{8-4}$$

式中　σ_r——径向应力(MPa);

σ_θ——环向应力(MPa);

σ_{s}——材料流动应力(MPa)。

对式(8-3)积分,根据边界条件 $r = R$ 时,$\sigma_r = 0$,得

$$\sigma_r = \sigma_{\mathrm{s}} \cdot \ln\left(\frac{R}{r}\right) \tag{8-5}$$

式中　R——瞬时坯料半径(mm);

r——坯料任意一点半径(mm)。

考虑到坯料经过凹模圆角弯曲与反弯曲时产生的附加拉应力：

$$\sigma_w = \frac{\sigma_s \cdot t}{4\left(r_d + \frac{t}{2}\right)} = \frac{\sigma_s t}{4r_d + 2t} \tag{8-6}$$

式中 σ_w ——弯曲引起的拉应力(MPa)。

联合式(8-2)、式(8-5)、式(8-6)可以得到如下平衡式：

$$\sigma_s \cdot \ln\left(\frac{R}{R_d + r_d}\right) + \frac{\sigma_s t}{4r_d + 2t} = \frac{r_d(2R_d + r_d) \cdot p_{cr}}{2R_p t} \tag{8-7}$$

整理式(8-7)，得到临界液室压力表达式：

$$p_{cr} = \frac{2R_p t\left[\sigma_s \cdot \ln\left(\frac{R}{R_d + r_d}\right) + \frac{\sigma_s t}{4r_d + 2t}\right]}{r_d(2R_d + r_d)} \tag{8-8}$$

式(8-8)是拉深过程中使坯料脱离凹模圆角、初始密封失效、发生溢流时的充液室临界压力的表达式。从中可以看出，临界液室压力大小除受凹模圆角半径影响外，还受板材厚度、凸模半径、凹模开口半径大小的影响。

考虑到拉深变形过程中材料硬化对材料流动应力的影响，通常法兰区变形到 0.85 倍原始坯料尺寸时，拉深力最大，这时所需的临界液室压力也最大，其表达式为

$$p_{cr} = \frac{2R_p t\left[\sigma_s \cdot \ln\left(\frac{0.85R_b}{R_d + r_d}\right) + \frac{\sigma_s t}{4r_d + 2t}\right]}{r_d(2R_d + r_d)} \tag{8-9}$$

式中 R_b ——原始坯料半径。

对于硬化材料，式(8-8)和式(8-9)中的 σ_s 需要根据应变硬化公式求得，作为一种估算，可以采用材料屈服强度和抗拉强度的平均值。

对于盒形件的充液拉深，直边部分的变形为弯曲变形，圆角部分为拉深变形。通常，在已成形部分，由直边弯曲产生的拉应力小于圆角部分拉深产生的拉应力。所以，抬起直边部分所需的液室压力比圆角部分的液室压力小，盒形件拉深的临界液室压力由直边部分抬起所需的临界压力决定。根据盒形零件变形的特点，取零件 1/4 进行分析，如图 8-4 所示。为简化分析计算，不考虑直边部分周围金属变形的影响。在坯料法兰直边处取一宽度为 Δy 的金属板条，液室压力作用在此窄条圆角区域上的力为

$$F' = p_{cr} \cdot \Delta y \cdot r_d \tag{8-10}$$

把凹模口坯料抬起来所需要的力的大小为

$$F'' = \Delta y \cdot t \cdot \sigma_w \tag{8-11}$$

式中 σ_w ——弯曲与反弯曲引起的拉应力。

与式(8-6)相同,根据受力平衡条件 $F' = F''$,可以得到盒形件临界液室压力为

$$p_{cr} = \frac{\sigma_s t^2}{r_d(4r_d + 2t)} \tag{8-12}$$

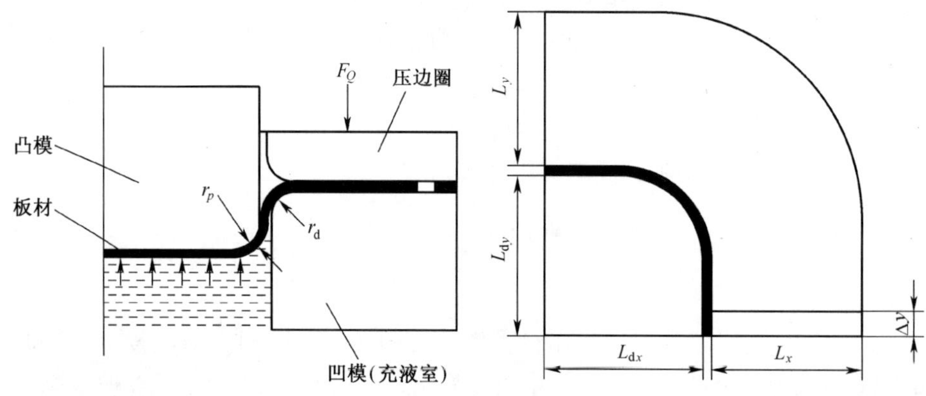

图 8-4 盒形件充液拉深示意图

8.2.2 拉深力

充液拉深的拉深力由两部分组成,$F_D = F_1 + F_2$,其中,F_1 为普通拉深的拉深力(kN);F_2 为液室压力的反向作用力(kN)。

普通拉深的拉深力 F_1 按照经验公式计算:

$$F_1 = \pi d_p t \sigma_b K_d \tag{8-13}$$

式中 t——板材厚度(mm);

d_p——拉深零件直径(mm);

K_d——与拉深比、相对厚度相关的系数 $K_d = 0.2 \sim 1.1$。

由液室压力形成的反向作用力 F_2 为

$$F_2 = \frac{\pi d_p^2}{4} p_{cr} \tag{8-14}$$

充液拉深的拉深力 F_D 为

$$F_D = \pi d_p t \sigma_b K_d + \frac{\pi d_p^2}{4} p_{cr} \tag{8-15}$$

对于变形程度大的拉深零件或者高强板材零件,液室压力 p_{cr} 往往会较大,造成设备吨位比普通拉深增大许多,例如:对于直径 200mm 的筒形件,当液室压力为 50MPa 时,$F_2 = 157t$。为了降低设备吨位或者设备能耗,可在模具设计上考虑增设减压柱,通过顶出缸、减压柱的作用,避免液室压力直接作用于拉深零件底面,有效降低充液拉深的拉深力。

8.2.3 压 边 力

充液拉深时发生溢流后，在坯料法兰区下表面形成的流体压力分布为：凹模圆角附近液体压力基本与液室压力 p_{cr} 相同，法兰区由内到外压力逐渐减小，法兰外缘处压力为零。理想的充液拉深压边力应该随着拉深的进行与法兰区下表面液体作用力平衡，但在成形过程中不断变化，计算复杂。对于设备参数估计，可以按照下式计算：

$$F_Q = \frac{p_{cr}}{2} S_f \tag{8-16}$$

式中 S_f——坯料法兰区面积。实际工艺中，可根据零件具体情况调整压边力。

8.3 极限拉深比及缺陷形式

8.3.1 极限拉深比

由于液室压力作用，充液拉深成形过程中产生的有益摩擦和流体润滑可使成形极限显著提高。拉深比是衡量成形极限的重要指标，是指坯料尺寸与零件直径或边长的比值。低碳钢和铝合金典型件的极限拉深比见表 8-1。在通常的充液拉深工艺条件下，08AL 低碳钢极限拉深比可从普通拉深的 2.2 提高到 2.55，A1100 铝合金的筒形件的极限拉深比可从普通拉深的 2.1 提高到 2.61。对于方盒形件，A1100 铝合金的极限拉深比（坯料外径与盒形件直边长度比）可从普通拉深的 2.65 提高到 2.9，08Al 低碳钢极限拉深比可从普通拉深的 2.1 提高到 2.6。对于具有锥面、抛物线截面等复杂曲面的零件，充液拉深也可将普通拉深需要 3 次或 4 次拉深的零件一道次拉深成形。由于锥形件等曲面结构的复杂性及变形本质有所区别，极限变形程度低于平底的筒形件。

表 8-1 低碳钢和铝合金典型件的极限拉深比

材 料	零 件	充液拉深	普通拉深
08Al 低碳钢	筒形件	2.55	2.2
	方盒形件	2.6	2.1
A1100 铝合金	筒形件	2.61	2.1
	方盒形件	2.9	2.65

充液拉深成形零件的极限拉深比与液室压力、压边力、加压方式、模具圆角等因素有关。液室压力在临界压力之上可充分增强有益摩擦，在合理范围内成形极限随着压力增加而提高。压边力过小，充液室内压力建立不起来或者压力

过低,成形极限降低;压边力过高,难以形成流体润滑,法兰区不利摩擦增大,成形极限降低。加压方式包括自然增压和强制增压,自然增压靠模具带动坯料进入充液室内对液体介质压缩建立压力,通常在成形初期压力较小,使成形极限降低,而强制增压可在成形初期通过液压泵或增压器对充液室内注液增压,避免成形初期的破裂,使成形极限提高。凹模圆角对成形极限的影响是随其半径增大成形极限提高,增大到一定值(例如凹模圆角为钢板厚度 13 倍)之后成形极限达到最大值,成形极限不再增大;凸模圆角对成形的影响是随着其半径增大成形极限提高,到一定值(例如凸模圆角为钢板厚度 5 倍)以后成形极限不再提高,这时影响成形极限的不是凸模圆角处的破裂,而是凹模圆角处的破裂。

同样,不同成形工艺对成形极限具有显著影响。径向加压充液拉深可以使 A1100 铝合金材料的筒形件的极限拉深比达到 3.31,径向加压充液反拉深 A1100 铝合金材料的筒形件的极限拉深比可达到 4.92。SUS304 不锈钢筒形件 90℃左右的微温充液拉深成形,在自然增压条件下可将室温普通拉深的极限拉深比从 2.0 提高到 3.3。对于 A1050 铝合金筒形件,在 200℃左右的差温充液拉深条件下,极限拉深比可达到 3.4。

8.3.2 缺陷形式

充液拉深成形的缺陷形式主要为破裂和起皱。普通拉深产生的破裂,通常发生在拉深成形初期的凸模圆角处。充液拉深产生的破裂和起皱,受液室压力等因素的影响,破裂会在不同位置、不同阶段产生,如图 8-5 所示。

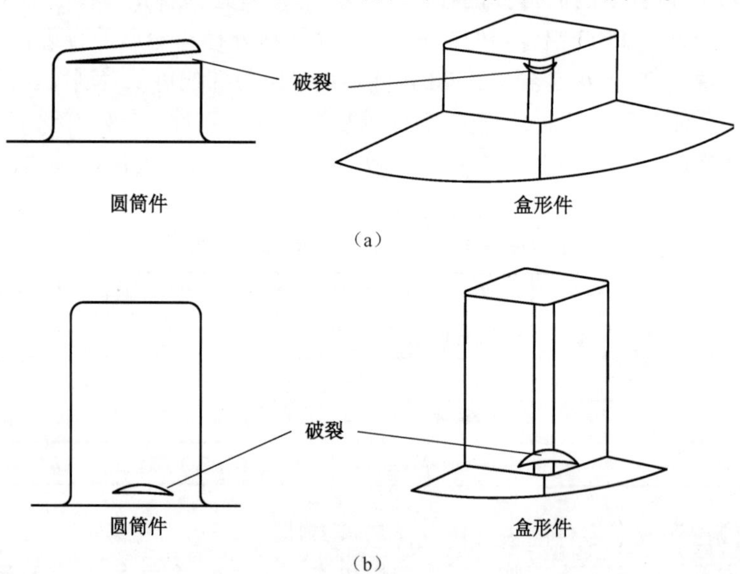

图 8-5 破裂形式

(a)凸模圆角处破裂;(b)凹模圆角处破裂。

凸模圆角区的破裂主要发生在成形初期(图 8-5(a)),通常由于液室压力过低,不能建立有效的有益摩擦和流体润滑,或者液室压力出现较大波动使凸模圆角区坯料的拉应力超过材料的强度极限导致初期的破裂;凸模圆角过小也是破裂的原因。避免凸模圆角处坯料破裂的办法是在成形初期通过液压泵或者增压器强制增加液室压力,避免压力过低;加装溢流阀实时控制液室压力,防止产生较大波动;适当增大凸模圆角半径,减小拉应力。凹模圆角附近的破裂主要发生在中后期(图 8-5(b)),其原因主要是液室压力过高使凹模圆角附近坯料反胀减薄;另外,凹模圆角过小也易在成形后期发生破裂。解决凹模圆角处坯料破裂的办法是适当降低液室压力,减小凹模圆角附近坯料反胀减薄量及适当增大凹模圆角半径。

对于不同拉深比的板材零件,为了克服两种破裂形式,液室压力的大小存在一个合理的范围,液室压力与拉深比之间关系如图 8-6 所示。拉深比越大,液室压力变化范围越小,液室压力存在上限值和下限值,低于下限值或超过上限值均易发生破裂。这主要是由于拉深比越大,为避免凸模圆角破裂所需的液室压力越高,较高的液室压力增大了压边圈与法兰之间的不利摩擦,且容易产生反胀减薄,引发凹模圆角附近的破裂,为克服凸模圆角破裂增大压力和克服凹模圆角破裂减小压力使得合理的液室压力范围减小。在理论上,极限拉深比所对应的液室压力只有一个值。

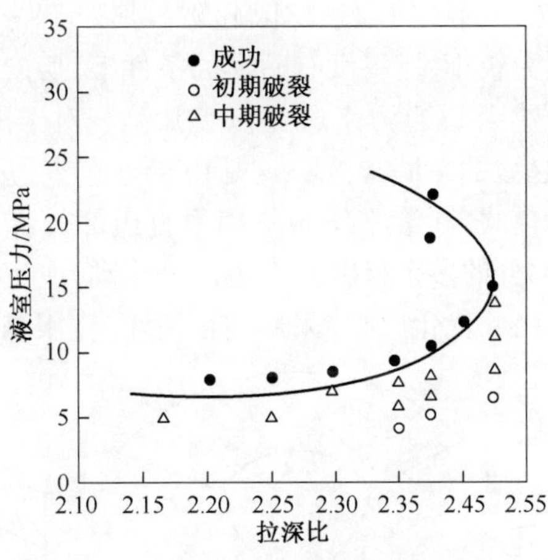

图 8-6 液室压力与拉深比之间关系

另外,压边力对上述的破裂影响复杂。因为此时的压边力不仅具有普通拉深的压边功能,而且还对液室压力的建立具有重要影响。压边力过小时,会产生破裂,其原因是由于压边力过小,对于自然增压或者凹模圆角过大的情况,不能建立起很大的压力,使有益摩擦力不足所致。反之,过高的压边力所引起的压力过大而导致的材料在凹模圆角处的反向胀裂也是充液拉深常见的失效形式。因此,压边力也存在一个上限值,压边力与拉深比的关系如图 8-7 所示。实际工艺中,可以根据零件具体情况反复对压边力进行调整,包括恒定压边力的调整及与拉深行程相关的压边力调整。

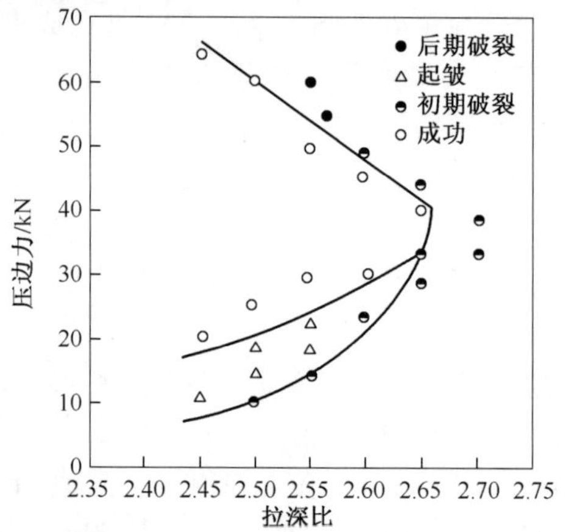

图 8-7　压边力与拉深比的关系

充液拉深成形的起皱形式如图 8-8 所示。图 8-8(a)所示为法兰区起皱,是拉深成形的一种普遍缺陷形式,主要是压边力低于图 8-7 所示的下限所致,可以通过增大压边力来避免该类缺陷。

图 8-8(b)所示为曲面零件的悬空区起皱。其处于成形曲面的中上部,主要是该区域在液室压力较小、坯料没有贴模的条件下,切向压应力的作用所致,可以通过增大液室压力及压边力来避免该类缺陷。对于图 8-8(c)所示盒形件,还存在棱边拐角起皱的缺陷形式。这是由于存在直边部分弯曲变形、拐角部分拉深变形的变形模式,在液室压力作用下直边部分容易贴模、产生摩擦效应,影响了棱边拐角部分的多余材料向直边部分流动,产生棱边起皱,可以通过减小液室压力及坯料尺寸优化(例如采用切角毛坯)克服该类缺陷。

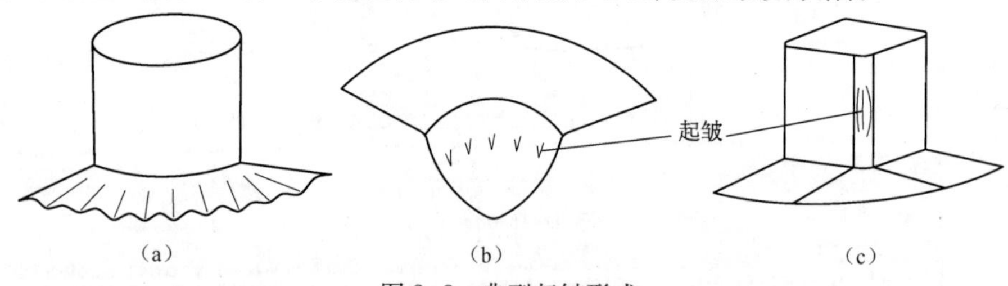

图 8-8　典型起皱形式

(a)法兰区起皱;(b)悬空区起皱;(c)棱边拐角起皱。

8.3.3　充液拉深缺陷形成机理

曲面零件充液拉深成形过程中,起皱主要发生在曲面悬空区,而破裂主要发生在凸模圆角附近。通过数值模拟分析零件典型区域的应力状态，用于揭示起皱和破裂的产生机理。沿零件截面选取三个典型位置，其中 1 点位于法兰区、2 点位于凹模口悬空区、3 点位于曲面底部，得到其在不同成形阶段的经向应力（ σ_r ）和纬向应力（ σ_θ ），不同阶段应力状态如图 8-9 所示。

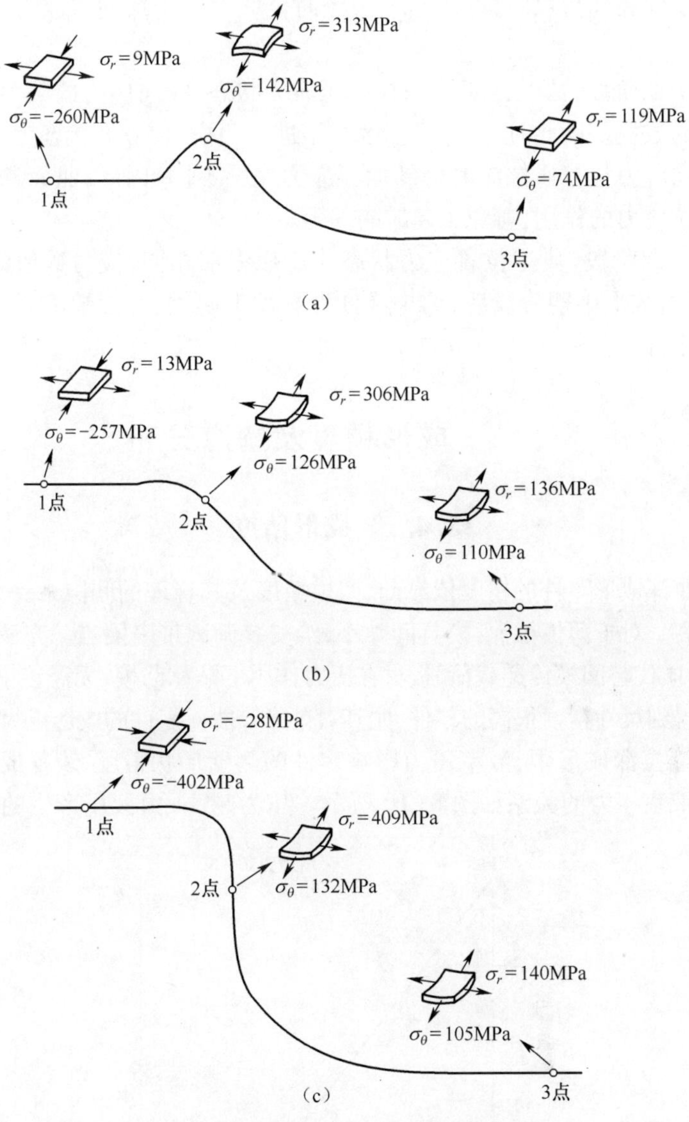

图 8-9　充液拉深不同阶段的应力状态
(a)成形初期；(b)成形中期；(c)成形后期。

成形初期阶段，法兰区的经向为拉应力状态，纬向为压应力状态，纬向应力的数值远远大于经向应力的数值，因此法兰区在纬向压应力作用下有起皱的趋势,在合理的压边力或压边间隙控制下,法兰起皱可以得到有效控制;凹模口悬空区发生反胀变形,其应力状态为双向拉应力,且经向拉应力数值较大,纬向拉应力较小。因此,该处成为成形初期破裂的危险点,当预胀压力较大时,悬空区的双向拉应力将显著增加,导致破裂,这就是预胀压力过大会导致反胀区破裂的机理。零件底部为双向拉应力状态,经向拉应力大于纬向拉应力,二者的数值相差不大。

成形中期阶段,法兰区仍为一拉一压应力状态,纬向应力的数值远远大于经向应力的数值。而此时,曲面悬空区开始进入凹模口,应力状态为双拉状态;该处的纬向应力与普通拉深时受纬向压应力完全不同,因此,曲面悬空区由于受到纬向拉应力的作用,避免了起皱的发生。

成形后期阶段,典型位置应力状态与成形中期相同,应力数值略有变化。因此,当通过成形中期阶段后,如果零件没有发生起皱、开裂缺陷,将会顺利成形出合格零件。

8.4 成形精度及壁厚分布

8.4.1 成形精度

普通拉深成形零件的精度依靠凸、凹模精度及其合理的间隙来保证,对模具精度要求高。对于薄板拉深,模具间隙小,给安装调试带来困难。充液拉深成形中,液体介质代替凹模传递载荷,板材在压力作用下贴靠凸模,无需较小的模具间隙也可以得到尺寸精度很高的零件,尤其对锥形等曲面零件的成形更为有效。

在充液拉深成形中,液室压力影响零件的侧壁形状精度,表征成形精度的贴模度与液室压力的关系如图 8-10 所示。压力越高,由液压产生的反胀给侧

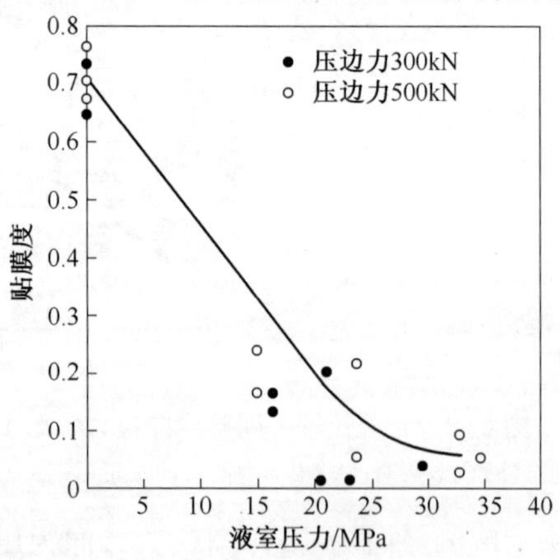

图 8-10 成形精度与液室压力的关系

壁附加的拉力越大,侧壁的形状冻结能力越高,成形过程中的毛坯与凸模的贴模性越好,即使模具间隙为 2 倍板材厚度条件下,仍可以得到比普通拉深方法更高成形精度的零件。

8.4.2 壁 厚 分 布

圆筒形件充液拉深成形壁厚变化规律为零件上部壁厚增加、下部壁厚减薄,壁厚不变线位于距上边缘 1/3 左右,减薄区域大于增厚区域,凸模圆角区附近壁厚减薄最严重,筒形件壁厚变化率如图 8-11 所示。A1100 铝合金筒形件在拉深比为 2.4 时的最大变化率达到-24%。在相同变形程度下,由于液室压力的作用,坯料与凸模之间有益摩擦使得壁厚变薄量减小,充液拉深成形比普通拉深成形零件的壁厚均匀性好,并且液室压力越大壁厚减薄量越小。同时,坯料与凸模之间的有益摩擦还可有效降低凸模圆角附近坯料的拉应力,允许坯料进一步减薄而不发生破裂。

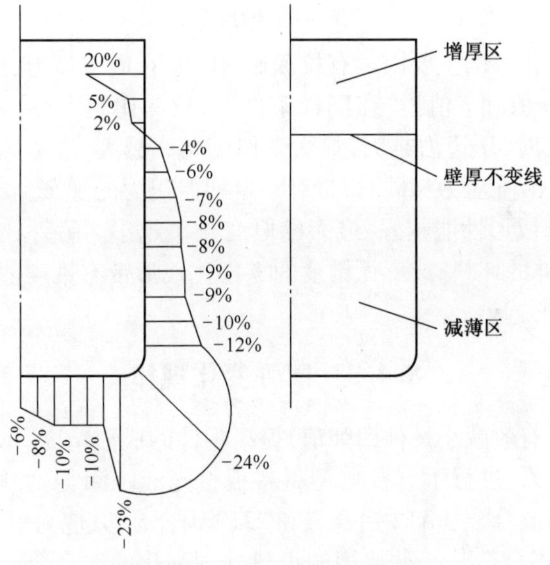

图 8-11　筒形件壁厚变化率

图 8-12 所示为沿盒形件直壁部分中线和棱边拐角中线剖开测得的壁厚变化率。直壁部分的最大壁厚变化率小于棱边拐角的最大壁厚变化率,直壁部分无增厚发生。其原因在于盒形件直壁部分变形实质为弯曲成形,棱边拐角变形实质为拉深变形。直壁部分成形过程中存在无模具支撑的悬空区,液室压力使其在弯曲的同时发生反胀,导致直壁部分悬空区减薄。棱边拐角部分为拉深变形,法兰区坯料流入凹模发生增厚,液室压力作用使其反胀减薄,二者综合作用的总体趋势是使棱边拐角部分逐渐增厚。

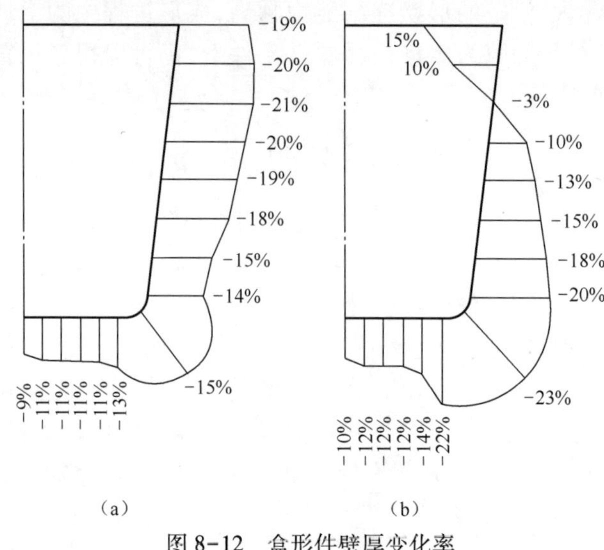

（a）　　　　　　　　　　　　（b）

图 8-12　盒形件壁厚变化率

（a）直壁部分；（b）棱边拐角。

影响壁厚变化率的主要因素有拉深比、压边力、液室压力、压力加载路径和材料力学性能（n 值和 r 值）。在同样条件下，拉深比越大，最大壁厚变化率越大。同样拉深比时，压边力越大，最大壁厚变化率越大；液室压力越高，最大壁厚变化率越小。液室压力相同时，带有一定初始压力的加载路径可使变化率降低。n 和 r 越大，成形性能越好，最大壁厚变化率越小。另外，变化率还受零件形状的影响，同样的坯料，成形无锥度的零件比成形带有锥度的零件减薄率小，锥度越小，减薄率越小。

8.4.3　回弹变化规律

充液拉深可有效减小试件回弹值，提高零件的成形精度。为了获得回弹量与压力的定量关系，进行了五种典型材料板材充液拉深实验，典型材料包括低碳钢、不锈钢、高温合金、2A12 铝合金和 2219 铝合金，其应力-应变曲线如图 8-13 所示。2219 铝合金是一种典型的可热处理强化的铝合金，不同的热处理状态下成形性能不同，因此分别研究了退火态（O）、自然时效态（T4）、人工时效态（T6）下的 2219 铝合金试件回弹规律。

液室压力分别设定为 10MPa、20MPa 和 30MPa。回弹值测量位置位于筒形试件中间位置，分别沿 0°、45°和 90°方向测量三次并取平均值。为了提高测试精度，考虑到试件实际厚度不同，将试件剖切并测量壁厚值。回弹值等于试件外径值减去凸模直径及 2 倍的实际壁厚值。相对回弹值为回弹值除以筒形试件直径（凸模直径）。

通过实验获得的不同材料筒形试件的回弹值见表 8-2 和图 8-14。实验结

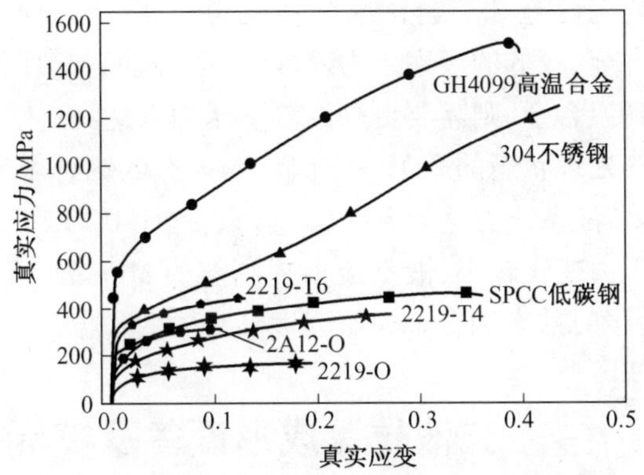

图 8-13　典型材料板材的真实应力-应变曲线

表 8-2　不同材料相对回弹值　　单位:%

液室压力/MPa	低碳钢	2A12 铝合金	不锈钢	高温合金	2219 铝合金		
					退火态	自然时效态	人工时效态
0	2.52	2.64	3.08	3.07	1.88	1.89	1.78
10	2.10	2.17	2.84	2.96	1.43	1.71	1.69
20	0.68	1.11	2.68	2.96	1.20	1.56	1.67
30	0.58	0.92	2.44	2.89	0.92	1.14	1.41

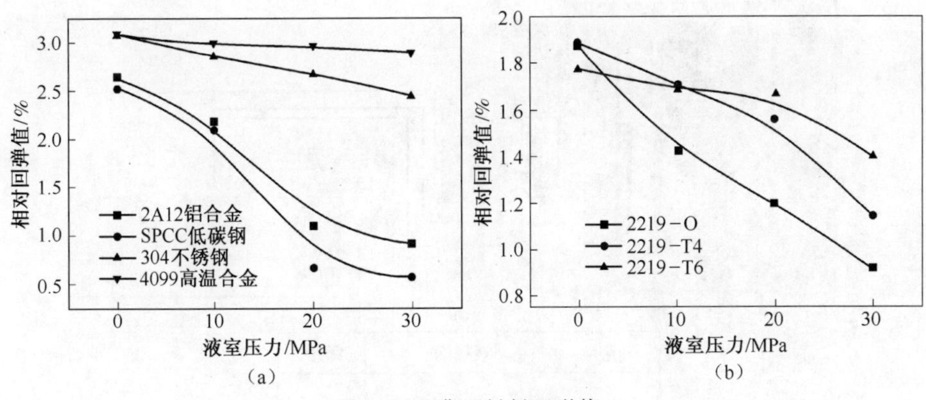

图 8-14　典型材料回弹值

(a)不同材料试件;(b)2219 铝合金。

果表明:回弹规律为液室压力越高,回弹值越小。但是,不同的材料具体回弹数值与压力的关系略有不同。对于低碳钢和铝合金这类屈服强度较低的材料,回弹值随着液室压力提高而迅速下降,当液室压力达到 30MPa 时,其相对回弹值降低至 1.0%以下;对于高温合金和不锈钢这类屈服强度较高的材料,液室压力较低时,回弹值变化较小,当液室压力 30MPa 时,其相对回弹值减小量不足 1%。特别是高温合金,其相对回弹值仅下降了 0.18%。显然,这种规律是由材料力学性能决定的。高温合金和不锈钢屈服强度均较高,所以回弹值较大。因此,对于低碳钢和铝合金,较低的液室压力就能将其相对回弹值限制到1.0%以下;而对于不锈钢和高温合金,则需要更高的液室压力来达到这一目的。

而对于不同热处理状态的2219铝合金,退火态的铝合金屈服强度最低,回弹值降低最为显著,液室压力达到30MPa时降低至1.0%以下;人工时效态铝合金回弹值随液室压力变化较小,液室压力提高至30MPa时,相对回弹值仅减小了0.37%,这是由于时效态铝合金屈服强度高导致的现象。

8.5 充液拉深成形设备及模具

8.5.1 充液拉深成形设备结构和组成

充液拉深成形设备由主机和充液拉深装置两大系统构成,实现液室压力、拉深位移、压边力和液体流量等工艺参数实时控制,设备组成和工艺参数如图8-15所示。主机通常为双动液压机,其功能是在成形过程中提供所需的拉深力和压边力;充液拉深装置包括压力转化器、液压系统、充液系统和数控系统。

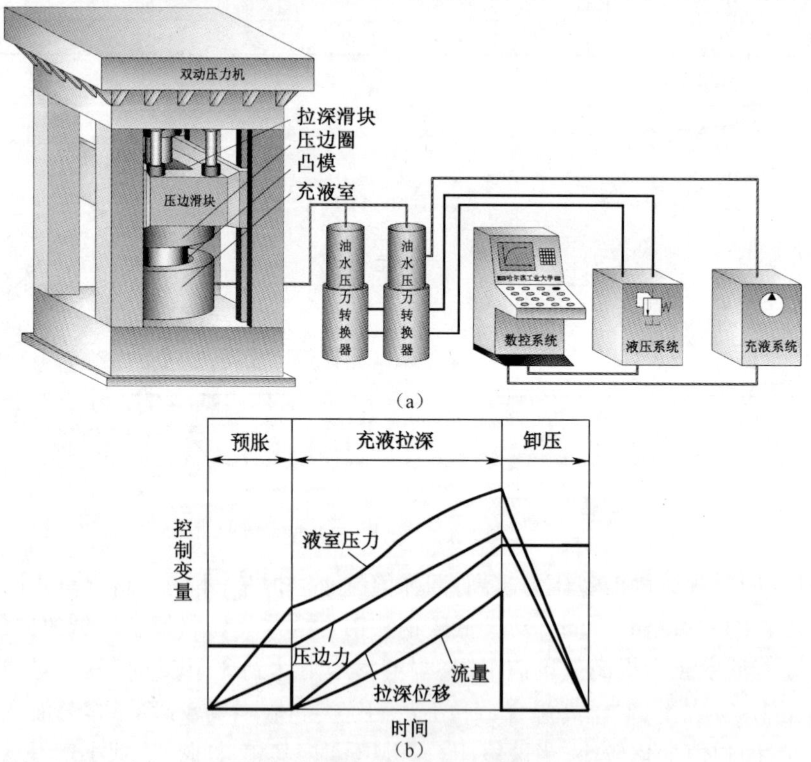

图8-15 充液拉深设备组成和工艺参数

(a)设备组成;(b)工艺参数。

充液拉深成形装置在硬件上独立于双动液压机本身的液压系统、控制系统,不改变双动液压机设备的通用性。充液拉深成形装置的液压系统,主要起到驱动压力转换器产生初始压力并持续提供动力。充液拉深成形装置的数控系统是设备的控制核心,不仅对充液装置液压系统进行控制,同时与双动压力机的控制系统进行通信,实现充液拉深成形过程中的位移、压边力及液室压力的实时控制;充液系统主要起到充液拉深工作介质溢流部分的回收、过滤及向液室补充工作介质的作用。通过油水介质压力转换器,可产生充液拉深成形所需的超高压力并适时进行压力控制,其结构如图 8-16 所示。压力转换器的高压腔与液室相连,并装有超高压压力传感器,作为压力闭环控制的检测与反馈手段。低压腔连接到液压系统,通过液压系统中的比例溢流阀控制低压端压力,从而实现对高压端的超高压控制。为满足大型零件成形对超高压力、大流量流体介质的控制需要,通常需要配置多组压力转换器。

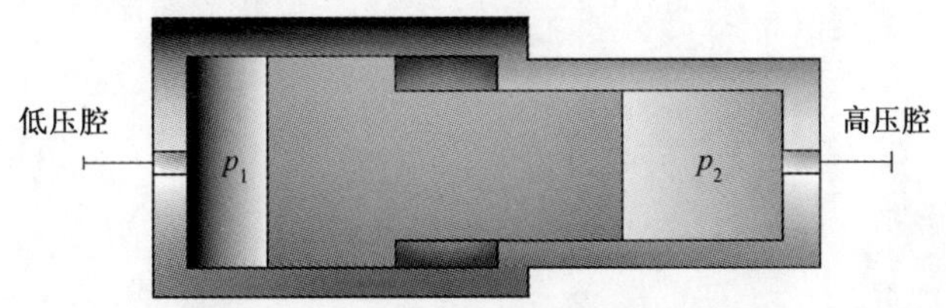

图 8-16　油水介质压力转换器结构

油水介质压力转换器由变截面的缸体组成,大端为低压腔,小端为高压腔,高低压缸体依靠法兰连接,缸体端部靠螺纹与端盖连接。通过选择低压腔与高压腔的面积比,可以调整压力转换数值。为了提高高压腔的密封可靠性,高压端采用组件密封,密封件通过轴向预紧结构产生一定压缩,并可根据磨损情况调节预紧量,通过轴向压缩补偿保证长期运行后的密封圈与柱塞的接触压力,以满足超高压对密封可靠性的要求。高压端与成形模具连接,污染严重时,只需对其进行单独过滤即可。

压力转换器高压端由于承受超高压力,且内径较大,其结构安全性尤为重要。决定结构安全性的主要参数是壁厚,壁厚过大导致材料浪费;壁厚过小容易发生变形,难以建立高压。采用有限元法对压力转换器的缸体进行结构强度分析,可以确定合理的壁厚。高压端缸体材料为调质处理结构钢 40Cr,屈服强度 440MPa,抗拉强度 685MPa,弹性模量 210GPa,泊松比 0.3。设计缸体外径为 320mm 和 370mm 两种情况,在 100MPa 内压作用下进行数值模拟,高压腔等效应力分布如图 8-17 所示。当缸体外径为 320mm、缸体厚度为 50mm 时,最大等效应力为 330MPa 左右。等效应力在厚度方向已经呈明显的梯度分布,外侧应力最小,为 150MPa 左右。增加缸体厚度,当缸体厚度为 75mm 时,缸体厚度方向的等效应力明显减小,最大等效应力为 230MPa 左右,最小等效应力为

100MPa 左右,如图 8-17(b)所示。

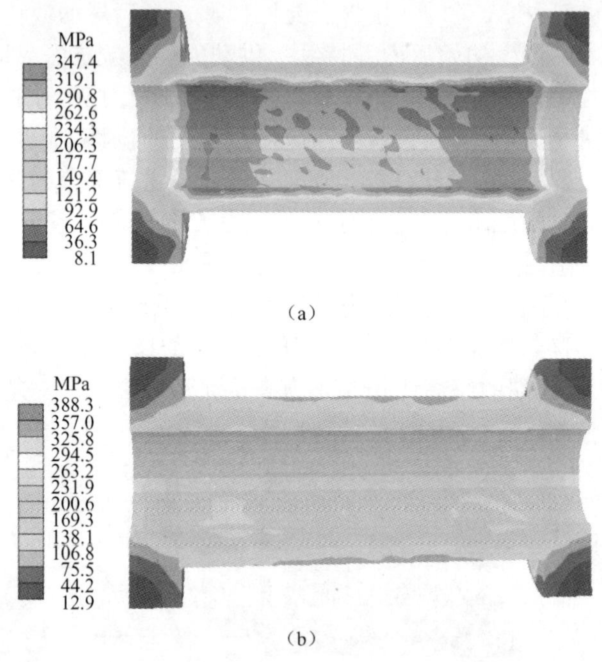

图 8-17 高压腔等效应力分布
(a)外径 320mm;(b)外径 370mm。

根据上述分析结果,可以看出外径为 320mm 和 370mm 两种情况下,最大等效应力均小于屈服强度,材料处于弹性状态,可满足强度要求。由于高压腔工作过程中承受高压时产生弹性变形,为保证密封的可靠性,弹性变形量不能过大,否则滑动密封容易失效,无法建立较高的压力。100MPa 超高压力作用下高压腔的径向位移如图 8-18 所示,缸体最大位移位置为缸体中部,分别为 0.16mm 和 0.12mm。受端部法兰的影响,缸体法兰附近内部的位移很小,该处是高压动密封结构的位置,根据密封对变形的要求,二者的位移量均小于允许径向变形量。但从缸体材料成本来讲,在满足结构安全的基础上,缸体外径 320mm 是比较经济的。

对于大型复杂曲面零件的充液拉深成形,需要数控系统对大型压力机拉深位移、拉深速度、压边力大小及液压系统驱动的压力转换器的压力、活塞位移、流量及同步性进行匹配控制。由于设备吨位大、工艺流程连续性高、控制参数多,而且成形条件苛刻,过程控制难度大。如果工作介质流量及压力得不到合理控制,压力将继续增加,板材坯料下表面溢流产生的平均压力过高,将迫使大型压力机压边滑块抬起,导致成形失败,或者压力过低导致充液拉深成形件减薄、破裂。因此,必须通过数控系统对包括高压大流量流体压力建立、工作介质

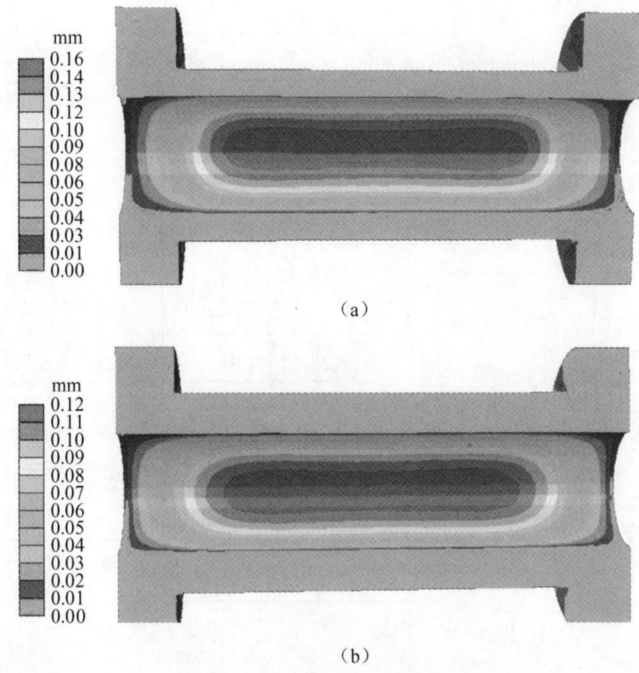

图 8-18 高压腔径向位移

(a)外径 $D=320$mm;(b)外径 $D=370$mm。

流量精确控制以及对大型压力机力学参数进行一体控制。

在双动压力机基本控制系统基础上,需增加充液拉深所需的扩展部分,包括 PLC 扩展机架、扩展机架配套的低压电器元件、控制接口、功能转换开关等;设备操作面板上除了压力机控制所需的基本操作显示元件外,还应包含用于充液拉深的按钮和指示灯等扩展器件,以方便控制系统的功能扩展,实现充液拉深控制。

充液拉深数控系统与双动压力机共用一套控制系统硬件,如图 8-19 所示,既能保证原系统的独立性、支持压力机作为通用设备来使用,又能保证对液室压力进行控制、与原压力机进行配合实现充液拉深成为控制的关键。因此,在硬件方面,通过增设输入、输出模块和扩展机架与双动压力机本体的 PLC 连接,可充分利用设备自身的控制资源,节省一套控制系统硬件及相应的通信接口;在软件方面,在双动压力机设备本体控制系统软件基础上,通过双动压力机控制程序界面按钮启动所建立的独立充液拉深成形专用控制程序,涉及双动压力机动作及参数设置直接对其程序调用,两套控制程序界面清晰,可方便切换双动压力机作为通用压力机和专用压力机两种不同工作状态。

充液拉深成形设备控制界面如图 8-20 所示。主画面能够实时显示现场信号的变化,显示拉深行程-压边力、液室压力-压边力等工艺参数。通过该界面,

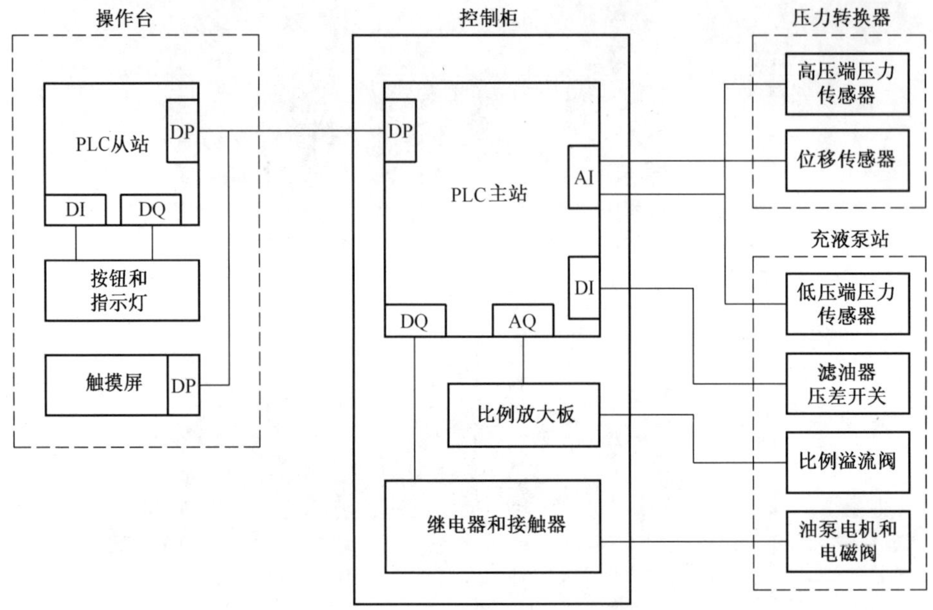

图 8-19　充液拉深成形设备控制系统

可在加工过程中及时掌握当前工作状态；从该画面中可以了解整个工艺过程的执行情况，以便发现问题、解决问题。

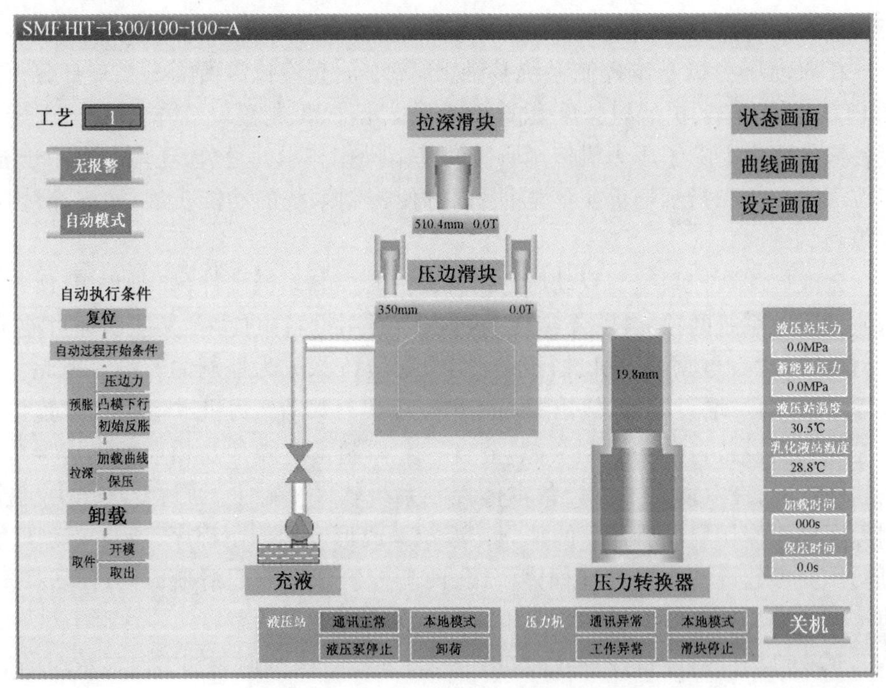

图 8-20　充液拉深成形设备控制界面

8.5.2 充液拉深成形设备特点及主要参数

充液拉深成形设备的主要参数包括拉深力、压边力、工作台尺寸及液室压力。通常,根据零件尺寸以及充液拉深成形所需的液室压力来确定拉深力、压边力,再根据模具尺寸确定工作台尺寸,综合上述两方面选择成形设备。哈尔滨工业大学流体高压成形技术研究所已经研发出系列化充液拉深成形设备,其主要参数如表 8-3 所列,达到国际先进水平。图 8-21 所示为一台 1300t 的充液拉深成形设备。这些充液拉深设备具有以下特点:

(1) 采用一体化控制方式,系统集成性好、灵活性高。软件、硬件系统具有独立性,既支持液压机作为通用设备使用,又能与充液拉深系统配合、作为充液拉深专用设备使用。

(2) 多向复合加载。可根据零件的形状和材料,可单独或联合施加正向、反向及径向压力,改变应力状态,实现大高径比、复杂曲面零件的成形。

(3) 液体压力闭环控制、压力控制精度高。对压力机位移、速度、压边力大小及多路伺服液压系统驱动的高压源压力、流量及同步性进行闭环控制及按设定路径加载,实现高精度过程控制。

(4) 高压液体容积大、适合于大型零件成形。通过大容积高压源并联同步控制,可实现大容积的高压液体流量控制,最大容积达到 $5m^3$,满足大型板材零件的成形需要。

(5) 水介质,生产环境清洁。板材液压成形工作介质无环境污染,零件表面清洁,方便存储转运、后续热处理及表面处理。

表 8-3 充液拉深成形设备主要参数

型 号	SMF. HIT-5000/100-500-A	SMF. HIT-3000/100-200-A	SMF. HIT-2000/100-150-A	SMF. HIT-1300/100-100-A
公称力/×10kN	5000	3000	2000	1300
拉深力/×10kN	3500	2000	1200	800
压边力/×10kN	1500	1000	800	500
最大开口高度/mm	3000	2500	2300	2000
最大拉深行程/mm	2500	2000	1800	1500
最大压边行程/mm	2500	2000	1800	1500
工作台面有效尺寸(左右×前后)/mm	3500×3000	3000×2500	2500×2000	2000×1800
最高液体压力/MPa	100/25	100/25	100/25	100/25
高压液体容积/L	50/500	50/200	50/150	50/100
控制方式	闭环伺服控制			

图 8-21　1300t 充液拉深成形设备

8.5.3　模具结构和材料

充液拉深模具结构简单,尤其是凹模,不必制成与凸模型面一致的型腔,使机械加工大为简化,而普通拉深的凹模加工比凸模更为困难。充液拉深与普通拉深不同之处在于除凸模、凹模、压边圈外,还存在充液室,充液室与液压系统或者溢流阀等压力调节装置连接,以便在拉深成形时形成封闭的压力容腔,对其进行液压控制。通常,凹模与充液室之间通过螺纹进行紧固连接,并设置密封结构,充液室结构如图 8-22 (a)所示。凹模与充液室采用分体连接结构,方便对尺寸相近的模具零件的更换,降低模具成本。而对于形状复杂而又较浅的零件,模具型腔无需太深,采用分体结构反而造成模具加工成本的增加,此时一般采用充液室与凹模为一体的整体结构(图 8-22(b))。如果充液室壁厚增大仍无法满足强度要求,可在充液室外圈采用预应力结构,以保证使用安全。

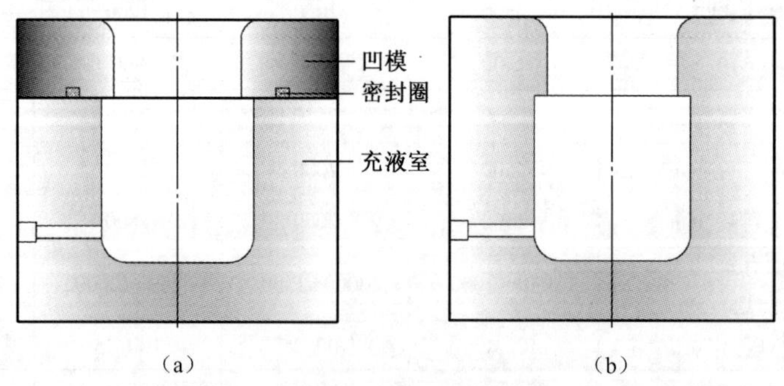

图 8-22　充液室结构示意图

(a)分体结构;(b)整体结构。

充液拉深模具参数主要包括凸、凹模圆角，压边圈圆角及模具间隙。凸模圆角完全根据零件尺寸来设计，即使圆角半径为零也能拉深成形较深的零件。对于变形程度较大的拉深零件，凹模圆角可选为 6~10 倍材料厚度，略大于普通拉深的凹模圆角。压边圈圆角选在 5 倍左右材料厚度，以防止液室压力反胀造成零件成形后期的破裂。凸、凹模间隙要求宽松，在 1.2 倍左右板材厚度即可，零件精度靠凸模及液室压力作用保证。

在模具材料方面，由于充液室要承受型腔内部的高压，因此充液室材料要求具有高强度、高韧性。液室压力较低时，可采用铸钢；液室压力较高时，可采用锻钢。对于大型复杂零件，凸模可以采用树脂，也可采用水泥加金属纤维来制造，使模具成本进一步降低。

充液拉深模具中承受液压载荷的零件为充液室，其所受压力甚至达到 100MPa，因此充液室必须具有足够的刚度、强度，防止高压作用下发生过大的弹性变形导致密封失效，或者发生模具断裂失效。根据拉深零件的横、纵向尺寸，可将充液室设计成圆形截面或者矩形截面的厚壁筒。对于圆形截面充液室，承受径向压应力和切向拉应力，圆形截面充液室应力分布如图 8-23 所示。

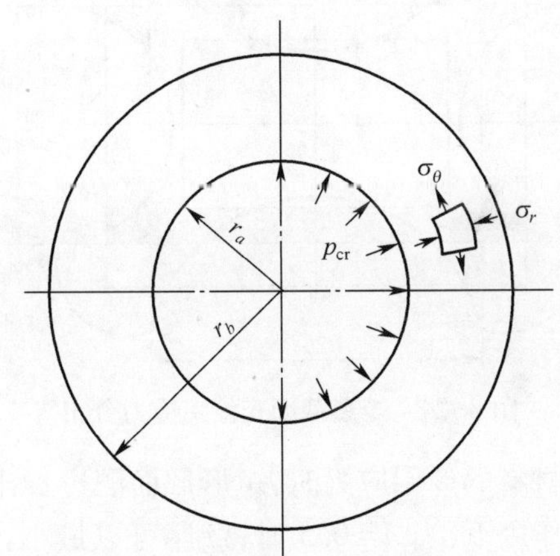

图 8-23　圆形截面充液室应力分布

失效的危险点在充液室的内壁，该处径向压应力和环向拉应力的表达式分别为

$$\sigma_r = \frac{p_{cr} r_a^2}{r_b^2 - r_a^2}\left(1 - \frac{r_b^2}{r_a^2}\right) \tag{8-17}$$

$$\sigma_\theta = \frac{p_{cr} r_a^2}{r_b^2 - r_a^2}\left(1 + \frac{r_b^2}{r_a^2}\right) \tag{8-18}$$

根据式(8-17)、式(8-18)，可令 m 为外径 r_b 与内径 r_a 的比值。r_a 固定、r_b 增大时，m 也随着增大，此时的内壁等效应力降低。但当 $m>4$ 时，应力趋于稳

定,不再发生明显降低。可以看出,当 $m<4$ 时,可以通过增大外径(或者壁厚)的方法来降低内壁等效应力,提高充液室的强度;当 $m>4$ 时,继续增大外径(壁厚),不可能再使充液室的所受应力降低,对强度改善已经失去效果,可考虑采用多层预应力结构。

对于横、纵尺寸相差较大的零件,从节省材料角度宜采用矩形截面的充液室。矩形截面充液室承受内压和弯曲力矩作用,其应力分布如图 8-24 所示。内壁拉应力最小点在长边的 1/5 或者 4/5 处,因此该处是固定螺钉和销钉的最佳位置。内壁拉应力最大点在矩形截面的角部,其应力表达式为

$$\sigma = \frac{2(a^2 - ab + b^2)}{t^2 h} p_{\text{cr}} \tag{8-19}$$

根据式(8-19),令 $a = nb\ (0 < n \leqslant 1)$,则

$$\sigma = \frac{2b^2(n^2 - n + 1)}{t^2 h} p_{\text{cr}} \tag{8-20}$$

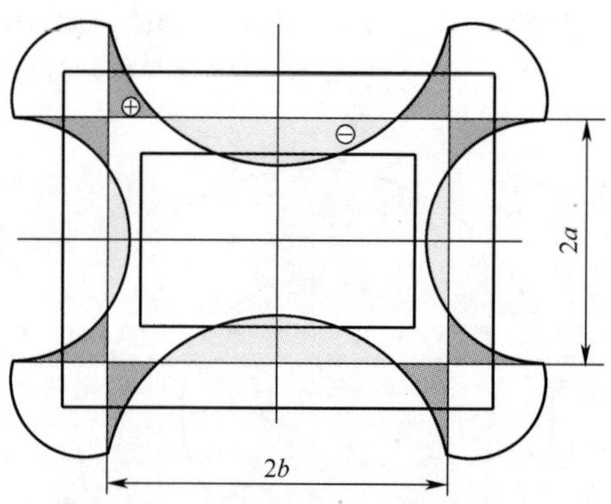

图 8-24　矩形截面充液室应力分布

当拉应力达到某材料的许用应力时,矩形截面的边长比 n 直接影响充液室的壁厚。在相同内压作用下,当 $n=0.5$ 时,壁厚可以最小,节省材料;当 n 为 1 时,为正方形截面,充液室所需要的壁厚最大。

8.6　径向加压充液拉深工艺

8.6.1　径向加压充液拉深成形原理

不同于传统充液拉深,主动径向加压充液拉深是在成形坯料的法兰外缘施加独立、可控的径向液压,推动法兰区材料流动,配合凸模的拉深进行变形,其成形原理如图 8-25 所示。在径向主动加压作用下,可以有效减小零件变形区的径向拉应力,抑制坯料危险区的过度减薄,从而提高成形极限。与此同时,坯

料与压边圈、凹模之间会形成双面流体润滑，材料流动摩擦阻力减小，可进一步减小径向拉应力，提高材料承载能力，使成形极限进一步提高。

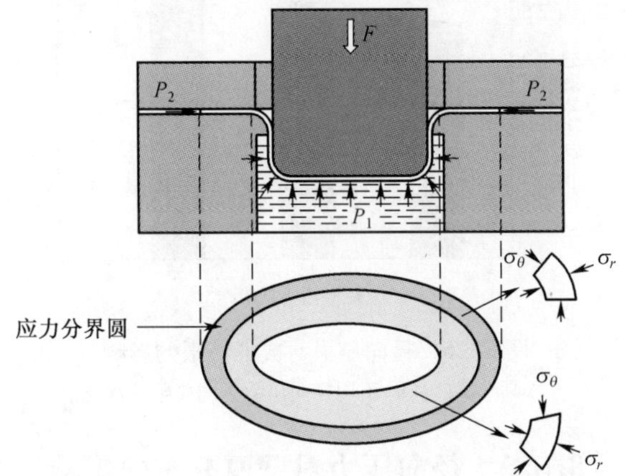

图 8-25　径向主动加压充液拉深成形原理

实现径向主动加压的充液拉深设备需要配置两台增压器和加压控制系统。径向液压不受凹模腔液室压力的限制，可根据变形材料、成形极限优化控制，增加工艺可控性。径向主动加压充液拉深可使法兰区坯料产生一个明显的径向应力分界圆。随着径向压力增加，分界圆的位置逐渐向凹模口移动，可使危险断面的拉应力逐渐降低，成形极限得到提高，壁厚减薄得到改善。

8.6.2　径向压力对成形极限的影响

改变径向压力成形得到不同拉深比的铝合金平底筒形件，试件及相应的极限拉深比如图 8-26 所示。

无径向压力条件下极限拉深比为 2.4，施加径向压力后，极限拉深比随径向压力增加而逐渐增加。当径向压力为 15MPa 时，极限拉深比为 2.66。随着径向压力的进一步增加，当径向压力为 35MPa 时，极限拉深比增加到 2.8，比普通充液拉深提高 16.7%。这是因为施加的径向压力越大，变形区材料所受的经向拉应力越小，破裂越不容易发生。

(a)

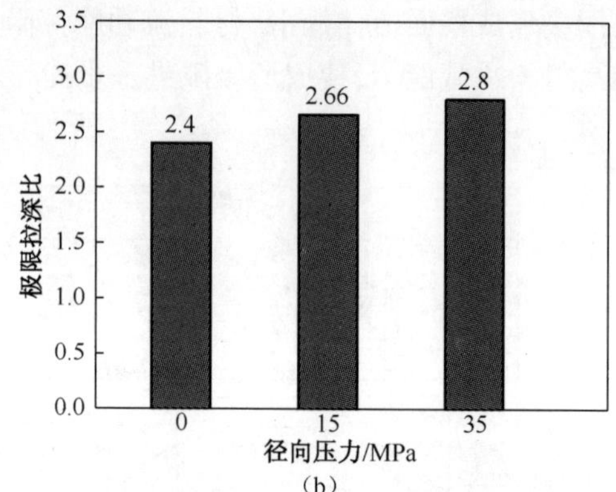

(b)

图 8-26 径向压力对成形极限的影响

(a)典型零件;(b)不同径向压力下的极限拉深比。

8.6.3 径向压力对壁厚分布的影响

沿轴线剖切不同径向压力得到的试件,对壁厚进行测量,其壁厚分布见图 8-27。平底筒形件底部区域壁厚几乎没有变化,凸模圆角区和筒侧壁靠近底部区域壁厚减薄,靠近口部的区域壁厚发生增厚,最大减薄均发生在凸模圆角处。径向压力为 15MPa 时,最大减薄率为 18%。随着径向压力增加,最大减薄率逐渐降低。当径向压力增加到 25MPa 时,最大减薄率减小到 10%。并且,侧壁壁厚不变位置也随着径向压力增加而逐渐下移,壁厚分布相对更均匀。

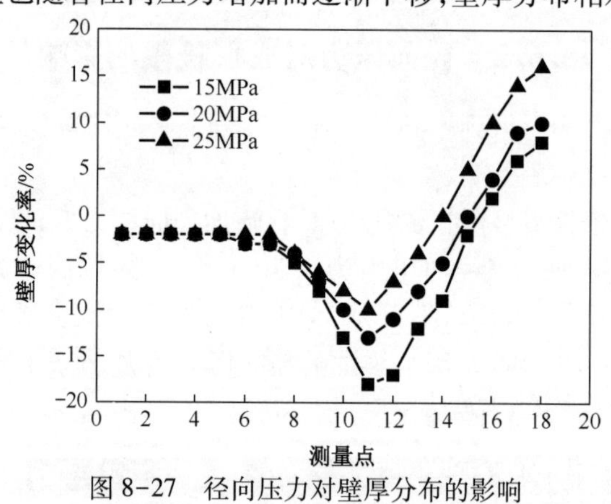

图 8-27 径向压力对壁厚分布的影响

8.7 预胀充液拉深工艺

8.7.1 预胀充液拉深成形原理

随着 DP 钢、TRIP 钢等高强钢板的应用,普通拉深存在变形不均匀、不充分的问题,无法充分发挥材料的应变硬化性能。通过预先的胀形来对试件底部变形进行调整,提高板材的应变硬化程度,使成形后零件获得足够的刚度、强度、抗弯、抗凹等性能,这种工艺称为预胀充液拉深。其实质是在充液室流体介质的初始压力作用下,使板材发生胀形,并通过模具的约束得到预定形状,之后在一定液室压力下板材随凸模运动进行充液拉深成形。以下将以平底筒形件预胀充液拉深为例进行阐述。

图 8-28 所示为预胀充液拉深成形过程。首先凸模下行到离板材上表面 h 的位置停止,施加压边力,然后向充液室加压到预胀压力,使得板材发生胀形。随后在此压力下,凸模运动至与压边圈持平。最后调节液室压力,凸模继续下行直至零件拉深完成。

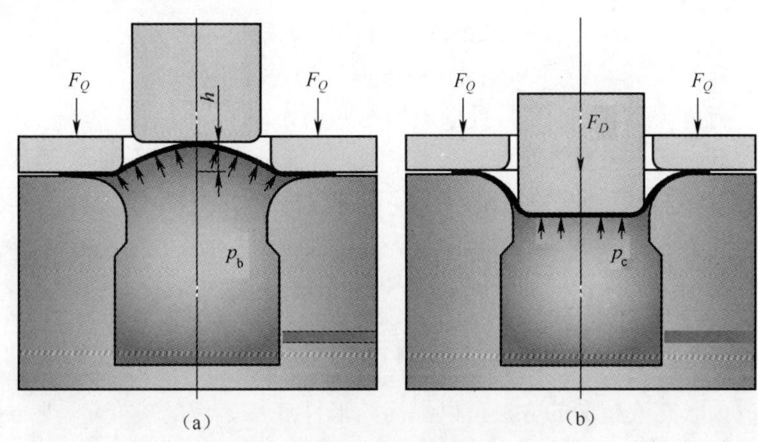

图 8-28　预胀-充液拉深成形原理图
(a)预胀;(b)拉深。

8.7.2　预胀充液拉深壁厚分布规律

预胀充液拉深成形过程中,预胀变形量直接影响着后续充液拉深的变形过程。预胀变形量过小时,应变强化效果相对较小。预胀变形量过大时,凸模与压边圈的间隙内容易产生材料堆积,进而形成折叠缺陷。对于 DP590 双相钢平底筒形件预胀充液拉深,当相对预胀高度为 30%时,压平过程中就会产生折叠缺陷。当相对预胀高度小于 25%时,可以成形合格平底筒形件,对应的平底筒形件试件及其壁厚分布如图 8-29 所示。

可以看出,不同预胀高度的预胀充液拉深试件壁厚分布规律相似。试件底部壁厚相对均匀,底部靠近圆角区域由于压平过程中的压缩变形,壁厚相应增大。与传统的充液拉深壁厚分布类似,最大减薄区仍是凸模圆角处。直壁区壁厚逐渐增大,直至靠近法兰区壁厚最大。当相对预胀高度为 25%时,平底筒形件圆角处壁厚最小,减薄率达到 14.5%;底部壁厚相差不大,减薄率为 11.5%;

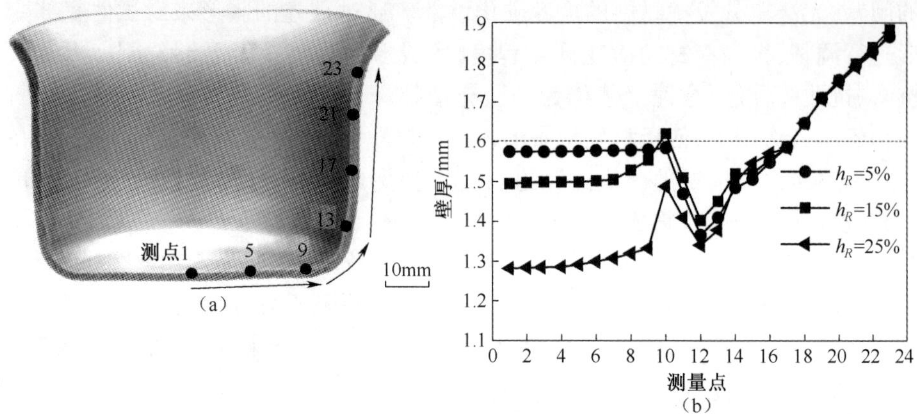

图 8-29　预胀充液拉深平底筒形试件及其壁厚分布

(a)试件;(b)壁厚分布。

底部靠近圆角(距离中心 3/4)处壁厚增厚率为 3%;直壁末端壁厚最大,增厚率为 17%。同普通充液拉深平底筒形件相比,预胀充液拉深成形使底部减薄率增加 11%,而试件直壁和圆角处壁厚未发生明显改变。随着相对预胀高度增加,试件底部壁厚逐渐减小,其他区域壁厚分布相近,说明平底筒形件底部壁厚减小主要来自于预胀过程中的减薄。

8.7.3　预胀充液拉深变形强化规律

通过预胀充液拉深的方法可以提高筒形件底部区域的应变量,进而提高零件硬度。相对预胀高度为 20%时,预胀充液拉深平底筒形件硬度分布如图 8-30 所示。由图可看出,试件底部维氏硬度值最小,为 260HV。底部增厚处维氏硬度值高于相邻区域,直壁区维氏硬度值逐渐增加,直至直壁末端硬度值最大,为 338HV。平底筒形件整体零件硬度差为 78HV,与普通充液拉深相比,底部硬度提高了 24%,而直壁处硬度相差不大,使整体试件硬度差降低 38%,零件变形和强度趋于相对均匀。其实质是通过预胀增加了筒形件底部变形,增加应变强化效果。直壁处主要通过法兰区拉深形成,而预胀对法兰区变形影响较小,因此硬度大小及分布与普通充液拉深条件下的基本相同。

不同预胀高度对试件硬度变化的影响如图 8-31 所示。试件底部中心处硬度随预胀高度增加而不断增加,而直壁末端处硬度基本不变。当相对预胀高度为 5%时,硬度差为 114HV;当相对预胀高度为 25%时,底部中心点维氏硬度达到 281HV,试件整体的硬度差降低为 52HV,降低了 54%。与普通充液拉深相比,可使底部中心点硬度提高 66HV,提高 31%,试件整体的硬度差降低了 65HV,降幅达到 56%。上述结果说明,对于平底筒形件,采用预胀充液拉深成形,增大预胀高度可使试件底部硬度增大,从而减小其硬度差,使其整体硬度分布更均匀。由于硬度与抗拉强度有直接关系,可以间接说明试件各处强度趋于均匀。

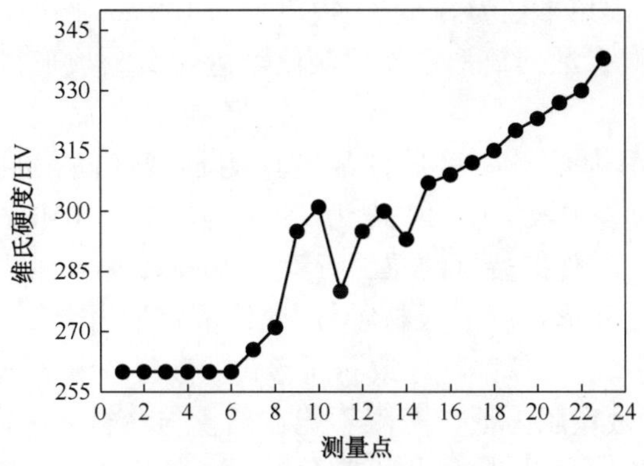

图8-30 平底筒形件硬度分布

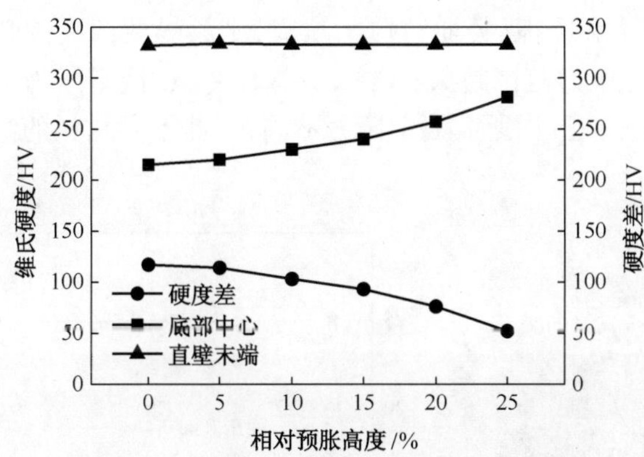

图8-31 预胀高度对平底筒形件硬度的影响

8.8 典型零件充液拉深工艺

8.8.1 平底筒形件充液拉深成形

平底筒形件是拉深成形中的典型零件,从中所得到的工艺参数如模具圆角、压边间隙、液室压力等对成形的影响,对其他复杂零件的成形具有指导意义。

直径为100mm的筒形件坯料为A1100铝合金,厚度为1mm。力学性能为:屈服强度$\sigma_s=28$MPa,强度极限$\sigma_b=93.5$MPa,延伸率$\delta=32.5\%$,硬化指数$n=0.28$,厚向异性指数$r=0.53$。

液室压力在成形过程中起着重要的作用,液室压力可以建立起有益摩擦和形成溢流润滑效果,从而抑制破裂,提高零件成形极限。在压边间隙为

1.11mm、拉深速度为8mm/s、初始液室压力为5MPa、充液室最高压力为15MPa的条件下,凸凹模圆角半径为8mm、凸模直径为100mm、凸凹模单边间隙为1.2倍板材厚度的模具参数使筒形零件拉深比可达到2.5,成形得到的筒形零件如图8-32所示。

图8-33所示为该平底筒形件液室压力加载区间,初始液室压力仍为5MPa,充液拉深过程中液室压力上限为25MPa、下限为10MPa,行程10mm后保持液室压力不变。零件破裂时的拉深行程为10mm,主要由材料的极限变形能力决定。对于一定变形程度的板材零件,允许液室压力有一定的变化范围,超过范围,压力过高或者过低都将导致不同形式的破裂。液室压力之所以存在一个范围,主要在于液室压力低于下限不能在凸模与坯料之间产生足够的摩擦,同时也不能形成流体润滑,导致凸模圆角附近的拉应力过大而发生破裂;液室压力超过上限,坯料法兰区与凹模之间的流体压力平均值增大,加剧了法兰区与压边圈之间的不利摩擦,径向拉应力增大,则易导致凹模圆角处破裂。零件拉深比越小,液室压力范围越大;反之,拉深比越大,液室压力范围越小。不同性能的材料使得充液拉深所需液室压力不同,因此不同材料的液室压力变化范围也不同。

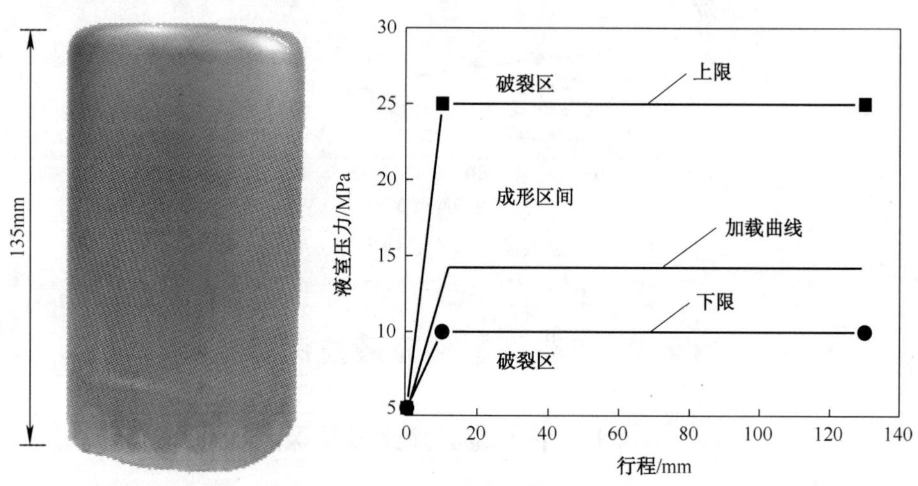

图8-32　充液拉深成形的筒形件　　　　图8-33　平底筒形件成形液室压力加载区间

8.8.2　抛物线形件充液拉深成形

抛物线形件不同于平底筒形件,零件底部较尖,截面为抛物线形状,属于复杂曲面零件。抛物线形件用普通拉深较难成形,至少需要5道次拉深及中间退火才能实现零件成形,效率及成品率均较低。由于凸、凹模之间存在悬空区,如何克服起皱和破裂缺陷是零件成形的关键。采用充液拉深可以改善抛物线形件拉深成形的应力状态。图 8-34 所示为抛物线形件拉深时的应力状态。从图中可以看出，在液室压力作用下形成软拉深筋，使悬空区减小，应力状态从环向压应力转变为环向拉应力，但应控制液室压力，避免悬空区材料过度减薄而破裂，降低缺陷发生的可能性。

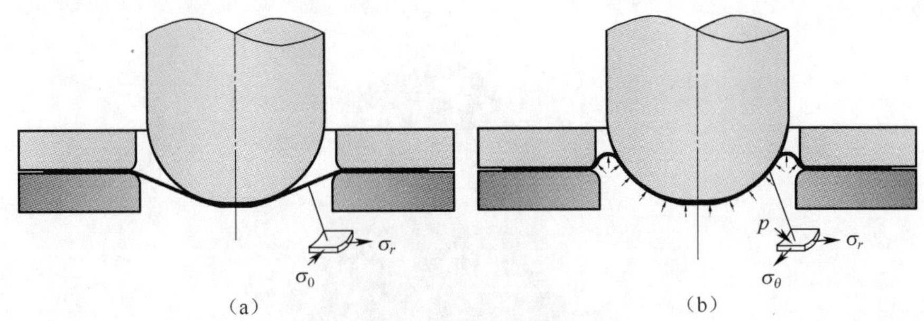

图 8-34　抛物线形件拉深应力状态
(a)普通拉深；(b)充液拉深。

抛物线形零件成形凹模口直径为 120mm、圆角半径为 8mm。成形所需要的坯料尺寸为直径 250mm。材料为 A1060 铝合金，厚度 1mm，其力学性能参数如下：屈服强度 $\sigma_s = 28$MPa，强度极限 $\sigma_b = 69$MPa，延伸率 $\delta = 43\%$，硬化指数 $n = 0.17$；厚向异性指数 $r = 1.08$。

抛物线形零件充液拉深时，液室压力必须随着拉深行程的增加按照一定幅度不断升高，才能保证软拉深筋的连续存在，从而抑制内皱产生。合理的液室压力成形区间如图 8-35 所示，竖直线和两条变斜率折线构成的区域分别代表起皱区域与破裂区域。

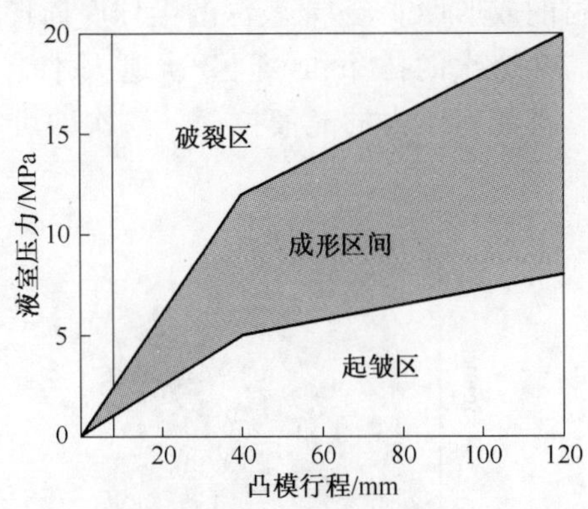

图 8-35　抛物线形件充液拉深的液压加载区间

避免起皱的变斜率临界线分为两个阶段。在拉深初期自由悬空区宽度比较大，容易起皱，需快速增大液室压力避免起皱。当行程达到一定值后，自由悬空区减小，自由悬空区坯料硬化程度增加，起皱的趋势减弱，适当增加液室压力即可。避免破裂的变斜率临界线也分为两个阶段,拉深初期材料的硬化速率比较快,危险截面强度快速增加,可以快速增大液室压力,随着拉深的进行,材料的硬化速率变缓,危险截面强度提高速度也变缓,缓慢增加液室压力才可避免破裂。在合理的液室压力加载区间内可实现抛物线形件的成形,如图 8-36 所示。

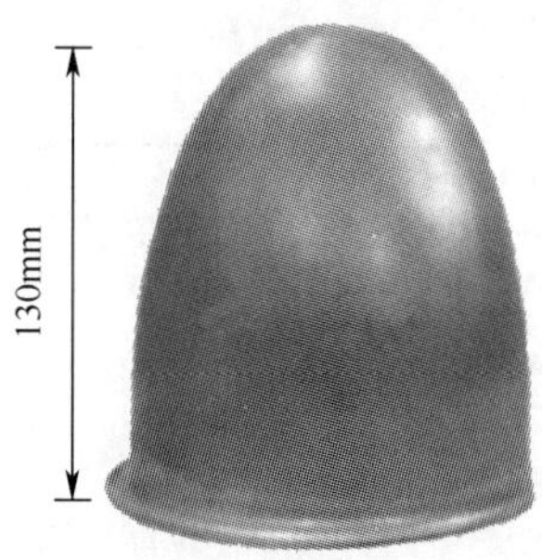

图 8-36 充液拉深成形的抛物线形件

8.8.3 半球底筒形件充液拉深成形

半球底曲面零件球面内半径为 77mm,直筒段长 68.8mm。材料为 5A06 防锈铝合金,力学性能参数为:屈服强度 σ_s =160MPa,强度极限 σ_b =320MPa,延伸率 δ =18%,硬化指数 n =0.23,厚向异性指数 r =0.85,板材厚度 1mm,毛坯直径为 ϕ330mm。由于坯料尺寸大,变形程度已经远远超过半球形件及平底筒形件普通拉深成形的极限,破裂缺陷是成形的主要障碍。

并且,防锈铝板材的成形性能较差,较深的半球底筒形零件成形相当困难。采用普通拉深方式,需 3 道次的拉深和中间 2 次退火才能保证成形,成品率在 40%~60%。而采用合理液室压力的充液拉深一道次即可完成,成品率 100%,成形零件如图 8-37 所示。

图 8-37 铝合金(5A06)半球底筒形件

该零件的半球底部曲率半径较大,其成形所需的最终液室压力在 25~

40MPa 一个较宽的范围内,初始压力从零开始到行程为 50mm 时逐渐增大到最终液室压力,可保证该零件的成功拉深,零件壁厚最大减薄率在 10%以内。

8.8.4 方锥盒形件充液拉深成形

方锥盒形零件示意图如图 8-38 所示。材料为 SUS304 不锈钢板材,板厚为 1mm,力学性能参数为:屈服强度 $\sigma_s = 240$MPa,强度极限 $\sigma_b = 650$MPa,延伸率 $\delta = 55\%$,硬化指数 $n = 0.41$,厚向异性指数 $r = 1.1$。采用的坯料为方形切角毛坯,如图 8-39 所示。

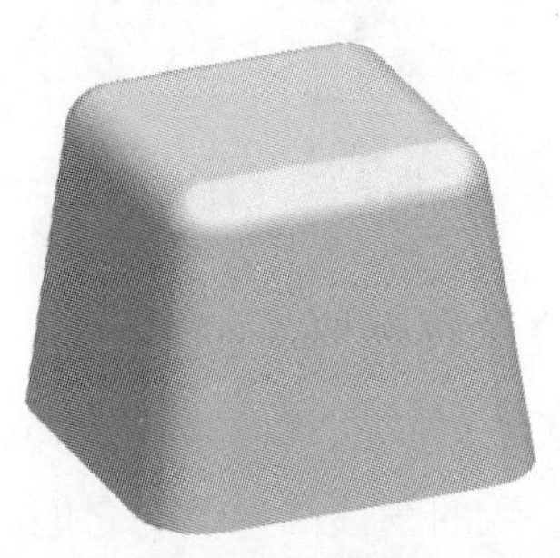
图 8-38 方锥盒形件示意图

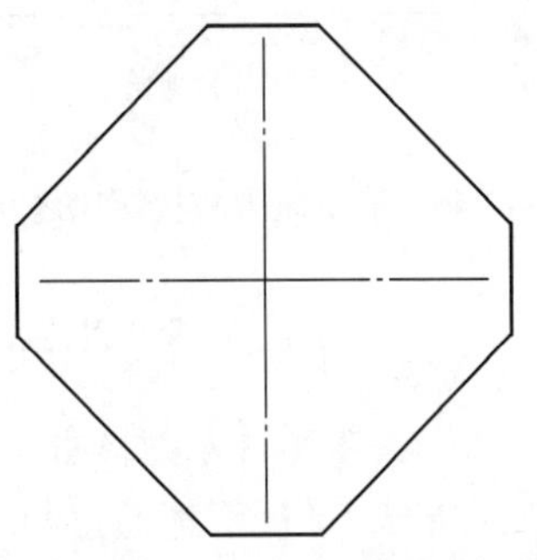
图 8-39 切角毛坯示意图

方锥盒形件充液拉深成形过程中,零件成形性与液室压力有很大关系,图 8-40 所示为液室压力与零件拉深比之间的关系。该压力是不同拉深比成形件所需的最终液室压力。由于方锥盒形件形状比较复杂,既具有盒形零件变形的特点,又带有一定的锥度,所以充液拉深成形过程比较复杂,容易产生底部圆角破裂和在棱边拐角产生皱纹。皱纹的产生主要是由于初期液压过高增加了零件拐角处及直壁部位金属坯料的多余面积,也使直壁部位坯料紧紧贴在凸模上,使拐角多余金属坯料向直壁部分的流动受到限制,形成拐角皱纹。所以,在方锥盒形件充液拉深成形过程中,在初期建立必要的有益摩擦条件下,应尽量减小液室压力,使直壁部分能够吸收部分拐角处金属,使直壁和拐角处坯料变形均匀。在图 8-38 所示零件充液拉深成形中,拉深行程 80mm 以内时液室压力应不超过 10MPa,在成形后期施加较高的液室压力以避免底部圆角的破裂,则可取得较好的成形效果,成形件如图 8-41 所示。

另外,切角毛坯优于圆形毛坯。圆形坯料的方锥盒形零件充液拉深,直壁处坯料与拐角处坯料之间形成较大的流动速度差,就形成了附加的不均匀拉应力,更容易造成起皱,并且也容易在后期产生 V 形破裂;利用切角毛坯就可以通过切角的大小来适度地控制拐角坯料与直壁坯料之间的流动速度差,从而使变形比较均匀,避免起皱和破裂。

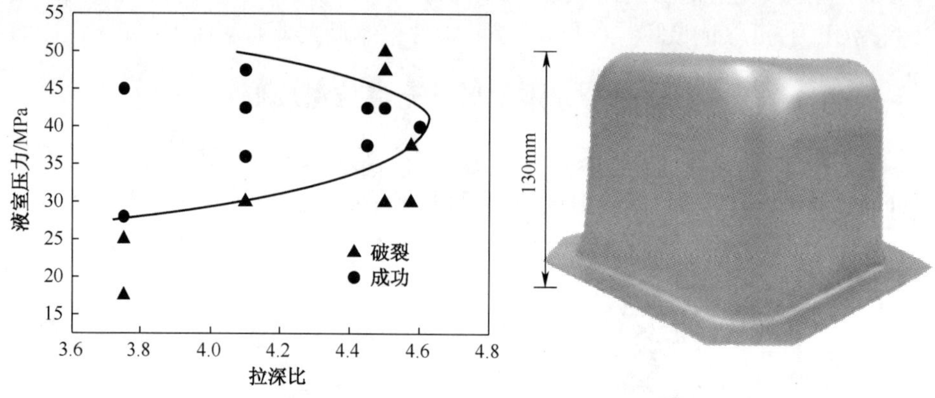

图 8-40　液室压力与拉深比之间的关系

图 8-41　方锥盒形件

8.8.5　半环壳形件液体凸模拉深成形

不锈钢头罩零件示意图如图 8-42 所示,厚度为 1mm。该零件原来采用传统的加工方法,平板毛坯通过与零件内部尺寸一致的刚性凸模及与之匹配的凹模进行拉深成形,零件中间形成工艺凸台。由于变形过程中拉深与反拉深同时进行,凸模与坯料之间的不利摩擦使工艺凸台圆角附近的 *A* 点(图 8-43)处拉应力过大而易破裂,零件难以成形。同样,若采用充液拉深成形工艺,由于液室压力作用下刚性凸模与坯料之间摩擦效果的加强,也不利于坯料的法兰区向中间流动以形成工艺凸台。因此,充液拉深也不适合该零件的成形。

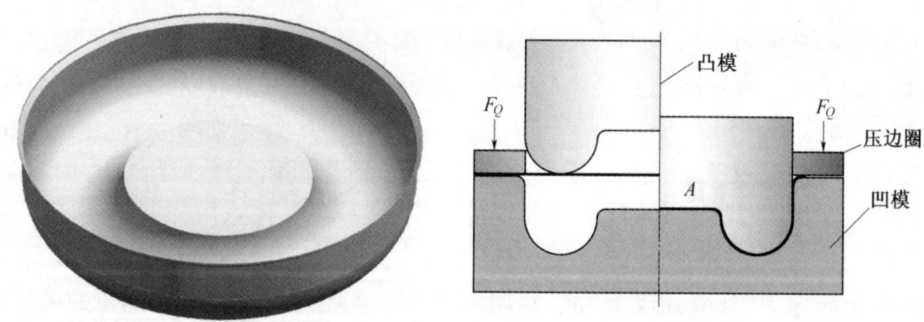

图 8-42　不锈钢头罩零件示意图

图 8-43　传统拉深成形示意图

采用液体凸模拉深成形技术可以克服传统拉深成形过程中刚性凸模与板材之间的不利摩擦,使变形坯料在液压作用下经过平板毛坯变形为球冠,再进一步贴模成形为半环壳零件,如图 8-44 所示。通过控制法兰区压边力,在胀形成形的同时,法兰流入凹模,整个变形的实质是拉深-胀形复合成形。

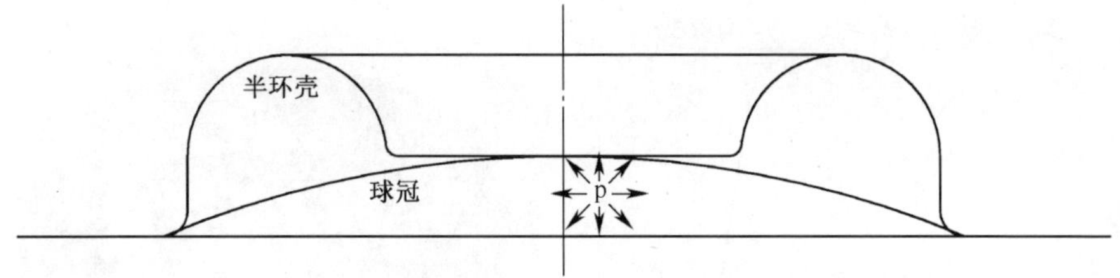

图 8-44 液体凸模拉深变形过程示意图

该零件在充液拉深成形装置上通过如图 8-45 所示的集凹模、压边圈于一体的半环壳形件成形凹模结构实现液压成形。模具中间的凸台为可移动更换的形式，以方便成形过程中对其圆角及高度的适当调整，增加模具结构灵活性。

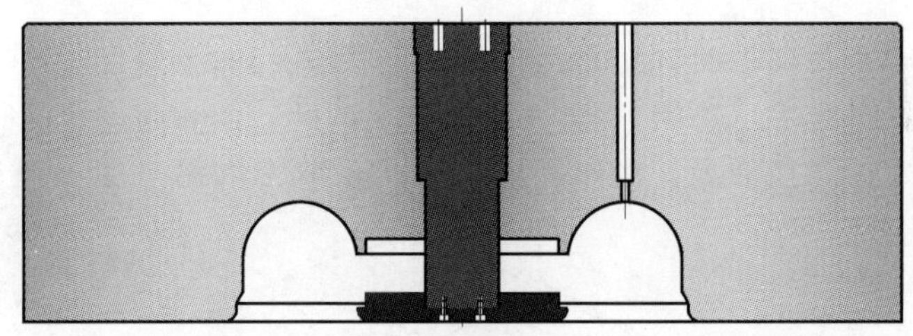

图 8-45 半环壳形件成形凹模结构

该零件成形的关键在于成形模具结构中工艺凸台圆角大小及成形过程中压边力控制。工艺凸台圆角过小，弯曲产生拉应力增大而易导致破裂；增大圆角则必须以增加工艺凸台高度为前提。通过模拟分析及实验，工艺凸台圆角半径为 8mm 较为合适。由于采用凹模与压边圈为一体的倒置模具结构，合模力起到防止法兰起皱及平衡来自充液室的液室压力作用。因此，合模力的施加应该与成形过程液压大小相匹配，否则会导致破裂或者无法建立液压。

合理的液室压力随时间变化曲线如图 8-46 所示。液压加载曲线的变化过程可分为三个阶段。第 1 阶段，成形液压较小，曲线的斜率较小，法兰区坯料在液压作用下向凹模口内流入，平板逐渐成形为曲率半径较大的球冠。第 2 阶段，球冠的顶部与模具的平底凸台接触，开始形成近似的半环壳。在该阶段，由于材料硬化以及由单曲率零件成形变为双曲率零件成形，所需的压力大幅增加。第 3 阶段，完整的半环壳基本形成，为保证半环壳的完全贴模以及半环壳直壁处阶梯的完全成形，必须施以较大的液压以达到整形的目的，成形零件如图 8-47 所示。

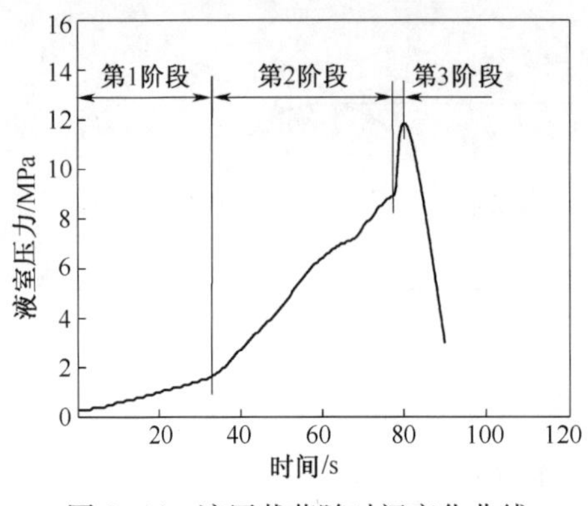

图 8-46　液压载荷随时间变化曲线

图 8-47　液体凸模拉深成形的半环壳零件

8.8.6　单曲率盒形件充液拉深成形

单曲率盒形件成形时，曲面悬空区域大，经向、纬向上变形程度不同。悬空区板材受较大的纬向压应力，容易产生起皱缺陷。如何克服悬空区起皱是此类零件成形的关键。单曲率盒形件形状和尺寸如图 8-48 所示。

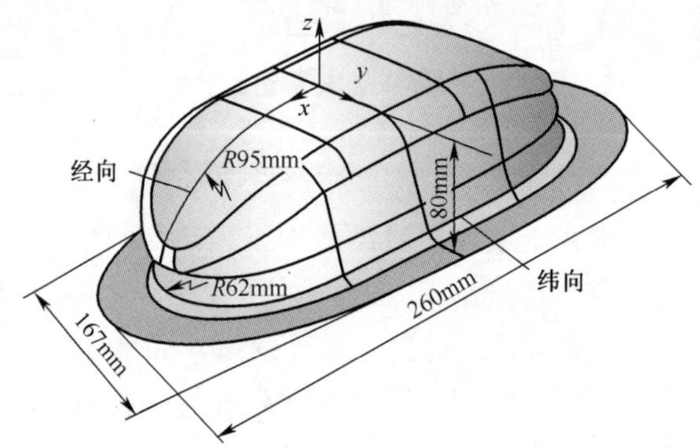

图 8-48　单曲率盒形件形状和尺寸

材料为退火态 2A12 铝合金板材，板厚为 1mm。力学性能参数为：屈服强 180MPa，抗拉强度 340MPa，延伸率 19%，硬化指数 $n=0.19$，厚向异性指数 $r=0.8$。通过预胀产生的应变硬化效果可以有效提高悬空区板材的抗皱能力并减小悬空区板材的面积。更重要的是通过预胀可以改变材料的应力状态，从而减小悬空区的纬向压应力并使纬向应变分界圆由曲面向凹模口移动，减小起皱趋势。

图 8-49 为在不同液室压力下得到的试件形状和壁厚分布结果。液室压力在 5~30MPa 之间变化时，试件的最小壁厚变化不大，最小壁厚的变化范围为 0.81~0.82mm，位于凸模圆角区。当液室压力为 15MPa 时，最小壁厚为 0.82mm，

满足壁厚减薄的许可范围。这说明液室压力虽然可以有效地控制壁厚减薄，但随着液室压力增加，最小壁厚变化不大。同时，液室压力从 5MPa 增加到 30MPa 时，起皱现象虽然有所减小但无法完全消除。这主要是由于单纯增加液室压力无法完全抵消较大的纬向压应力，曲面过渡区板材仍然无法紧紧贴靠模具而失稳起皱。

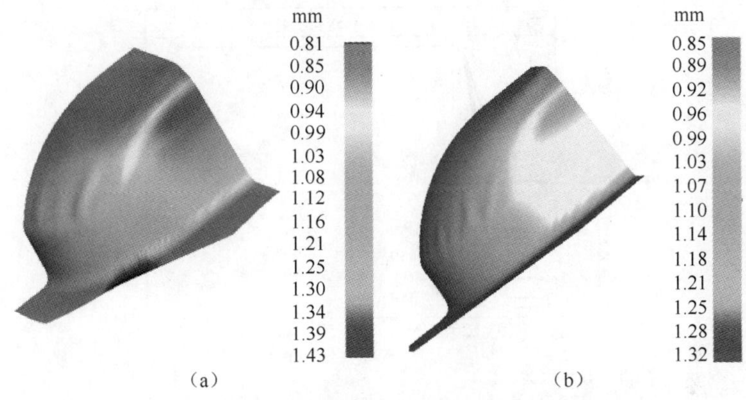

图 8-49 液室压力对壁厚分布的影响
(a)5MPa；(b)30MPa。

当继续增加液室压力达到 40MPa 时，由于液室压力较高，使得悬空区板材在拉深初期，凸模行程达到 10mm 时形成较大的预胀变形量，反胀区域顶部的板材受到较大的双向拉应力，最大厚度减薄率达 44.3%，已经远远超出材料的延伸率范围，此时已经导致严重的拉深破裂，其壁厚分布如图 8-50 所示。

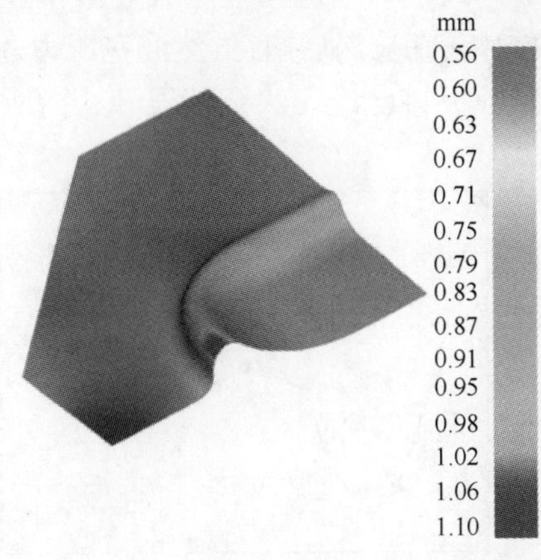

图 8-50 液室压力 40MPa 时试件壁厚分布

以上结果表明，普通充液拉深单纯依靠液室压力来调节复杂曲面件的成形状态，对零件的成形性改善效果比较有限。对该零件而言，仅依靠增加液室压力已经无法同时避免起皱和破裂缺陷的发生，因而需要采用预胀成形等方法来解决。根据以上液室压力对起皱和破裂的分析，初步确定合理的液室压力为15MPa。图8-51所示为初期预胀压力不同、后期充液拉深时液室压力均为15MPa时所对应的不同加载曲线，预胀压力分别为1.5MPa、2MPa、3.5MPa、5MPa、8MPa。

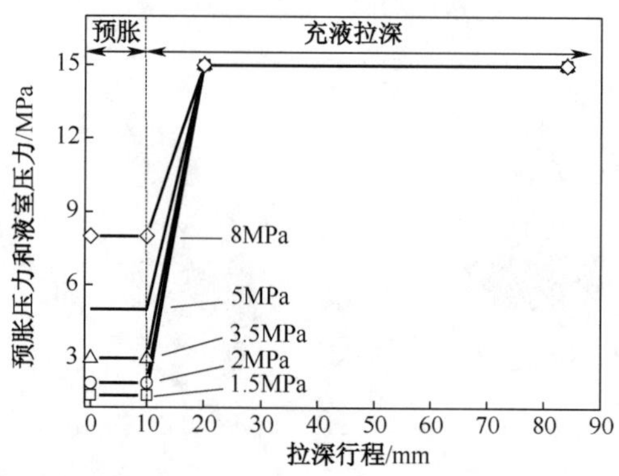

图8-51　预胀-充液拉深加载曲线

图8-52为当预胀压力为1.5MPa、液室压力为15MPa时，试件曲面部位纬向应力随凸模拉深行程变化情况。随着拉深行程增加，压应力数值急剧增加，当拉深行程达到20mm时（25%H），起皱处的纬向应力最大，达到-170MPa；而后随着拉深行程的进一步增加，压应力虽略有起伏但总体趋势为逐步减小。由于预胀压力较小，拉深初期曲面处的板料虽然在液室压力的作用下处于贴模状态，但由于此时拉深成形导致的纬向应力远远大于液室压力，使曲面处板材在纬向压应力下形成皱纹缺陷；在拉深后期，虽然液室压力逐步增加、纬向应力逐步减小，但由于此时多余的板料已经无法全部展开，并在试件上多处形成难以消除的皱纹。

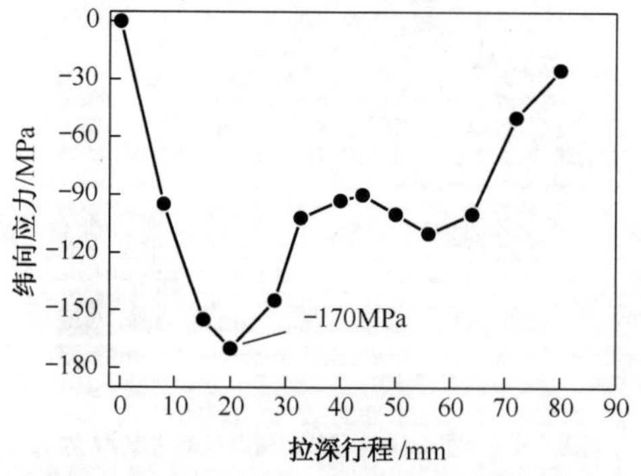

图8-52　拉深行程对纬向应力变化的影响

当预胀压力分别为3.5MPa和5MPa时，试件曲面部位都没有发生起皱缺陷。当预胀压力为 8MPa 时,曲面过渡区已经发生开裂。根据前面的数值模拟结果,合理的预胀压力数值范围为 2~8MPa。通过预胀控制曲面悬空区起皱时,需要控制合适的预胀变形程度,过小不能抑制起皱,过大则容易导致开裂缺陷。当预胀压力为 3.5MPa、液室压力为 15MPa 时能够成形出合格零件,如图 8-53 所示。试件表面质量好、成形精度高,满足使用要求。

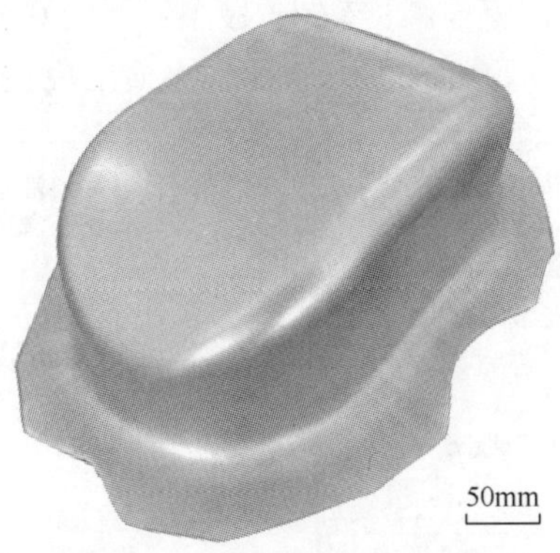

图 8-53 铝合金单曲率盒形件

图 8-54 为预胀压力为 2MPa 和 8MPa 时,试件沿经向对称面的等效应变分布。沿截面弧长从中心区域到边缘区域,等效应变呈山峰变化;在 2MPa 的预胀压力下,最大等效应变量先增加,并在凸模圆角截面位置处达到最大,值为 0.45,而后小幅度降低,在凹模口截面处出现拐点,值为 0.22,而后又大幅增加,等效应变达 0.55;而在 8MPa 的预胀压力下,试件的最大等效塑性应变量已经超过 0.70,该点位于截面悬空区位置,说明该处的材料已经发生了很大塑性变形,超出了材料许可的塑性变形范围。然而比较发现,在 2MPa 和 8MPa 的预胀压力下,试件底面中心点的等效塑性变形量均是增加不显著,这说明预胀压力对提高底面贴模区的变形硬化效果并不明显。

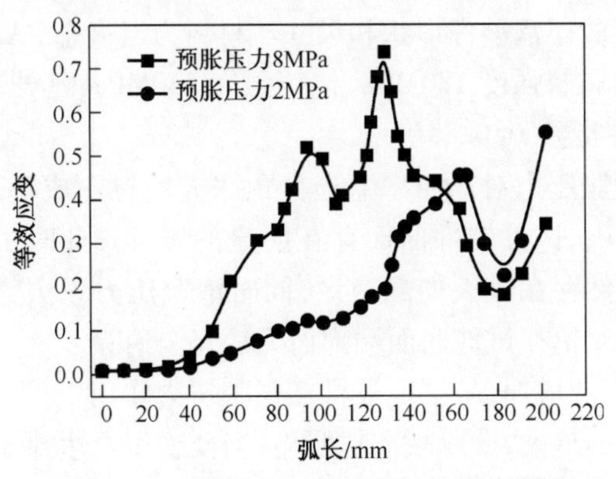

图 8-54 预胀压力对等效塑性应变的影响

图 8-55 是不同液室压力条件下经向对称面和纬向对称面壁厚分布。图中虚线之间区域为坯料对称面壁厚减薄较大的区域,此区域为零件成形过程中的悬空区。对于经向对称面,液室压力为 10MPa 时壁厚减薄较严重,最小壁厚值为 0. 838mm,这是因为液室压力相对较小,凸模下行时坯料不能够紧贴凸模,坯料与凸模之间的摩擦较小,壁厚减薄增大;液室压力为 15MPa 时,由于“摩擦保持效果”的作用,悬空部位壁厚减薄较少,最小壁厚为 0. 882mm,变形均匀;对于纬向对称面,凸模圆角区域减薄最大,壁厚最小值出现在凸模圆角上方。

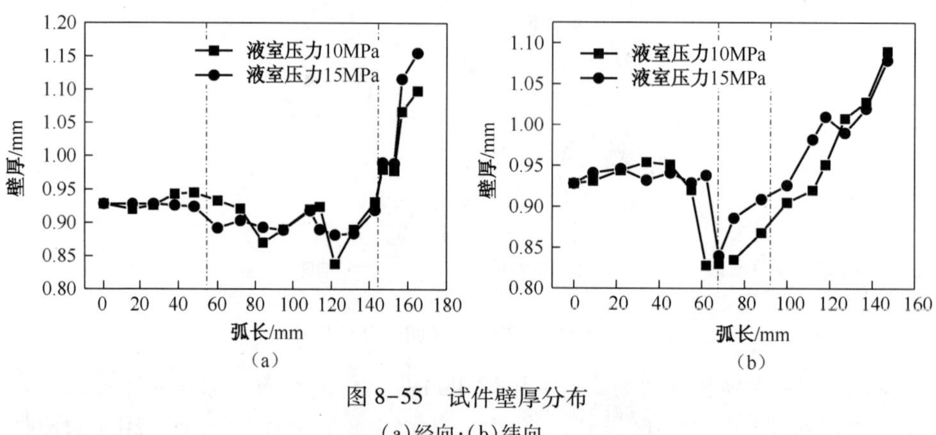

图 8-55　试件壁厚分布
(a)经向;(b)纬向。

8. 8. 7　双曲率盒形件充液拉深成形

单曲率盒形件直壁区凹模口以下为直面,而双曲率盒形件凹模口以下为小圆角曲面。因而,凹模口以下的曲面受到更大的压应力,极易发生失稳起皱,而且曲面端部材料流入困难。对双曲率盒形件预胀充液拉深成形工艺进行了实验研究,获得了不同液室压力和预胀压力下的试件,给出了壁厚分布规律,测试了试件的尺寸精度。

图 8-56 为双曲率盒形件形状和尺寸。材料为退火态 2A12 铝合金板材,板厚为 1. 5mm,材料屈服强度 180MPa,抗拉强度 340MPa,延伸率 19%,硬化指数 $n=0.19$,厚向异性指数 $r=0.8$。

图 8-57 是预胀压力对双曲率盒形件预胀充液拉深成形过程缺陷的影响。当预胀压力为 1MPa,试件端部曲面存在明显的皱纹。此时虽然有液室压力作用,但由于板材仍然存在较大的悬空区,同时液室压力无法完全克服纬向压应力,导致形成的皱纹留在试件曲面端部而无法完全消除。

随着预胀压力的增加,悬空区板材在预胀压力作用下,发生胀形变形,预胀压力越大,胀形变形越大,壁厚减薄越明显;当预胀压力达到 8MPa 时,端部曲面反胀变形的板材已经发生了破裂。破裂产生的机理为:悬空区板材在胀形变形

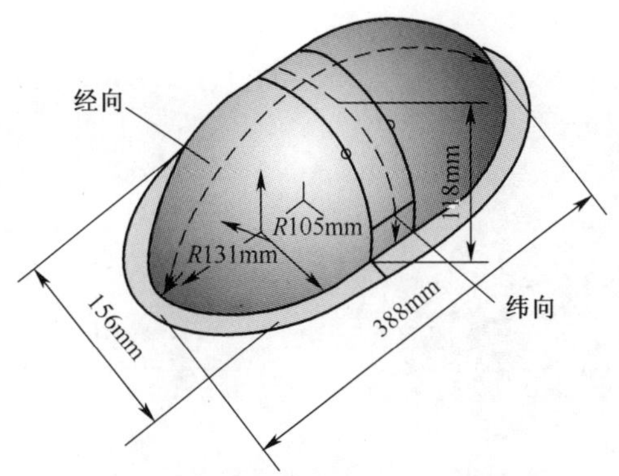

图 8-56　双曲率盒形件形状和尺寸

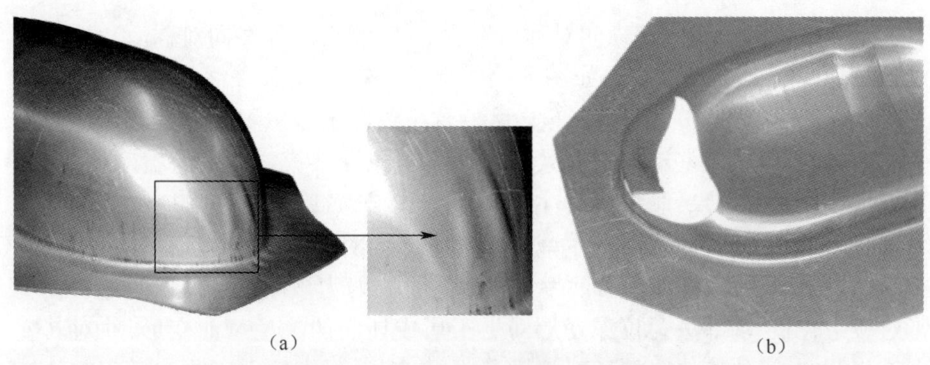

图 8-57　预胀压力对缺陷的影响
(a)起皱（预胀压力 1MPa）;(b)破裂(预胀压力 8MPa)。

过程中,发生一定的弯曲与反弯曲变形,受端部法兰约束,导致减薄量急剧增加,特别是曲面端部曲率半径较小,胀形变形的临界应力较直边处较低,导致板材减薄直至发生破裂。

通过数值模拟和理论分析,采用预胀压力为 3MPa,液室压力为 10~20MPa 范围内,能够得到合格试件。实验结果表明,初始预胀阶段(10%行程),板料位于凸模和凹模之间,凸模静止不动,增加液室压力,产生初始预胀液压,使悬空区部分板料在预胀压力作用下向凸模方向反胀变形,此时板坯法兰没有材料流入,悬空区板材变形为纯胀形变形方式,如图 8-58(a)所示;当凸模继续下行,达到 75%行程时,柱面处的法兰已经流入,而用于成形试件端部双曲率曲面的材料依靠悬空区材料先期胀形部分即可满足成形,端部法兰流动滞后;当凸模行程继续增加进,反胀区域的板材逐渐进入凹模,端部双曲率曲面附近的软拉深筋基本消失,法兰区材料开始流入凹模,此时用于成形曲面的端部法兰的主要变形方式为拉深,成形柱面部分的法兰变形方式为弯曲;当达到 100%行程、成形过程结束时,试件端部曲面处仍没有起皱缺陷发生,成形出合格试件,如

图8-58(b)所示。

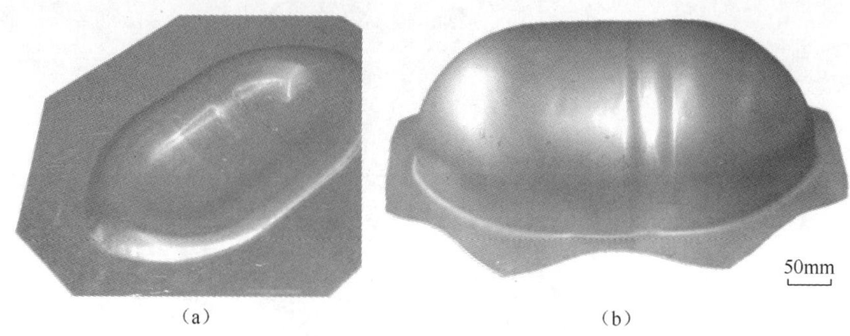

（a）　　（b）

图 8-58　双曲率盒形件成形过程

(a)成形初期;(b)成形结束。

对合格试件沿横向和纵向对称面进行剖切,测得试件经向对称面和纬向对称面的厚度分布,实验结果如图 8-59 所示。对于经向对称面,最小壁厚为 1.30mm,减薄率为 13.3%,减薄量较大。这主要由于该位置成形的时刻液室压力相对较小,虽然液室压力能有效增加坯料与拉深凸模之间的有益摩擦,对抑制减薄有一定的效果,胀形仍为主要变形方式,导致减薄。变形坯料后续逐渐贴模,该位置的坯料则不再发生减薄。对于纬向对称面,最小壁厚为 1.36mm,板材初始厚度为 1.50mm,减薄率为 9.3%,主要因为该测量点位置的坯料在变形过程中,由于端部法兰拉深变形滞后于形成柱面的法兰弯曲变形,并对其变形产生制约,导致该位置的坯料流动阻力大,流入凹模经历弯曲与反弯曲的变形,导致壁厚减薄。

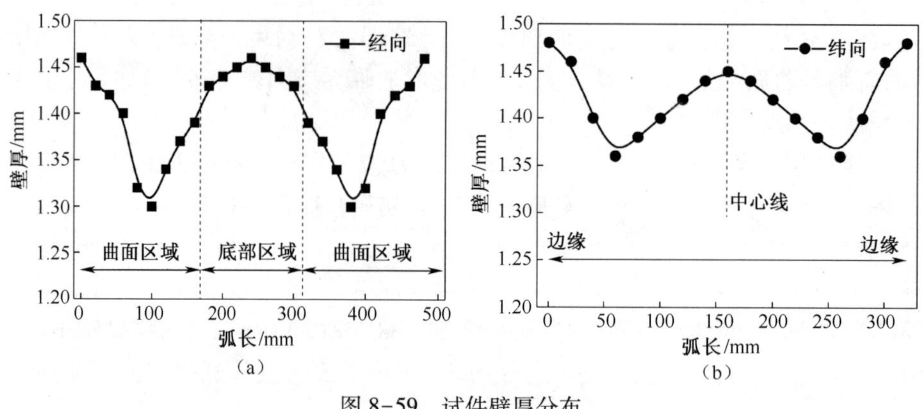

（a）　　（b）

图 8-59　试件壁厚分布

(a)经向;(b)纬向。

采用试件不同截面与样板之间的最大间隙表征双曲率盒形试件的尺寸精度,每隔 10mm 取一个截面。图 8-60 为双曲率盒形件轮廓尺寸精度测量结果。最大样板间隙为 0.22mm,位于柱面部分的截面,最小样板间隙为 0.1mm,位于双曲率曲面部分的截面,小于设计要求的 0.5mm。相对双曲率曲面部分,柱面部分的截面回弹量较大。主要原因是双曲率盒形件成形过程中,在初期发生反胀变形的材料在贴靠双曲率凸模曲面的过程中再次发生的胀形;后期流入凹模用于成形曲面端部的法兰区材料的主要变形方式为拉深,而且凹模型腔轮廓的局部曲率半径相对较小,材料变形量大;双曲率盒形件的材料经过凹模圆角弯曲与反弯曲的变形过程后,硬化效果显著。这种变形方式及试件形状特征使复杂型面部分材料得到充分硬化,双曲率盒形件回弹量小,试件尺寸精度高。

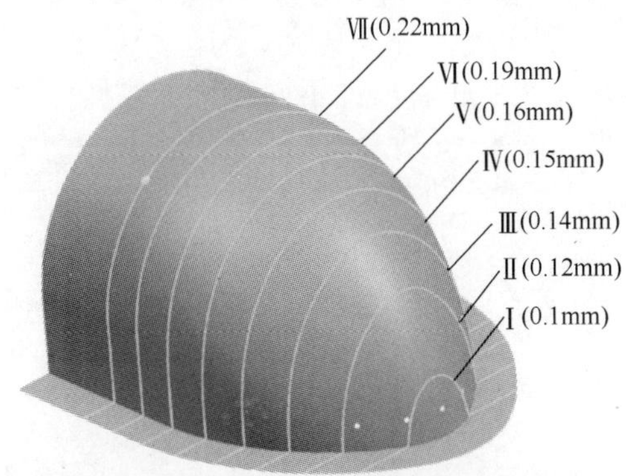

图 8-60　双曲率盒形件轮廓尺寸精度

8.8.8　2219 铝合金板材充液拉深成形

2219 铝合金是一种典型的可热处理强化铝合金,具有较好的抗应力腐蚀开裂性能、良好的韧性、可焊接性与较高的强度,在航天器运载火箭低温燃料贮箱等结构得到广泛应用。通过合理的充液拉深工艺和热处理工艺,能够得到力学性能优异的零件。所用板材为退火态 2219 铝合金,壁厚为 1.5mm。不同热处理状态下的力学性能如图 8-61 所示。板材经过固溶和时效处理后,屈服强度

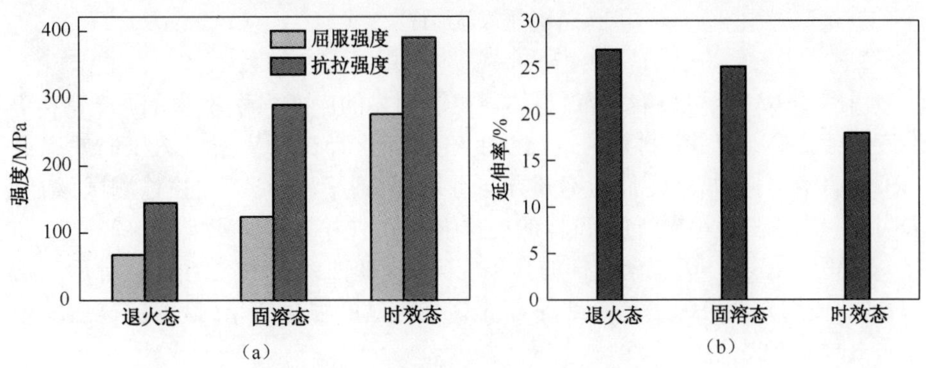

图 8-61　不同热处理状态下的力学性能
(a)强度;(b)延伸率。

和抗拉强度明显提高,固溶态的屈强比最小,为0.38,说明固溶态板材有较大的塑性变形范围,适合进行一定的塑性变形;而经过人工时效之后,屈服比则明显增大,延伸率明显降低,塑性变差,不适于进行较大的塑性变形。随着热处理的进行,材料的硬度值不断提高,并且在人工时效后平均值达到了128.1,相比退火态提高123.95%。

通过充液拉深工艺可得到拉深比为1.94的2219铝合金平底筒形件。对筒形件直壁区域进行应变测试发现,不同方向上应变分布区别明显,如图8-62所示。0°、45°和90°方向上最大主应变分别为0.28、0.46和0.29,0°和90°方向变形量相似,45°方向上塑性变形程度最大。为了进一步说明充液拉深变形对于材料强化规律的影响,在平底筒形件不同区域上取样,进行了显微硬度和单向拉伸测试,所得结果如图8-63所示。

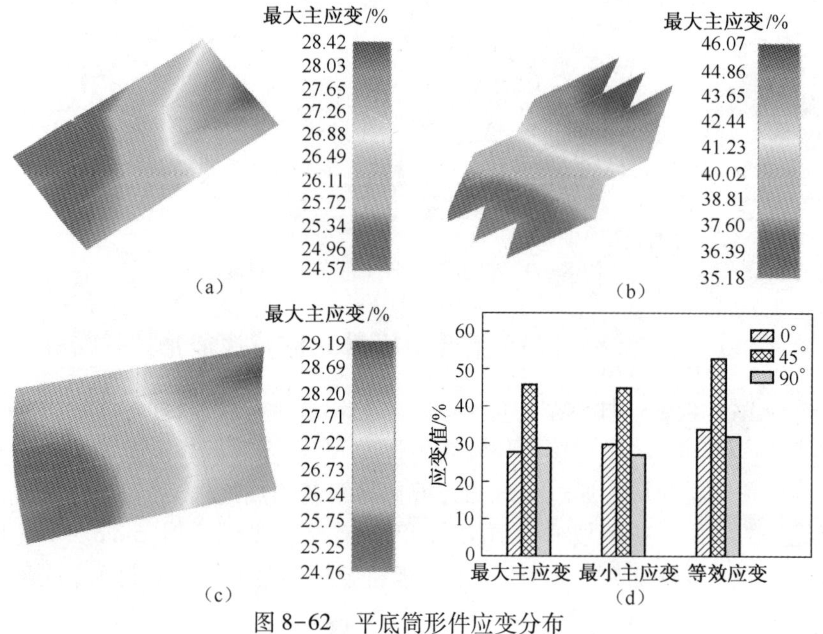

图8-62 平底筒形件应变分布

(a)0°方向;(b)45°方向;(c)90°方向;(d)应变值比较。

由图8-63(a)可以看出,材料体现出了明显的应变强化效果。随着等效塑性应变值提高至0.46,材料的维氏硬度值提高至151.2HV,相比人工时效态提高了18.0%。同时,在零件的不同方向上取样、磨平,进行单向拉伸测试,结果表明,在0°、45°和90°方向上试样的抗拉强度分别为408.65MPa、415.23MPa和438.92MPa。其中90°方向试样的真实应力-应变曲线如图8-63(b)所示。结果表明,使用充液拉深工艺得到的零件具有明显的强化效果,最大抗拉强度相比人工时效态提高了12.5%。

塑性变形过程对微观组织形貌也有一定影响,对T6态以及变形后的试样进行EBSD晶粒形貌分析,如图8-64所示。结果表明材料沿拉深方向发生明

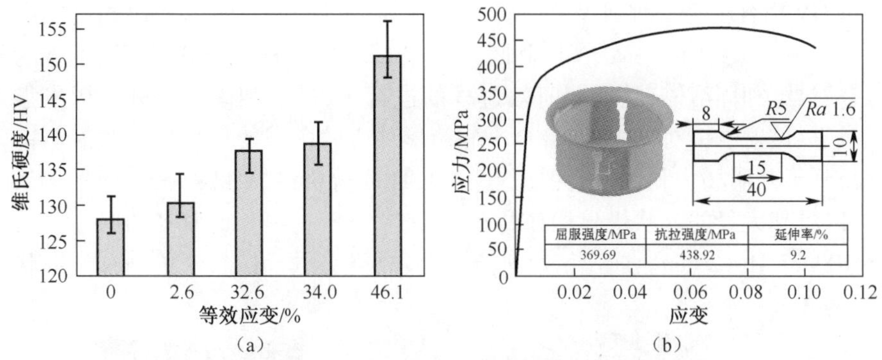

屈服强度/MPa	抗拉强度/MPa	延伸率/%
369.69	438.92	9.2

（a） （b）

图 8-63 平底筒形件硬度和强度

（a）维氏硬度；（b）力学性能测试。

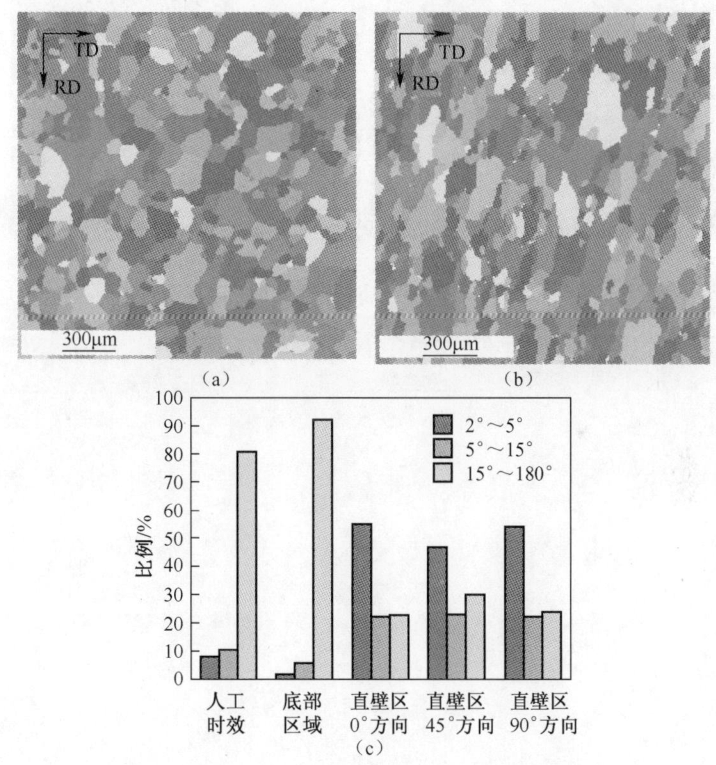

图 8-64 原始板材和成形件晶粒形貌分析

（a）T6 态；（b）筒形件直壁区 0°方向；（c）小角晶界所占比例。

显的塑性变形，原始组织晶粒平均尺寸为 57.04μm，平底筒形件 0°、45°和 90°方向直壁区域的平均晶粒尺寸分别为 52.48μm、37.83μm 和 49.96μm，晶粒尺寸减小。对不同区域的小角晶界比例进行分析可以看出，平底筒形件直壁区域材料产生大量的小角晶界，其比例约为 75%，说明板材发生明显的塑性变形。

2219 铝合金是一种典型 Al-Cu 合金,材料经固溶时效后,析出相遵循以下规律:α→α+GP Ⅰ区 →α+ GP Ⅱ区(θ″)→α+θ′→α+θ。材料经固溶后变为不稳定的过饱和固溶体,随后在时效过程的进行中,过饱和固溶体分解析出强化相。通过透射电镜对 2219 铝合金平底筒形件直壁区域的材料进行透射电镜分析,得到了其明场像和选区衍射斑点照片,TEM 分析结果如图 8-65 所示。从图中可以看到大量的针状析出相和高密度位错,其中析出相的直径和厚度分别约 50~100nm、10~20nm。通过衍射斑点标定和形貌分析可知,密集分布的针状析出相为 θ′相。

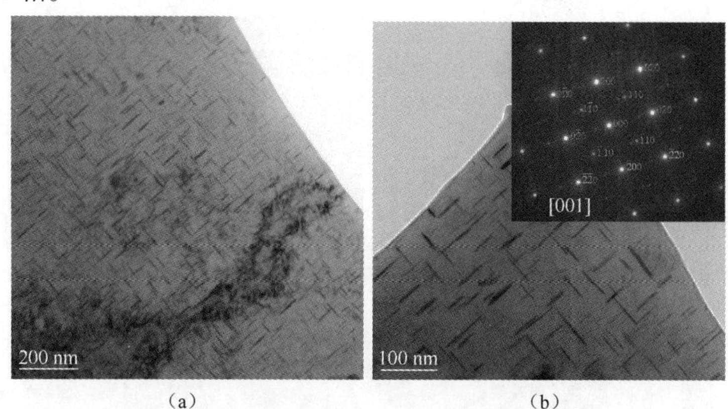

(a)　　(b)

图 8-65　平底筒形件直壁区析出相 TEM 分析

(a)明场像;(b)明场像及衍射斑点。

第 9 章 封闭壳体无模液压成形技术

9.1 封闭壳体结构形式及制造技术

球形容器(球壳)与圆柱形容器相比具有两个主要优点:①球形容器受力均匀、承载能力高,在相同壁厚和相同直径条件下,其承载能力比圆筒形容器高 1 倍;②球形容器表面积小,因而在同等容量下球形容器所用钢材少、重量轻、热量损失少,从而降低了制造和储运成本。球壳传统制造技术主要是模压成形工艺,对于不同直径和不同壁厚球壳,采用不同的模具压制出球壳板再焊接成为整个球体,主要缺点是需要大工作台面压力机和大型模具、压制和二次切割工艺复杂、成本高。对于直径较小球壳,也可以采用拉深成形半球或若干球瓣再焊接整个球体。其缺点主要是模具成本高,拉深过程容易出现起皱和开裂缺陷。为了克服球壳传统制造技术的缺点,发明了一种球形容器无模液压成形技术,该技术克服了传统制造工艺使用模具和压力机主要缺点。

椭球形容器具有重心低、受风面积小和外形美观等优点,特别适合于作为石油化工容器和大型水塔,部分椭球壳体还经常用于圆柱形容器的封头、大型运载火箭的整流罩等。椭球壳模压成形工艺比球壳还要复杂,因为一种直径的球壳需要一套模具,而椭球壳体从赤道带到南北极带曲率是变化的,需要多套模具,这是限制椭球壳体广泛应用的主要原因。用无模液压成形技术制造椭球形容器、椭球形封头和其他椭球形壳体,具有工艺简单、制造成本低、产品适应性强等优点。

大型环壳,如管路弯头、水轮机蜗壳结构等,主要采用一种直管分段焊接的近似结构,俗称“虾米腰”,其主要缺点是各段连接处的尖角造成应力集中和水流不畅。无模液压成形技术制造环壳是首先焊接一个横截面为多边形的多棱环壳或两端封闭的多棱扇形壳,再在内部施加液体压力,使横截面由多边形逐渐变成圆形,获得圆形环壳或扇形环壳。

9.2 球形容器无模液压成形技术

9.2.1 成形原理及优点

球形容器无模液压成形工艺的基本过程为:先由平板或经过辊弯的单曲率壳板组焊成封闭多面壳体,然后在封闭多面壳体内充满液体介质(通常为水),并通过一个加压系统向封闭多面壳体内施加内压,在内压作用下,壳体产生塑性变形而逐渐趋向于球壳。对于单曲率壳体,该工艺的主要工序为:下料→弯卷→组装焊接→液压成形,如图 9-1 所示。理论上的基本依据有两点:①在趋球力矩的作用下壳体将随着成形压力的增加而逐渐变为球壳,在壳体的任一部位如果曲率半径相对大一些,则该处在加载时就先变形,相应地曲率半径就会变小而停止变形,原曲率半径相对小的部位此时就会相对大些而开始变形,如此循环,最终各处的曲率半径相等就变成了球壳;②金属材料塑性变形的自动调节性,在成形过程中,先满足屈服条件的部位首先开始塑性变形,随着变形量的增加而发生强化,使塑性变形向其他相对较弱的区域转移,而原来相对较强的区域变为相对较弱的区域并发生塑性变形,如此循环调节,最终成形的球壳厚度分布较为均匀。

球形容器无模液压成形技术主要优点:①不需要大型的模具和压力机,可降低生产成本;②因为不需要模具,生产周期缩短;③经过超载胀形,有效地降低了焊接残余应力。

(a)

(b)

图 9-1 球形容器无模液压成形过程

(a)初始多面壳体;(b)球壳。

9.2.2 成形压力计算

设球壳的半径为 r,壁厚为 t,承受内压 p,球壳的应力与内压的关系为

$$\sigma_\theta = \sigma_r = \frac{pr}{2t} \tag{9-1}$$

由于 $\sigma_1 = \sigma_2 = \sigma_\theta = \sigma_r$，$\sigma_3 = 0$，根据 Tresca 屈服准则 $\sigma_1 - \sigma_3 = \sigma_s$，可求得壳体产生初始塑性变形的内压，也称为初始屈服压力

$$p_s = \frac{2t}{r}\sigma_s \tag{9-2}$$

设球壳材料服从 $\sigma_i = K\varepsilon_i^n$ 硬化规律，壳体内压为

$$p = \frac{2t}{r}\sigma_i e^{-\frac{3}{2}\varepsilon_i} \tag{9-3}$$

式中 σ_i——等效应力（MPa）；

ε_i——等效应变；

n——硬化指数；

K——强度指数（MPa）。

由拉伸失稳（开裂）条件 $dp=0$，解得球壳的开裂压力为

$$p_{max} = \frac{2t}{r}k\left(\frac{2n}{3e}\right)^n \tag{9-4}$$

球形容器无模液压成形压力 p 介于初始屈服压力 p_s 和开裂压力 p_{max} 之间。例如，球壳半径 $r=1000$mm，壁厚 $t=1.5$mm，$\sigma_s=48$MPa，$n=0.19$，$k=179$MPa，代入式（9-2）和式（9-4）得到初始屈服压力 $p_s=0.144$MPa，开裂压力 $p_{max}=0.3$MPa，实际成形内压 $p=0.195$MPa。

9.2.3 胀前多面壳体结构和壁厚分布规律

胀前多面壳体结构有两大类：一类是平板结构，构成多面壳体的元素为不同形状的平板，如 32 面体（足球形式）、20 面体、12 面体、排球形式等；另一类是单曲率结构，如篮球形式和网球形式，如图 9-2 所示。这几种壳体主要参数比较见表 9-1（以直径 4m 的球壳为例）。其中，最小二面角是指构成多面壳体相邻球瓣二面角的最小值，其数值越小，成形后焊缝角变形越大，越容易产生开裂。焊缝长度是决定制造周期和成本的一个主要指标。容积变化率是指由多面体变成球壳的体积变化，容积变化率大，则一方面由多面体变成球壳需要的注水量多，胀形时间长；另一方面，表面积变化大，壳体壁厚减薄大。

胀前多面壳体结构的选择是球形容器内压成形的一个关键。从表 9-1 可以看出，网球结构的平均减薄率最大，达到了 18%，足球和排球结构的平均减薄率基本相当，篮球形式的平均减薄率最小。

工业上常用的胀前多面壳体结构为足球形式和篮球形式。足球结构形式的优点是多面壳体仅由正五边形和正六边形组成，下料简单，组装容易，但是最小二面角和容积变化率比 15 瓣的篮球结构形式大，焊缝长度也比 15 瓣的篮球

结构形式长,这是足球结构形式的主要缺点。尤其是二面角大和焊缝长,容易造成胀形时焊缝处开裂。足球结构形式另一个缺点是材料利用率低。篮球形式结构的优点是二面角小和减薄率小,且赤道带瓣数越多,二面角越小,焊缝变形量小,但赤道带瓣数增加会使焊缝长度增加。不同赤道带瓣数的篮球结构壳体主要参数比较见表9-2。

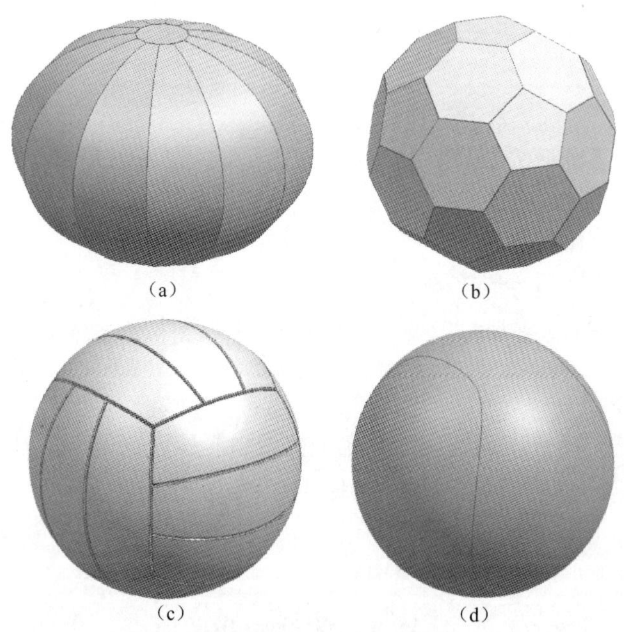

图9-2 壳体结构形式

(a)篮球;(b)足球;(c)排球;(d)网球。

表9-1 不同形式壳体主要参数比较(球壳直径4m)

参数	足球	篮球 (赤道带15瓣)	排球	网球
最小二面角/(°)	138	156	150	90
焊缝长度/m	96	86.6	98.5	22
多面体容积/m^3	28.71	32.52	31.1	20.77
容积变化率/%	16.7	3	7.7	61.3
多面体面积/m^2	46.56	49.51	47.04	41.2
平均减薄率/%	7.36	1.49	6.37	18.0

表 9-2 不同瓣数篮球壳体主要参数比较(球壳直径 4m)

赤道带瓣数	12	15	20	25
最小二面角/(°)	150	156	162	165.6
焊缝长度/m	69.02	86.6	110.95	137.01
多面体容积/m^3	31.94	32.52	32.91	33.1
容积变化率/%	4.9	3	1.8	1.2
多面体面积/m^2	49.1	49.51	49.82	49.97
平均减薄率/%	2.26	1.45	0.84	0.545

9.2.4 球壳胀形过程壁厚和应力变化规律

图 9-3 所示为篮球结构壳体壁厚分布和应力变化规律，其直径 7100mm，壁厚 24mm，赤道带为 16 瓣。

壁厚分布规律为(图 9-3(a))：极板的减薄量最大，其次是赤道附近，赤道带侧瓣中部的减薄量大于两边，南北温带壁厚变化最小。极点最大减薄率为 4.1%；最小减薄率位于温带焊缝处，为 1.4%；侧瓣中部的最大减薄率为 2.2%。而对于赤道带为 25 瓣球壳极点的最大减薄率为 3.8%，而各侧瓣中部的最大减薄率仅 0.76%。胀形过程中焊缝附近区域的应力与侧瓣中心区域明显不同(图 9-3(b))，在胀形初期和中期为双向压应力状态，且经向压应力数值大于纬向压应力，当壳体壁厚较薄时，较大的经向压应力将导致焊缝发生屈曲变形，形成“波浪”形状，随着内压增加，在成形后期变为双向拉应力状态，“波浪”焊缝也会被展平；而侧瓣中心区域在胀形过程中始终为双向拉应力状态，且经向应力大于纬向应力。在成形后期，多面壳体成形为球壳，此时壳体基本处于等双拉应力状态。

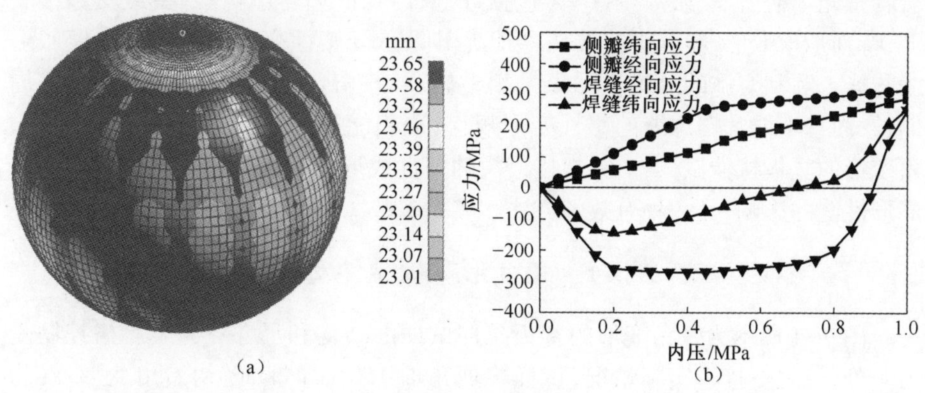

图 9-3 单曲率壳体壁厚和应力变化规律

(a)壁厚分布；(b) 应力变化。

9.3 液化气球罐无模液压成形

某无模液压成形的液化气(LPG)球罐主要参数见表 9-3。液化气罐(LPG)球属于三类压力容器,在制造及安全性方面与供水球、建筑装饰球和一、二类压力容器有很大差别,其技术难点体现在三个方面:①由薄壁向中厚板的过渡。供水球的最大厚度为 8mm,而 LPG 球罐的厚度为 24mm。尽管从壳体薄膜理论看,壁厚 24mm 相对于直径 7100mm 仍属薄壳,但由于在焊缝附近存在角变形而引起弯曲。由于弯曲作用的存在,板的绝对厚度对应力应变沿壁厚的分布起主要作用。在焊缝附近存在角变形区域,不能再用薄膜理论。②由低碳钢向低合金容器钢的过渡。低合金钢焊接接头的淬硬性比低碳钢大,为保证接头具有足够的塑性成形能力,需要严格控制焊接工艺规范。③由水等介质过渡到液化气这样的易燃易爆介质,容器类别也从常压、一类二类容器过渡到三类容器。必须解决胀形对球罐安全性因素如残余应力、力学性能和壁厚分布的影响。

表 9-3 液化气球罐主要参数

设计压力/MPa	1.77	工作压力/MPa	1.66
壳体材料	16MnR	壁厚/mm	24
直径/mm	7100	介质	液化石油气(LPG)
容器类别	三类压力容器	工作温度	环境温度

球罐传统制造工艺与无模胀形工艺的根本差别在于前者是先成形后焊接,后者是先焊接后成形,焊接接头(包括焊缝、熔合区和热影响区)要经受塑性变形,特别是角变形,因此焊接接头性能尤其是承受塑性变形的能力是无模胀形工艺能否顺利实施的关键。如果采用整体球壳进行实验研究,不仅成本高、周期长,而且不能掌握焊缝的塑性变形规律,采用能很好地模拟胀球过程的带大角变形的宽板拉伸试样,研究焊接接头的塑性成形能力和焊接工艺因素对接头成形性能的影响,是一种有效的方法。

9.3.1 角变形宽板拉伸实验

图 9-4 所示为带角变形的宽板拉伸试样的结构和尺寸。为了严格控制受力条件,使之更接近实际情况,试样二面角取 150°,即带 30°初始角变形,约为 LPG 球罐最大角变形 14.4°的两倍。试样宽度与厚度比为 8,基本上保证试样拉伸过程中处于平面应变状态。实验过程如图 9-5 所示。

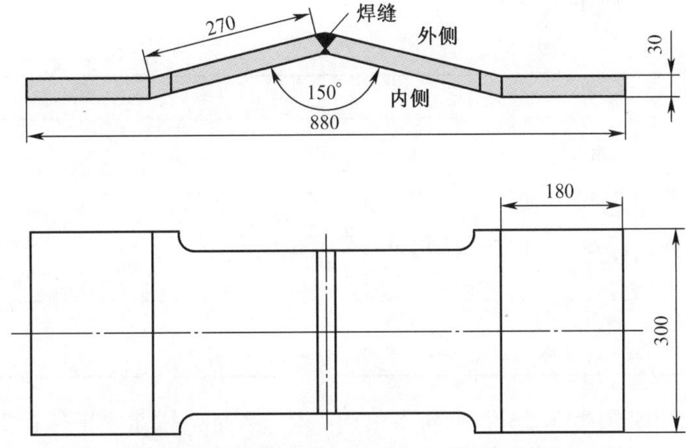

图 9-4　模拟胀球过程角变形的宽板拉伸试样形状和尺寸(mm)

(a)

(b)

图 9-5　宽板拉伸过程
(a)初始状态;(b)拉直状态。

实验方案如表 9-4 所列,第 1、2、4、5 组比较组配比对成形的影响,第 2、3 组采用常用的 E5015(J507)焊条,比较内侧焊趾咬边的影响。

表 9-4　焊接接头宽板拉伸实验方案

试样 No.	组配比		焊条牌号	焊趾处理
	屈服强度比 Y_r	抗拉强度比 S_r		
1	0.97	0.86	E4316	打磨
2	1.2	1.0	E5015	打磨
3	1.2	1.0	E5015	不打磨
4	1.3	1.1	E5515	打磨
5	1.54	1.2	E6015	打磨

实验所用材料为重钢生产的热轧态 16MnR,板厚 30mm,其化学成分和力学

性能见表9-5。焊条烘干工艺为加热350℃，保温2h。

表9-5　16MnR钢化学成分和力学性能

化学成分/（%，质量分数）						力学性能			
C	Si	Mn	S	P	C_{eq}	Y. P. σ_s	T. S. σ_b	E. L. δ_5	L. T. A_{XV}(J)
						MPa		%	常温
0.17	0.46	1.57	0.024	0.013	0.432① 0.451②	376	599	26	52、50、65、56
①按IIW公式 C_{eq}=C+Mn/6+（Ni+Cu）/15+（Cr+Mo+V）/5（%）计算；									
②按JIS公式 C_{eq}=C+Mn/6+Si/24+Ni/40+Cr/5+Mo/4+V/14（%）计算									

对于赤道带瓣数为25的单曲率多面壳体，多面壳体在赤道线（最大角变形处）的弦变成圆弧时，壳体中层平均应变为0.3%。由于宽板试样焊缝和热影响区受力比较恶劣，当拉直前未发生断裂，最终中层延伸率（标距为300mm）大于3%，即认为焊接接头的塑性成形能力满足胀形工艺的要求，相应地认为焊接工艺是适合的和可行的。

表9-6为宽板拉伸实验结果。图9-6所示为接头延伸率和极限应力。可以看出，随着焊缝金属屈服强度的提高，接头延伸率和极限应力降低。E6016接头的中层延伸率小于3%，极限应力仅为母材抗拉强度的82.5%。E4316接头的延伸率和极限应力最高，其极限应力基本接近母材抗拉强度。宽板试样的极限应力低于母材抗拉强度，并不能说明接头的强度低于母材，这是由于试样的形式不同造成的。

表9-6　宽板拉伸实验结果

试样	焊条	延伸率/%		接头极限应力/MPa	σ_b^J/σ_b	断裂位置
		中层	内层			
1	E6316打磨	4.9	9.7	590	0.985	拉直前内焊缝及焊趾无裂纹，最后在内侧过热区起裂
2	E5015打磨	4.2	8.9	570	0.952	拉直前内焊缝及焊趾无裂纹，最后在内侧过热区起裂
3	E5015不打磨	—	—	—	—	拉伸到二面角170°左右，在内侧咬边产生裂纹
4	E5515打磨	3.8	8.0	543	0.891	拉直前内焊缝及焊趾无裂纹，最后在内侧过热区起裂
5	E6016打磨	2.7	7.0	494	0.825	拉直前内焊缝及焊趾无裂纹，最后在内侧过热区起裂

接头延伸率和极限应力随组配比减少而提高的原因是:焊缝金属屈服强度低于等于母材屈服强度有利于缓和热影响区的变形,从而提高整个接头的工艺塑性。综合接头延伸率和极限应力考虑,低组配或等组配接头有利于提高接头塑性变形能力。

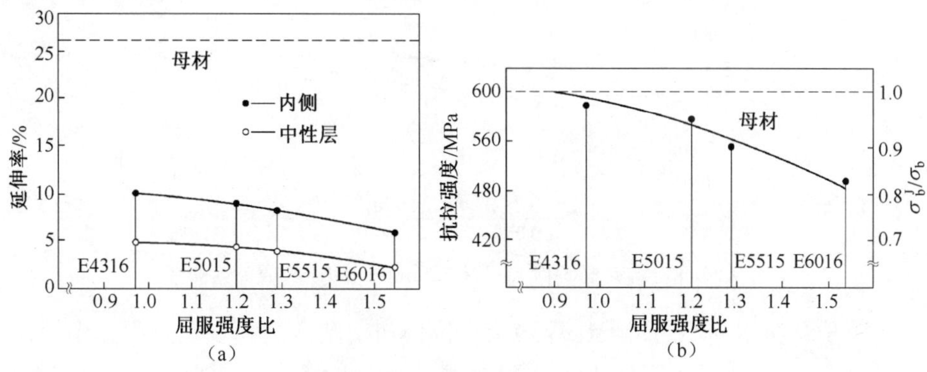

图 9-6 接头延伸率和极限应力

(a)接头延伸率;(b) 接头极限应力。

9.3.2 带角变形宽板拉伸的塑性变形规律

采用数值模拟对带角变形宽板拉伸的塑性变形规律进行了研究,考虑到对称性,取宽板试样的一半建立了有限元模型,如图 9-7 所示。按焊缝、热影响区和母材分别离散。假设焊缝和热影响区的分界线(即熔合线)为坡口边界线。设热影响区的宽度为 4mm,其与母材的分界线平行于熔合线。坡口为非对称 X 形,外侧大坡口 60°,内侧小坡口 70°,小坡口深度为板厚 1/4。

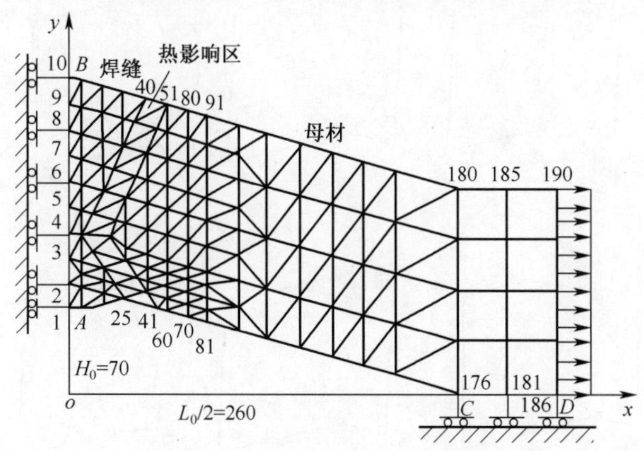

图 9-7 宽板拉伸有限元模拟模型

把焊接接头分为焊缝、热影响区和母材三个力学性能不同的区域。母材 16MnR 钢的真实应力-应变关系用 MTS 电子拉伸机测得,根据 ADINA 程序的需要简化为双线性模型。作为处理焊缝非均质的一种方法，认为焊缝和热影响区硬化模式与母材相同，仅屈服强度不同。应力-应变关系见图 9-8。

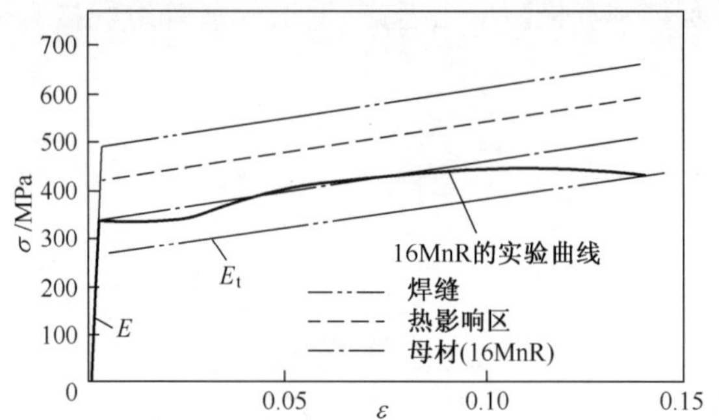

图 9-8 焊缝、热影响区和母材（16MnR）应力-应变关系曲线

图 9-9 所示为不同组配比焊接接头拉伸初期塑性区的发展过程。由该图可以看出，对于低组配接头，由于焊缝金属屈服强度低于母材和热影响区，焊缝

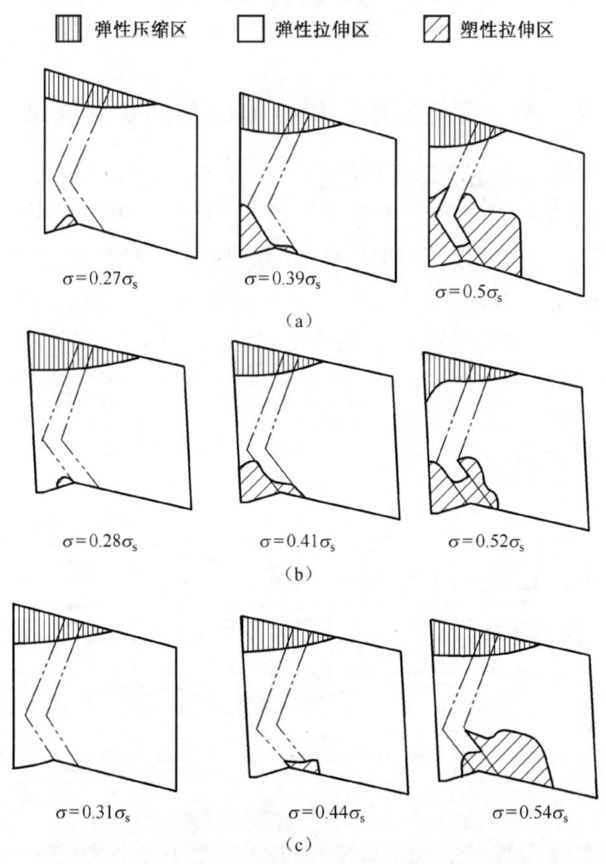

图 9-9 拉伸初期塑性区发展过程（$\alpha=150°$，$\delta=30$mm）

（a）低组配；（b）等组配；（c）高组配。

首先进入屈服,随着拉伸应力的增加,焊缝和母材进入屈服的面积增大。由于热影响区屈服强度是母材的 1.2 倍,在低组配情况下,热影响区相对于焊缝和母材是硬区,因此热影响区较难产生变形。

对于高组配接头,由于焊缝金属屈服强度高于热影响区和母材,焊缝较难产生塑性变形,尽管热影响区比母材硬,但因在焊趾处由于几何形状变化不连续,存在应力集中,所以热影响区首先进入屈服。随着拉伸应力增加,较软的母材进入屈服的面积较多,热影响区次之,焊缝最少。在等组配情况下,焊缝金属屈服强度虽然与母材相等,但仍低于热影响区屈服强度,所以焊缝先进入屈服。从以上分析可以看出,焊缝金属屈服强度低于或等于母材屈服强度能缓和热影响区的变形程度。

由于初始角变形和板厚较大,低组配和等组配接头在拉伸应力为 $0.27\sigma_s$左右时,焊缝就进入屈服状态,此时角位移仅为 0.12°。高组配接头由于焊缝较硬,因此进入屈服略迟些,此时拉伸应力约为 $0.44\sigma_s$,角位移为 0.23°。在拉伸初期阶段,变形沿板厚分布是很不均匀的,当内侧焊趾附近产生拉伸塑性变形时,外侧焊缝和热影响区附近却存在弹性压缩区(ε_x为负)。压缩区开始呈长条形,随着拉伸过程的进行,低组配和等组配接头压缩区沿垂直焊缝方向长度略有减少,而沿板厚方向的压缩深度略有增加。高组配接头压缩区变化很小。

图 9-10 所示为等组配接头拉直后的应变 ε_x(垂直于焊缝方向)分布。从图中可以看出,拉直后,ε_x在整个接头均为拉伸应变,但沿板厚分布很不均匀,内侧最大变形约 25%,外侧焊缝则刚刚由压缩变形变为拉伸变形。而在离开焊缝和热影响区较远的母材上(距焊缝中心约为 40~50mm)与之相反,外侧应变大于内侧应变,但梯度没有焊缝附近大。塑性应变沿板厚的不均匀分布卸载后将产生残余应力,拉应变大的内侧将存在压应力。

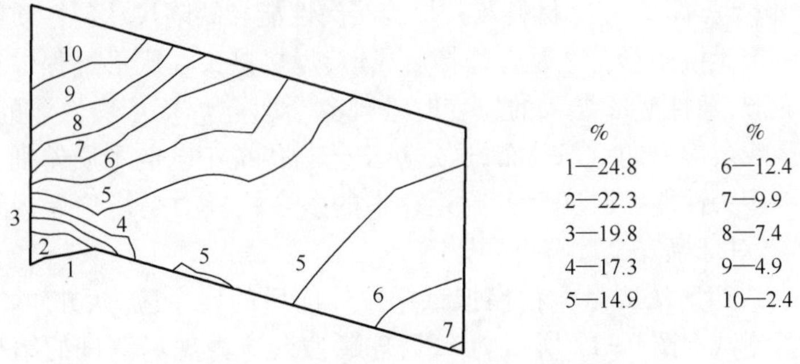

图 9-10 等组配接头拉直后应变分布

二面角是胀形前多面壳体的主要结构参数之一。二面角越大,初始角变形量越小,接头所承受的应变量也越小,多面壳体也越容易胀形成功。但是,对于橘瓣式单曲率壳体而言,增大两面角,就得增加赤道带瓣数,而赤道带瓣数增加焊缝长度就得增加,工期加长,成本增加,因此二面角也不能选择太大。设计时应综合考虑焊缝长度或焊缝比长度(单位容积的焊缝长度)和材料利用率等因素,选择合理的赤道带瓣数和二面角,一般赤道带最小二面角为160°~170°。

图9-11所示为内侧焊趾应变、应力与二面角的关系。从该图可以看出,二面角从150°增加到160°,焊趾应变和应力显著降低;当从160°增加到170°时,焊趾应变和应力降低程度减缓。当二面角为160°,焊趾等效应变已小于20%,因此为避免胀形时在内侧焊趾处开裂,对于厚板球罐,选择多面壳体最小二面角大于160°有利于胀形工艺顺利实施。

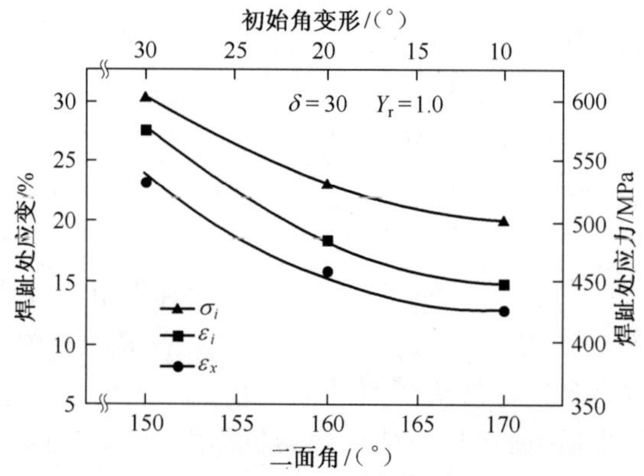

图9-11　内侧焊趾应变、应力和两面角的关系

9.3.3　LPG球罐胀后安全性

球罐失效的主要形式是脆性断裂以及由疲劳和应力腐蚀引起的断裂。断裂是应力(包括残余应力)、材料及其焊接接头性能和缺陷尺寸与性质综合作用的结果。由于无模胀形工艺是先焊接后成形,焊接接头在胀形过程中经受了一定的塑性变形,塑性变形导致的应变时效现象会引起焊接接头性能的改变,并能调节焊接残余应力的重新分布,这是新工艺与传统工艺的本质差别。大量研究表明焊接接头性能的改变及其附近存在的残余拉应力是影响焊接结构断裂的重要因素,对球罐安全性有重要影响。

用X射线衍射法测量宽板模拟试样拉伸前后的残余应力,并对LPG球罐进行了现场测试。图9-12所示为LPG球罐残余应力现场测试的结果。实验和理论分析均表明:由于角变形的存在,横向(垂直焊缝方向)塑性变形沿壁厚分布不均匀,引起横向焊接残余应力重新分布,使球罐内侧存在横向残余压应力;纵向(平行于焊缝方向)胀形时承受均匀拉伸变形作用,从而使纵向焊接残余应力水平大大降低。由于球罐胀形后,横向残余应力为压应力,纵向残余应力水平又很低，从而提高了球罐的疲劳性能，降低了应力腐蚀倾向，这是新工艺在保证安全性方面的独特优点。

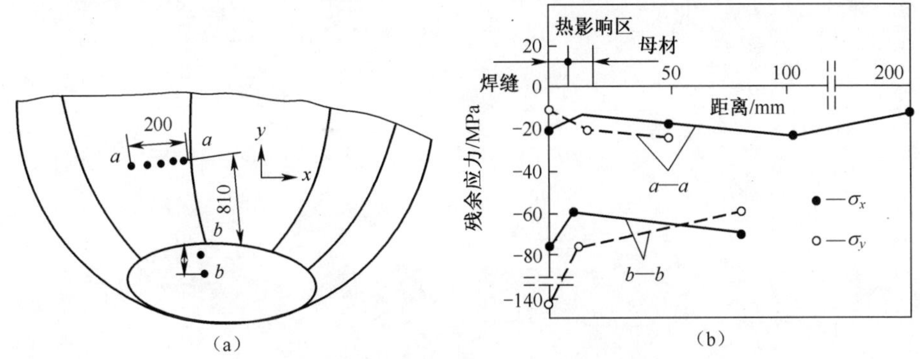

图 9-12　LPG 球罐残余应力测试结果

(a)测点位置；(b)不同测点的残余应力。

9.4　椭球壳体内压成形技术

9.4.1　椭球内压成形原理与工艺过程

椭球形容器具有重心低、容积大、受风面积小和外观优美等特点，适合于作为大型水塔、压力容器封头和运载火箭储箱箱底等结构。由于椭球壳体的曲率半径从极点到赤道逐渐变化，采用模压成形工艺，一种直径的椭球壳体需要多套模具，这是限制椭球壳体广泛应用的主要原因。为了解决传统模压成形工艺存在的问题，提出了采用无模内压成形方法制造薄壁椭球壳。图 9-13 是椭球壳无模内压成形原理。其基本工艺过程：先由板材下料出若干侧瓣和两块极板，侧瓣经过辊弯成为单曲率壳板，然后把这些单曲率壳板组装焊接成封闭多面壳体，向封闭多面壳体内充满水介质后，再通过一个加压系统向封闭多面壳体内施加内压，在内压作用下，壳体产生塑性变形而逐渐趋向于设计要求的椭球壳体。椭球无模内压成形技术主要优点：不需要模具和压力机，可降低成本；因为不需要模具，生产周期缩短，产品变更容易；经过超载胀形和整形，降低了焊接残余应力，尺寸精度高。

9.4.2　椭球壳应力与轴长比的关系

椭球壳在内压作用下，其应力分布规律与曲率半径具有一定的对应关系。为了给出椭球壳在内压作用下的应力分布规律，对理想椭球几何结构和受力状态进行分析，如图 9-14 所示。图中：r_1 为第一主曲率半径；r_2 为第二主曲率半

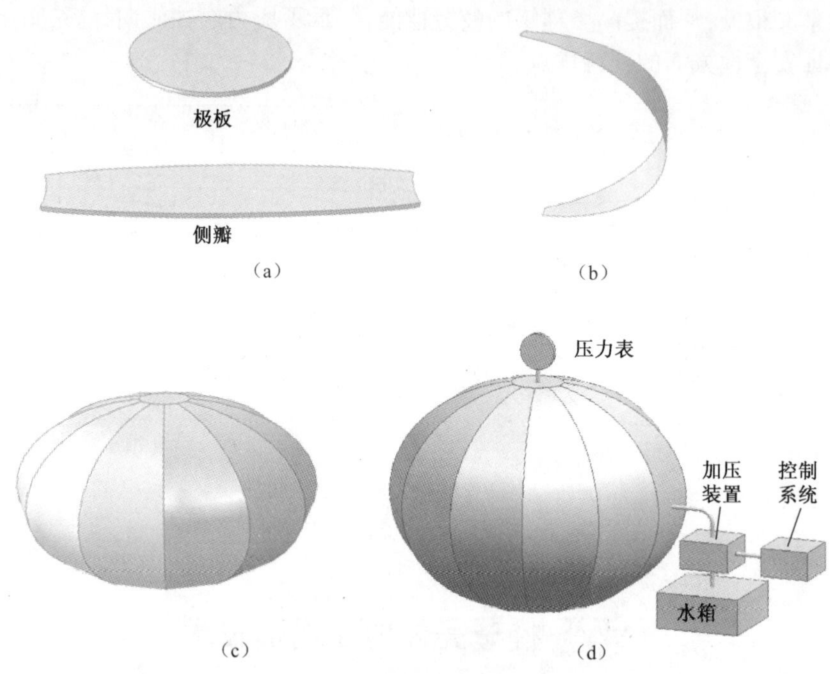

图 9-13　椭球无模内压成形基本工艺过程
(a)下料;(b)弯卷;(c)组装焊接;(d)液压胀形。

径; t 为壳体壁厚; p 为内压; φ 为 r_2 与旋转轴(y 轴)的夹角; a 为赤道半径(非旋转轴半径); b 为旋转轴半径。

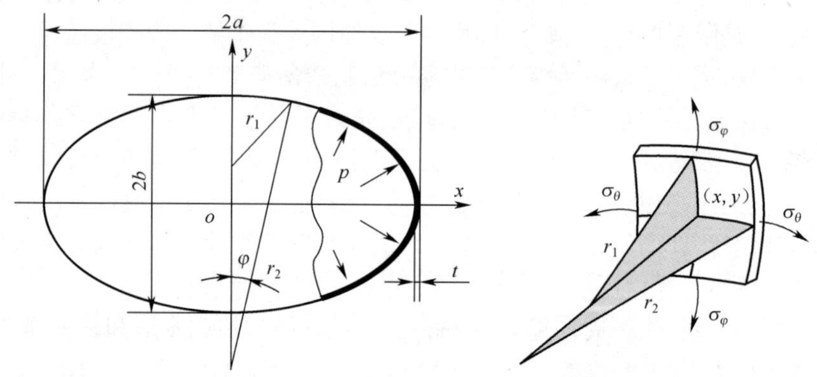

图 9-14　椭球几何结构和受力状态

椭球轴长比定义为 $\lambda = a/b$ 。图 9-15 为椭球壳体形状与轴长比的关系。当 $\lambda < 1$ 时,壳体形状为长椭球,此时旋转轴 b 为长轴,非旋转轴 a 为短轴;当 $\lambda = 1$ 时,壳体形状为球形,非旋转轴半径与旋转轴半径相等,即 $a = b$;当 $\lambda > 1$ 时,壳体形状为扁椭球,此时非旋转轴 a 为长轴,旋转轴 b 为短轴。在没有特指情况下,提到的椭球均指扁椭球。

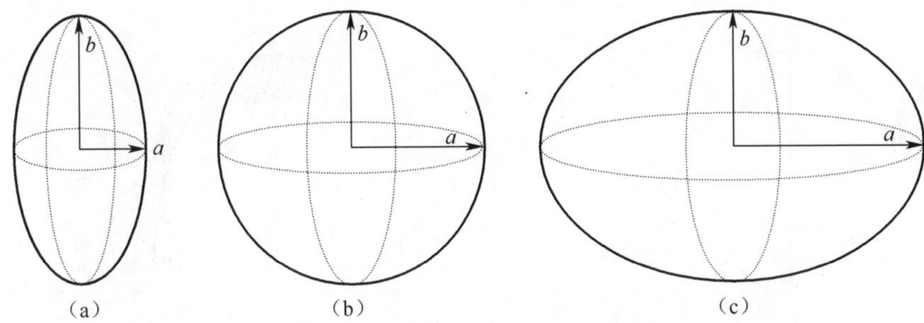

图 9-15　不同轴长比的椭球壳形状

(a)长椭球;(b)圆球;(c)扁椭球。

在内压作用下的理想椭球壳,经向应力 σ_φ 和纬向应力 σ_θ 分别为

$$\sigma_\varphi = \frac{p}{2t}r_2 \qquad \sigma_\theta = \frac{pr_2}{2t}\left(2 - \frac{r_2}{r_1}\right) \tag{9-5}$$

且

$$\begin{cases} r_1 = \lambda a k^3 \\ r_2 = \lambda a k \\ k = \dfrac{1}{\sqrt{(\lambda^2 - 1)\sin^2\varphi + 1}} \end{cases} \tag{9-6}$$

整理式(9-5)和式(9-6)得到受内压椭球壳经向应力 σ_φ 和纬向应力 σ_θ 的表达式:

$$\begin{cases} \sigma_\varphi = \dfrac{pa}{2t}\lambda k \\ \sigma_\theta = \sigma_\varphi\left(2 - \dfrac{1}{k^2}\right) \end{cases} \tag{9-7}$$

图 9-16 所示为不同轴长比 λ 时的椭球壳体应力分布规律。对于理想椭球壳体,经向应力始终为拉应力。当 $\lambda < 1$ 时,纬向应力为拉应力,从极点到赤道纬向应力逐渐增大;当 $\lambda > 1$ 时,从极点到赤道,纬向应力逐步减小,其中当 $\lambda = 1$,球壳纬向应力各处相等;当 $\lambda = \sqrt{2}$,纬向应力在赤道处为 0;当 $\lambda > \sqrt{2}$ 时,纬向应力在一定球心角处由拉应力转变为压应力,存在一个拉、压应力分界点,此时赤道带(赤道附近区域)纬向应力均为压应力,该压应力将导致椭球壳成形过程出现失稳起皱。

9.4.3　椭球壳胀形压力

极点处的应力状态为

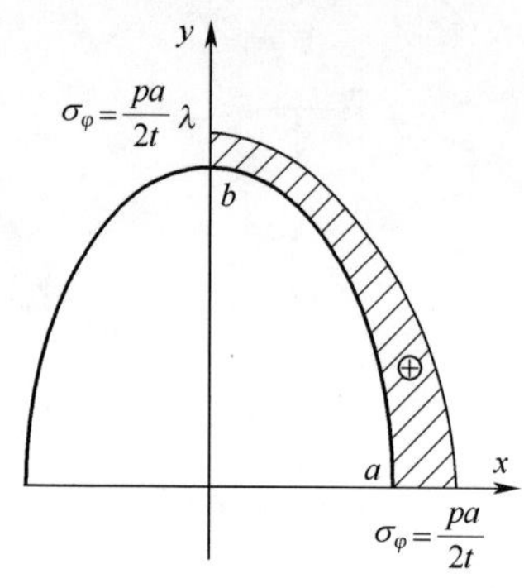

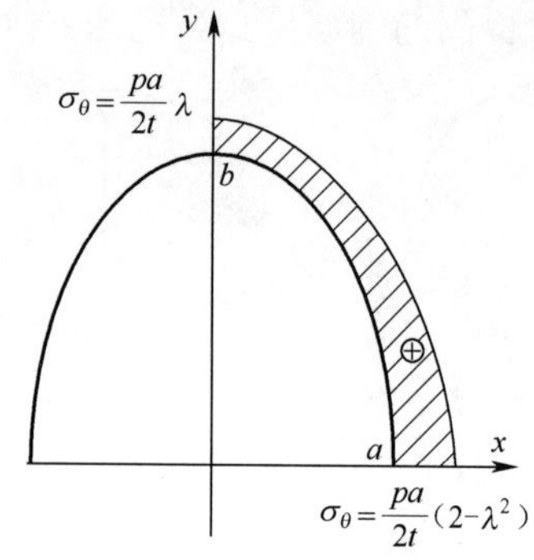

(a)

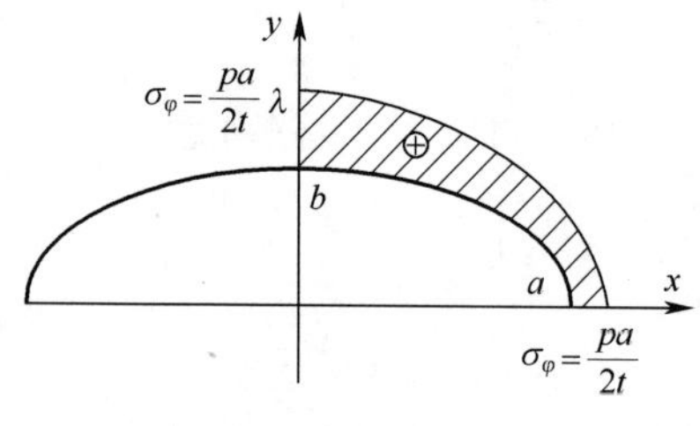

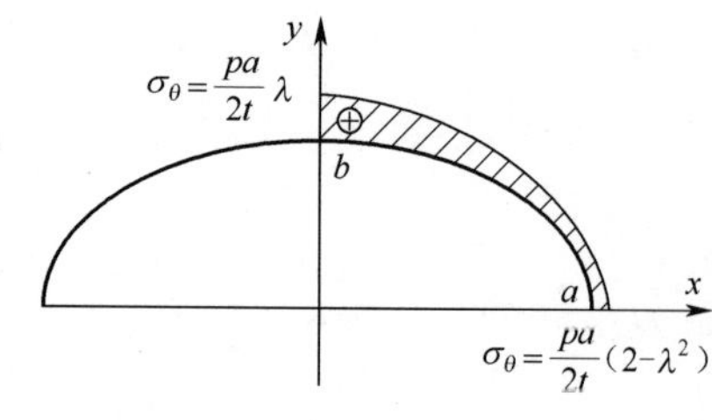

(b)

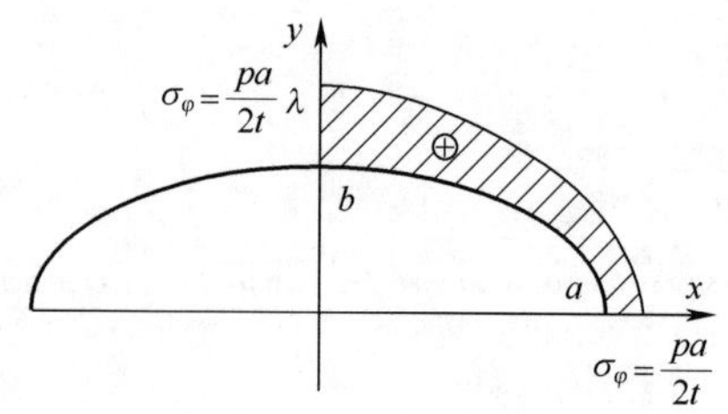

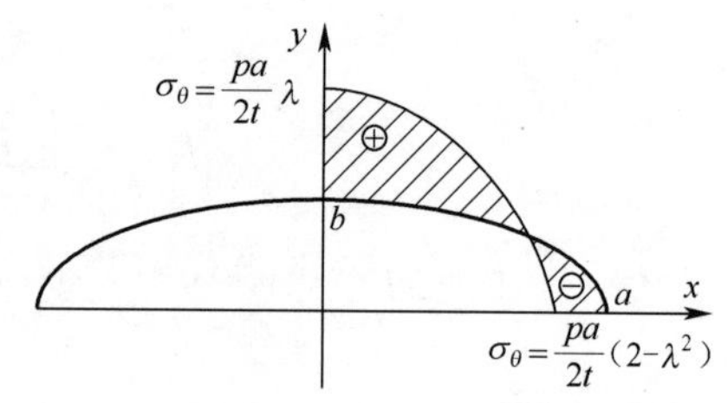

(c)

图 9-16　受内压椭球壳应力与轴长比的关系

(a) $\lambda<1$;(b) $1<\lambda\leqslant\sqrt{2}$;(c) $\lambda>\sqrt{2}$。

$$\sigma_1=\sigma_2=\frac{pa^2}{2bt},\ \sigma_3=0 \tag{9-8}$$

当 $\lambda<\sqrt{2}$ 时,赤道处的应力状态为

$$\sigma_1=\frac{pa}{2t},\ \sigma_2=\frac{pa}{2t}(2-\lambda^2),\ \sigma_3=0 \tag{9-9}$$

将以上应力计算公式代入 Tresca 屈服准则 $\sigma_1-\sigma_3=\sigma_s$,可以分别求出极点和赤道处产生塑性变形时的屈服压力分别为

$$\begin{cases} p_1=\dfrac{2bt}{a^2}\sigma_s=\dfrac{2t}{a\lambda}\sigma_s \\ p_2=\dfrac{2t}{a}\sigma_s \end{cases} \tag{9-10}$$

对于椭球壳体,由于 $\lambda > 1$,则 $p_1 < p_2$。该式说明:曲率半径大的极点部位先发生塑性变形,随后塑性变形逐渐向下扩展,赤道焊缝点最后发生塑性变形。最后成形的压力可以用公式 $p_2 = \dfrac{2t}{a}\sigma_s$ 进行计算。

9.4.4　椭球壳内压成形实验

为了研究椭球壳无模液压胀形的可行性和壳体胀形时的变形规律,分别进行了椭球壳体轴长比为 1.25、1.8 和 2.2 的胀形实验,对应于 $1 < \lambda < \sqrt{2}$ 和 $\lambda > \sqrt{2}$ 两种典型结构的椭球壳,相应的单曲率壳体几何参数如表 9-7 所示。

表 9-7　单曲率壳体几何参数

长半轴 a/mm	短半轴 b/mm	轴长比 λ	初始壁厚 t_0/mm	侧瓣数 N
250	200	1.25	1.5	11
225	125	1.8	0.9	12
500	225	2.2	1.0	12

由于当轴长比 $\lambda < \sqrt{2}$ 时,椭球壳经向和纬向均为拉应力,$\lambda = 1.25$ 椭球壳的胀形过程不会发生压缩失稳起皱,能够逐步加压胀形直到成形出要求的椭球壳,如图 9-17(a)所示。

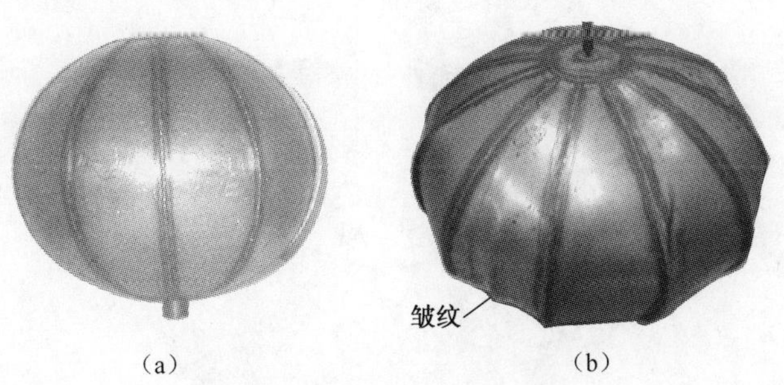

图 9-17　椭球壳内压成形实验

(a) $\lambda = 1.25$ 椭球壳;(b) $\lambda = 2.2$ 椭球壳。

由于当轴长比 $\lambda > \sqrt{2}$ 时,纬向应力在一定球心角处由拉应力转变为压应力,存在一个拉、压应力分界点,此时赤道附近区域纬向应力均为压应力,当压应力达到一定程度后将导致椭球壳成形过程出现失稳起皱。当轴长比相对较小时,如 $\lambda = 1.8$ 时,壳体胀形过程中长轴随着内压的升高开始缩短,变形初期会在赤道出现皱纹;随着内压继续升高,皱纹逐渐被展平,直到长轴不再收缩,逐渐转为伸长状态,具体内容将在下节详细介绍。随着轴长比进一步增加,当 $\lambda = 2.2$ 时,壳体在胀形初期就会出现起皱,起皱程度随着内压增加而严重,直到最终形成无法展平的死皱,如图 9-17(b)所示。

9.4.5 椭球壳内压成形过程变形规律和起皱行为

为了研究椭球壳胀形全过程中壳体形状、轴长尺寸和皱纹形状的变化规律,进行了轴长比 $\lambda > \sqrt{2}$ 的椭球壳无模内压成形实验,观察了在短轴无约束的情况下,赤道带皱纹产生、发展和消失以及壳体形状的变化过程,获得了轴长随内压变化规律。通过获得的轴长变化规律,优化胀形前壳体的结构,用来指导现场成形出合适的轴长比的大直径椭球容器。

图 9-18 所示为胀形前椭球壳结构,壳体由 12 个侧瓣与 2 个极板焊接为一个整体,椭球壳的长轴尺寸为 225mm,短轴尺寸为 125mm,初始轴长比为 1.8。壳体材料为不锈钢 304,名义壁厚 0.9mm(实际厚度 0.88mm),屈服强度为 313MPa,抗拉强度为 815MPa,延伸率为 54%。图中 *A*、*B*、*C*、*D* 为变形测点位置,其中 *A* 点为赤道面上焊缝点、*B* 点为赤道面侧瓣中心点、*C* 点为温带侧瓣中点,*D* 点为极点。

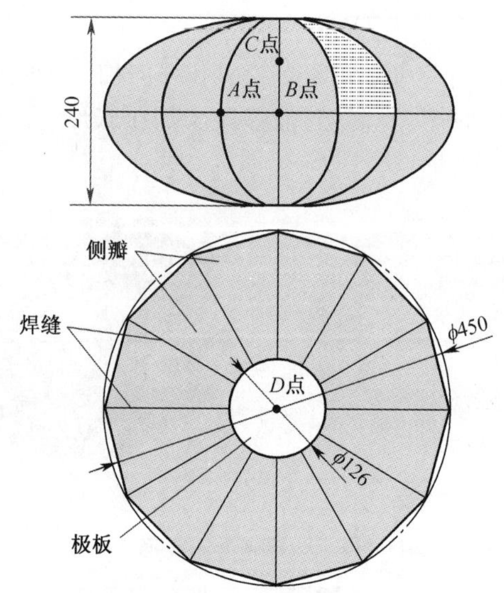

图 9-18 椭球壳结构与尺寸(mm)

图 9-19 为椭球壳形状随着内压的变化过程。图 9-20 为不同内压下椭球壳截面轮廓线变化情况。随着内压的增加,椭球壳变形首先发生在极板处,短轴开始伸长,当内压达到 1.0MPa 时,短轴达到初始设计尺寸。由于赤道带纬向压应力数值的持续增加,赤道焊缝处开始出现微小皱纹,当内压达到 2.2MPa 时,起皱最严重。随着内压的继续增大,长轴开始收缩,当内压达到 3.8MPa 时,赤道带皱纹消失,赤道面轮廓线与初始状态一致,为正十二边形。随着内压的持续增加,组成椭球壳的 12 个侧瓣在内压作用下逐渐圆弧化。当内压达到

5.5MPa 时，赤道面完全圆弧化，长轴从持续收缩状态转为伸长状态，短轴仍继续伸长。成形内压为 6.8MPa，最终形状近似于球形，实际轴长比达到 1.06。

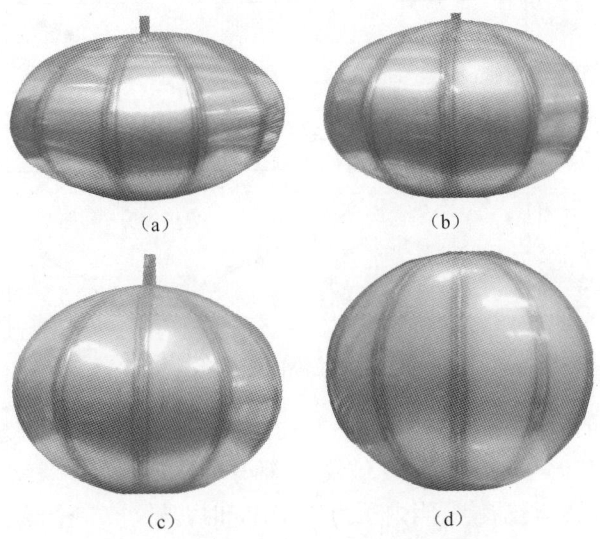

图 9-19 椭球壳内压成形过程的形状变化
(a)初始状态；(b)2.2MPa；(c)3.8MPa；(d)6.8MPa。

图 9 20 所示为椭球壳内压成形过程截面轮廓线变化情况。图 9-21 为轴长随内压变化规律。由于初始状态极板高度小于外接椭球壳的短轴长度，当内压升至 1.0MPa 时，短轴才达到初始设计尺寸 250mm。随着内压的增加，塑性变形区的发展，短轴持续伸长。当内压大于 3.8MPa 时，随着赤道带皱纹的消失，

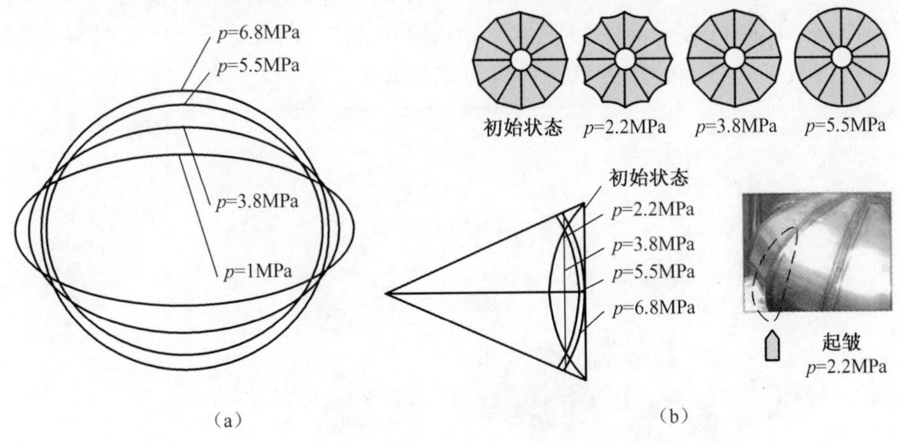

图 9-20 椭球壳体内压成形过程截面轮廓线变化
(a)经向截面；(b) 赤道面。

短轴伸长速率明显增快。当最终内压为6.8MPa时,短轴伸长了80.8mm,伸长率为64.6%。

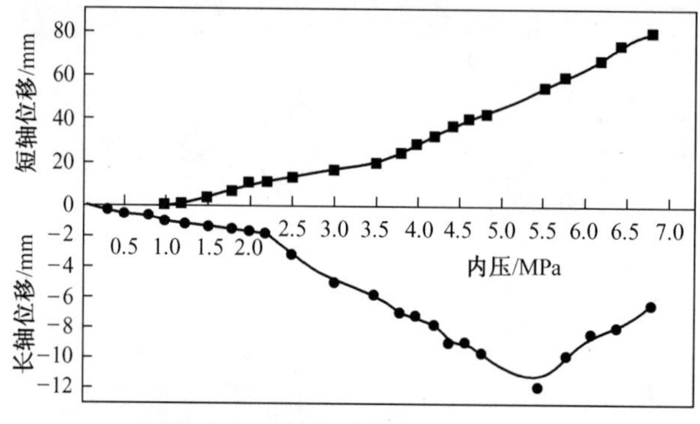

图9-21　轴长随内压变化规律

随着内压的升高,长轴开始缩短,在初始变形阶段长轴尺寸变化非常微小。当内压为2.2MPa时,在赤道出现皱纹,长轴开始出现明显的收缩。随着内压的继续升高,皱纹逐渐被展平,当内压为3.8MPa时,皱纹被完全展平,赤道面再次呈现正十二边形。此后继续升高内压,长轴继续收缩。当内压达到5.5MPa时,长轴不再收缩,而是逐渐转为伸长状态。当最终内压为6.8MPa时,长轴缩短了6.5mm,缩短率为2.9%。

图9-22为椭球内压成形过程体积随内压的变化关系。在变形初始阶段,只有极板发生塑性变形,此时体积变化很小。在内压2.2~3.5MPa范围内,长轴的收缩引起的体积降低量与短轴增加引起的体积增加量基本相等,所以体积变化率很小,仅从6.8%上升到8.0%。当内压继续增大,虽然长轴仍旧收缩,但短轴的伸长率更快,椭球壳的体积开始逐渐增大,当内压为3.8MPa时,体积变化率为11.4%,体积的增大直接导致皱纹被展平。

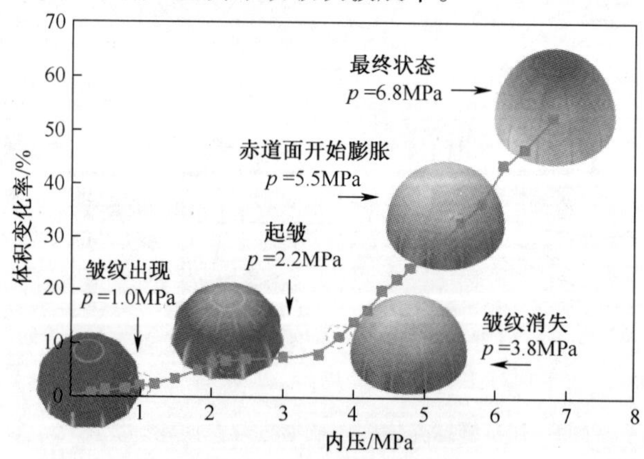

图9-22　椭球体积随内压变化关系

随着内压的持续升高，短轴伸长量更大，极点及温带区域逐渐向球体变化，而赤道带收缩量相对很小，体积变化非常显著，内压为 5.5MPa 时，体积变化率为 32.8%，此时侧瓣逐渐被完全圆弧化。随后体积的持续增大和表面积的增加，导致了赤道带从收缩状态转为膨胀状态。当最终内压为 6.8MPa 时，体积变化率达到了 52.7%，比初始体积增加了一半多。

图 9-23 所示为椭球壳体内压成形时壁厚随内压变化规律。极点处最早发生减薄，赤道带最后发生减薄。当成形结束时，赤道带焊缝（*A* 点）附近减薄率为 13.2%，侧瓣中心（*B* 点）的减薄率为 14.6%，温带侧瓣中心（*C* 点）的减薄率为 19.8%，极点（*D* 点）的减薄率为 29.4%。通过数值模拟给出了内压为 6.8MPa 时壳体壁厚分布云图。从整体壁厚分布可以看出，最大减薄处位于极点，最小减薄处位于赤道带焊缝附近。从极点到赤道带侧瓣中点，最大减薄率从 31.8%下降到 17%；从赤道带焊缝附近到赤道侧瓣中点最大减薄率从 14%增大到 17%，变化差别较小。

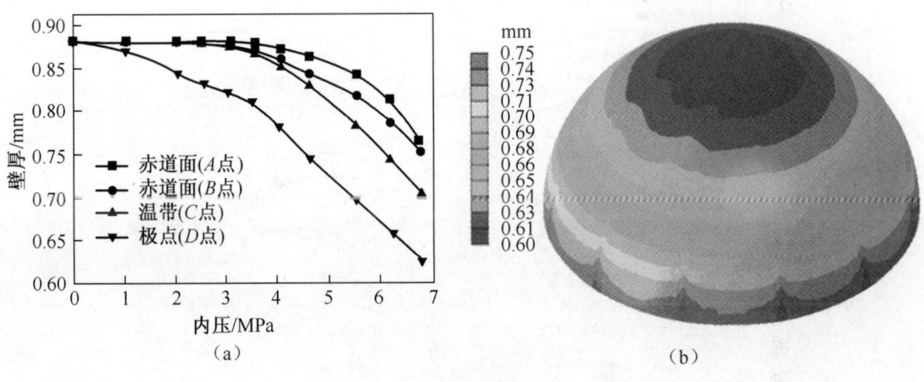

图 9-23　壁厚随内压变化规律
(a)实验结果；(b)数值模拟结果。

图 9-24 为通过有限元分析得到的典型点的在屈服椭圆上的应力轨迹以及不同内压下典型单元的应力状态。对于赤道面上焊缝点（*A* 点）和侧瓣中心点（*B* 点），虽然在变形初始阶段都处于拉压应力状态，但是压应力的数值变化差别较大。随着内压增加，焊缝点压应力数值增加得快，侧瓣中心点压应力数值增加得慢；当焊缝点纬向压应力达到临界起皱应力时，赤道带焊缝附近区域出现失稳起皱。当焊缝附近皱纹最严重时，侧瓣中心点及其附近圆弧呈现内凹状，应力状态为双向拉应力。随着内压的继续增加，焊缝点经向应力变化缓慢而纬向应力则转变为拉应力，在双向拉应力作用下，皱纹消失。随着皱纹的逐渐消失，侧瓣中心点内凹的圆弧逐渐被展平，应力状态从双拉转变为拉压。当内压继续增大，圆弧转变为外凸形，其应力状态再次从拉压转为双拉。

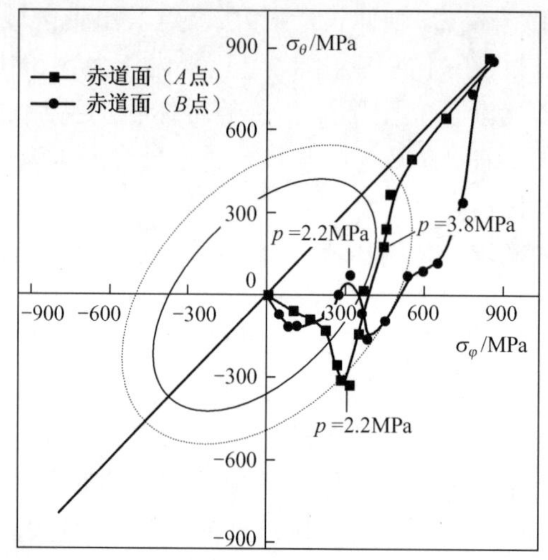

（a）

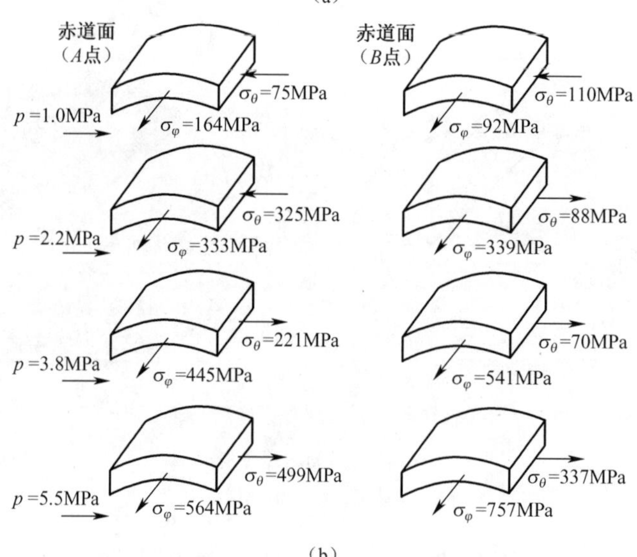

（b）

图 9-24　典型点在屈服椭圆上的应力轨迹及不同内压下典型单元的应力状态

（a）应力轨迹；（b）应力状态。

9.5　双母线椭球壳内压成形技术

9.5.1　双母线椭球壳内压成形原理

通过理论分析和大量实验研究证明：椭球壳内压成形，当轴长比 $\lambda > \sqrt{2}$

时,在赤道带存在纬向压应力,使得壳体起皱,导致无法成形;轴长比 $1 < \lambda < \sqrt{2}$ 时,可以顺利成形出椭球壳。为了解决该问题,研究者先后提出了采用压力机和中心管限制短轴伸长的方法。对于压机限制短轴伸长的方法,受限于压力机台面尺寸的限制,仅能制造小尺寸椭球壳;而中心管限制短轴伸长方法,需要将中心管去除后补上极板进行二次胀形,而且中心管承受外压失稳的能力有限,同样不适合在现场制造大直径椭球壳。

为了解决轴长比 $\lambda > \sqrt{2}$ 的扁椭球壳内压成形过程中赤道带起皱的难题,提出了双母线椭球壳结构作为预制壳体的内压成形方法,其基本思想是:为了使壳体整体处于双拉应力状态,用一段轴长比 $1 < \lambda < \sqrt{2}$ 的椭球壳代替存在压应力的赤道带,从而形成了双母线椭球结构。该壳体有两个轴长比,即赤道带的椭球壳轴长比为 $1 < \lambda < \sqrt{2}$,另一段椭球壳轴长比为 $\lambda > \sqrt{2}$,如图 9-25 所示。

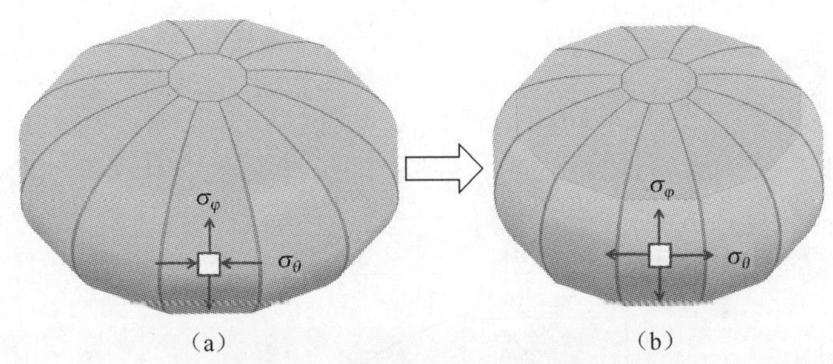

图 9-25　双母线椭球壳结构示意图

(a)单母线椭球;(b) 双母线椭球壳体。

9.5.2　双母线椭球壳结构设计

对于轴长比 $\lambda > \sqrt{2}$ 的椭球壳,存在一个纬向应力拉、压分界角 α , $\tan\alpha = y/x$,如图 9-26 所示。并且,在该处纬向应力 $\sigma_\theta = 0$,结合式(9-6)与式(9-7)可以得到轴长比 λ 与转角 φ 的关系:

$$\sin^2\varphi = \frac{1}{\lambda^2 - 1} \tag{9-11}$$

又因为 $\sin\varphi = x/r_2 = x/\lambda ak$,代入式(9-11)得

$$\frac{x^2}{a^2} = \frac{\lambda^2}{2(\lambda^2 - 1)} \tag{9-12}$$

又因为椭球上任意一点 (x,y) ,满足椭球壳的几何方程式:

$$\frac{x^2}{a^2} + \frac{y^2}{b^2} = 1 \tag{9-13}$$

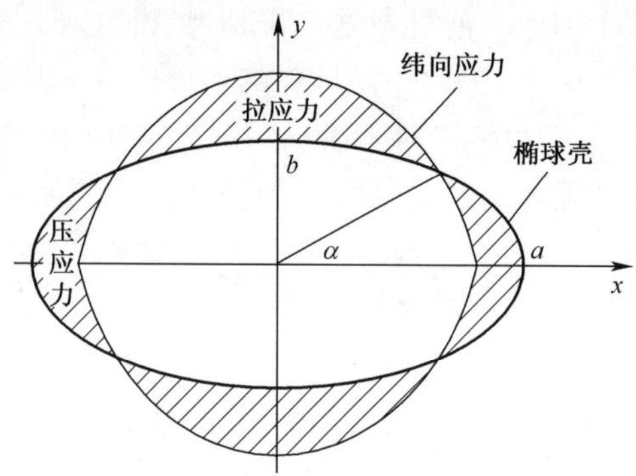

图 9-26　椭球壳纬向应力拉压分界点

结合式(9-12)和式(9-13),得到纬向应力拉压分界点球心角 α 与轴长比 λ 的关系:

$$\alpha = \arctan \frac{\sqrt{\lambda^2 - 2}}{\lambda^2} \tag{9-14}$$

根据式(9-14)可知,不同初始轴长比 λ 时,纬向应力拉、压分界角 α_0 也各不相同。图 9-27 所示为拉压分界角 α_0 随轴长比 λ 的变化关系,随着轴长比 λ 的升高,拉压分界角 α_0 先升高后降低。

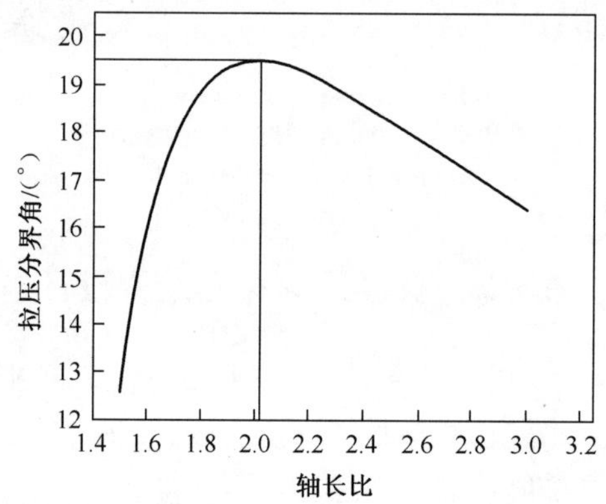

图 9-27　拉压分界角随轴长比变化关系

对式(9-14)进行求导,得到导函数

$$\alpha_0' = f'(\lambda) = \frac{\lambda(4 - \lambda^2)}{(\lambda^4 + \lambda^2 - 2)\sqrt{\lambda^2 - 2}} \tag{9-15}$$

通过导函数 $\alpha_0' = 0$ 可知,当初始轴长比 $\lambda = 2.0$ 时,拉压分界角存在最大值,为 19.5°。也就是说,对于任意轴长比 $\lambda > \sqrt{2}$ 的扁椭球壳,其纬向应力的拉压分界角最大不会超过 19.5°。

为了避免赤道带皱纹的出现，利用一段初始轴长比 $1 < \lambda < \sqrt{2}$ 的椭球壳代替赤道线与拉压分界角之间的处于压应力的椭球壳，从而形成一个双母线椭球壳体，其结构设计示意图如图 9-28 所示。双母线组合式椭球是指由两段不同轴长比椭球构成，第一段椭球构成极带和温带，其轴长比 $\lambda > \sqrt{2}$；第二段椭球构成赤道带，其轴长比 $\lambda < \sqrt{2}$。为了保证第一段椭球纬向应力完全为拉应力，设计的两段侧瓣实际分界点(线)要比理论分界点 α 大 5°。假设两段侧瓣分界点对应的球心角为 θ，则 $\theta = \alpha + 5°$。双母线椭球壳的的长轴为 a_2，短轴为 b_1，组合壳体等效轴长比为 $\bar{\lambda}$，$\bar{\lambda} = a_2/b_1$，这样可以得到组合式壳体的初始轴长比 $\bar{\lambda} > \sqrt{2}$，从而保证内压作用下双母线组合式椭球整体纬向不受压应力作用，避免成形过程中发生失稳起皱。

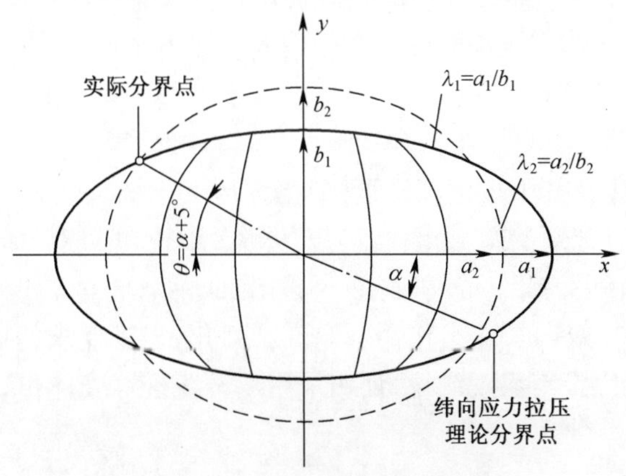

图 9-28　双母线椭球壳结构设计

9.5.3　双母线椭球壳内压成形实验

双母线椭球壳结构设计如图 9-29 所示，它由 12 块侧瓣与 2 个极板焊接为一个封闭壳体，从极点到分界点采用轴长比为 1.6 的椭球壳，从分界点到赤道带采用轴长比为 1.2 的椭球壳，分界点球心角 $\theta = 22°$。椭球壳的主要尺寸参数如表 9-8 所列，赤道直径 420mm，极板直径为 104mm。壳体材料为不锈钢 304，壁厚为 1.1mm，材料屈服强度为 325MPa，抗拉强度为 810MPa，延伸率为 53%。图中 A、B、C、D、E 为变形测点位置，其中 A 点为极点、B 点和 C 点为分界线附近点、D 点为赤道面上侧瓣中心、E 点赤道面上焊缝点。

表 9-8　双母线椭球壳结构尺寸参数

a_1/mm	b_1/mm	λ_1	a_2/mm	b_2/mm	λ_2	$\bar{\lambda}$
230	143	1.60	210	175	1.20	1.47

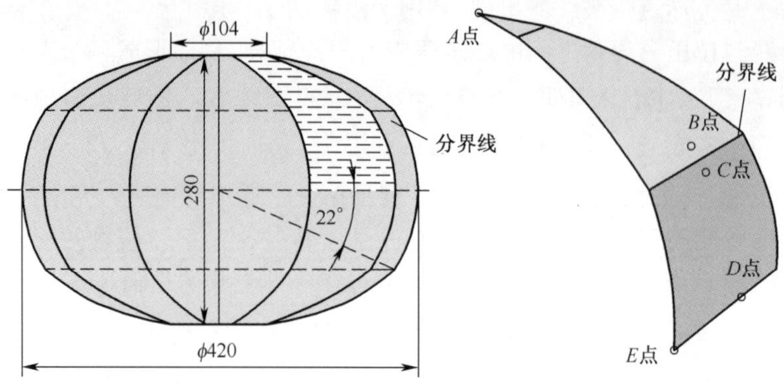

图 9-29　双母线椭球壳结构尺寸(mm)及测量点

图 9-30 为实验中双母线椭球壳形状随着内压的变化过程。图 9-31 为实验中不同内压下椭球壳截面轮廓线变化情况。在内压作用下，椭球壳体变形首先发生在极板处，短轴方向逐渐伸长，当内压小于 1.0MPa 时，除极板区处，其余区域均不发生变形；当内压在 1.5MPa 时，双母线椭球壳分界线附近开始发生塑性变形区，分界线及其附近逐渐被展平；当内压大于 2.5MPa 时，塑性变形区发展到赤道带，赤道带开始圆弧化；当内压达到 3.0MPa 时，双母线组合式椭球壳的分界线完全消失，整个壳体成形为设计的椭球壳体。继续增大内压到 3.5MPa，赤道带在双向拉应力作用下全部圆弧化，得到要求的椭球壳。在内压成形中赤道带始终没有出现皱纹，证明采用双母线椭球壳体可以有效地抑制失稳起皱的发生。

图 9-30　双母线椭球壳内压成形过程形状变化

(a)初始状态；(b)1.5MPa；(c)2.5MPa；(d)3.5MPa。

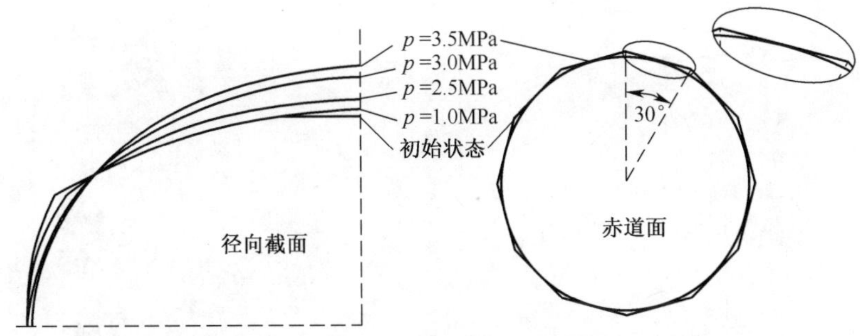

图 9-31　双母线椭球壳截面轮廓线变化示意图

图 9-32 为双母线椭球壳内压成形过程轴长变化规律。当内压大于 1.0MPa 时,短轴开始伸长;当内压大于 2.5MPa 时,长轴尺寸收缩显著增加;当达到最终内压 3.5MPa 时,长轴最终尺寸为 208.9mm,长轴收缩率为 0.5%,短轴最终尺寸为 157.4mm,短轴伸长率为 10.1%。成形后椭球壳体赤道带不圆度为 1%。

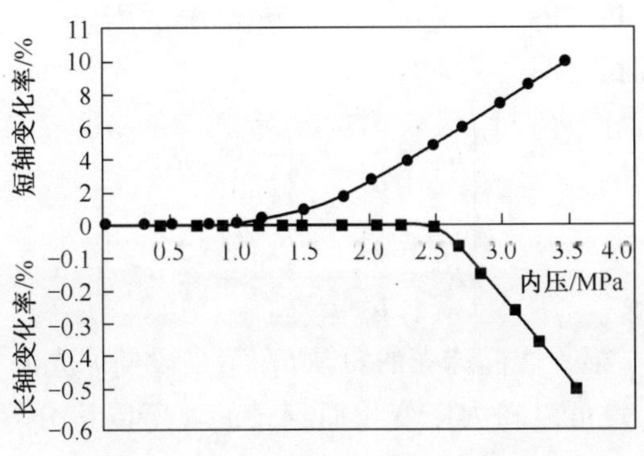

图 9-32　双母线椭球壳轴长变化率

图 9-33 为双母线椭球壳壁厚变化规律。极点(A 点)壁厚为 1.049mm,减薄率为 4.6%;侧瓣分界线附近(B 点、C 点)的减薄率为 2.2%;赤道面(D 点)减薄率为 1%。总体看,双母线椭球内压成形后壁厚分布比较均匀。通过数值模拟给出了壁厚分布云图。对于分界线到赤道带的椭球壳,焊缝附近壁厚基本不变,分界线附近及赤道带侧瓣中点减薄率较大,但仅为 1.8%;对于极点到分界线的椭球壳,极点减薄率最大,为 7.3%。

9.5.4　双母线椭球壳内压成形过程曲率半径变化规律

如前所述,双母线椭球壳内压成形过程中,成形内压不能低于赤道带屈服内压。此外,在成形内压下,最终的壳体应为单母线椭球壳。通过椭球壳的参数方程式(9-6)可知,第一段椭球壳和第二段椭球壳在分界角处的曲率半径为

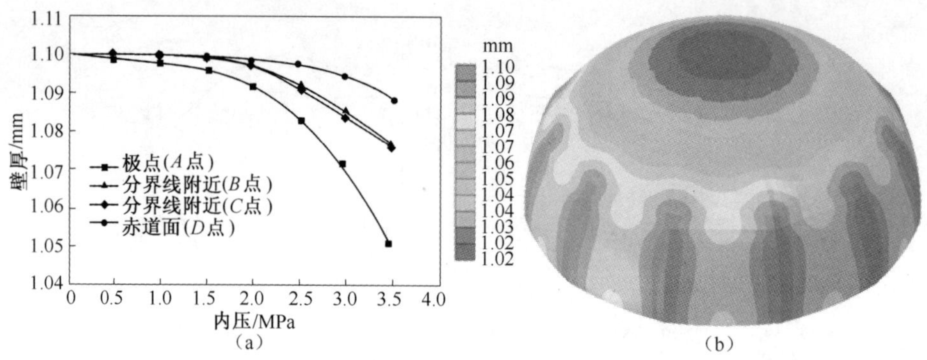

图 9-33 双母线椭球壳壁厚变化规律

(a)实验结果;(b)数值模拟结果。

$$\begin{cases} R_1 = \lambda_1 a_1 / \sqrt{(\lambda_1^2 - 1)\sin^2\varphi_1 + 1} \\ R_2 = \lambda_2 a_2 / \sqrt{(\lambda_2^2 - 1)\sin^2\varphi_2 + 1} \end{cases} \tag{9-16}$$

又因为在分界角上的点(x_0, y_0)处,$\sin\varphi_1 = x_0/R_1$ $\sin\varphi_2 = x_0/R_2$,故分界角处的曲率半径与轴长之间的关系为

$$\begin{cases} R_1^2 = \dfrac{a_1^4}{b_1^2} - \dfrac{a_1^2 x_0^2}{b_1^2} + x_0^2 \\ R_2^2 = \dfrac{a_2^4}{b_2^2} - \dfrac{a_2^2 x_0^2}{b_2^2} + x_0^2 \end{cases} \tag{9-17}$$

在实验过程中,第一段椭球壳的短轴b_1,第二段椭球壳的长轴a_2,以及分界角的坐标(x_0, y_0)是可以随内压变化而记录的。所以将分界角处曲率半径做如下变换:

$$\begin{cases} R_1 = \sqrt{\dfrac{x_0^4 y_0^2 + x_0^2 (b_1^2 - y_0^2)^2}{(b_1^2 - y_0^2)^2}} \\ R_2 = \sqrt{\dfrac{(a_2^2 - x_0^2)^2 + x_0^2 y_0^2}{y_0^2}} \end{cases} \tag{9-18}$$

内压成形过程中,双母线椭球壳向单母线椭球壳过渡的理论判据:分界角处曲率半径$R_1 = R_2$。图 9-34 所示为双母线椭球壳内压成形过程中分界角处曲率半径随内压的变化规律。对于初始轴长比$\lambda = 1.5$的双母线椭球壳,当内压为p_s时,满足了双母线椭球壳向单母线椭球壳过渡的理论判据条件。此后壳体变形过程中,第一段椭球壳和第二段椭球壳在分界角处曲率半径完全一致。

图 9-35 所示为双母线椭球壳内压成形过程中分界角处曲率半径随内压变化的示意图。在变形初始阶段,双母线椭球壳分界角处的曲率半径存在明显差

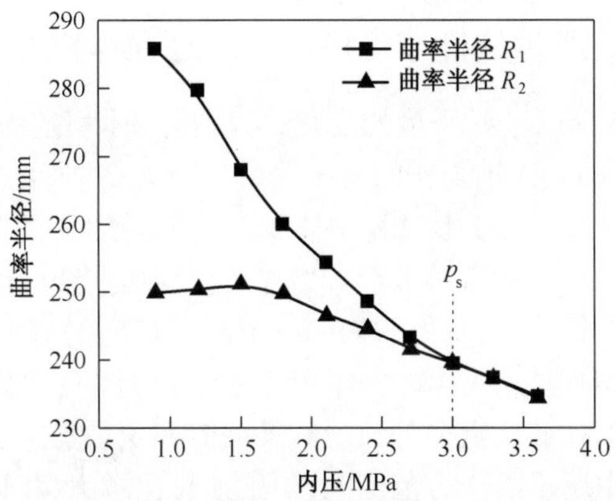

图 9-34　双母线椭球壳分界角处曲率半径随内压变化规律

别,因为第一段椭球壳在分界角处的曲率半径远大于第二段椭球壳在分界角处的曲率半径。随着内压的升高,第一段椭球壳在分界角处的曲率半径显著减低。第二段椭球壳在分界角处的曲率半径先增大后减小,其原因:第一段椭球壳变形过程中带动第二段椭球壳向内轻微弯曲,导致曲率半径的先增大;在变形中期,第一段椭球壳在分界角处的曲率半径继续降低,第二段椭球壳在分界角处的曲率半径开始下降,但是降低速率小于前者,两个曲率半径相互接近;在变形后期,分界角处两个曲率半径合二为一,整个壳体从初始状态的双母线椭球壳变成一个单母线椭球壳。此时可以通过调节成形内压,获得不同的目标椭球壳体。

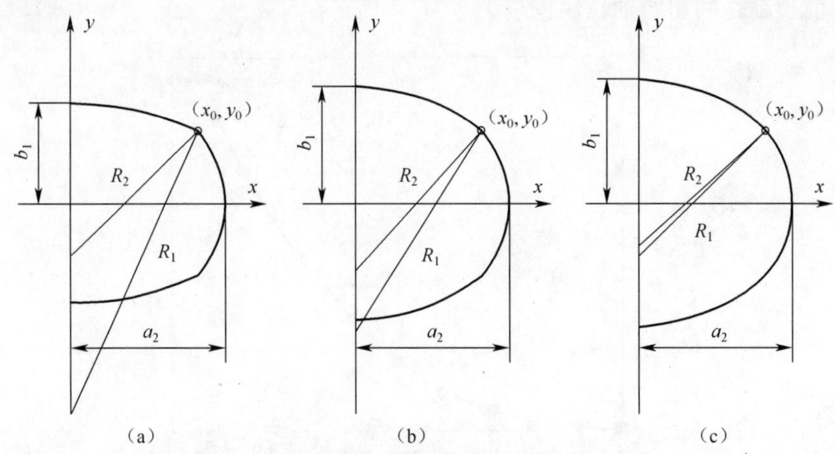

图 9-35　双母线椭球壳分界角处曲率半径变化过程

(a)初期;(b) 中期;(c)末期。

综上所述,当成形内压不低于 $1.1p_s$ 时,双母线椭球壳内压成形既可以满足赤道线发生初始屈服,又可以满足获得的目标椭球壳为单母线椭球壳。

9.5.5 双母线椭球壳内压成形过程体积变化规律

通过记录壳体变形过程质量的变化,可以得出体积随内压的变化关系,从而得出体积变化率随壳体轴长比的变化关系。图9-36所示为初始轴长比 λ = 1.5时,双母线椭球壳内压成形过程中体积变化率随内压的变化规律。随着内压的增大,体积变化率成指数函数形式增加。在变形前期($p < 0.5p_s$),体积变化不明显,内压增长较快;在变形后期($p_s < p < 1.5p_s$),随着椭球壳体全部进入屈服状态,壳体塑性变形量增大,体积显著增加,体积变化率远大于线性增长,内压每增加0.1MPa,所需要补液量和补液时间更长。进一步分析体积变化的二阶导数,在图中所示的压力范围内,初始轴长比越大,相同压力下体积变化率增加得越快,壳体的体积变化也越明显,内压成形过程中需要补液量越大。当成形内压为 $1.5p_s$,对于初始轴长分别为1.5、1.7和2.2时,三个壳体的体积变化率分别为16.6%、26.1%和41.0%。

研究双母线椭球壳内压成形过程体积随内压变化规律,可以得出成形不同目标尺寸壳体所需要的体积变化量,通过控制内压成形过程液体的进入量来有效控制实验过程中壳体的成形精度。当然,通过设计不同内压成形前预制壳结构,获得同一个尺寸的椭球壳,所需要的成形内压和补充的液体体积也不相同。当内压成形前预制壳的初始轴长比分别为1.5、1.7和2.2,目标壳体最终轴长比均为1.30时,所需要的成形内压分别为 $1.1p_s$、$1.3p_s$ 和 $1.4p_s$,相应的体积变化率分别为8.5%、18.5%和37.5%。目标壳体的轴长比越大,则相应的内压成形前预制壳的初始轴长比也越大。

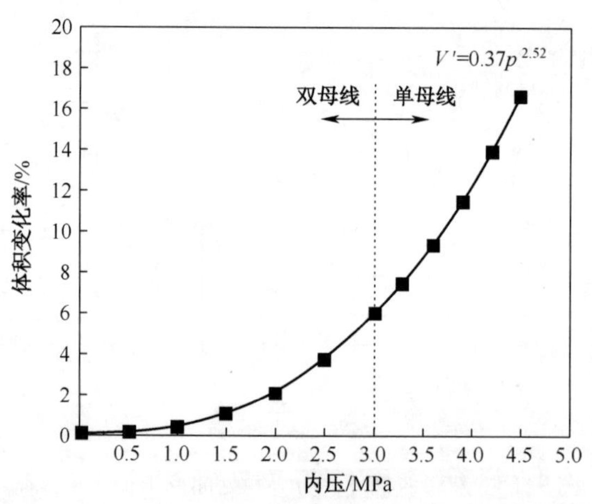

图9-36 双母线椭球壳内压成形过程体积随内压变化规律

内压成形前壳体结构假设为理想椭球壳体,则体积可以用以下函数关系表示:$V = f(a, \lambda)$。由实验过程轴长的变化规律可知,长轴在内压成形过程中收缩量很小,可以认为不变,所以体积变化的表达式为 $V'=f(\lambda)$,即体积变化 V' 只与椭球壳的轴长比 λ 有关系。如果将初始结构假设为理想双母线椭球壳,则内压成形前的体积可以通过积分获得,如下式所示:

$$V_0=\frac{4\pi a_1^3}{3\lambda_1}(1-\cos\varphi_1)+\frac{4\pi a_2^3}{3\lambda_2}\cos\varphi_2 \tag{9-19}$$

式中　a_1 和 λ_1 ——第一段椭球壳的长轴和轴长比;

a_2 和 λ_2 ——第二段椭球壳的长轴和轴长比。

椭球壳上的任意点 (x,y) 在满足曲率方程的同时,还满足 $\tan\alpha_0=y/x$ 且 $\sin\varphi_1=x_0/\lambda_1 a_1 k_1$, $\sin\varphi_2=x_0/\lambda_2 a_2 k_2$,可以得到转角 φ 与球心角 α_0 的函数关系,进而推导出得到理想双母线椭球壳体积表达式:

$$V_0=\frac{4\pi a_1^3}{3\lambda_1}\left(1-\sqrt{\frac{\lambda_1^4}{\cot^2\alpha_0+\lambda_1^4}}\right)+\frac{4\pi a_2^3}{3\lambda_2}\sqrt{\frac{\lambda_2^4}{\cot^2\alpha_0+\lambda_2^4}} \tag{9-20}$$

在内压成形过程中,随着第一段椭球壳和第二段椭球壳母线方程逐渐趋于一致,获得一个目标单母线椭球壳,其体积表达式为

$$V=\frac{4\pi a_2^3}{3\lambda_F} \tag{9-21}$$

式中　λ_F ——目标壳体的轴长比。

通过式(9-20)和式(9-21)即可获得体积的变化量,如下式所示:

$$V'=\frac{V-V_0}{V_0}=\frac{1}{\dfrac{\lambda_F}{\lambda_1}\left(1-\sqrt{\dfrac{\lambda_1^4}{\cot^2\alpha_0+\lambda_1^4}}\right)\left(\dfrac{2\lambda_1^4-2\lambda_1^2}{\lambda_1^4+\lambda_1^2\lambda_2^2-2\lambda_2^2}\right)^{3/2}+\dfrac{\lambda_F}{\lambda_2}\sqrt{\dfrac{\lambda_2^4}{\cot^2\alpha_0+\lambda_2^4}}}-1 \tag{9-22}$$

显然,壳体内压成形过程中,体积的变化量与变形前后壳体的轴长比有关。根据式(9-19)和式(9-21),可以计算出理想椭球壳体积变化率与初始轴长比和最终轴长比的关系,如图 9-37 所示,初始轴长比越大,体积变化率越大,最终轴长比越小,体积变化率越大。理论计算结果与实验测试结果相吻合。

壳体体积变化率的理论计算和实验研究结果均表明:当壳体内压成形前的结构固定,内压成形过程壳体体积变化与壳体轴长比是一一对应的。也就是说,研究双母线椭球壳内压成形过程体积随内压变化规律,可以得出成形不同目标尺寸壳体所需要的体积变化量,进而通过控制内压成形过程流体体积注入量,以达到控制最终椭球壳体形状的目的。

9.5.6　双母线椭球壳内压成形过程应力变化规律

图 9-38 所示为双母线椭球壳内压成形过程等效应力分布规律。塑性变形

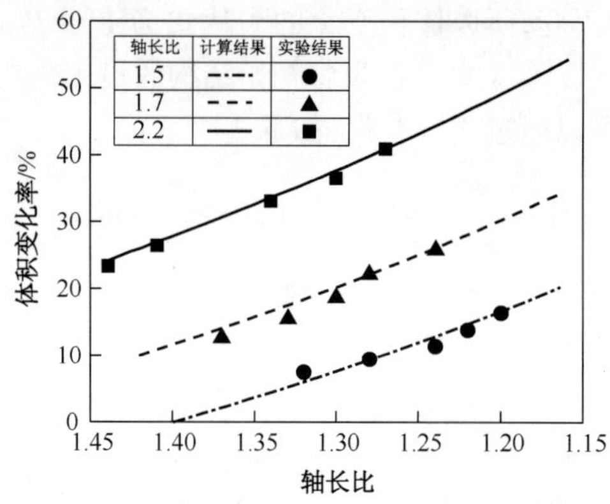

图 9-37　双母线椭球壳体积随轴长比变化规律

(灰色区域)最先发生在极板处,如图 9-38(a)所示。随着压力的升高,双母线分界线进入塑性变形区并逐渐向极点及赤道带拓展,同时极板处塑性变形区沿着焊缝方向向分界线拓展。紧接着赤道带进入塑性变形区,赤道面在压力作用下逐渐圆弧化,随着压力继续升高,整个椭球壳全部进入塑性变形区,双母线分界线消失,椭球壳达到设计尺寸,如图 9-38(b)所示。

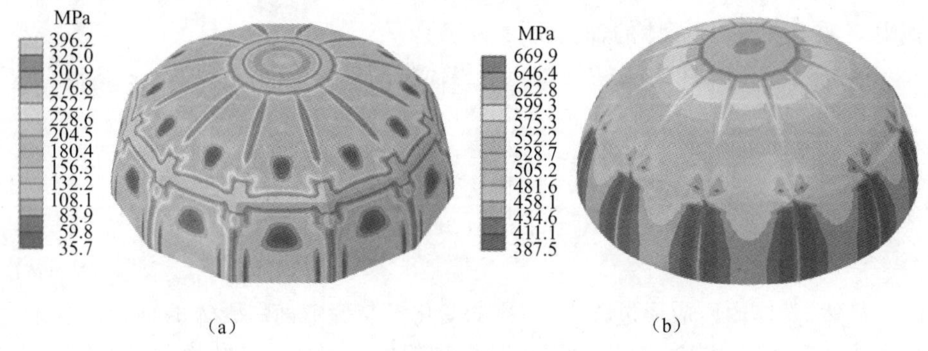

图 9-38　双母线椭球壳内压成形过程等效应力分布规律
(a)初期(1.5MPa);(b)末期(3.5MPa)。

由于双母线分界线处较早进入塑性变形区,但是分界线两侧椭球壳的曲率半径不同,在同样内压力下产生的经向应力存在差别,且已经进入塑性变形区的分界线相对于其他区域是一个强约束,因为变形初始阶段短轴伸长速率缓慢,对经向应力的拉动作用力较小,故而对分界线两侧一定区域内存在压缩效应。图 9-39 给出了双母线椭球壳内压成形过程经向应力分布规律。在变形初始阶段,这种压缩效应会增强,但不会产生失稳。随着内压力的升高,短轴的伸长对经向应力的拉动作用更加明显以及塑性变形区的拓展,分界线附件的压力逐渐转变为拉应力。随着变形的继续,在经向应力的拉动下,双母线分界线逐渐消失,得到设计的单轴长比椭球壳尺寸。

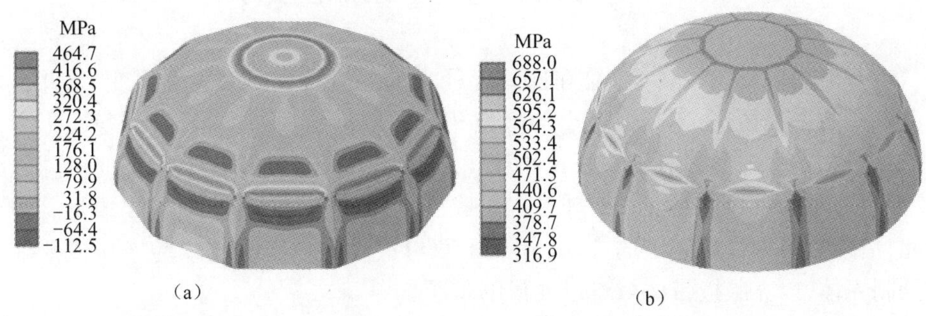

图 9-39　双母线椭球壳经向应力分布规律

(a)初期(1.5MPa);(b)末期(3.5MPa)。

双母线分界线两侧椭球壳的曲率半径不同,在同样内压力下产生的纬向应力同样存在差别,且已经进入塑性变形区的分界线相对于其他区域是一个强约束,分界线两侧在纬向的变形需要相互协调并最终趋于一致。在短轴逐渐伸长的情况下,带动椭球壳纬度方向平面收缩,又因为分界线较早进入屈服硬化,很难被带动收缩,故在变形初始阶段会促使分界线附近区域收缩,产生压应力(图 9-40(a)),但是该应力不会引起失稳。随着塑性变形区向分界线两侧拓展,压应力数值逐渐降低并向拉应力转变,在内压力作用下带动侧瓣逐渐圆弧化。并最终得到设计尺寸的单轴长比椭球壳(图 9-40(b))。

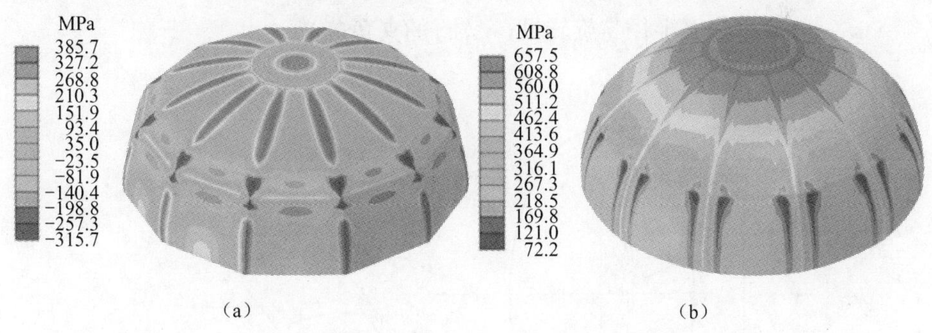

图 9-40　双母线椭球壳纬向应力分布规律

(a)初期(1.5MPa);(b)末期(3.5MPa)。

总体来看,双母线椭球壳内压成形过程,虽然经向应力和纬向应力都存在压应力状态,但是压应力数值较小,不足以引起壳体失稳起皱,在双母线椭球壳变形过程没有皱纹出现,同时得到设计尺寸的单轴长比椭球壳。

9.6 长椭球壳内压成形技术

对于受内压的壳体,总是在曲率半径大的部位及方向率先发生变形,并自动减小曲率半径,曲率半径较小的部位相应的被动增大曲率半径,较晚发生变形甚至不发生变形。对于轴长比小于1的长椭球壳与轴长比大于1的椭球壳变形特点发生显著变化,长椭球壳内压成形主要表现为极带区域难以成形。为此,借鉴克服赤道带起皱的方法,提出了双母线长椭球壳结构作为液压成形前预制壳体,以克服极带区域难以变形的难题。

9.6.1 双母线长椭球壳结构设计

图9-41为长椭球内压成形时的几何结构和受力状态。在内压作用下,经向应力 σ_φ、纬向应力 σ_θ 和等效应力 σ_i 的表达式分别为

$$\begin{cases} \sigma_\varphi = \dfrac{pa}{2t}\lambda k \\ \sigma_\theta = \sigma_\varphi\left(2 - \dfrac{1}{k^2}\right) \\ \sigma_i = \sqrt{\sigma_\varphi^2 + \sigma_\theta^2 - \sigma_\varphi\sigma_\theta} \end{cases} \tag{9-23}$$

式中:t——壁厚(mm);

p——内压(MPa);

k——系数,$k = 1/\sqrt{(\lambda^2 - 1)\sin^2\varphi + 1}$;

φ——第二曲率半径与旋转轴(y 轴)的夹角(°)。

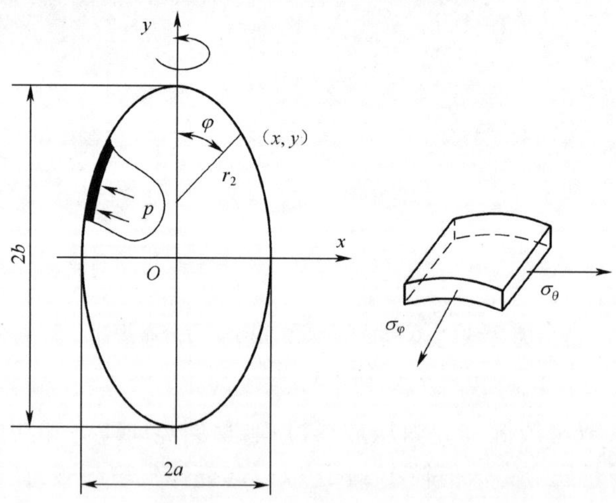

图9-41 长椭球壳应力状态

由式(9-23)得到长椭球壳体应力分布规律,如图 9-42 所示,经向应力和纬向应力始终为拉应力,且从极点到赤道数值逐渐增大。但是长椭球壳体塑性变形的先后由等效应力的大小决定。

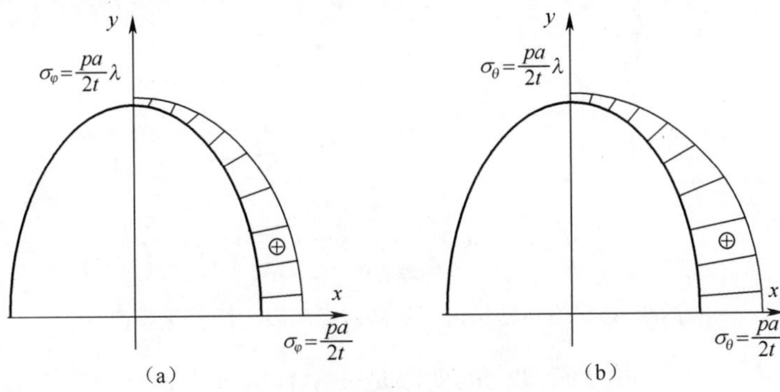

图 9-42 受内压长椭球壳应力分布

(a)经向应力;(b)纬向应力。

假定材料是各向同性的,且屈服应力为 σ_s ,当一点的等效应力 σ_i 达到初始屈服应力时,即 $\sigma_i = \sigma_s$,该点开始发生塑性变形,即

$$\sigma_i = \frac{pa\lambda}{2t}\sqrt{\frac{(\lambda^2-1)^2\sin^4\varphi-(\lambda^2-1)\sin^2\varphi+1}{(\lambda^2-1)\sin^2\varphi+1}} = \sigma_s \tag{9-24}$$

根据式(9-24),导出长椭球内压成形时的初始屈服内压 p_s 表达式为

$$p_s = \frac{2t\sigma_s}{a\lambda}\sqrt{\frac{(\lambda^2-1)\sin^2\varphi+1}{(\lambda^2-1)^2\sin^4\varphi-(\lambda^2-1)\sin^2\varphi+1}} \tag{9-25}$$

由式(9-25)可得到不同轴长比 λ 时,长椭球壳屈服内压 p_s 对转角的分布规律,如图 9-43 所示。对于同一轴长比的椭球壳而言,极点的屈服内压 p_s 最大,赤道带的屈服内压 p_s 最小。轴长比越小,极点和赤道带的屈服内压值差别越大。显然,赤道带最先进入屈服状态,最容易发生塑性变形;极点最后进入屈服状态,最难发生塑性变形。

极点和赤道的初始屈服内压 p_s^p 和 p_s^e 的表达式分别为

$$\begin{aligned} p_s^p &= \frac{2t}{a\lambda}\sigma_s \\ p_s^e &= \frac{2t}{a\sqrt{\lambda^4-3\lambda^2+3}}\sigma_s \end{aligned} \tag{9-26}$$

由式(9-26)可得到极点和赤道屈服内压的比值随轴长比的变化关系,如图 9-44 所示。当轴长比 λ 远小于 1 时,比如 $\lambda = 0.5$,极点的屈服内压是赤道的 3.1 倍;当 $\lambda = 0.7$ 时,极点的屈服内压是赤道的 1.9 倍;当 $\lambda = 0.9$,极点的屈服内压是赤道的 1.23 倍。长椭球壳的轴长比 λ 越接近 1,极点的屈服内压越接

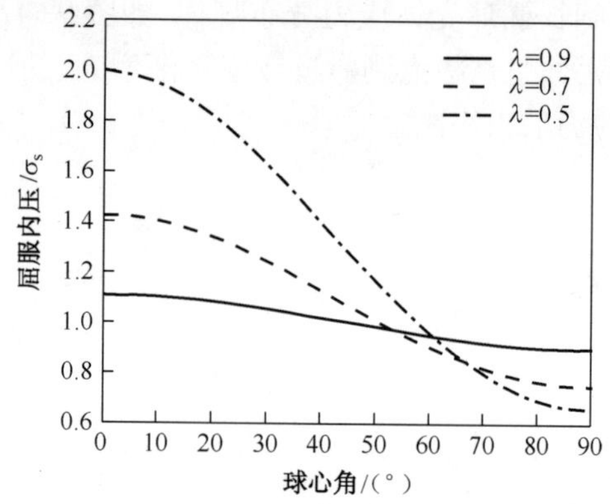

图 9-43　不同轴长比下长椭球壳屈服内压变化规律

近赤道的屈服内压。由于椭球壳的变形是一个自由过程，当赤道达到屈服内压时，随着内压的继续增加，赤道面会不断地膨胀。如果设计过程中，通过升高内压使极点发生塑性变形，会导致赤道面尺寸远大于设计要求，甚至产生破裂。

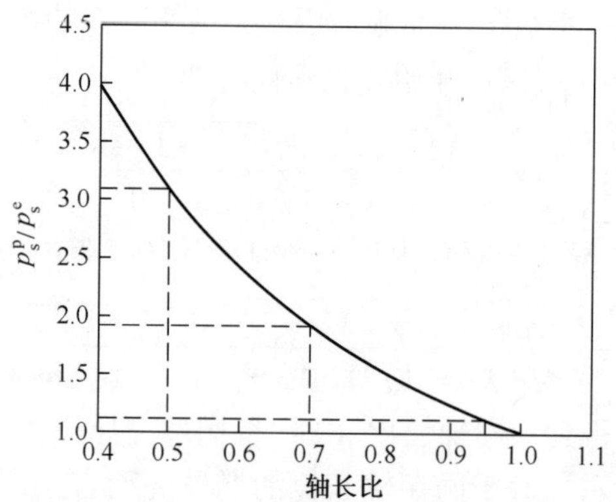

图 9-44　极点和赤道屈服内压随轴长比变化关系

根据以上椭球壳的应力分布特点，为了降低极带的初始屈服内压，实现各处均匀变形，提出了双母线长椭球壳结构，如图 9-45 所示。极带及其附近难以变形的区域由一段初始轴长比 $\lambda = 0.9$ 的长椭球壳构成，定义为第一段长椭球壳；其余部分由初始轴长比 $\lambda = 0.5$ 的另一段长椭球壳构成，定义为第二段长椭球壳，形成一个初始轴长比 $\lambda = 0.7$ 的长椭球壳。双母线长椭球壳的短轴为 a_2，长轴为 b_1，初始轴长比 $\lambda = a_2/b_1$。

9.6.2　双母线长椭球壳内压成形实验

胀前预制壳结构由 12 个侧瓣和两个极板组成，多面壳内接于理想的双母线长椭球壳。表 9-9 所示为初始轴长比为 0.71 的双母线长椭球壳结构参数，其短轴为 125mm，长轴为 175mm，极板直径为 90mm，极板对应的球心角为 75°，

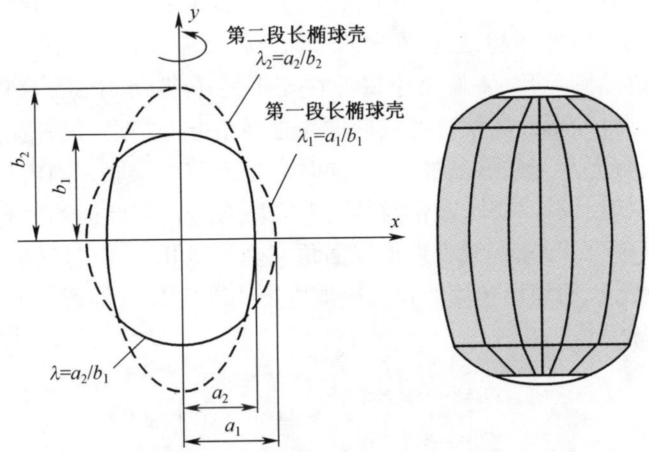

图 9-45　双母线长椭球壳结构设计

相应的极板高度为 167.5mm。壳体材料为不锈钢 SUS304，初始壁厚为 1.1mm。根据式（9-26），理论上赤道带的屈服内压为 3.5MPa，极带的屈服内压为 4.5MPa。

表 9-9　双母线长椭球壳体结构尺寸

a_1/mm	b_1/mm	λ_1	a_2/mm	b_2/mm	λ_2	$\lambda = a_2/b_1$	H/mm
160	175	0.92	125	250	0.50	0.71	167.5

图 9-46 为双母线长椭球壳形状随着内压的变化过程。图 9-47 为不同内压下椭球壳截面轮廓线变化情况。在变形的初始阶段（$p \leqslant 4$MPa），赤道面最先

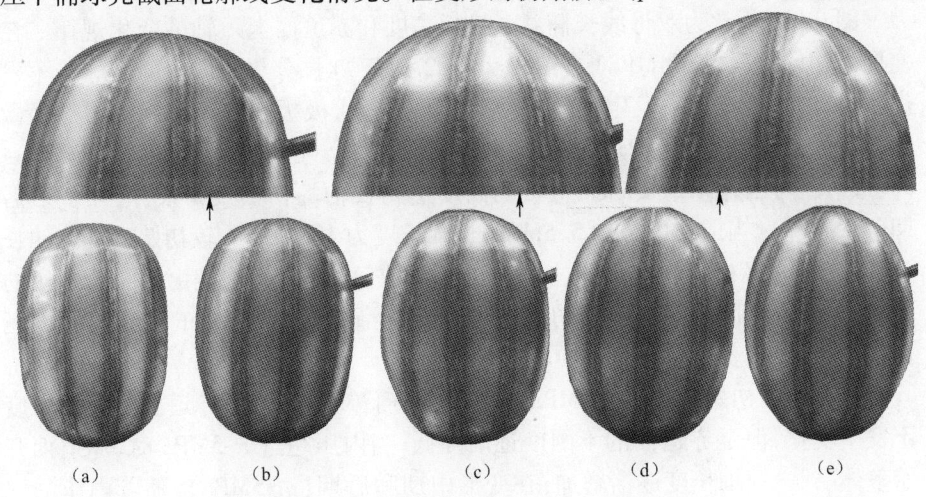

图 9-46　长椭球壳形状随内压变化过程

（a）初始多面壳体；（b）3.5MPa；（c）4.5MPa；（d）5.0MPa；（e）5.5MPa。

发生塑性变形,侧瓣在内压作用下向外凸起,二面角很快被展开并圆弧化,而极板在内压作用下向外凸起,经线方向的二面角轻微展开。当内压为 3.5MPa 时,赤道带开始逐渐圆弧化,不圆度下降。在变形的中期(4MPa$<p\leqslant$5MPa),极板处开始进入塑性变形并向双母线长椭球壳分界角方向拓展,极带在内压作用下逐渐圆弧化,分界角开始逐渐被展平,同时赤道面整体膨胀。当内压为 4.5MPa 时,长轴达到初始设计尺寸,极带及其附近区域在经向和纬向均为光滑的圆弧。在变形后期($p>$5MPa),经线方向的二面角完全被展开,从双母线椭球壳转变为单母线椭球壳,长轴和短轴均伸长。成形内压为 5.5MPa,得到一个形状符合设计要求的椭球壳体。

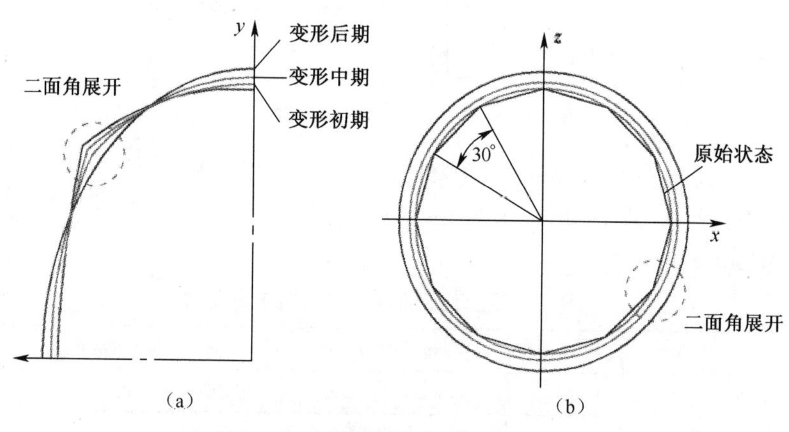

图 9-47 长椭球壳截面轮廓线变化

(a)经向截面;(b)赤道面。

图 9-48 所示为双母线长椭球壳极板高度和赤道面上短轴的变化规律。在变形的初始阶段($p\leqslant$4MPa),当内压小于 2.0MPa 时,分界角以上的椭球壳不发生变形,即极板高度不发生变化;随着内压的增大,极板在内压作用下向外轻微凸起;当内压大于 3.0MPa 时,极板高度显著增加。在变形的中期(4MPa$<p\leqslant$5MPa),当内压为 4.5MPa 时,极板的高度达到长轴的初始设计尺寸;在变形后期($p>$5MPa),当成形内压为 5.5MPa,长轴长度为 178.7mm,较初始设计值伸长了 2.1%。在极板高度变化的过程,变形速率在逐渐降低,这是由于随着内压的增加,极板及其附近椭球壳体的曲率半径在逐渐降低,所需要的后继屈服内压也在逐渐升高,变形速率也相应降低。

在变形的初始阶段($p\leqslant$4MPa),当内压小于 3.0MPa 时,赤道面上短轴长度不发生变化,但是赤道面的不圆度逐渐降低;当内压超过 3.5MPa 时,赤道面开始整体膨胀,短轴长度逐渐增加;在变形中期和后期($p>$5MPa),随着内压的继续增大,短轴的伸长速率也逐渐增加;当内压为 5.5MPa 时,短轴长度为 135.7mm,较初始设计值伸长了 8.7%,此时轴长比为 0.76。

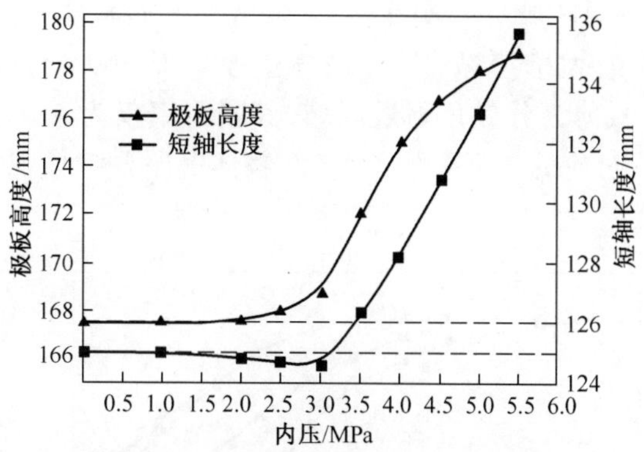

图 9-48　双母线长椭球壳轴长变化规律

9.6.3　双母线长椭球壳内压成形体积变化

图 9-49 所示为双母线长椭球壳内压成形过程中体积随内压变化规律。在变形的初始阶段($p\leq$4MPa)，内压成形前多面壳体仅仅在内压作用下向外凸起，板壳尚未进入塑性变形，体积变化很小。当内压为 3.0MPa 时，体积变化率仅为 1.5%，当内压达到 3.5MPa 时，赤道带发生塑性变形，此时体积变化明显增加。

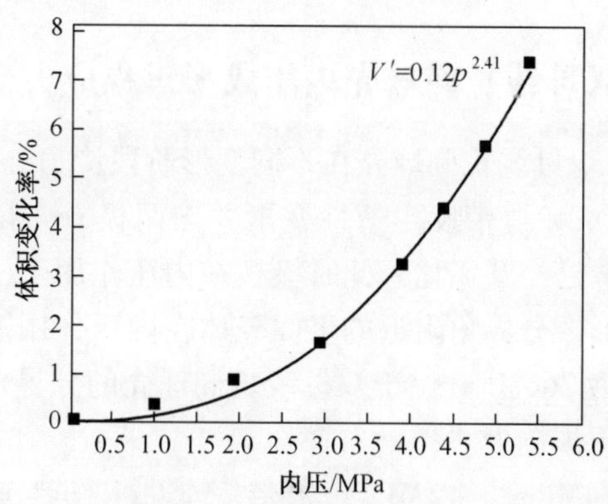

图 9-49　长椭球壳内压成形过程体积随内压变化规律

在变形中期(4MPa<$p\leq$5MPa)，随着塑性变形从赤道带逐渐向极带拓展，体积的变化率逐渐增快。到变形后期(p>5MPa)，当椭球壳全部进入屈服状态，壳体塑性变形量增大，体积显著增加，此时内压变化要相对缓慢，因为内压每增加 0.1MPa，所需要补液量和补液时间更长。当成形内压为 5.5MPa，体积变化率为 7.3%。

9.6.4　双母线长椭球壳内压成形厚度变化

图 9-50 所示为实验过程中双母线长椭球壳上不同典型点壁厚随内压变化

规律。随着壳体不同区域进入塑性变形区,壁厚开始减薄。当成形结束时,赤道带侧瓣中点为最大壁厚减薄处,最终壁厚为 0.960mm,对应的减薄率为 12.7%;最小壁厚减薄为分界角附近区域,其减薄率仅为 4.5%;而极点的最终壁厚为 1.016mm,对应的减薄率为 7.6%。整体壁厚分布呈现极带和赤道带较薄、温带较厚的特点。

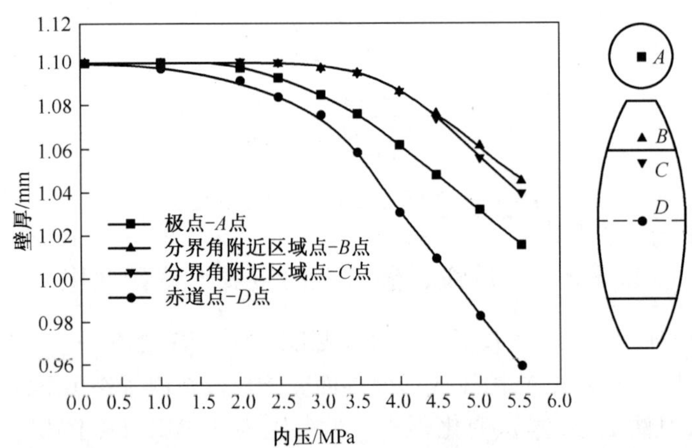

图 9-50　双母线长椭球壳内压成形过程壁厚随内压变化规律

9.6.5　双母线长椭球壳内压成形过程应力变化规律

图 9-51 所示为双母线长椭球壳在不同变形阶段应力分布规律。在变形的初始阶段($p\leqslant4$MPa),赤道带发生塑性变形并向两极方向拓展,赤道带初始多面壳体在内压作用下已经圆弧化。此时极板在内压作用下已经向外凸起,但是还没有发生塑性变形。分界角附近的多面壳体在内压作用下逐渐被展开,其中经向压应力的数值为 266MPa,位于双母线长椭球壳的分界角处;纬向压应力的数值为 276MPa,位于焊缝处。

在变形的中期(4MPa$<p\leqslant$5MPa),极带完全进入塑性变形区,并向分界角处拓展。分界角附近的多面壳体在内压作用下继续被展开,其中经向压应力数值升高到 298MPa,仍旧位于双母线长椭球壳的分界角处;纬向压应力的数值为 293MPa,仍旧位于焊缝处。分界角附近区域最后进入塑性变形区。压应力产生的原因是内压成形前多面壳体二面角展开过程带来的弯曲效应,引起了附加压应力,但压应力不足引起失稳起皱。

在变形后期($p>5$MPa),壳体全部进入塑性变形区,双母线长椭球壳的分界角完全消失,胀前的多面壳体在内压作用下完全成为光滑的圆弧。此时壳体各处的经向应力和纬向应力均为拉应力状态,与理论分析是一致的。通过对壳体应力变化分析可知,采用双母线长椭球壳结构作为胀前预制壳体,实现极带的塑性变形。

有限元分析表明,通过设计双母线长椭球壳作为内压成形前预制壳体,增大了壳体极带的曲率半径,降低屈服内压,有效地解决长椭球壳内压成形过程中极带不变形的难题,从而实现了轴长达到设计尺寸,并得到满足要求的长椭球壳体。

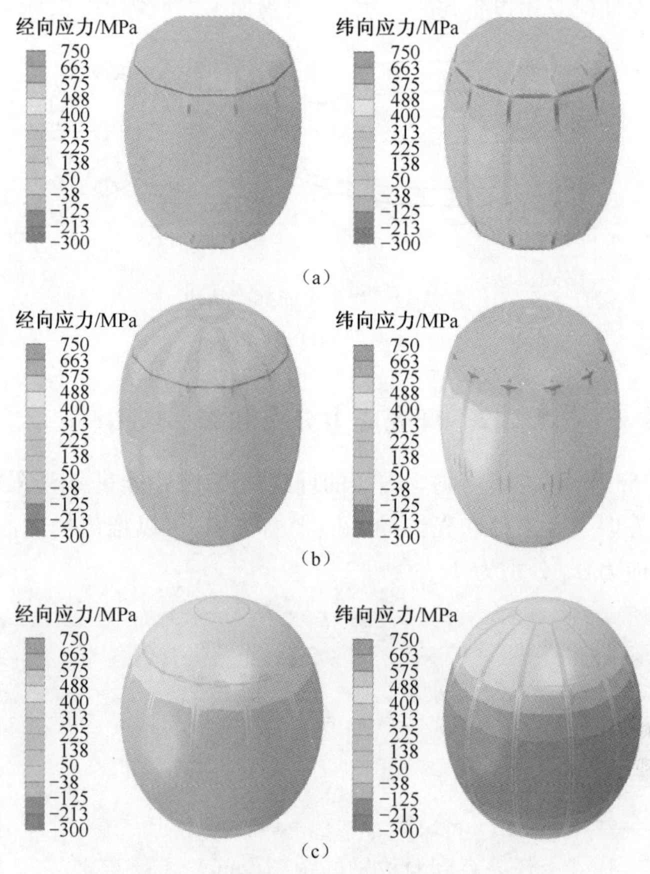

图 9-51　长椭球壳内压成形过程应力分布

(a)初期(3.5MPa);(b)中期(4.5MPa);(c)后期(5.5MPa)。

9.7　环壳无模液压成形技术

9.7.1　环壳无模液压成形过程

环壳无模液压成形技术制作弯头的基本工艺过程是:首先焊接一个横截面为多边形的多棱环壳,内部充满压力介质后施以内压,在内压作用下横截面由多边形逐渐变成圆,最终成为一个圆形环壳,如图 9-52 所示。根据需要,一个圆形环壳可以切割成4个90°弯头或6个60°弯头或其他规格的弯头。与原有的弯头制造方法相比,该工艺的主要优点为:①不需管材作原料,可节约制管设备及模具费用,且可得到任意大直径且壁厚相对较薄的弯头。②坯料为平板或可展曲面,下料简单,精度容易保证,组装焊接方便。③制造周期短,生产成本低。因不需要任何专用设备,尤其适合于现场加工大型弯头。

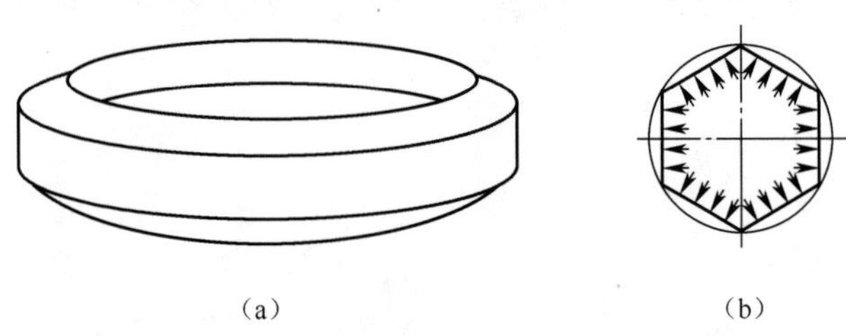

图 9-52 初始多面环壳结构

(a)多面环壳;(b)横截面。

9.7.2 环壳应力分布和成形压力

如图9-53所示,在承受均匀内压的理想环壳中,由角度 ϕ 所限定的部分壳体内力垂直方向平衡条件和壳体的一般平衡方程,可以推出切向薄膜应力 σ_ϕ 和环向薄膜应力 σ_θ 分别为

$$\sigma_\phi = \frac{pr(r' + R_b)}{2r't} \tag{9-27}$$

$$\sigma_\theta = \frac{pr}{2t}$$

式中 r——管壳半径(mm);

R_b——弯曲中径(mm);

r'——环壳上任一点到对称轴的距离(mm);

t——壁厚(mm)。

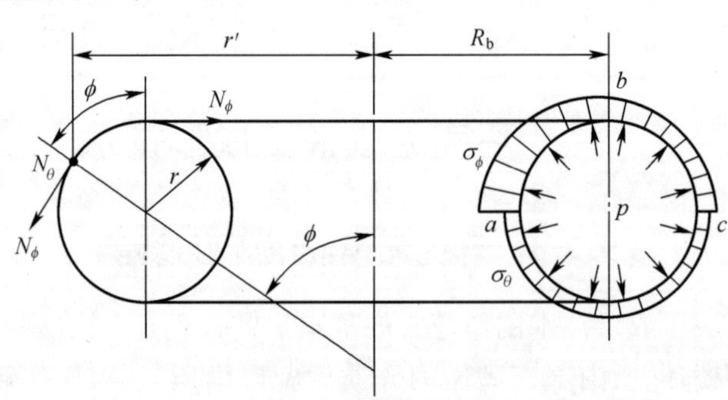

图 9-53 环壳的应力分布

由式(9-27)可以看出,受内压理想环壳的环向应力 σ_θ 为一常量;而切向应力 σ_ϕ 随着 r 的变化而变化,并在外环侧 c 点达到最小值 $\frac{pr}{2t}\left(1+\frac{R_b}{R_b+r}\right)$,在内环侧 a 点达到最大值 $\frac{pr}{2t}\left(1+\frac{R_b}{R_b-r}\right)$,在 b 点为 $\frac{pr}{t}$ 。

由式 (9-27)知, $\sigma_\phi > \sigma_\theta$,有 $\sigma_1=\sigma_\phi$, $\sigma_2=\sigma_\theta$, $\sigma_3=0$,由 Tresca 屈服准则 $\sigma_1-\sigma_3=\sigma_s$,求出环壳在不同部位产生塑性变形的压力为

在 a 点有

$$p_a=\frac{2t}{r}\sigma_s\frac{1}{1+\frac{R_b}{R_b-r}} \tag{9-28}$$

在 b 点有

$$p_b=\frac{t}{r}\sigma_s \tag{9-29}$$

在 c 点有

$$p_c=\frac{2t}{r}\sigma_s\frac{1}{1+\frac{R_b}{R_b+r}} \tag{9-30}$$

式中　σ_s——材料的屈服应力(MPa)。

比较式(9-28)~式(9-30),有 $p_a < p_b < p_c$,a 点最先屈服,b 点次之,c 点最后屈服,即塑性变形首先产生于内环壳,然后逐渐扩展到外环壳,c 点的成形压力为整个环壳的最终成形压力。

9.7.3　环壳无模液压胀形实验

成形前多棱环壳的结构如图 9-54 所示。环壳的设计尺寸为:弯曲中径 $R_b=150$mm,管半径 $r=50$mm,壁厚 $t=1.5$mm。胀形前多棱环壳的横截面为正六边形,图中环壳由四种壳体单元组成,即受外压的圆柱壳 A 和锥壳 B,受内压的锥壳 C 和圆柱壳 D。壳体材料为 Q235A 低碳钢,其屈服极限 $\sigma_s=208$MPa。

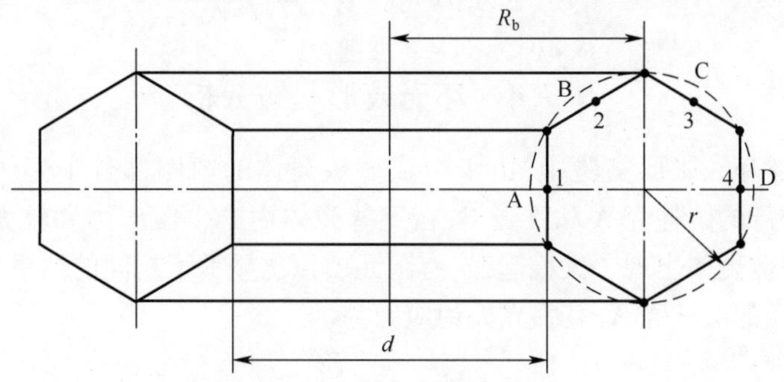

图 9-54　环壳结构及测点布置

根据环壳的结构尺寸及壳体的材料，由式(9-28)~式(9-30)，可以计算出壳体在不同点的成形压力。在 a 点有 $p_a=4.99\text{MPa}$，b 点有 $p_b=6.24\text{MPa}$，在 c 点有 $p_c=7.13\text{MPa}$，实验中最终成形压力为 7.35MPa，与理论计算的成形压力 p_c 基本符合。

图 9-55 所示为各子壳元中点法向位移随内压的变化，由该图可以看出，各子壳元中点法向位移随内压的增加而增大。胀形后，环壳的横截面由正六边形变为圆形，如图 9-56 所示。

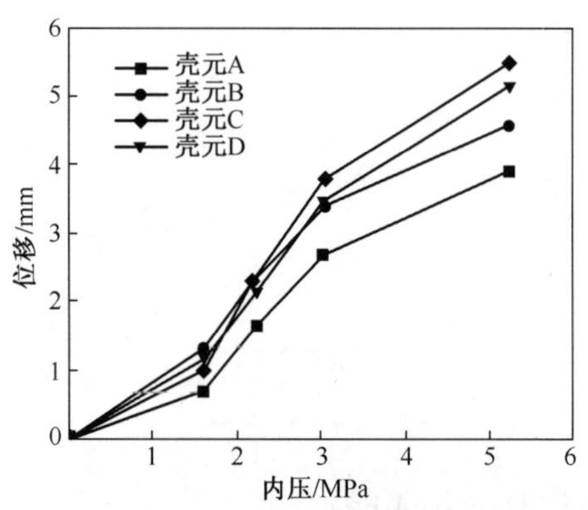

图 9-55　各子壳元中点法向位移随内压的变化

图 9-56　环壳

9.7.4　环壳成形起皱分析

在上述环壳胀形实验中，由于组成多棱壳体的内侧部分子壳体受外压作用，即受外压的圆柱壳 A 和锥壳 B，在这些壳体内产生压应力和较大的压缩变形，使得内侧壳体出现了失稳起皱，有限元模拟也显示了相同的结果。

受外压的圆柱壳 A，其临界失稳应力为

$$\sigma_{cr}=1.1\frac{Et^2}{d^2} \tag{9-31}$$

式中　E——弹性模量(MPa);

d——圆柱壳的直径(mm);

t——壁厚(mm)。

上述实验中,$d=213.4\text{mm}$,$t=1.5\text{mm}$,$E=210000\text{MPa}$,可以算得,临界应力$\sigma_{cr}=11.4\text{MPa}$。当环向应力$\sigma_\theta$大于临界应力$\sigma_{cr}$时,壳体发生起皱。

由于实验中受外压的圆柱壳 A 和锥壳 B 长度较短,并且焊缝在胀形过程中基本可视为刚性结构,所以实际的临界压力值要比计算值大。由于圆柱壳 A 的临界失稳压力较小,在胀形实验中,其先出现失稳起皱现象,随着内压的增大,锥壳 B 也发生起皱。

环壳胀形过程中,由于组成多棱壳体的内侧部分子壳体受外压作用,当环向应力σ_θ大于临界应力σ_{cr}时,壳体发生起皱,但其可以通过局部加热和冷却的方法得以消除。另外,也可以通过改变胀形前多棱环壳的结构或是其他一些工艺方法来防止起皱的发生。

9.7.5　环壳初始结构对成形的影响

在前面的环壳胀形研究中,由于组成多棱壳体的部分子壳体受外压作用,在这些壳体内产生较大的压缩变形,使得内侧壳体出现了失稳起皱。为了减小环壳内侧壳体的压缩变形量,以下通过六边形和八边形两种多棱壳体结构,研究环壳初始结构对成形的影响。

由于环壳胀形过程变形较复杂,要在理论上给出解析解较困难,可以假设胀形过程中环壳各子壳体上的点沿着该点与圆心的连线(即半径方向)移动到其外接圆上,用几何解析的方法,求出各点最后的应变值。因起皱产生于受外压的内侧壳体,所以仅对这部分壳体的环向变形情况加以分析。

如图 9-57 所示,对于横截面为六边形的环壳,其由三个子壳体单元组成,即受外压的锥壳 1、平板 2 和受内压的锥壳 3。而横截面为八边形的环壳,其受外压的壳体单元为内锥壳体 1 和内锥壳体 2。初始时环壳内侧 dϕ 角度所夹线

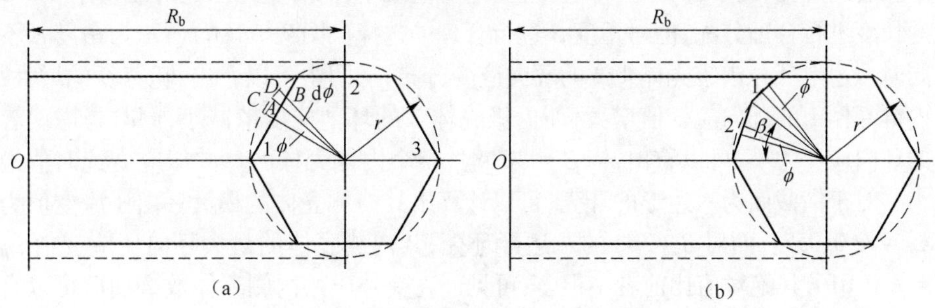

图 9-57　环壳结构初始结构形式

(a)六边形环壳;(b) 八边形环壳。

段微元 AB 胀形后运动到圆上,成为弧微元 CD,则环向应变 ε_θ 为

$$\varepsilon_\theta = \ln \frac{\dfrac{R_b}{r} - \cos\left(\dfrac{\pi}{6} + \phi\right)}{\dfrac{R_b}{r} - \dfrac{\cos\dfrac{\pi}{6} \cdot \cos\left(\dfrac{\pi}{6} + \phi\right)}{\cos\phi}} \tag{9-32}$$

式中 R_b——弯曲中径(mm);

r——管半径(mm);

ϕ——受外压子壳体上的点与其中性面的夹角(°)。

图 9-58(a)所示为六边形环壳的受外压锥壳 1 的环向应变分布,从图中可以看出,随着弯曲中径与管半径之比 R_b/r 的增大,环壳内侧壳体的环向压应变绝对值逐渐变小,说明随着 R_b/r 的增大,将有利于环壳的成形,减小壳体起皱的趋势。

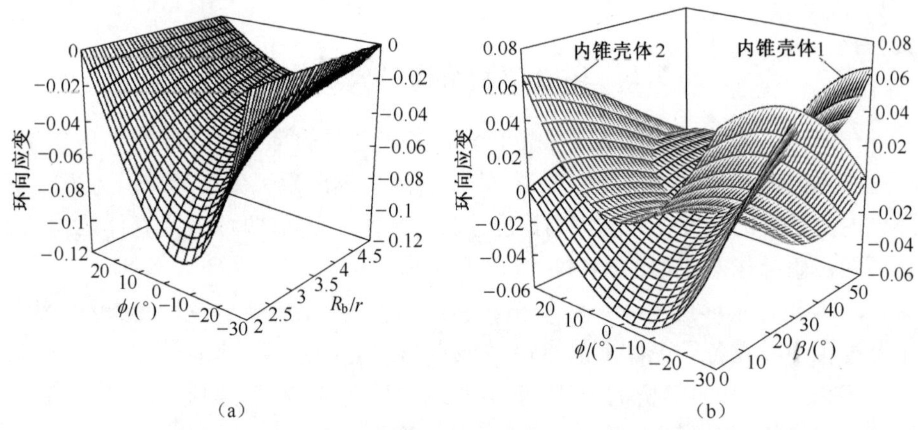

图 9-58 环壳受外压壳体环向应变分布

(a)六边形环壳;(b) 八边形环壳。

环壳胀形时内侧起皱主要是由于环壳内侧壳体存在较大的压缩变形,所以对于八边形环壳,为了保证其环向压应变绝对值最小,需对受外压的内锥壳体 1 和 2 的长度进行合理分配,即对角度 β 进行合理的选择。图 9-58(b)所示为角度 β 不同时八边形环壳内锥壳体 1、2 的环向应变分布,从图中可以看出,随着 β 的增大,内锥壳体 1 的环向应变值增大,而内锥壳体 2 的环向应变值减小,同时考虑两者的环向应变大小,可以看出,当 $\beta = 30°$ 时,整个内侧壳体的环向压应变绝对值最小。对于横截面为六边形的环壳,可以计算出其内侧壳体的最大环向压应变值为 $\varepsilon_\theta = -0.055$。而对 $\beta = 30°$ 的八边形环壳,其内侧壳体的最大环向压应变值 $\varepsilon_\theta = -0.016$,其绝对值比前者小很多,可见环壳受外压的内侧壳体数增加后可以有效地改善这些壳体的压缩变形情况,从而减小其失稳起皱倾向。

采取上下非对称结构,即上部为八边形、下部为六边形的环壳(图 9-59)研

究了壳体的初始结构对环壳成形的影响,实验材料采用 1.5mm 厚不锈钢板。环壳尺寸为:弯曲中径 $R_b = 225$mm,管半径 $r = 75$mm。

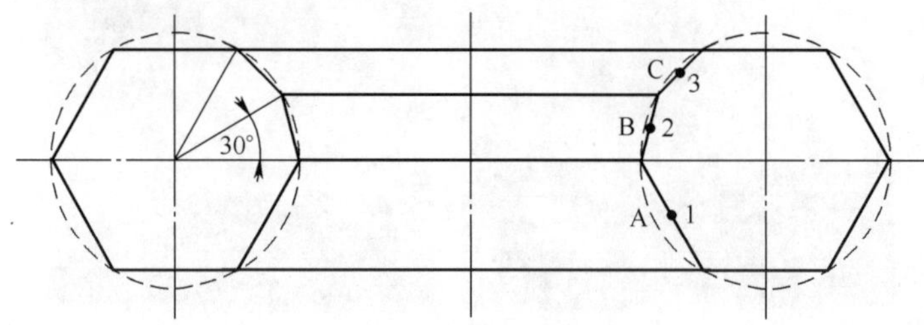

图 9-59 胀形前环壳结构及应变测点布置

实验过程中对壳体受外压易发生起皱的壳元 A、B、C 的应变变化情况进行了测量,图 9-60 所示为受外压壳元的应变随内压的变化。从图中可以看出,整个胀形过程中,各子壳元切向应变 ε_ϕ 均处于拉应变状态,环向应变 ε_θ 为压应变,但采用八边形结构的受外压壳元 B、C 的环向压应变绝对值要远小于采用六边形结构的壳元 A 的环向压应变绝对值,在内压 $p = 1.8$MPa 时,壳元 A 出现较明显的失稳起皱现象,而壳元 B、C 没有起皱。当内压达到 8.0MPa 时,整个环壳基本成形,采用八边形结构部分成形较好,而采用六边形结构部分存在失稳起皱。

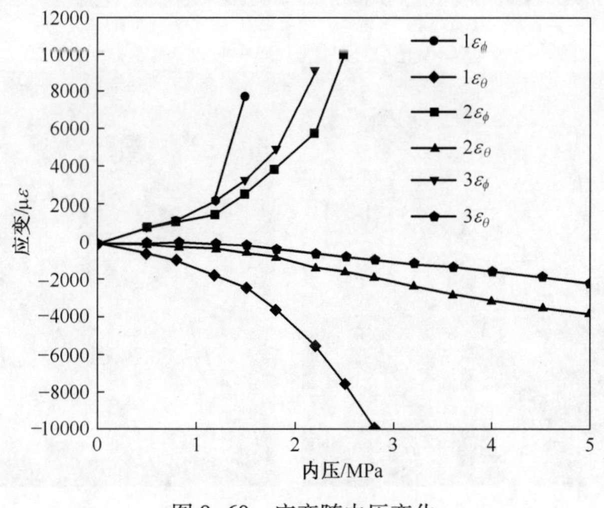

图 9-60 应变随内压变化

9.8 无模液压成形应用实例

壳体内压成形技术应用行业有供水、造纸、液化气、建筑装饰和城市景点及国防领域飞行仿真球幕等。壳体最大直径达到 9.4m,最大壁厚达到 24mm,最高使用压力 1.77MPa。应用材料包括低碳钢、低合金钢、不锈钢、铝合金、铜合金。图 9-61 为部分应用实例照片。

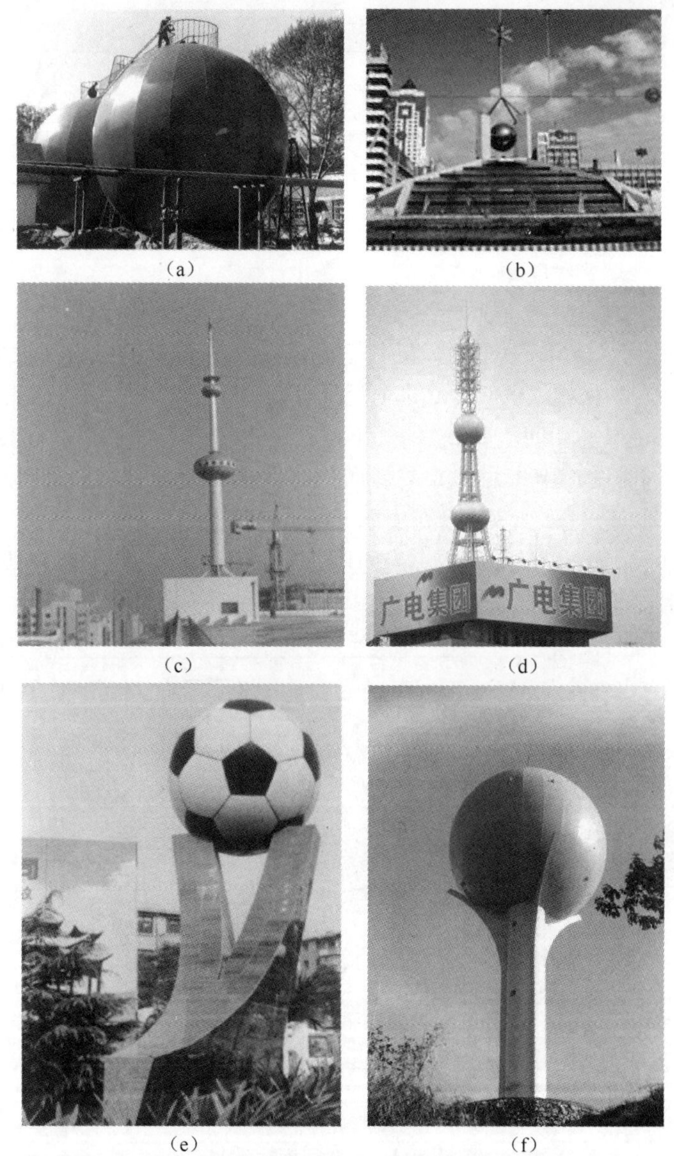

(a)　(b)　(c)　(d)　(e)　(f)

图 9-61　封闭壳体无模液压成形应用实例

(a)300m³球形水罐(直径为 8.6m, 壁厚为 6mm);(b)不锈钢艺术球(直径为 4m, 壁厚为 4mm);(c) 椭球形通信塔 (长轴分别为 6m、3m, 短轴分别为 3m、2m);(d) 椭球形通信塔(椭球长轴为 4.5m, 短轴为 3.5m,球直径为 3.5m);(e)足球装饰球(直径为 8m,壁厚为 8mm);(f)200m³球形水塔(直径为 8m,壁厚为 8mm)。

第 10 章 轻合金管材热油介质成形技术

10.1 管材热油介质成形原理和特点

10.1.1 管材热油介质成形原理

管材热油介质成形是在常温内高压成形基础上发展起来的,适用于镁合金、铝合金等室温难变形管材的成形方法。其原理如图 10-1 所示,将模具加热到一定温度,将管材置入模具中,然后将管材两端密封,并将热油介质注入管材,控制管材温度在一个合适的温度范围内,然后进行轴向进给和施加内压,使管材贴模成形为空心变截面零件。

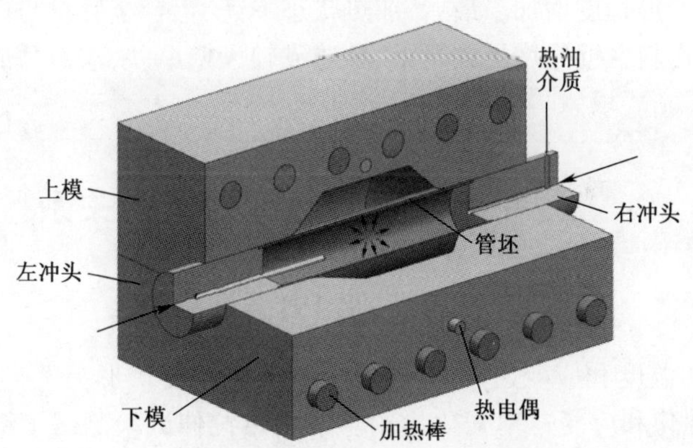

图 10-1 管材热油介质成形原理图

管材热油介质成形的关键是找到有效提高管材成形性能的温度范围。对于镁合金,由于其具有密排六方晶体结构,在室温下仅(0001)面可提供两个独立的滑移系,而棱柱面和锥面滑移系启动所需要的临界切应力远大于基面滑移系,因此镁合金室温成形性能较差,难以成形复杂形状零件。当温度升高时,由于原子活动能力增强,非基面滑移系与基面滑移系之间的临界剪切应力差值减小,棱柱面和锥面等潜在的非基面滑移系可以通过热激活启动,从而使镁合金的塑性变形能力得到大幅度提高。热油介质成形主要就是利用镁合金在加热条件下塑性变形能力增强来实现零件成形。对于细晶镁合金,也可以利用高温下的晶界滑移来提高其塑性加工性能。对于铝合金,由于其为面心立方结构,堆垛层错能较大,自扩散能较小,高温下位错的滑移和攀移容易,因此可以利用高温下铝合金的动态回复等变形机制来提高材料塑性,实现复杂零件的热油介质成形。

10.1.2 管材热油介质成形特点

管材热油介质成形主要有两方面优点:一是提高管材内压成形极限,增加零件复杂程度;二是降低成形压力。以镁合金为例,采用热油作为传力介质,使管材在200~300℃成形,由于管材塑性显著提高,使大膨胀率和复杂变截面构件的成形成为可能。同时,由于热态下材料流动应力低,零件过渡圆角成形所需压力低,与室温成形相比,可以减小合模力,增加内高压成形机的适用范围。在同样成形压力下,热油介质成形可以获得更小的过渡圆角,因而可以成形更复杂的零件。

热油介质成形的主要缺点是:首先,成形设备较复杂,加热增加了能源消耗。其次,加热后材料流动应力和弹性模量降低,将直接影响失稳形为,增加缺陷控制难度。随着温度升高,硬化指数 n 值减小,材料抗拉伸失稳和开裂能力降低,非均匀变形程度增加。最后,加热状态下镁、铝合金管材与模具之间的摩擦因数增大,送料区壁厚增加较严重,易造成较大壁厚差,这对预成形和加载路径设计提出了新要求。

10.2 铝合金管材热塑性本构关系

10.2.1 高温力学性能

在不同的温度和应变速率下,铝合金管材热态变形形为发生显著改变,同时存在应变强化和应变速率强化作用。采用热拉伸试验测试了铝合金管材的热态力学性能。实验用材料为5A02铝合金冷拔无缝管,直径为65mm,壁厚1.5mm,处于完全退火状态,化学成分如表10-1所示。

表10-1 5A02铝合金管材化学成分

元素	Si	Fe	Cu	Mg	Al
含量(质量分数)/%	0.12	0.16	0.0012	2.22	余量

拉伸试样沿管材拉拔方向取样,试样形状及尺寸如图10-2所示。受热油介质耐热温度的限制,热油介质成形的最高温度不超过300℃,因此拉伸试验温度范围选择为室温至300℃,分别测试了温度和应变速率对力学性能的影响。

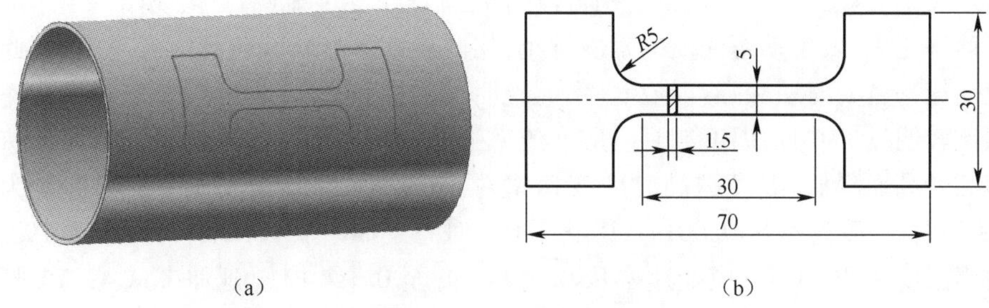

图 10-2　单向拉伸试样
(a)取样方向;(b)试样尺寸(mm)。

图 10-3 给出了应变速率为 0. 001s^{-1}时不同温度下的力学性能。由于动态回复的作用,屈服强度和抗拉强度随温度升高而不断降低,并且抗拉强度的下降幅度明显大于屈服强度。这是因为随着温度升高,原子间活动能力不断增大,结合力不断减弱,剪切应力减小,从而导致金属原子间结合力产生的变形抗力不断减小。与此同时,随着温度升高,不同滑移系的临界剪切应力逐渐减小,导致更多的滑移系开动,使变形更易于进行。当温度升高达到 300℃时,屈服强度和抗拉强度分别下降至室温的 62. 3%和 40. 7%。由此说明,铝合金管材热油介质成形时,由于温度升高导致变形抗力显著降低,因而对设备吨位要求减小。

单向拉伸试验中,延伸率越大,说明板材塑性变形程度越大,反映出成形能力越强。由于温度升高热激活增强,更多滑移系参与变形,总延伸率随温度升高而增加,当温度为 300℃时,总延伸率增加至 81. 7%。而均匀延伸率则随温度升高急剧降低,300℃降低至 1. 7%。也就是说,随着温度升高均匀延伸率在总延伸率中所占比重越来越低,即高温下总延伸率的增加主要来自非均匀变形的贡献。由此可见,5A02 铝合金热态下塑性变形能力增加,具有成形复杂形状零件的潜力。

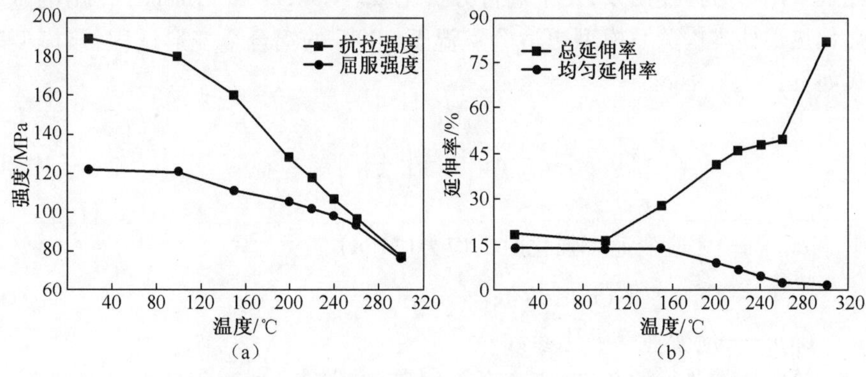

图 10-3　不同温度下 5A02 铝合金管材力学性能
(a)强度;(b) 延伸率。

图 10-4 为不同温度和应变速率下的屈服强度和延伸率变化规律。由于应变速率越大，发生动态回复的程度越小，相同温度下材料软化程度就越小，因此应变速率越大时屈服强度越高。由此说明，管材热态下变形时应变速率强化作用比较明显。并且，温度越高时应变速率强化作用越明显。延伸率则随应变速率的升高而降低，温度越高时应变速率对总延伸率的影响越显著。当温度为 100℃时，应变速率从 $0.001s^{-1}$ 升至 $0.1s^{-1}$ 时总延伸率从 16.2%仅降至 15.7%；而当温度为 260℃时，应变速率从 $0.001s^{-1}$ 升至 $0.1s^{-1}$ 时总延伸率从 49.7%降至了 23.2%。

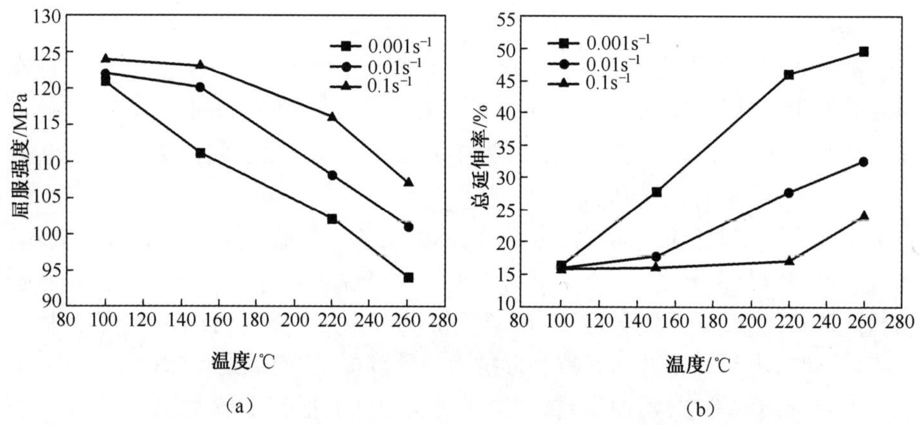

图 10-4　不同应变速率下 5A02 铝合金管材力学性能随温度变化

（a）屈服强度；（b）延伸率。

10.2.2　热塑性本构关系

幂函数强化模型可以很直观地将塑性变形过程中的应变强化和应变速率强化效果用参数描述出来，便于进行分析比较。Cowper 和 Symonds 提出的过应力强化热塑性本构关系模型更适合室温至 300℃的铝合金变形过程，该模型表达式如下：

$$\sigma = \sigma_{st}\left(1 + \left(\frac{\dot{\varepsilon}_p}{C}\right)^{\frac{1}{p}}\right) \tag{10-1}$$

式中　σ_{st} ——无应变速率强化时的应力（MPa）；

$\dot{\varepsilon}_p$ ——应变速率（$m \cdot s^{-1}$）；

C、p——应变速率强化参数。

对单向拉伸获得的 5A02 铝合金管材应力-应变曲线进行最小二乘拟合，获得的不同温度下参数 C 和参数 p 的数值见表 10-2。

表 10-2　不同温度下的 Cowper-Symonds 模型参数

温度/℃	C	p
100	1734	3.714
150	2768	4.006
220	5269	5.165
260	16680	12.887

由于不同温度下材料应变强化的趋势差异很大，为了描述-无应变速率强化时的应力应变关系，对 σ_{st} 采用点对点模型。对应变速率为 0.001s^{-1}的应力-应变曲线进行光滑处理并按一定间隔取点，将应力值和表 10-2 中对应温度的参数 C 与参数 p 代入式(10-2)来求解 σ_{st}，获得 100℃、150℃、200℃、220℃、240℃和 260℃的应力-应变关系如图 10-5 所示。

$$\sigma_{st} = \frac{\sigma}{1 + \left(\frac{0.001}{C}\right)^{1/p}} \tag{10-2}$$

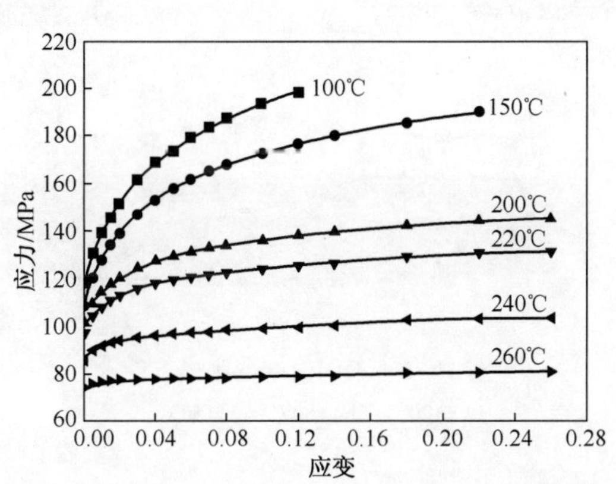

图 10-5　不同温度下 5A02 铝合金管材应力-应变关系

10.3 铝合金管材高温成形性能

由于拉伸试验中对材料进行单向加载，而在管材热油介质成形过程中材料所受的是双向应力，因此拉伸试验测得的延伸率不能准确地衡量管材在热油介质成形过程中的成形性能。通过热油介质胀形可以获得管材在双向应力状态下的极限膨胀率，用以衡量管材的成形性能。获得管材在不同温度和不同补料条件下的成形性能可为热油介质成形提供重要指导。通过纯胀形(无轴向补料),在不同的温度下进行胀形直至管材破裂,研究温度对极限膨胀率的影响。恒定胀形温度为220℃时,研究补料量对极限膨胀率的影响,相应的补料量分别为4mm、10mm、16mm和20mm。

10.3.1 温度对极限膨胀率的影响

图10-6为5A02铝合金管材在不同温度下胀形管件照片。从垂直于破裂方向测量胀形后管件的周长,计算极限膨胀率如图10-7所示。在纯胀形条件下,5A02铝合金管材在室温至100℃的温度范围内的极限膨胀率均较小,其值在8%左右。随着温度升高,管材极限膨胀率先逐渐增加而降低。极限膨胀率在温度为225℃时提高到最大,为18.1%,是室温的2.1倍。然而,当温度继续升高时,极限膨胀率略微降低,温度为265℃时的极限膨胀率降低为11.4%,极限膨胀率的整体水平仍高于室温。

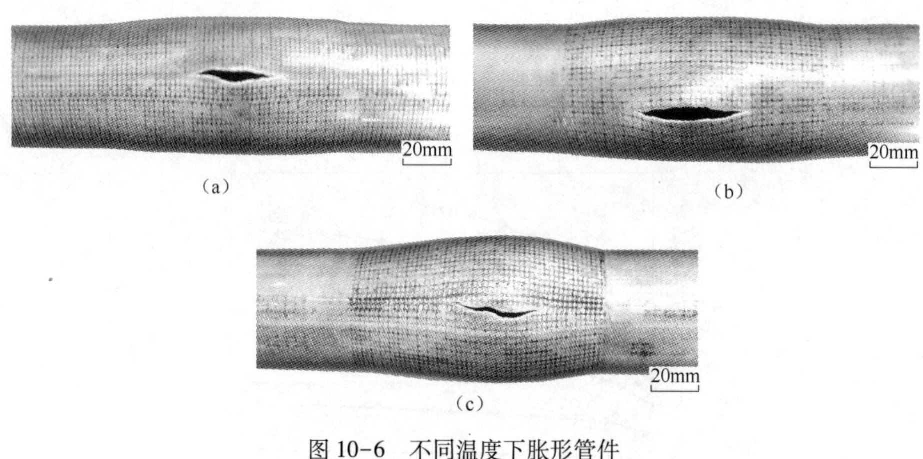

图10-6 不同温度下胀形管件

(a)20℃;(b)150℃;(c)150℃。

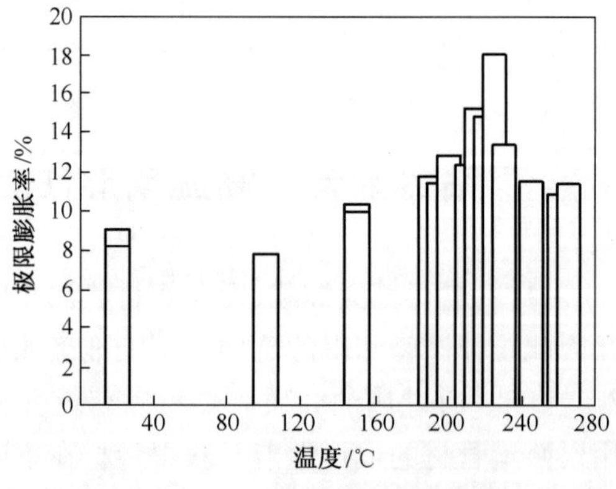

图10-7 不同温度下极限膨胀率

相对于单向拉伸实验结果，总延伸率随温度升高而增加幅度明显高于极限膨胀率。当温度升高至 230℃以上时，总延伸率随温度升高而增加，而极限膨胀率则随温度上升略微下降。这主要是因为随温度升高材料的应变强化能力显著下降，表现为 n 值急剧下降；而应变速率强化增加的幅度不足以弥补这一下降，引起材料的强化机制被削弱，抵抗局部变形的能力下降，从而导致整体极限膨胀率降低。

10.3.2　轴向补料对极限膨胀率的影响

图 10-8 为 5A02 铝合金管材不同补料量下胀形管件照片，其胀形温度为 220℃。图 10-9 为极限膨胀率随补料量变化关系。随着补料量的增加，极限膨胀率显著升高。纯胀形时极限膨胀率为 16.1%，补料量为 4mm 和 10mm 时极限膨胀率分别上升至 21.3%和 27.9%。当补料量增加到 16mm 时，极限膨胀率提高到了 33.2%。随着补料量继续增加，当补料量为 20mm 时，试件完全贴模且未发生破裂，成形出合格零件，膨胀率为 35.4%，比纯胀形极限膨胀率提高了 1.2 倍。

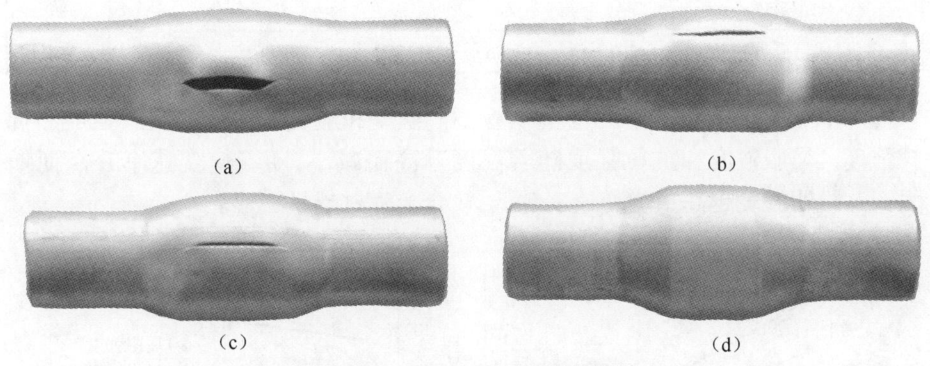

图 10-8　不同补料量下胀形管件

(a) 补料量 4mm；(b) 补料量 10mm；(c) 补料量 16mm；(d) 补料量 20mm

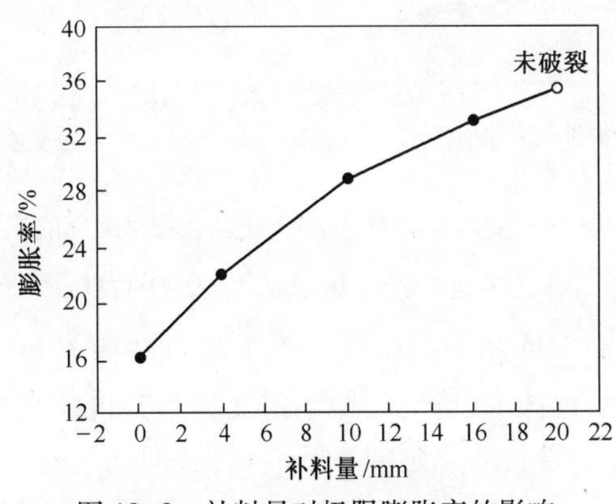

图 10-9　补料量对极限膨胀率的影响

提高温度和增加补料量都有利于提高极限膨胀率。增加补料量对极限膨胀率的提高幅度大于温度升高对极限膨胀率的影响,并且温度越高需要的加热时间越长,耗能越大。因此在实际成形工艺中,应尽量选择较低的成形温度,主要依靠轴向补料来提高成形性能,这样可以充分发挥热油介质成形的优势。

10.4 镁合金管材热态内压成形性能

10.4.1 温度对极限膨胀率的影响

镁合金管材有分流模挤压和针孔模挤压两种制造工艺,分流模挤压管材壁厚均匀,但是由于焊缝的存在,在很低的压力下会产生开裂;针孔模挤压制造的为无缝管,无焊缝对成形性的影响,相对来说更适合用于液压成形。采用AZ31B镁合金针孔模挤压管材进行了热油介质压力成形实验,管材直径为44mm,壁厚为1.8mm,化学成分见10-3所示。

表 10-3 AZ31B 镁合金管材化学成分

元素	Al	Zn	Mn	Ca	Si	Mg
含量(质量分数)/%	2.72	0.86	0.21	<0.001	0.016	其余

图10-10为AZ31B镁合金管材在不同温度和应变速率下的屈服强度和抗拉强度。屈服强度和抗拉强度随着温度升高而减小,随着应变速率升高而增大。这说明温度越高或应变速率越低,镁合金管材越易变形。

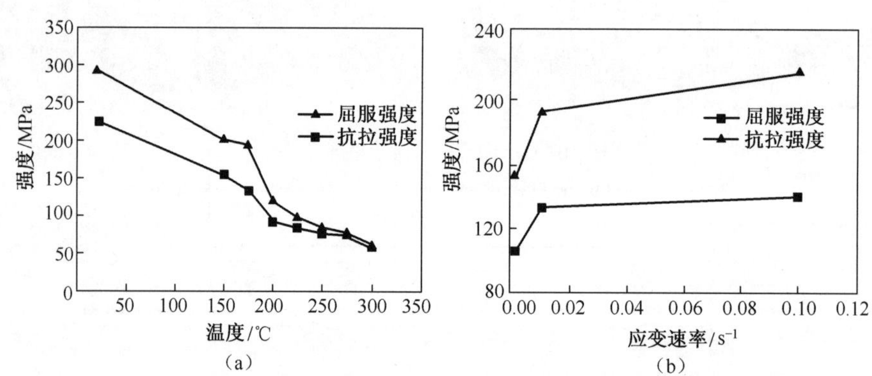

图 10-10 变形条件对 AZ31B 镁合金管材强度的影响

(a)应变速率 $\dot{\varepsilon}=0.01\text{s}^{-1}$;(b)温度 $T=175$℃。

图10-11为不同温度和不同应变速率下的总延伸率和均匀延伸率。总延伸率为试样拉断时的延伸率,均匀延伸率定义为达到抗拉强度时的延伸率。随着温度的升高,镁合金管材的总延伸率不断增大,但均匀延伸率先增大后减小,

在 175℃达到最大值。随着应变速率的增大,镁合金管材的总延伸率不断减小,而均匀延伸率也是先增大后减小,在 $0.01s^{-1}$达到最大值。

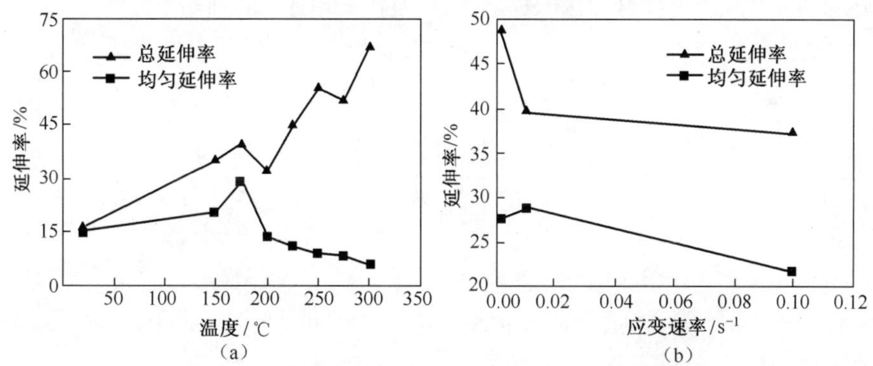

图 10-11　变形条件对 AZ31 镁合金管材延伸率的影响

(a)应变速率 $\dot{\varepsilon}=0.01s^{-1}$;(b)$T=175$℃。

图 10-12 为 AZ31B 镁合金管材在不同温度下的胀形管件。图 10-13 为相应的破裂压力和极限膨胀形率随温度变化规律。每个条件下进行三次试验,图中数据为三次试验结果平均值。在相同加压速度下,随着温度的升高,AZ31B 镁合金管材的破裂压力逐渐减小。从室温下的 22MPa 下降到 250℃时的 15MPa。AZ31B 镁合金管材的室温变形能力较差,极限膨胀率为 9.0%。随着温度的升高,极限膨胀率逐渐增大。当温度为 175℃时,极限膨胀率增加到 30%。随温度继续升高,极限膨胀率逐渐减小,温度为 250℃时,仅为 13.5%。

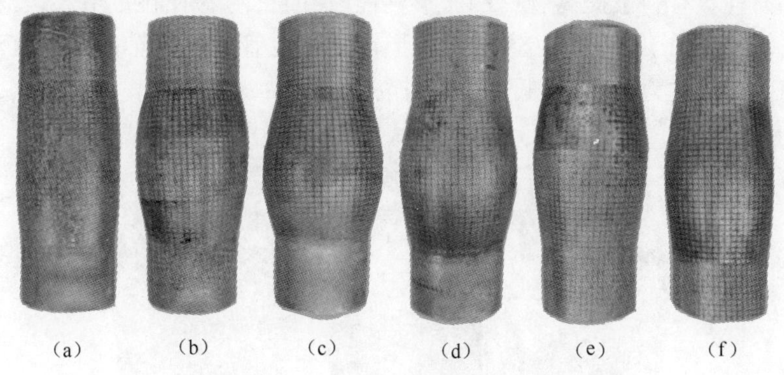

图 10-12　不同温度下胀形管件

(a)20℃;(b)150℃;(c)175℃;(d)200℃;(e)225℃;(f)250℃。

这是因为,当温度高于 150℃时,由于动态软化作用增强,AZ31B 镁合金管材的屈服强度和抗拉强度均不断下降,从而导致管材在胀形过程中发生塑性变形和发生破裂所需的内压不断下降。另一方面,随着温度升高,原子活动能力增强,可开动滑移系增多,在相同的加压条件下管材塑性变形能力增加。但是,温度升高到一定程度后,保持管材均匀变形的硬化作用减弱,从而导致在相同加压条件下,镁合金管材的极限膨胀率在高于一定温度后开始下降。

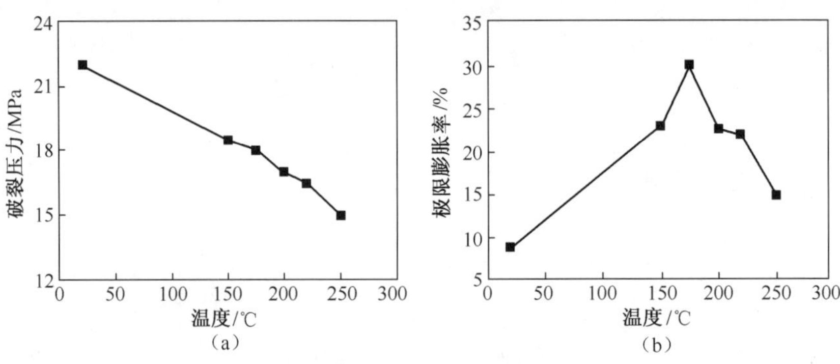

图 10-13 不同温度下胀形性能

(a)破裂压力;(b) 极限膨胀率。

10.4.2 轴向补料对极限膨胀率的影响

图 10-14 为 AZ31B 镁合金管材在不同轴向补料条件下的胀形管件。图 10-15为相应的破裂压力和极限膨胀率随补料量变化规律。管材的极限膨胀率随补料量的增大而增大。当补料量为 18mm 时,管材的极限膨胀率可达到48%,相对无轴向补料时的极限膨胀率提高了 20%。这说明胀形前预先对管材进行轴向补料有利于提高管材的胀形性能。并且,随着补料量增大,管材发生破裂所需的压力下降明显。这说明胀形前预先对管材进行轴向补料有利于降低管材的变形抗力,从而降低了设备吨位的要求。

图 10-14 不同轴向补料下胀形管件

(a)补料量 6mm;(b)补料量 12mm;(c)补料量 18mm。

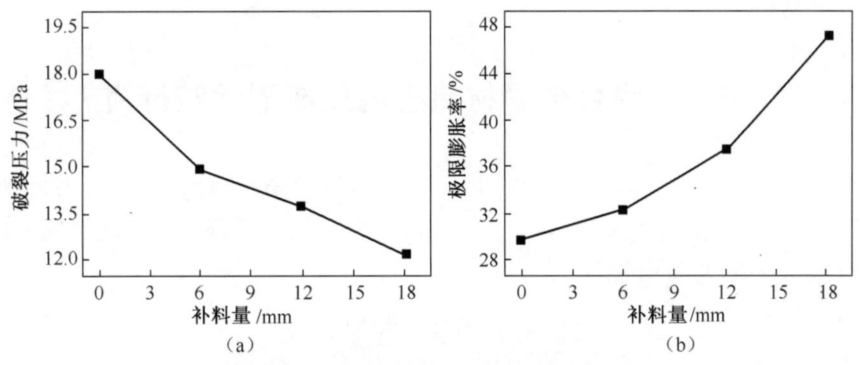

图 10-15 不同轴向补料下胀形性能

(a)破裂压力;(b) 极限膨胀率。

轴向补料对镁合金管材胀形破裂的影响可以解释为轴向环向应力比 α 对管材破裂的影响。根据 Hill 集中失稳准则,薄壳发生集中性失稳即开裂的条件是当壳体横截面材料的强化率与其因外部载荷导致的厚度缩减率互相平衡,即满足式(10-3)时管材发生破裂。

$$\frac{d\overline{\sigma}}{\overline{\sigma}} = -\frac{dt}{t} = -d\varepsilon_t \tag{10-3}$$

其中,$\overline{\sigma}$ 和 ε_t 分别是等效应力和厚向应变。利用增量理论公式(10-4)、Mises 屈服准则公式和材料模型公式联立式(10-3),可以得到管材发生破裂时临界等效应变 $\overline{\varepsilon}$ 如式(10-5)所示。

$$\frac{d\varepsilon_z}{\sigma_z - \sigma_m} = \frac{d\varepsilon_\theta}{\sigma_\theta - \sigma_m} = \frac{d\varepsilon_t}{-\sigma_m} = \frac{3}{2}\frac{d\overline{\varepsilon}}{\overline{\sigma}} \tag{10-4}$$

$$\overline{\varepsilon} = \frac{2n\sqrt{1+\alpha+\alpha^2}}{1+\alpha} \tag{10-5}$$

由式(10-5)可以得到发生破裂时的环向应变表达式,再根据环向应变的定义可得发生破裂时管材半径和壁厚的解析表达式,如式(10-6)所示。

$$r = r_0 e^{\frac{2-\alpha}{1+\alpha}n},\ t = t_0 e^{-n} \tag{10-6}$$

由式(10-6)可以发现,当轴向补料越大即轴向环向应力比越小时,管材发生破裂时的半径越大,即胀形前预先对管材进行轴向补料有利于提高管材的胀形性能。还可以得管材发生破裂时的内压表达式,如式(10-7)所示。

$$p_{\max} = \frac{t_0}{r_0} e^{-\frac{3n}{1+\alpha}} \frac{K\left(\frac{2n\sqrt{1+\alpha+\alpha^2}}{1+\alpha}\right)^n}{\sqrt{1+\alpha+\alpha^2}} \tag{10-7}$$

由式(10-7)可知,轴向补料越大,轴向环向应力比越小,管材发生破裂所需的内压越小。

10.5 镁合金管材热态内压成形起皱行为

在管材热油介质成形过程中，由于变形温度的影响，管材起皱行为将发生显著变化，皱纹轮廓形状、几何尺寸、位置、数量以及壁厚分布的变化受到内压、补料量以及温度分布的影响。

10.5.1 临界起皱应力

压缩失稳通常是构件在某方向载荷达到极值时发生，对于热油介质成形可认为是当管材端部受到与冲头的接触压力达到第一个极值时将发生压缩失稳，即起皱。成形时冲头水平运动，其驱动力可通过水平缸的压力传感器测得，记为 p。冲头与模具内表面之间存在间隙，因此仅需要考虑管材与模具的摩擦，记为 f。则冲头施加在管材端部的轴向应力可通过下式计算得到。

$$\frac{\pi r^2 p - \pi(r-t)^2 p - f}{2\pi r t} \tag{10-8}$$

式中 p——内压（MPa）；

r——管径（mm）；

t——壁厚（mm）。

图 10-16 所示是在温度为 175℃、内压为 4.4MPa 下实验获得的轴向压应力与轴向补料的关系曲线。根据取极值判断压缩失稳的方法认为的第一个极大值为该内压下的临界起皱应力。有限元模拟中管材端部的轴向应力可以采用同样方法直接提取，获得临界起皱应力。

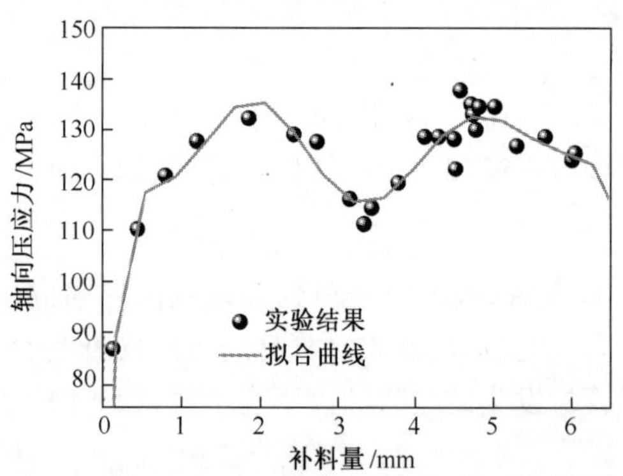

图 10-16 轴向压应力与轴向补料的关系曲线

图 10-17 是按照上述方法对实验结果和数值模拟结果进行处理后得到的临界起皱应力。在测试内压范围内，AZ31B 镁合金管材的临界起皱应力随着内

压的增大不断降低。在所选择的温度范围内,AZ31B 镁合金管材的临界起皱应力也是随着温度的增大不断降低。

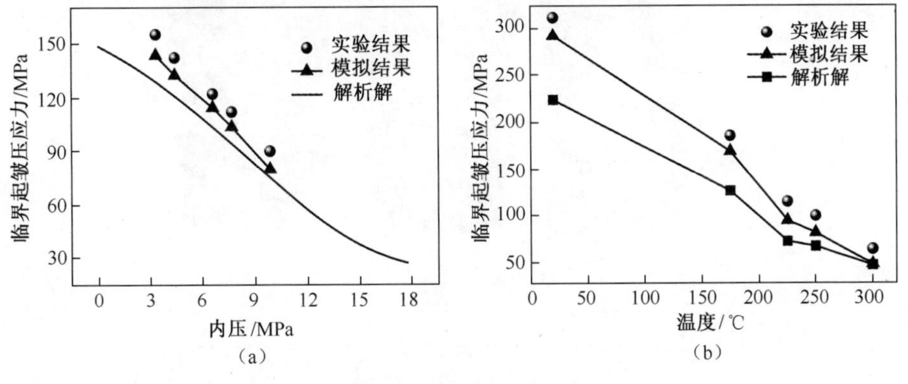

图 10-17 不同载荷条件下的临界起皱应力

(a)内压的影响;(b) 温度的影响。

10.5.2 补料量对皱纹形状的影响

图 10-18 是内压为 6.6MPa 时不同补料量下胀形管件及其皱纹形状。当补料量小于 18mm 时,管材起皱产生的皱纹呈几何轴对称形状,沿轴向的截面轮廓左右对称,在靠近胀形区两端的位置存在凸起的皱纹。当补料量达到 24mm 时,由于过多的材料被推入胀形区,管材的变形已经不再沿轴线对称。补料量对起皱管件轴向截面轮廓几何形状特征没有影响。靠近两端的凸起皱纹仍为以正弦曲线为母线的旋转壳体,夹在皱纹中间的是圆柱壳体。随着补料量的增大,夹在皱纹中间的圆柱壳体部分长度变小,但是其外径增大。

图 10-19 是管材在 175℃且内压为 6.6MPa 的条件下补料产生皱纹的过程中,皱峰 A 点、斜坡 B 点和皱谷 C 点的应力轨迹。在达到初始屈服之前,A、B、C 三点的应力基本相同。即在建立起 6.6MPa 内压前为双向拉应力,轴向拉应力较低。随着轴向补料进行,轴向应力变为压应力且数值不断增大,环向应力仍为拉应力也不断增大。当环向拉应力达到 80MPa 时,管材进入屈服阶段。对于皱峰 A 点,进入屈服阶段后,随着补料量的增大,环向拉应力继续增大,轴向压应力开始减小。当环向拉应力超过 174MPa 时,轴向应力变为拉应力并开始不断增大。由于应力轨迹上任一时刻的状态与屈服椭圆的垂直距离不断增大,因此在屈服阶段皱峰的塑性变形不断进行。对于斜坡 B 点,其应力状态的变化与皱峰处类似,即进入屈服阶段后,随着补料量的增大,环向拉应力增大,轴向压应力开始减小。但是在总补料量低于 24mm 时,轴向应力一直保持为压应力状态。同样地,由于应力轨迹上任一时刻的状态与屈服椭圆的垂直距离不断增

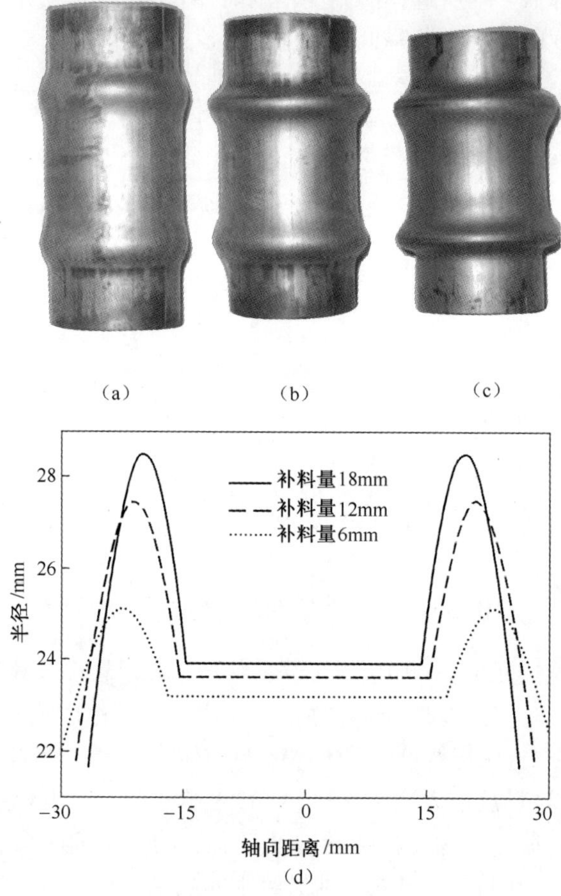

图 10-18　不同补料量下胀形管件及皱纹形状

（a）补料量 6mm；（b）补料量 12mm；（c）补料量 18mm；（d）皱纹形状拟合曲线。

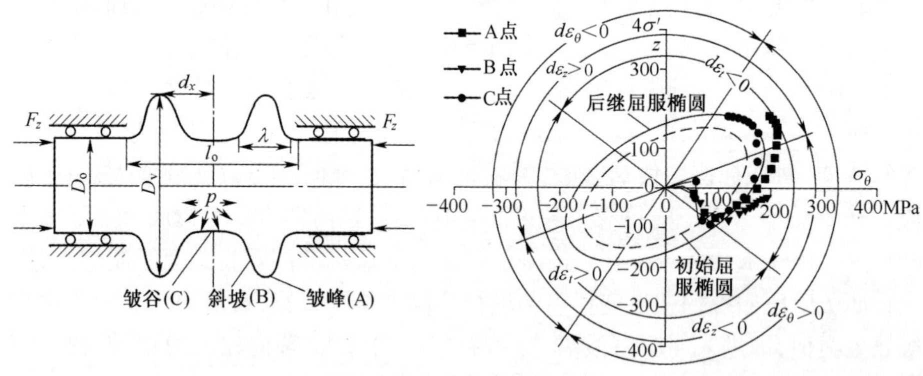

图 10-19　管材不同位置的应力轨迹

大,在屈服阶段斜坡 B 点的塑性变形不断进行。斜坡 B 点一直处于环向应变增量大于零、轴向应变增量和厚向应变增量小于零的区域。对于皱谷 C 点,尽管其应力状态的变化与皱峰处类似,但是当环向拉应力超过 122MPa 时,其应力轨迹均处于环向拉应力为 122MPa 时的后继屈服椭圆之内。因此,当环向拉应力超过 122MPa 后皱谷 C 点将因为材料的硬化作用停止塑性变形。

由以上应力分析可知,在补料过程中皱峰应力状态处于环向应变增量大于零的区域,其环向应变不断增大,因此皱峰外径不断增大,即皱纹高度增大。皱谷和斜处坡的应力状态处于轴向应变增量为负的区域,这说明补料过程中管材沿轴向为压缩变形,因此皱纹宽度减小,且皱纹相向的向中间移动。

10.5.3 内压对皱纹几何形状的影响

图 10-20 是在 175℃、补料量为 6mm 的条件下获得不同内压下的胀形管中及皱纹形状。当内压低于 7.7MPa 时,管件轴向截面轮廓几何形状特征相同。靠近两端的凸起皱纹是以正弦曲线为母线的旋转壳体,夹在皱纹中间的是圆柱

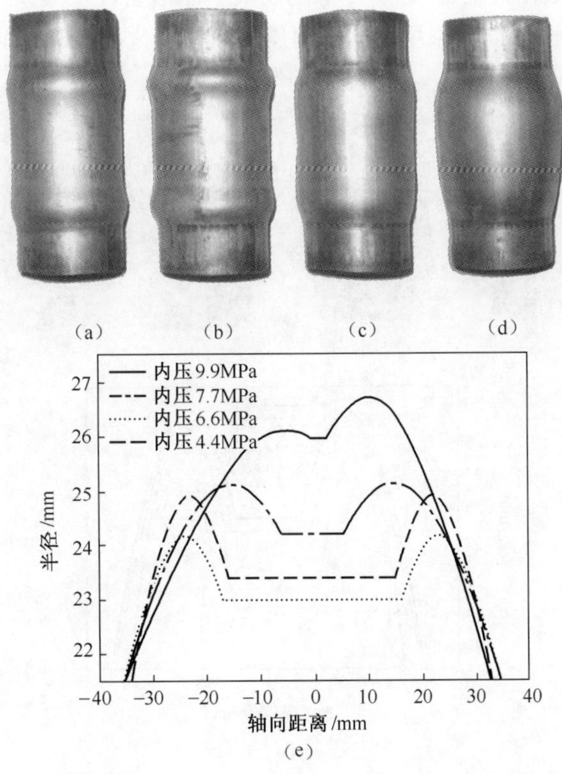

图 10-20 不同内压下胀形管件及皱纹形状

(a)内压 4.4MPa;(b)内压 6.6MPa;(c)内压 7.7MPa;(d)内压 9.9MPa;(e) 皱纹形状拟合曲线。

壳体。当在内压为9.9MPa的条件下补料时,由于内压较大,管材的变形方式发生改变,基本以胀形为主,压缩皱纹不明显。但当内压达到9.9MPa时,靠近两端凸起皱纹的截面形状尽管仍以正弦曲线为主,但两皱纹相距很近并且左右不对称。也就是说,相同补料量下所用内压越大,得到皱纹的高度越大,宽度越大,且皱纹向中间移动。

不同内压下皱纹几何特征值的变化可以通过应力状态给予解释。内压越高,管材应力状态处于厚向应变增量小于零区域的时间越长,而补料量相同意味着总轴向应变相同,因此由体积不变原理可知环向应变越大,即说明皱纹高度越大。内压越高,管材皱谷处发生塑性变形的时间越长,即皱谷环向应变越大。从能量角度看,为使皱谷环向应变增大,皱纹的宽度增大要比皱纹宽度不变或者减小所需能量小得多,因此内压越高皱纹宽度越大。而皱纹宽度的增大是通过向皱峰两边的材料扩充实现的,因此皱纹向中间移动。

10.5.4 温度对皱纹形状的影响

图10-21是补料量为6mm时不同温度下胀形管件及皱纹形状。为了消除温度对屈服强度的影响,采用相同的内压屈服强度比($0.03\sigma_s$)来设置各个温度

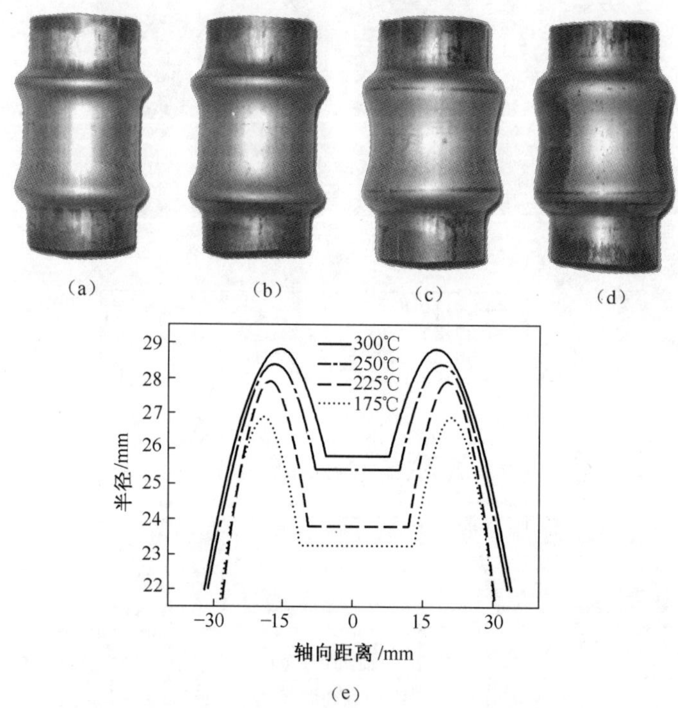

图10-21 不同温度下胀形管件及皱纹形状

(a)温度175℃;(b)温度225℃;(c)温度250℃;(d)温度300℃;(e)皱纹形状拟合曲线。

下内压。AZ31B 镁合金管材室温塑性很差，在补料未达到 6mm 时，出现剪切开裂。在不同的温度下，管件轴向截面轮廓几何形状相似，即靠近两端的凸起皱纹是以正弦曲线为母线的旋转壳体，夹在皱纹中间的是圆柱壳体。温度越高，夹在皱纹中间的圆柱壳体部分长度越小，且其外径越大。

由于所采用的内压与各温度下材料屈服强度之比相同，因此不同温度下管材在初始屈服时的应力状态均处于厚向应变增量大于零的区域。但是由于不同温度下材料抵抗继续变形的能力（即材料的硬化）不相同，因此随着补料量的增加，管材发生塑性变形程度不同。AZ31B 管材的硬化指数随着温度升高而下降，因此相同载荷下温度越高管材塑性变形的增量越大，即皱纹高度越高、宽度越大。而皱纹宽度的增大是通过向皱峰两边的材料扩充实现的，因此皱纹向中间移动。

通过热态胀形性能研究，AZ31B 管材在 175℃ 时具有最大膨胀率。在该温度下，通过内压和轴向补料匹配，可在成形区预先聚集存储材料，进一步提高成形能力。图 10-22 是在 175℃ 时通过内压和轴向补料匹配成形出的 AZ31 镁合金变径管，最大膨胀率达到 50%，最大减薄率仅为 17%。

图 10-22　大膨胀率镁合金变径管

10.6　变径管热油介质差温成形

10.6.1　管材热油介质差温成形原理

管材热油介质成形时，管材的温度主要由模具和管内热油的温度共同决定。一般情况下，认为模具温度是均匀的，而且管内的热油也被加热到相同的温度，所以常忽略管材各处的温度差异而认为管材在等温条件下变形。但是，随着成形温度的升高，管材的变形流动及其与模具的接触情况等都将发生显著变化。特别是在管材与模具直接接触的送料区，随着温度的升高管材在轴向压力的作用下容易发生变形而增厚，管材与模具之间的摩擦因数也将增大，这将使轴向补料变得困难，不仅引起壁厚局部减薄严重，还会降低管材成形性能。

为实现管坯上各处材料的合理流动,可以通过控制管坯上的温度分布来改变不同区域的变形抗力,从而改变各区域的变形和贴模顺序。换言之,可适当降低送料区材料的温度,使送料区的温度 T_1 低于成形区的温度 T_2,如图 10-23 所示。因送料区材料温度低,变形抗力提高,可以有效减小轴向受压时管端的增厚,从而实现成形中的有效补料。管材中间胀形区的温度较高,可保证良好的胀形成形性能。为了实现对模具送料区(端部模块)和成形区(中间模块)温度的分别控制,采用分块式模具结构,在中间模块与端部模块之间填充隔热材料,分别对各模块进行加热和温度控制。

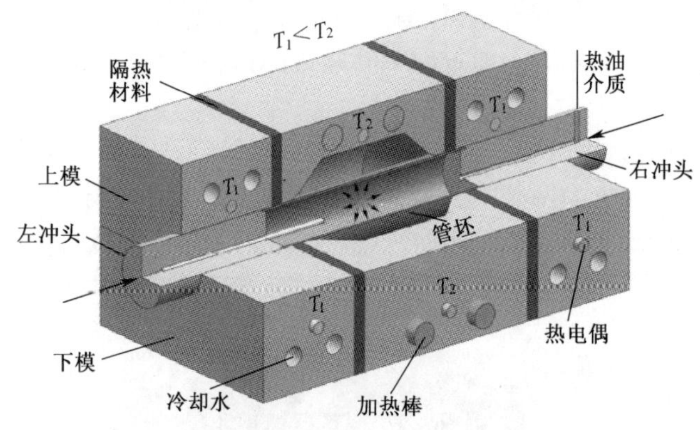

图 10-23　管材轴向差温热态内压成形原理图

10.6.2　轴向温差对起皱行为的影响

为研究轴向温差对起皱行为的影响,在相同成形温度(260℃)和不同轴向温差条件下对 AZ31 镁合金管材进行了轴向补料,获得的起皱管件如图 10-24

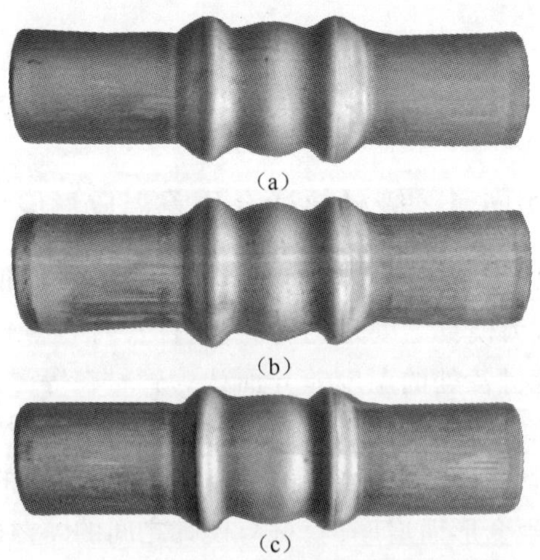

图 10-24　不同轴向温差条件下起皱管件

(a)150℃;(b)170℃;(c)190℃。

所示。当轴向温差升高到一定程度后，轴向温差对起皱行为的作用效果相近。相同的补料条件下，轴向温差较大时，整形过程容易在过渡区波谷处形成死皱。这是因为轴向补料时，送料区温度低，当送料区材料通过轴向补料进入到成形区时，这些材料变形抗力很高，不易变形，继续补料时，轴向力容易传递到过渡区，导致材料在过渡区形成圆角半径很小的尖角，在加压整形时形成死皱。

10.6.3　轴向温差对成形过程的影响

图 10-25 为不同轴向温差条件下成形件壁厚分布。当温差为 130℃时，最大减薄率为 12%，最大增厚率为 10%。这是由于送料区与成形区温度相差相对较小，送料区温度过高，其变形抗力仍然较低，容易变形；另外与模具的摩擦较大，导致了送料区增厚。与此同时，进入过渡区的材料容易变形，使工件更容易在过渡区起皱，皱纹不容易向成形区传递，使得在整形时成形区材料不足，减薄严重。

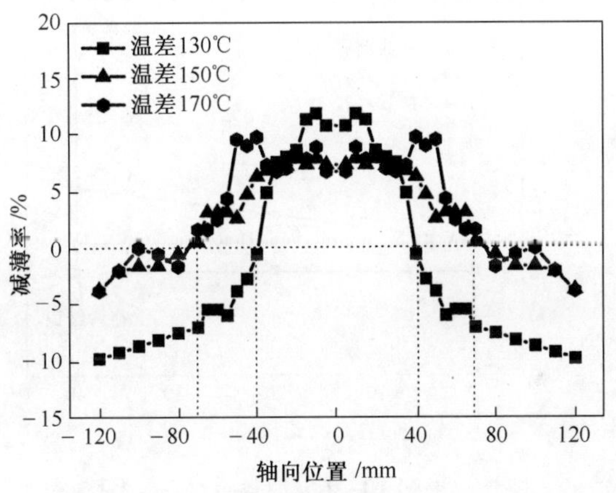

图 10-25　不同温差条件下试件壁厚分布

对于温差为 170℃的情况，最大减薄率为 10%，最大增厚率为 3%。较低的送料区温度使送料区的增厚很小，但由于过大的温差，导致送料时进入过渡区的材料变形抗力强，使变形集中在成形区的中间一个很小区域，即褶皱发生在相对中间的位置，这就导致了过渡区在送料阶段变形很小，在整形阶段会产生较大减薄，最大减薄发生在过渡区。对于温差为 150℃的情况，最大减薄率为 5%，最大增厚率为 8%。虽然送料区的增厚比温差为 170℃时的大，但其成形区的减薄明显小于温差 170℃的情况，壁厚分布更均匀。由此说明，温差过小时送料区的增厚严重，成形区减薄严重，壁厚分布不均匀，而温差过大时容易导致过渡区的减薄严重，严重时则会引起开裂。因此，选择合适的温差对差温成形有着重要的影响。

10.6.4 加载路径对成形过程的影响

与管材热油介质成形相似的是差温成形时轴向补料与加压需要合理的匹配。根据图 10-26 所示的几种典型加载路径，研究了加载路径对 AZ31 镁合金管材差温成形的影响。图 10-27 为不同加载路径条件下加压整形前后管件照片。当内压恒定为 5.5MPa 时，管材在过渡区产生皱纹。由于压力不足，材料不能向中间成形区移动，于是在升高压力整形时，成形区没有足够的材料来弥补胀形导致的减薄，引起最终管材破裂。当内压升高到 7MPa 时，过渡区皱纹宽度变大，但是内压仍然不足以使材料向成形区聚集，管材胀形到一定程度后仍然发生了破裂。导致破裂的主要原因在于补料时内压没有对成形区管材起到支撑的作用，材料主要堆积在过渡区，成形区过度减薄导致最终破裂。为此，一种方式是仍然继续增大内压来提供足够支撑，但当内压超过一度程度后会导致成形区在未补料时就发生了胀形；另一种方式是通过合理匹配内压与补料量的关系，使材料尽量补充到成形区，成形出大膨胀率管件。

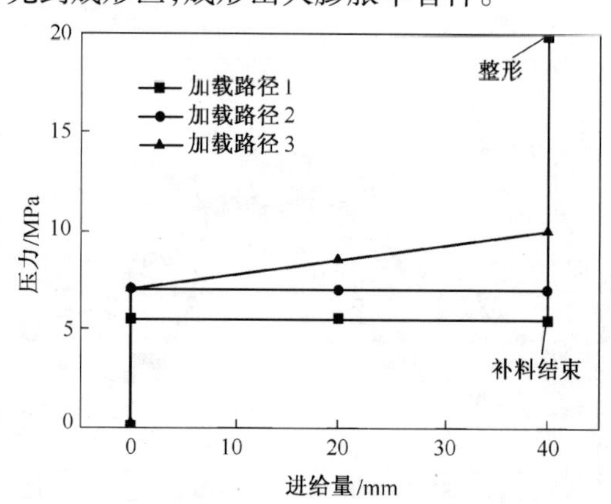

图 10-26　加载曲线

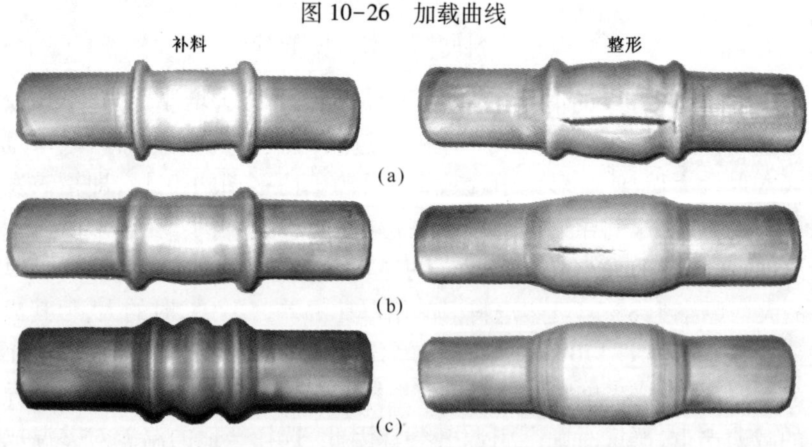

图 10-27　不同加载路径下胀形管件

(a)加载路径 1；(b) 加载路径 2；(c) 加载路径 3。

参 考 文 献

[1] 苑世剑, 王仲仁. 内高压成形的应用进展[J]. 中国机械工程, 2002, 13(9): 783-786.

[2] Dohmann F, Bohm A, Dudziak K. The Shaping of Hollow Shaped Workpieces by Liquid Bulge Forming [C]. Proc. of 4th ICTP, Beijing, China, 1993: 447-452.

[3] Amino H, Nakamura K, Nakagawa T. Counter-pressure Deep Drawing and Its Application in the Forming of Automobile Parts[J]. Journal of Materials Processing Technology, 1990, 23(3): 243-265.

[4] Wang Z R, Wang T, Kang D C. The Technology of the Hydro-bulging of Whole Spherical Vessels and Experimental Analysis[J]. Journal of Mechanical Working Technology, 1989, 18(1): 85-94.

[5] Dohmann F, Hartl C. Hydroforming-a Method to Manufacture Lightweight Parts[J]. Journal of Materials Processing Technology, 1996, 60(1-4): 669-676.

[6] 苑世剑. 材料塑性成形技术现状与发展趋势[J]. 先进制造与材料应用技术, 2006, 4: 1-14.

[7] 韩聪. 弯曲轴线异型截面管内高压成形规律研究[D]. 哈尔滨: 哈尔滨工业大学, 2006.

[8] Dohmann F, Hartl C. Tube Hydroforming[J]. Journal of Materials Processing Technology, 1997, 71(1): 174-186.

[9] Dohmann F, Hartl C. Hydroforming-Applications of Coherent FE-Simulations to the Development of Products and Processes[J]. Journal of Materials Processing Technology, 2004, 150(1-2): 18-24.

[10] Koc M, Altan T. An Overall Review of the Tube Hydroforming(THF) Technology[J]. Journal of Materials Processing Technology, 2001, 108(3): 384-393.

[11] 苑世剑. 内高压成形技术现状与发展趋势[J]. 金属成形工艺, 2003, 21(3): 1-3.

[12] Nakamura K, Nakagawa T, AMINO H. Various Application of Hydraulic Counter Pressure Deep Drawing [J]. Journal of Materials Processing Technology, 1997, 71: 160-167.

[13] Amino H, Makita K, Maki T. Sheet Fluid Forming and Sheet Dieless NC Forming[C]. Int. Conf. on New Developments in Sheet Metal Forming, Stuttgart, Germany, 2000: 39-67.

[14] 王仲仁, 苑世剑, 曾元松. 无模胀球技术原理与应用[J]. 机械工程学报, 1999, 35(4): 64-66.

[15] Hartl C. Research and Advances in Fundamentals and Industrial Applications of Hydroforming[J]. Journal of Materials Processing Technology, 2005, 167(2-3): 383-392.

[16] Horton F. Hydroforming Application Trends in Automotive Structures[C]. Proc. of 3rd Int. Conf. on Hydroforming, Stuttgart, Germany, 2003: 7-13.

[17] Volerstern F, Prange T, Sander M. Hydroforming: Needs, Developments and Perspective[C]. Proc. of 6th ICTP, Nuremberg, Germany, 1999: 1197-1210.

[18] Sigert K. Research in Hydroforming at the Institute of Metal Forming of University of Stuttgart[C]. Proc. of 3rd Int. Conf. on Hydroforming, Stuttgart, Germany, 2003: 245-258.

[19] Liewald M. State-of-the-Art of Hydroforming Tubes and Sheets in Europe[C]. Proc. of TUBEHYDRO 2007, Harbin, China, 2007: 19-26.

[20] Fuchizawa S. Influence of Strain-Hardening Exponent on the Deformation of Thin-walled Tube of Finite Length Subjected to Hydrostatic Internal Pressure[C]. Proc. of 1st ICTP, Tokyo, Japan, 1984: 297-302.

[21] Fuchizawa S. Influence of Plastic Anisotropy on Deformation of Thin-walled Tube in Bulge Forming[C].

Proc. of 2nd ICTP, Stuttgart, Germany, 1987: 727-732.

[22] Fuchizawa S, NARAZAKI M. Bulge Test for Determining Stress-strain Characteristics of Thin Tubes[C]. Proc. of 4th ICTP, Beijing, China, 1993: 488-493.

[23] Fuchizawa S. Recent Developments in Tube Hydroforming Technology in Japan[C]. Proc. of TUBEHYDRO 2007, Harbin, China, 2007: 1-10.

[24] Manabe K, Suetake M, Koyama H, et al. Hydroforming Process Optimization of Aluminum Alloy Tube Using Intelligent Control Technique[C]. Proc. of 1st ICNFT, Harbin, China, 2004: 490-495.

[25] Manabe K, Suzuki K, Mori S, et al. Bulge Forming of Thin Walled Tubes by Micro-computer Controlled Hydraulic Press[C]. Proc. of 1st ICTP, Tokyo, Japan, 1984: 279-284.

[26] Huang Y M, Chen W C. Analysis of Tube Hydroforming in a Square Cross-sectional Die[J]. International Journal of Plasticity, 2005, 21: 1815-1833.

[27] Nefussi G., Combescure A. Coupled Buckling and Plastic Instability for Tube Hydroforming[J]. International Journal of Mechanical Science, 2002, 44: 899-914.

[28] Liu S D, Meuleman D. Analytical and Experimental Examination of Tubular Hydroforming Limits[J]. SAE Technical Paper No: 980449, 1998: 139-150.

[29] Smith L M, Ganeshmurthy N, MURTY P, et al. Finite Element Modeling of the Tubular Hydroforming Process: Part 1. Strain Rate-independent Material Model Assumption[J]. Journal of Materials Processing Technology, 2004, 147(1): 121-130.

[30] Ray P, Mac Donald B J. Determination of the Optimal Load Path for Tube Hydroforming Processes Using a Fuzzy Load Control Algorithm and Finite Element Analysis[J]. Finite Elements in Analysis and Design, 2004, 8: 173-192.

[31] Yuan S J, Liu G, Wang X S, et al. Development and Applications of Tube Hydroforming in China[C]. Proc. of TUBEHYDRO 2007, Harbin, China, 2007: 27-38.

[32] Yuan S J, Liu G, Huang X R. Hydroforming of Typical Hollow Components[J]. Journal of Materials Processing Technology, 2004, 151: 203-207.

[33] 苑世剑，王小松. 内高压成形机理及应用[J]. 机械工程学报, 2002, 38: 12-15.

[34] Yuan S J, Wang X S, Liu G. Control and Use of Wrinkles in Tube Hydroforming[J]. Journal of Materials Processing Technology, 2007, 182: 6-12.

[35] Yuan S J, Yuan W J, Wang X S. Effect of Wrinkling Behavior on Formability and Thickness Distribution in Tube Hydroforming[J]. Journal of Materials Processing Technology, 2006, 177: 668-671.

[36] Yuan S J. Innovative Processes in Tube Hydroforming and Applications[C]. Proc. of 2nd ICNFT, Bremen, Germany, 2007: 1-13.

[37] 刘钢，苑世剑，王小松. 加载路径对内高压成形件壁厚分布影响分析[J]. 材料科学与工艺, 2005, 13(2): 162-165.

[38] 苑文婧，王小松，苑世剑. 变径管内高压成形的厚度分界圆[J]. 材料科学与工艺, 2008, 16(2): 196-199.

[39] Liu G, Xie W C, Yuan S J, et al. Internal High Pressure Forming of Hollow Part with a Big Section Difference[J]. Journal of Material Science and Technology, 2004, 12(4): 398-401.

[40] Yuan S J, Lang L H, Wang X S, et al. Experiment and Numerical Simulation of Aluminum Tube Hydroforming[C]. Proc. of 2nd Int. Conf. on Hydroforming, Stuttgart, Germany, 2001: 339-349.

[41] Wang X S, Yuan S J, Huang X R, et al. Research on Hydroforming Tubular Part with Large Perimeter Difference[J]. Acta Metallurgica Sinica (English Letters), 2008, 21(2): 133-138.

[42] 何祝斌，苑世剑，查微微，等. 管材环状试样拉伸变形的受力和变形分析[J]. 金属学报，2008，44(4)：423-427.

[43] 王小松. 内高压成形过程起皱行为研究[D]. 哈尔滨：哈尔滨工业大学，2005.

[44] 林俊峰. 空心曲轴内高压成形机理研究[D]. 哈尔滨：哈尔滨工业大学，2007.

[45] 苑文婧. 非对称大膨胀率管内高压成形研究[D]. 哈尔滨：哈尔滨工业大学，2008.

[46] Yuan S J, Han C, Wang X S. Hydroforming of Automotive Structural Components with Rectangular-sections[J]. International Journal of Machine Tools and Manufacture, 2006, 46(11): 1201-1206.

[47] Yuan S J, Liu G, Tian X W, et al. Numerical Simulation and Experiments of Hydroforming of Rectangular-section Tubular Component[J]. Journal of Materials Science & Technology, 2003, 19(Suppl. 1): 35-37.

[48] Yuan S J, Wang X S, Liu G, et al. Research on Hydroforming of Tubular Components with Changeable Cross-sections[C]. Proc. of 7th ICTP, Yokohama, Japan, 2002, 11: 1495-1500.

[49] Han C, Wang X S, Yuan S J. Preform Section Design and Application in Hydroforming of an Engine Cradle[C]. Proc. of TUBEHYDRO2007, Harbin, China, 2007: 141-146.

[50] Liu G, Yuan S J, Teng B G. Analysis of Thinning at the Transition Corner in Tube Hydroforming[J]. Journal of Materials Processing Technology, 2006, 177: 688-691.

[51] 王小松，祝世强，苑世剑. 异型截面铝合金管件内高压成形[J]. 航空制造技术，2007，291：519-522.

[52] Yuan S J, Liu G, Wang Z R. Hydroforming of Rectangular-section Structural Components with Relatively Lower Pressure[C]. Proc. of TUBEHYDRO 2003, Nagoya, Japan, 2003: 13-17.

[53] Han C, Yuan S J. Reduction of Friction and Calibration Pressure by Section Preform during Hydroforming of Tubular Automotive Structural Components[J]. Advanced Materials Research, 2008, 44-46: 143-150.

[54] 刘钢，苑世剑，滕步刚. 内高压成形矩形断面圆角应力分析[J]. 机械工程学报，2006，42(6)：150-155.

[55] 苑世剑，刘钢，韩聪. 通过预成形降低内高压成形压力的机理分析[J]. 航空材料学报，2006，26(4)：46-50.

[56] 滕步刚，刘钢，苑世剑，等. 汽车发动机排气歧管的内高压成形技术[J]. 塑性工程学报，2007，14(3)：88-92.

[57] Cheng D M, Teng B G, Guo B, et al. Analysis of Deformation and Defects in Hydroforming of Y-shaped Tubes[J]. Journal of Harbin Institute of Technology, 2008, 15(2): 206-210.

[58] 程东明. Y型薄壁三通管液压成形机理研究[D]. 哈尔滨：哈尔滨工业大学，2008.

[59] Li H Y, Wang X S, Yuan S J, et al. Typical Stress States of Tube Hydroforming and Their Distribution on the Yield Ellipse[J]. Journal of Materials Processing Technology, 2004, 151: 345-349.

[60] 李洪洋. 内高压成形应变分析与台阶轴内高压成形研究[D]. 哈尔滨：哈尔滨工业大学，2002.

[61] Wu H F, Yuan S J, Wang Z R. Derivation of General Equations for Elastoplastic Stability of Cylindrical Shell under Axial Compression[J]. Journal of Harbin Institute of Technology, 2002, 34(1): 35-39.

[62] 吴洪飞，苑世剑，王仲仁. 初始缺陷和比例加载路径对圆柱壳体弹塑性稳定性的影响[J]. 机械工程学报，2003，39(2)：53-57.

[63] 苑世剑，盖秉政. 双轴载荷作用下柱壳的塑性屈曲[J]. 哈尔滨工业大学学报，2004，36(8)：1471-1473.

[64] 汤泽军，何祝斌，苑世剑. 内高压成形过程塑性失稳起皱分析[J]. 机械工程学报，2008，44(5)：

34-38.

[65] Hennig K P. Economical Aspects and Trends of the Hydroforming Technology[C]. Proc. of TUBEHYDRO 2007, Harbin, China, 2007: 11-18.

[66] Asnafi N, Nilsson T, Lassl G. Tubular Hydroforming of Automotive Side Menbers with Extruded Aluminium Profile[J]. Journal of Materials Processing Technology, 2003, 142: 93-101.

[67] Jirathearanat S, Hartl C, Altan T. Hydroforming of Y-shapes-Product and Process Design Simulation and Experiments[J]. Journal of Materials Processing Technology, 2004, 146: 124-129.

[68] Uchida M, Kojima M. Hydropiercing of Tube Wall in Hydroforming[C]. Proc. of 7th ICTP, Yokohama, Japan, 2002, 2: 1483-1488.

[69] 韩聪，苑世剑，苏海波，等. 液压冲孔数值模拟研究[J]. 中国有色金属学报，2006, 1: 22-28.

[70] Liu Q, Liu G, Yuan S J. Effect of Internal Pressure on Strength of Hydraulically Expanded Joints[J]. RARE METALS, 2007, 26(S1): 143-148.

[71] Liu G, Yuan S J, Liu Q, et al. Research and Development of Hydro-joining and Press for Manufacturing Assembled Hollow Camshaft[C]. Proc. of 4th Int. Conf. on Hydroforming, Stuttgart, Germany, 2005: 101-111.

[72] 刘强. 组合式空心凸轮轴液力胀接规律研究[D]. 哈尔滨：哈尔滨工业大学，2007.

[73] 苑世剑，刘强，刘钢. 内压对钢质套环液力胀接强度影响的研究[J]. 塑性工程学报，2007, 14(3): 84-87.

[74] 刘强，刘钢，苑世剑，等. 组合式空心凸轮轴液力连接及连接强度测试[J]. 内燃机工程，2007, 28(5): 68-70.

[75] 刘强，葛建国，刘钢，等. 粉末冶金凸轮与轴管液力连接过程应力应变分析[J]. 材料科学与工艺，2007, 15(5): 614-618.

[76] Kleiner M, Homberg W, Brosius A. Process and Control of Sheet Metal Hydroforming[C]. Proc. of 6th ICTP, Nuremberg, Germany, 1999: 1243-1252.

[77] Danket J, Nielsen K B. Hydromechanical Deep Drawing with Uniform Pressure on the Flange[J]. Annuals of the CIRP, 2000, 49(1): 217-220.

[78] Liu G, Yin X L, Yuan S J. External Pressure Forming and Buckling Analysis of a Tubular Part with Ribs[J]. Journal of Material Science & Technology, 2006, 22(5): 708-712.

[79] Kang D C, Xu Y C, Chen Y. Hydromechanical Deep Drawing of Superalloy Cups[J]. Journal of Materials Processing Technology, 2005, 166: 243-246.

[80] Xu Y C, Kang D C. Investigation of SUS304 Stainless Steel with Warm Hydro-mechanical Deep Drawing[J]. Journal of Material Science & Technology, 2004, 20(1): 92-93.

[81] 徐永超. 板材液压成形工艺及其数值模拟研究[D]. 哈尔滨：哈尔滨工业大学，2003.

[82] Xu Y C, Yuan S J, Chen Y, et al. Investigation on Hydroforming of SUS304 Stainless Steel Dome[J]. Chinese Journal of Aeronautics, 2006, 19: 261-264.

[83] 徐永超，康达昌. 充液拉深流体压力行为在数值模拟中的实现[J]. 塑性工程学报，2003, 3: 43-46.

[84] Liu X J, Xu Y C, Yuan S J. Effects of Loading Paths on Hydrodynamic Deep Drawing with Independent Radial Hydraulic Pressure of Aluminum Alloy Based on Numerical Simulation[J]. Journal of Material Science and Technology, 2008, 24(3): 395-399.

[85] Khandeparker T, Liewald M. Hydromechanical Deep Drawing of Cups with Stepped Geometries[J]. Journal of Materials Processing Technology, 2008, 202: 246-254.

[86] Kleiner M, Homberg W. New 100,000KN Press for Sheet Metal Hydroforming[C]. Proc. of 2nd Int. Conf. on Hydroforming, Stuttgart, Germany, 2001: 351-362.

[87] 刘晓晶. 5A06铝合金板材可控径向加压充液拉深过程研究[D]. 哈尔滨：哈尔滨工业大学，2008.

[88] Groche P, Metz C. Investigation of Active-Elastic Blank Holder Systems for High-Pressure Forming of Metal Sheets[C]. Proc. of 1st ICNFT, Harbin, China, 2004: 447-452.

[89] Yuan S J, Teng B G, Dong X Y, et al. Progress in Large Vessel Forming: Introduction of some Innovations of Prof. Z. R. Wang[J]. Journal of Materials Processing Technology, 2004, 151: 12-17.

[90] Wang Z R, Liu G, Yuan S J. Progress in Shell Hydroforming[J]. Journal of Materials Processing Technology, 2005, 167(2-3): 230-236.

[91] Yuan S J, Wang Z R. Safety Analysis of 200m^3 LPG Tank Manufactured by the Dieless Hydro-bulging Process[J]. Journal of Materials Processing Technology, 1997, 70: 215-219.

[92] Yuan S J, Wang Z R. Effect of the Hydrobulging Process on Mechanical Properties of Spherical Pressure Vessels[J]. International Journal of Machine Tools and Manufacture, 1996, 36: 829-834.

[93] 苑世剑，王仲仁. 宽板拉伸模拟厚壁壳体胀球过程的研究[J]. 中国机械工程，1994，5(3)：9-10.

[94] Yuan S J, Wang Z R. An Investigation into the Plastic Formability of Welded Joints[J]. Journal of Materials Processing Technology, 1995, 55(1): 33-36.

[95] Yuan S J, Zeng Y S, Wang Z R. The Integral Hydro-bulge Forming of Elliptical Shells[C]. Proc. of 5th ICTP, Columbus, USA, 1996: 943-946.

[96] Zeng Y S, Yuan S J, Wang Z R. Research on the Integral Hydrobulge Forming of Ellipsoidal Shells[J]. Journal of Materials Processing Technology, 1997, 72: 28-31.

[97] Zhang S H, Danckert J, Yuan S J, et al. Spherical and Spherical Steel Structure Products Made by Using Integral Hydro-bulge Forming Technology[J]. Journal of Construction Steel Research, 1998, 46: 1-3.

[98] Teng B G, Yuan S J, Wang Z R. Effect of the Initial Structure on Hydro-forming of Toroidal Shells[J]. Journal of Materials Processing Technology, 2002, 123: 18-21.

[99] Yuan S J, Wang Z R. A New Hydroforming Process for Large Elbow Pipes[J]. Journal of Materials Processing Technology, 2001, 117: 28-31.

[100] Teng B G, Yuan S J, Wang Z R. Experiment and Numerical Simulation of Hydro-forming Toroidal Shells with Different Initial Structure[J]. International Journal of Pressure Vessels and Piping, 2001, 78(1): 31-34.

[101] Yuan S J, Wang Z R, He Q. Finite Element Analysis of Hydroforming Process of Toriodal Shells[J]. International Journal of Machine Tools and Manufacture, 1999, 39: 1439-1450.

[102] Liu G, Yuan S J, Chu G N. FEA on Deformation Behavior of Tailor-welded Tube in Hydroforming[J]. Journal of Materials Processing Technology, 2007, 187-188: 287-291.

[103] Yuan S J, Qi J, He Z B. An Experimental Investigation into the Formability of Hydroforming 5A02 Al-tubes at Elevated Temperature[J]. Journal of Materials Processing Technology, 2006, 177: 680-683.

[104] 何祝斌，王小松，苑世剑，等. AZ31B镁合金挤压管材内高压成形性能研究[J]. 金属学报，2007，43(5)：534-538.

[105] He Z B, Liu G, Yuan S J, et al. Formability Evaluation of AZ31B Extruded Tube for Hydroforming Process[J]. RARE METALS, 2007, 26(S1): 83-87.

[106] 刘钢，何祝斌，苑世剑，等. 镁合金热介质内高压成形装置及管材成型性能[J]. 航空制造技术，2007(增刊)：470-477.

[107] 何祝斌，齐军，苑世剑. 铝合金变径管热态内压液力成形[J]. 航空制造技术，2007，291：

542-545.

[108] 齐军. 5A02 铝合金管材热态内压成形研究[D]. 哈尔滨：哈尔滨工业大学, 2008.

[109] Tang Z J, Liu G, Yuan S J, et al. Warm Hydroforming of an AZ61A Tubular Component with Multiple Cross Section Shapes [C]. The 5th International Conference on Advanced Materials and Processing (ICAMP-5), Harbin, China, 2008.

[110] He Z B, Liu G, Wu J, et al. Mechanical Properties Testing and Formability Evaluation of AZ31B Extruded Tube at Elevated Temperature[C]. Proceedings of the 3rd International Materials Research Conference, Chongqing, China, 2008.

[111] Preytag P, Neubert J, Kluge S. Hydroforming in High-Volume Production[C]. Proceedings of International Conference on New Development in Sheet Metal Forming and Hydroforming, Stuttgart, Germany, 2016: 364-372.

[112] Gericke D. Hydroform Intensive Body Structure(HIBS) with Advanced and Ultra High Strength Steel[C]. Proceedings of International Conference on New Development in Sheet Metal Forming and Hydroforming, Stuttgart, Germany, 2016: 353-363.

[113] Meriten C, Riedel M, Knape M. EXFREE-Expansion Free Hydroforming a Process Option with New Possibilities[C]. Proceedings of International Conference on Hydroforming of Sheets, Tubes and Profiles, Stuttgart, Germany, 2010: 53-67.

[114] Kuwabara T, Yoshida K, Narihara K, et al. Anisotropic Plastic Deformation of Extruded Aluminum Alloy Tube under Axial Forces and Internal Pressure [J]. International Journal of Plasticity, 2005, 21: 101-117.

[115] Kuwabara T, Sugawara F. Multiaxial Tube Expansion Test Method for Measurement of Sheet Metal Deformation Behavior under Biaxial Tension for a Large Strain Range[J]. International Journal of Plasticity, 2013, 45: 103-118.

[116] Manabe K, Chen X, Kobayashi D, et al. Development of In-Process Fuzzy Control System for T-Shape Tube Hydroforming[J]. Procedia Engineering, 2014, 81: 2518-2523.

[117] Sato H, Manabe K, Ito K, et al. Development of Servo-type Micro-hydromechanical Deep-drawing Apparatus and Micro Deep-drawing Experiments of Circular Cups[J]. Journal of Materials Processing Technology, 2015, 224: 233-239.

[118] Hartl C, Anyasodor G, Lungershausen J. Formability of Micro-Tubes in Hydroforming[C]. 14th International Conference on Material Forming Esaform, 2011 Proceedings, 2011, 1353: 529-534.

[119] Hartl C, Anyasodor G. Experimental and Numerical Investigations into Micro-Hydroforming Processes and Machine Design[J]. Steel Research International, 2010, 81: 1193-1196.

[120] Liewald M. State-of-the-Art and Recent Developments in Hydroforming in Europe - A Market Survey of Research and Industry[C]. Proceedings of International Conference on Hydroforming of Sheets, Tubes and Profiles, Stuttgart, Germany, 2010: 1-29.

[121] Landgrebe D, Albert A, Paul A. 20 Years of Hydroforming Experience at the Fraunhofer IWU-Innovative Process Variants[C]. Proceedings of International Conference on New Development in Sheet Metal Forming and Hydroforming, Stuttgart, Germany, 2016: 403-423.

[122] He Z, Yuan S, Lin Y, et al. Analytical Model for Tube Hydro-bulging Tests, Part II: Linear Model for Pole Thickness and Its Application [J]. International Journal of Mechanical Sciences, 2014, 87: 297-306.

[123] Yuan S J, Cui X L, Wang X S. Investigation into Wrinkling Behavior of Thin-walled 5A02 Aluminum

Alloy Tubes under Internal and External Pressure[J]. International Journal of Mechanical Sciences, 2015, 92: 245-258.

[124] Cui X L, Wang X S, Yuan S J. Deformation Analysis of Double-sided Tube Hydroforming in Square-section Die[J]. Journal of Materials Processing Technology, 2014, 214: 1341-1351.

[125] Cui X L, Wang X S, Yuan S J. Experimental Verification of the Influence of Normal Stress on the Formability of Thin-walled 5A02 Aluminum Alloy Tubes[J]. International Journal of Mechanical Sciences, 2014, 88: 232-243.

[126] Xie W C, Han C, Chu G N, et al. Research on Hydro-pressing Process of Closed Section Tubular Parts [J]. International Journal of Advanced Manufacturing Technology, 2015, 80: 1149-1157.

[127] Wang K H, Liu G, Zhao J, et al. Formability and Microstructure Evolution for Hot Gas Forming of Laser-welded TA15 Titanium Alloy Tubes[J]. Materials & Design, 2015, 91: 269-277.

[128] Liu G, Wang J, Dang K, et al. High Pressure Pneumatic Forming of Ti-3Al-2.5V Titanium Tubes in a Square Cross-Sectional Die[J]. Materials, 2014, 7: 5992-6009.

[129] Liewald M, Wagner S. Current Research Work into Sheet Metal Forming at the Institute for Metal Forming Technology (IFU) at the University of Stuttgart[C]. Proceedings of International Conference on New Development in Sheet Metal Forming and Hydroforming, Stuttgart, Germany, 2012: 241-278.

[130] Make T. Sheet Hydroforming of Aluminum Body Panels[C]. Proceedings of International Conference on Hydroforming of Sheets, Tubes and Profiles, Stuttgart, Germany, 2012: 41-56.

[131] Chen Y Z, Liu W, Xu Y C, et al. Analysis and Experiment on Wrinkling Suppression for Hydroforming of Curved Surface Shell[J]. International Journal of Mechanical Sciences, 2015, 104: 112-125.

[132] Chen Y Z, Liu W, Yuan S J. Strength and Formability Improvement of Al-Cu-Mn Aluminum Alloy Complex Parts by Thermomechanical Treatment with Sheet Hydroforming[J]. JOM, 2015, 67: 938-947.

[133] Yuan S J, Zhang W W, Teng B G. Research on Hydro-forming of Combined Ellipsoidal Shells with Two Axis Length Ratios[J]. Journal of Materials Processing Technology, 2015, 219: 124-132.

[134] Zhang W W, Yang S J. Pre-form Design for Hydro-forming Process of Combined Ellipsoidal Shells by Response Surface Methodology[J]. International Journal of Advanced Manufacturing Technology, 2015, 81: 1-10.

[135] Yuan S J, Zhang W W. Analysis of Shape Variation During Hydro-forming of Ellipsoidal Shells with Double Generating Lines[J]. International Journal of Mechanical Sciences, 2016, 107: 180-187.

[136] Zhang W W, Yuan S J. Research on Hydro-forming of Combined Prolate Ellipsoidal Shell with Double Generating Lines[J]. International Journal of Advanced Manufacturing Technology, 2016, 82: 595-603.

[137] Korkolis Y P, Kyriakides S. Hydroforming of Anisotropic Aluminum Tubes: Part I Experiments[J]. International Journal of Mechanical Sciences, 2011, 53: 75-82.

[138] Korkolis Y P, Kyriakides S. Hydroforming of Anisotropic Aluminum Tubes: Part II Analysis[J]. International Journal of Mechanical Sciences, 2011, 53: 83-90.

[139] Lindgren L, Olsson M, Carlsson P. Simulation of Hydroforming of Steel Tube Made of Metastable Stainless Steel[J]. International Journal of Plasticity, 2010, 26: 1576-1590.

[140] Song W J, Heo S C, Ku T W, et al. Evaluation of Effect of Flow Stress Characteristics of Tubular Material on Forming Limit in Tube Hydroforming Process[J]. International Journal of Machine Tools & Manufacture, 2010, 50: 753-764.

[141] Mirzaali M, Seyedkashi S M, Liaghat G H, et al. Application of Simulated Annealing Method to Pressure and Force Loading Optimization in Tube Hydroforming Process[J]. International Journal of Mechanical

Sciences, 2012, 55: 78-84.

[142] Chen X F, Yu Z Q, Hou B, et al. A Theoretical and Experimental Study on Forming Limit Diagram for a Seamed Tube Hydroforming[J]. Journal of Materials Processing Technology, 2011, 211: 2012-2021.

[143] Nikhare C, Weiss M, Hodgson P D. Die Closing Force in Low Pressure Tube Hydroforming[J]. Journal of Materials Processing Technology, 2010, 210: 2238-2244.

[144] Crapps J, Marin E B, Horstemeyer M F, et al. Internal State Variable Plasticity-Damage Modeling of the Copper Tee-shaped Tube Hydroforming Process[J]. Journal of Materials Processing Technology, 2010, 210: 1726-1737.

[145] Li S H, Chen X F, Kong Q S, et al. Study on Formability of Tube Hydroforming Through Elliptical Die Inserts[J]. Journal of Materials Processing Technology, 2012, 212: 1916-1924.

[146] Kim S Y, Joo B D, Shin S, et al. Discrete Layer Hydroforming of Three-layered Tubes[J]. International Journal of Machine Tools & Manufacture, 2013, 68: 56-62.

[147] Ghosh A, Deshmukh K, Ngaile G. Database for Real-time Loading Path Prediction for Tube Hydroforming Using Multidimensional Cubic Spline Interpolation[J]. Journal of Materials Processing Technology, 2011, 211: 150-166.

[148] Chebbah M S, Naceur H, Gakwaya A. A Fast Algorithm for Strain Prediction in Tube Hydroforming based on One-step Inverse Approach[J]. Journal of Materials Processing Technology, 2011, 211: 1898-1906.

[149] Alexander P, Matteo S. The Influence of Process Variables on the Gas Forming and Press Hardening of Steel Tubes[J]. Journal of Materials Processing Technology, 2016, 228: 160-169.

[150] Maeno T, Mori K, Adachi K. Gas Forming of Ultra-high Strength Steel Hollow Part Using Air Filled into Sealed Tube and Resistance Heating[J]. Journal of Materials Processing Technology, 2014, 214: 97-105.

[151] Zhang F F, Li X F, Xu Y C, et al. Simulating Sheet Metal Double-sided Hydroforming by Using Thick Shell Element[J]. Journal of Materials Processing Technology, 2015, 221: 13-20.

[152] Liu B S, Lang L H, Zeng Y S, et al. Forming Characteristic of Sheet Hydroforming Under the Influence of Through-thickness Normal Stress[J]. Journal of Materials Processing Technology, 2012, 212: 1875-1884.

[153] Labergerea C, Gelinb J C. Numerical Simulation of Sheet Hydroforming Taking into Account Analytical Pressure and Fluid Flow[J]. Journal of Materials Processing Technology, 2012, 212: 2020-2030.

[154] Bagherzadeh S, Mollaei B, Malekzadeh K. Theoretical Study on Hydro-mechanical Deep Drawing Process of Bimetallic Sheets and Experimental Observations[J]. Journal of Materials Processing Technology, 2012, 212: 1840-1849.

[155] Ahmad A, Ehsan T. The Effect of Normal Stress on Hydro-mechanical Deep Drawing Process[J]. International Journal of Mechanical Sciences, 2011, 53: 407-416.

[156] Ehsan T, Ahmad A. The Effects of Proportional Loading, Plane Stress, and Constant Thickness Assumptions on Hydro-mechanical Deep Drawing Process[J]. International Journal of Mechanical Sciences, 2011, 53: 329-337.

[157] Sato H, Manabe K, Ito K, et al. Development of Servo-type Micro-hydromechanical Deep-drawing Apparatus and Micro Deep-drawing Experiments of Circular Cups[J]. Journal of Materials Processing Technology, 2015, 224: 233-239.

[158] Huseyin S H, Mevlut T, Murat D. Enhancing Formability in Hydromechanical Deep Drawing Process Adding a Shallow Drawbead to the Blank Holder[J]. Journal of Materials Processing Technology, 2014,

214: 1638-1646.

[159] Huiting W, Lin G, Minghe C. Hydrodynamic Deep Drawing Process Assisted by Radial Pressure with Inward Flowing Liquid[J]. International Journal of Mechanical Sciences, 2011, 53: 793-799.

[160] Meng B, Wan M, Wu X D, et al. Development of Sheet Metal Active-pressurized Hydrodynamic Deep Drawing System and its applications [J]. International Journal of Mechanical Sciences, 2014, 79: 143-151.

[161] Meng B, Wan M, Yuan S, et al. Influence of Cavity Pressure on Hydrodynamic Deep Drawing of Aluminum Alloy Rectangular Box with Wide Flange[J]. International Journal of Mechanical Sciences, 2013, 77: 217-226.

[162] Soren T, Benny E. Experimental Verification of a Deep Drawing Tool System for Adaptive Blank Holder Pressure Distribution[J]. Journal of Materials Processing Technology, 2012, 212: 2529-2540.

[163] Liman A, Lee LH, Corona E, et al. Inelasfic Wrinkling and Collapse of Tubes under Combined Bending and Znternal Pressure[J].International Journal of Mechanical Sciences, 2010, 52:637-647.

索　引

内 容 简 介

本书阐述了内高压成形(管材液压成形)、板材液压成形和壳体液压成形技术原理和应用现状,以及未来发展趋势。重点论述了液压成形基础理论、工艺和设备方面的新研究成果和实际应用经验,包括应力应变状态分析,应力轨迹和缺陷形成机理等塑性理论分析成果,以及工艺参数计算、缺陷分析、设备构成、模具结构和典型零件工艺等关键技术。

全书共分 10 章,分别为概论、变径管内高压成形技术、弯曲异形截面管件内高压成形技术、薄壁多通管内高压成形技术、内高压成形应力应变分析、内高压成形设备与模具、液力胀接和液压冲孔、板材充液拉深成形技术、封闭壳体无模液压成形技术、轻合金管材热油介质成形技术。

本书读者对象:航空航天和汽车及机械行业的技术人员和研究人员,材料加工工程学科研究生和高年级本科生等。

Theories and applications for tube hydroforming, sheet hydroforming and shell hydroforming are fully discussed in the book, as well as their future. New progress on hydroforming theory, process and equipment are presented significantly, including plasticity theory analysis aboutstress-strain analysis, stress locus and defect mechanism, and key technology innovations regarding to process parameter optimization, equipment development, die design and forming process of typical components, etc.

There are ten chapters in the book, including introduction, hydroforming of variable diameters tubular parts, hydroforming of curved parts with irregular cross-sections, hydroforming of thin-walled multi-way tubes, stress-strain analysis of hydroforming, equipment and die of hydroforming, hydroforming and hydropiercing, sheet hydroforming process, die-less hydroforming of shells, warm hydroforming of light-weight alloys.

The book is intended for technology developers and researchers from various industrial fields including aviation, space, automotive and machine, as well as graduate students and seniors majoring in materials process engineering.

文都教育

化繁为简学申论

文都公务员考试命题研究组 编

ISBN 978-7-5022-7929-5

定价：42.00元

中国原子能出版社